“十四五”职业教育国家规划教材
“十三五”职业教育国家规划教材
“十三五”江苏省高等学校重点教材
高等职业教育农业农村部“十三五”规划教材

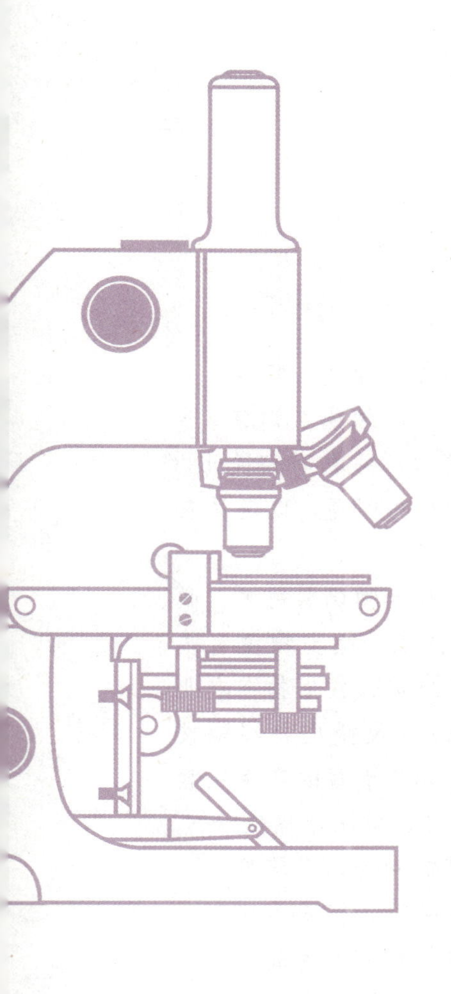

第二版

农业微生物

NONGYE WEISHENGWU

顾卫兵 陈世昌 主编

中国农业出版社
北 京

内容简介

农业微生物是高等职业教育农业类相关专业的一门专业基础课程。其任务是使学生通过理论学习和技能实训掌握微生物的基本知识、基础理论和基本技术，并利用相关知识、技术解决农业生产、农业环境保护中的相关问题，以满足农业生产、农业环境保护一线工作的实际需要。

本教材内容包括认识微生物与微生物学、微生物识别技术、微生物培养基制备技术、微生物分离与纯培养技术、微生物测定技术、微生物育种与菌种保藏技术、微生物发酵技术、微生物在农业生产中的应用、微生物在农业环境保护中的应用及微生物实验技术。为适应数字化教学发展的需要，本教材配套了丰富的数字化教学资源，可通过手机扫描相应的二维码观看动画、微课等视频。

本教材重视理论知识和实践操作的有机融合，以培养学生的技术应用能力为主线，以基础知识必需、够用为原则，专业知识突出应用性和适用性。本教材可作为高等职业院校农业类相关专业的教材，也可供农业科技工作者和相关技术人员参考使用。

第二版编审人员名单

主　编　顾卫兵　陈世昌

副主编　吴伟杰　李小为　周小林

编　者　（以姓氏笔画为序）

田小曼　李小为　周小林

吴伟杰　陈世昌　陈　玲

顾卫兵　黄步高　葛　磊

审　稿　胡　建

第一版编审人员名单

主　编　顾卫兵　陈世昌

副主编　李小为　李欣然

编　者　（以姓名笔画为序）

于洪艳　田小曼　李小为

李欣然　闵　华　陈世昌

顾卫兵　郭秀英

审　稿　殷士学

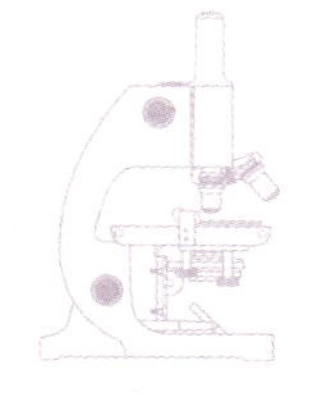

农业微生物
NONGYE WEISHENGWU

第二版前言

《农业微生物》教材自出版以来，被全国相关高等职业院校广泛使用，先后被评为江苏省高等学校重点教材、高等职业教育农业农村部“十三五”规划教材。

根据国家对职业教育发展提出的新的部署要求、教育部有关职业教育教材建设要求和高素质技术技能型人才成长规律，结合现代农业产业发展特点和部分院校师生的意见，我们在保持原教材突出应用能力培养特色的同时，积极吸纳高等职业教育人才培养改革和农业微生物技术研究的最新成果，围绕大国工匠、高等职业教育高素质技术技能型人才培养目标对上一版教材进行了修订。

本次修订教材与上一版教材相比，具有以下特色：

（1）产教融合，校企“双元”开发教材。为了体现职业教育服务产业的特点，本教材按照产教融合、校企“双元”开发理念，与微生物应用技术公司合作进行修订。修订团队由高等职业院校一线教师和企业技术人员共同组成，将企业生产一线的案例及新知识、新技术、新成果编入教材。

（2）突出职教特色，能力与素质培养并重。根据高素质技术技能型人才成长规律，结合现代农业产业对于人才的需求特点，在知识介绍、技能培养的同时，强化学生职业素养养成、专业技能积累。每个项目前面都有知识目标和技能目标，将专业精神、职业精神和工匠精神融入教材内容。教材内容适应专业建设、课程建设、教学模式与方法改革创新的要求。

（3）突出“互联网+职业教育”理念，打造立体化教材。教材配套丰富的数字化资源，包括江苏省精品在线开放课程“农业微生物”（顾卫兵主持建设）、教学录像和技能操作视频等，扫二维码即可观看学习，体现了教材形式的多样化、数字化、立体化。

另外，《农业微生物 第二版》教材把上一版教材中分散在各单元中的技能训练部分汇总在一起，单独作为一个项目放在教材中，便于学校在教学安排中集中进行技能训练的教学。

参加《农业微生物 第二版》教材修订的成员有：南通科技职业学院顾卫兵、周小林、葛磊，河南农业职业学院陈世昌，黑龙江农业职业技术学院李小为，杨凌职业技术学院田小曼，铜仁职业技术学院陈玲，江苏安惠生物科技有限公司吴伟杰，南通市白龙有机肥科技有限公司黄步高。本教材由扬州大学胡建教授进行审稿。

本教材在修订过程中得到了农业农村部教材办公室教材建设专家委员会高等职业教育分委员会有关专家的指导，也得到了中国农业出版社的大力支持和帮助，南通科技职业学院的徐晨伟、苏爱梅、张跃群、郑兴国、邵元建、戴建峰也为教材修订、配套数字资源建设做了大量的工作。本教材修订以上一版教材为基础，同时参考了大量的相关文献资料，引用了许多书刊的图、表、定义等，也采用了“水处理微生物”课程资源库（顾卫兵主持建设）中的图片、视频等数字资源。在此向有关专家、作者及《农业微生物》的编写人员一并表示诚挚的感谢！

由于编者水平有限，教材中不妥或疏漏之处在所难免，恳请读者批评指正。

编　者

2020年8月

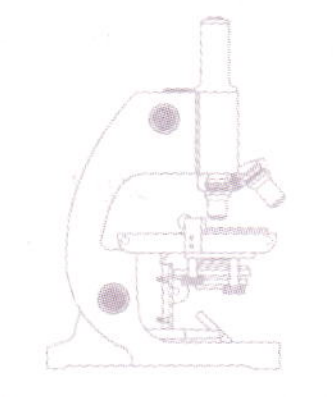

第一版前言

微生物学是生命科学中的一门极为重要的基础学科，涉及工、农、医、环境等领域的基础和应用。

农业微生物课程是高职高专农业生产类、农业环境保护类专业的一门专业基础课程。其任务是使学生通过理论学习、实习实训，掌握微生物的基本知识、基础理论和基本技术，并利用掌握的知识、技术解决农业生产、农业环境保护中的相关问题，以满足农业生产、农业环境保护一线工作的实际需要。

本教材在编写过程中，针对高职高专培养高素质技能型人才的目标，突出应用能力培养，重点介绍基本知识、基本方法和基本技术。按照行动导向、项目化课程等教学改革理念，根据职业岗位对能力的要求，对教材编写内容顺序进行了编排。内容包括微生物概述、微生物识别技术、微生物培养基制备技术、微生物纯培养技术、微生物分离技术、微生物测定技术、微生物育种与菌种保藏技术、微生物发酵技术、微生物在农业生产中的应用、微生物在农业环境保护中的应用等十个单元，更注重体现“技术”“技能”色彩。另外，为了便于教师教、学生学，在每个单元的开头都有“学习目标”（包括知识目标、技能目标）；单元中有“课外阅读”“想一想”“做一做”等栏目，单元后安排与本单元相关的“技能训练”“知识链接”“学习回顾”和“思考与探究”。

本教材编写分工如下：南通农业职业技术学院顾卫兵编写单元一，河南农业职业学院陈世昌编写单元六、单元九，黑龙江农业职业技术学院李小为编写单元四，甘肃农业职业技术学院李欣然编写单元五，广西农业职业技术学院闵华编写单元二第三节、单元三，吉林农业科技学院于洪艳编写单元十，杨凌职业技术学院田小曼编写单元二 第一节、第二节，商丘职业技术学院郭秀英编写单元七、单元八。扬州大学殷士学教授主审。

本教材参考了大量文献资料，引用了许多书刊的图、表、定义等。在此向有关专家、作者一并表示诚挚的感谢。

本教材在编写过程中，尽管力求充分体现高职教育的应用性特色，努力创新，使本教材成为精品，但书中不妥之处在所难免，恳请同行、读者提出宝贵意见。

编　者

2011年9月

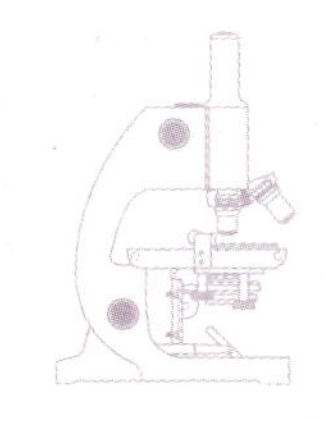

目录

绪　　论

认识微生物与微生物学

学习目标

◆ 知识目标

- 掌握微生物的特点和主要类群。
- 理解微生物与人类生产、生活的关系。
- 了解微生物的分类和微生物学的发展简史、前景。

◆ 能力目标

- 能够准确判断哪些生物属于微生物。

◆ 素质目标

- 激发学生对微观世界的好奇心，培养学生崇尚科学和科学探索的精神。

任务一　微生物的概念及共同特性

一、微生物的概念

微生物（microorganism）是指那些形体微小，结构简单，肉眼难以看到，需要借助显微镜才能观察到的微小生物的统称。需要指出的是，它不是生物分类系统中的一个类群，而是根据生物体的大小被人为划归在一起的一个生物类群。实际上微生物的类群十分庞杂，它们形态各异，大小不同，生物特性差异极大。根据其是否有细胞结构分为两类：一类是具有原核细胞结构的细菌、放线菌、蓝细菌、支原体、衣原体、立克次氏体、螺旋体、古生菌等和具有真核细胞结构的真菌（如酵母菌、霉菌、蕈菌）、单细胞藻类、原生动物等；另一类是无细胞结构的病毒、亚病毒（如类病毒、卫星病毒、卫星 RNA 和朊病毒）等。

二、微生物的共同特性

微生物和其他生物一样，具有一切生命活动的共同特性，除具有新陈代谢、生长繁殖、遗传变异等现象以外，还具有以下共同特性。

（一）个体微小、比表面积大

微生物的形体极其微小，要通过显微镜放大才能看清，大小通常以微米（μm）或纳米（nm）计量，一般小于100μm，病毒则更小，大多在10～300nm。而人的肉眼分辨率有限，一般人能看清的最小物体为100～200μm。因此，观察微生物需要借助光学显微镜甚至电子显微镜。微生物的个体虽小，但比表面积即单位体积占有的表面积（表面积/体积）却很大。大肠杆菌的比表面积是人的30万倍。微生物这种小体积、大比表面积的系统特别有利于它们与周围环境进行物质、能量以及信息的交换。

（二）吸收速度快、转化能力强

微生物具有较大的比表面积，能够与周围环境迅速地交换营养物质和代谢产物。微生物吸收营养的速度很快，转化物质的能力非常强。从单位质量来看，微生物的代谢强度比高等动物的代谢强度大几千倍到几百万倍。例如，在合适的环境下大肠杆菌每小时要消耗其自身质量2 000倍的糖；产朊假丝酵母菌合成蛋白质的能力比大豆强100倍，比肉用公牛强10万倍。人类对微生物利用的一个重要方面就是它们的生化转化能力，例如1kg酿酒酵母菌体可以在一天内发酵几吨的糖，生成乙醇。

（三）代谢旺盛、繁殖速度快

微生物超高的吸收转化能力为它们的高速生长、繁殖提供了充分的物质条件，微生物具有极高的生长和繁殖速度。例如，在生长旺盛时，大肠杆菌每12.5～20min分裂1次，如果按平均20min分裂1次计，每小时可分裂3次，由1个变成8个。经过24h，可繁殖72代，1个细菌变成4 722 366 500万亿个，总质量约为4 722t。不到48h，细胞总体积就可大大超过地球。事实上由于营养物质的消耗、有害物质的积累和空间条件的限制，细胞生长到一定密度后就不再生长了，细菌的指数分裂速度只能维持数小时。利用这一点，人工培养有益微生物在短时间内就能够获得大量的微生物个体，如调味品、生物制品、酶制剂、食品等产品的生产；对于有害微生物来讲，因其快速大量繁殖，有些会导致人类疾病和动植物病害的发生和流行。

（四）易变异、适应能力强

微生物的个体通常是单倍体，加上具有繁殖快、数量多、与外界环境直接接触等特点，尽管自然变异率很低，仅为10^{-10}～10^{-5}，也可在短时间内获得大量变异后代。常见的变异形式是基因突变，涉及形态构造、生理类型、各种抗性、抗原性以及代谢产物的质和量的变异等。其中，有益的变异可以为人类创造巨大的经济和社会效益。例如，由于青霉素生产的产黄青霉（*Penicillium chrysogenum*）的产量变异，使发酵水平从每毫升发酵液中提取5万单位增长到现在的近10万单位。有些变异则会对人类社会造成损失，如有些优良菌种若保存不当或人工培养经多次传代后，菌种的优良特性极易退化；又如由于致病菌耐药性的变异，从而使抗生素失去抗菌功效。

微生物对环境条件尤其是恶劣的“极端环境”所具有的惊人适应力，堪称生物界之最。例如，在海洋深处的某些硫细菌可在250℃甚至300℃的高温条件下正常生长；大多数细菌能耐－196℃的低温；一些嗜盐菌甚至能在32%的饱和盐水中正常生活；许多微生物尤其是产芽孢的细菌可在干燥条件下存活几十年、几百年甚至几千年。正是微生物较强的适应能力使得它们分布极广。

（五）分布广、种类多

高等生物的分布区域常有明显的地理限制，它们分布范围的扩大常靠人类或其他大型生物的散播。微生物体积小、质量小，可以到处传播，从高山到平原，从沙漠到绿洲，从江、河、湖、海到大气层都有微生物群体的存在。只要生活条件适宜，它们就能繁殖。地球上除了火山的中心区域外，从土壤圈、水圈、大气圈直至岩石圈，到处都有微生物家族的踪迹。

据估计，自然界中的微生物种类为50万～600万种，而迄今为止，人类已记载的微生物总数仅有20万种（1995年），其中绝大多数为比较容易观察和培养的真菌、藻类和原生动物等大型微生物，而且都是与人类的生产、生活关系最密切的一些种类。随着分离、培养方法的改进和研究、开发、利用工作的深入，大量的新种将被发现，微生物的种类还将急剧地增加。

任务二 微生物的主要类群与分类

一、微生物的分类地位

人类在发现微生物之前，只把生物界分为动物界和植物界两大类。随着人们对生物认识的逐步深入，从两界系统经历过三界、四界、五界至六界系统（图0-1），直到20世纪70年代后期，美国科学家Woese等发现了地球上的第三生命形式——古菌，于是在1990年提出了新的生物“三域”分类系统，“域”是高于“界”的分类单元，传统的界分布于这三域中，即古菌域（Archaea）、细菌域（Bacteria）和真核生物域（Eucarya）。

微生物的分类

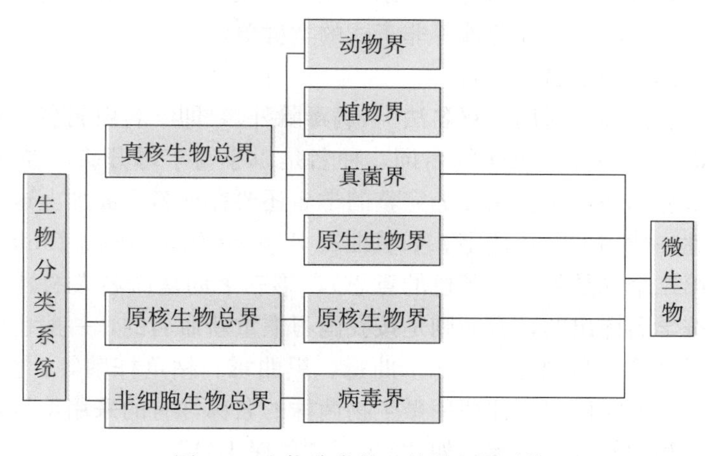

图0-1 生物分类的三总界六界系统

古菌域包括产甲烷菌、极端嗜盐菌、嗜热嗜酸菌，细菌域包括细菌、放线菌、蓝细菌、各种除古菌以外的其他原核生物，真核生物域包括原生生物、真菌、植物、动物。除动物、植物外，其他绝大多数生物都属微生物范畴。由此可以看出，微生物在生物分类中占有非常重要的地位。

二、原核细胞与真核细胞的区别

在有细胞结构的微生物中，按其细胞结构，尤其是细胞核的构造和进化上的差异，把它们分为原核微生物和真核微生物。其细胞结构的区别见表 0-1。

表 0-1 原核生物细胞和真核生物细胞结构的区别

（周奇迹．2009. 农业微生物）

性状	原核生物细胞	真核生物细胞
核	原核，无核膜，只有核区	完整的细胞核，有核膜、核仁和核质
染色体	仅有一条裸露双链环状 DNA	有两条以上染色体，DNA 与蛋白质结合
细胞大小	1～10μm	3～100μm
核糖体	70S（由 50S 和 30S 两个亚基组成）	80S（由 60S 和 40S 两个亚基组成）
细胞分裂	二分裂，无有丝分裂和减数分裂	有有丝分裂和减数分裂
细胞器	有间体，无内质网、线粒体等细胞器	有内质网、线粒体、叶绿体等细胞器

三、微生物的分类和命名

微生物的分类单元和动植物一样，分为界、门、纲、目、科、属、种 7 个基本的等级。在两个主要分类单元之间还可以添加亚门、亚纲、亚目等次要分类单元。种以下还可分为亚种、变种、型和菌株等非正式的类群单位。

微生物的名称分为学名和俗名。

微生物的命名

微生物的学名国际上通用“双名法”（病毒除外），即学名由属名和种名组成。属名是以大写字母开头的拉丁语化的名词，种名是以小写字母开头的拉丁语化的形容词。印刷时，学名用斜体字。实际上完整的学名还要在种名后面加上这个种命名人的姓，命名人的姓一律用大写正体字。如黄曲霉 *Aspergillus flavus* Link，第一个词是曲霉的属名，第二个词是种名（黄色的意思），第三个词是命名人的姓。微生物的中文名称有的是按学名译出的，有的则是按我国习惯重新命名的，一般也由一个定名的形容词和一个属名简化名词构成，如米曲霉、黑曲霉、枯草杆菌等。在生产实践中，当一个菌株未进行鉴定以前，往往用微生物菌株的名称，有的采用编号，有的采用代称，也有的代称和编号合在一起，如“5406”“鲁保 1 号”。

微生物的俗名具有大众化和简明等优点，但是容易重复，不利于国际交流。

任务三 微生物学的发展

一、微生物学及分科

微生物学是研究微生物在一定条件下的形态结构、生理生化、遗传变异以及微生物的进化、分类、生态等生命活动规律及其应用的一门科学。其根本任务是发掘、利用、改善和保护有益微生物，控制、消灭或改造有害微生物，为人类经济社会发展服务。随着微生物学的不断发展，已形成了基础微生物学和应用微生物学，其又可分为许多不同的分支学科，并且还在不断地形成新的学科和研究领域。其主要分科见图 0-2。

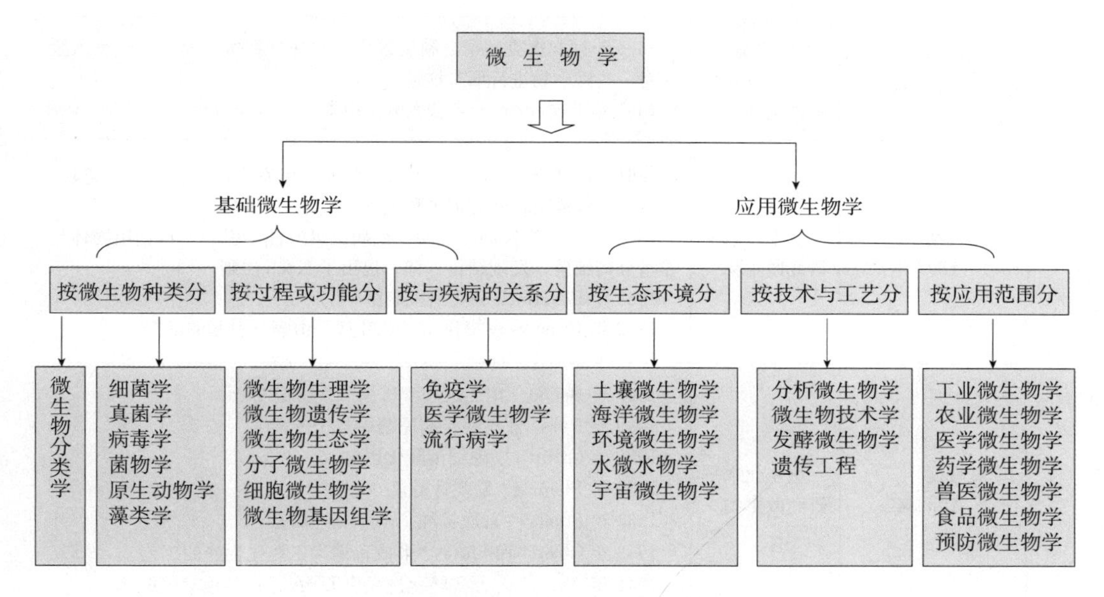

图 0-2 微生物学的主要分支学科
（陈建军．2006. 微生物学基础）

二、微生物学发展简史

从微生物学的发展史看，人类对微生物的认识是从微生物的应用开始的。早在 8 000 多年前我国已经出现了曲蘖酿酒，4 000 多年前我国酿酒已十分普遍。随着显微镜的发明、微生物的发现、灭菌技术的运用和纯培养技术的建立，微生物学在逐步发展，各国学者不断探究微生物的活动规律，有目的地开发利用有益微生物，控制、消灭有害微生物。根据各个历史时期微生物学发展特点，我们把微生物学的发展历史分为 5 个时期，即史前期、初创期、奠基期、发展期和成熟期（表 0-2）。

表 0-2 微生物学的发展简史及发展中重大事件

（周奇迹．2009．农业微生物）

时期	实质意义	重 大 事 件
史前期（8 000 年前至 1676 年）	各国人民凭经验利用微生物	8 000 年前我国已经出现了曲蘖酿酒 4 000 年前我国酿酒已十分普遍 4 000 年前埃及人会烘制面包和酿制果酒 141—208 年华佗首创麻醉法实施外科手术 4 世纪葛洪详细记载了天花的病症及其流行方式 6 世纪贾思勰在《齐民要术》详细记载了制曲、酿酒、制醋、制酱等工艺，并强调豆类和谷类作物轮作 9—10 世纪我国已发明鼻苗法种痘，用细菌浸出法开采铜 16 世纪古罗马医生 G. Fracastoro 提出疾病是由看不见的生物引起的观点
初创期（1676—1861 年）	发明显微镜，观察到大量微生物	1676 年列文虎克利用自制显微镜首次观察到微生物，出于个人爱好对一些微生物进行形态描述 1857 年 Pasteur 证明乳酸发酵是由微生物引起的
奠基期（1861—1897 年）	从生理水平研究微生物	1861—1885 年 Pasteur 证明微生物非自然发生，建立巴氏消毒法，制备了炭疽疫苗，并开创了免疫学 1867—1884 年 Koch* 证明炭疽病由炭疽杆菌引起，首创用固体培养基分离细菌，发现结核杆菌，提出了 Koch 法则 1888 年 Beijerinck 分离出根瘤菌 1892 年 Ivanowsky 提供烟草花叶病是由病毒引起的证据
发展期（1897—1953 年）	从生化水平研究微生物	1897 年 Buchner 用无细胞酵母菌汁发酵成功 1899 年 Ross* 证实疟疾病原菌由蚊子传播 1928 年 Griffith 发现细菌转化现象 1929 年 Fleming* 发现青霉素 1935 年 Stanley* 首次提纯了烟草花叶病毒 1943 年 Chain* 和 Florey* 形成青霉素工业化生产的工艺 1944 年 Avery* 等证实转化过程中 DNA 是遗传信息的载体
成熟期（1953 年至今）	从分子水平研究微生物	1953 年 Watson* 和 Crick* 提出 DNA 双螺旋结构模型 1972 年 Arber*、Smith* 和 Nathans* 发现并提纯了限制性内切酶 1973 年 Cohen 等将重组质粒成功转入大肠杆菌 1977 年 Woese 提出古生菌是特殊类群 1982 年 Prusiner* 发现朊病毒 1983 年 Françoise Barré-SinoussiLuc* 和 Montagnier* 发现人类免疫缺陷病毒（HIV） 1984 年 Mullis* 建立 PCR 技术 1989 年 Bishop* 和 Varmus* 发现癌基因 1997 年第一个真核生物（啤酒酵母）基因组测序完成 2003 年全球爆发非典型肺炎（SARS），并证实非典是由一种新的冠状病毒引起 2005 年 Marshall* 和 Warren* 证明胃炎、胃溃疡是由幽门螺杆菌感染所致

* 为诺贝尔奖获得者

知识拓展

微生物学的开山鼻祖——列文虎克

1673年有个名为列文虎克（Antoni van Leeuwenhoek）的荷兰人用自己制造的显微镜观察到了被他称为“小动物”的微生物世界。他发现了杆菌、球菌和原生动物，表明他真实看到并记录了一类从前没有人看到过的微小生命。因为这个伟大的发现，他当上了英国皇家学会的会员。

列文虎克出生在荷兰东部一个名为德尔福特的小城市，16岁便在一家布店里当学徒，后来自己在当地开了家小布店。当时人们经常用放大镜检查纺织品的质量，列文虎克从小就迷上了用玻璃磨放大镜。他磨制了很多放大镜，而且磨制的放大镜的放大倍数越来越高。因为放大倍数越高，透镜就越小，为了用起来方便，他用两个金属片夹住透镜，再在透镜前面按上一根带尖的金属棒，把要观察的东西放在尖上观察，并且用一个螺旋钮调节焦距，制成了一架显微镜。连续好多年，列文虎克先后制作了400多架显微镜，最高的放大倍数达到200～300倍。用这些自己制作的显微镜，列文虎克观察过雨水、污水、血液、辣椒水、酒、黄油、头发、精液、肌肉和牙垢等许多物质。从列文虎克写给英国皇家学会的200多封附有图画的信里，人们可以断定他是全世界第一个观察到球形、杆状和螺旋形细菌和原生动物的人，他还第一次描绘了细菌的运动。因此，今天我们把列文虎克看成是微生物学的开山鼻祖。

列文虎克活到91岁。直到逝世，他最大的爱好就是用自己制作的显微镜观察和描绘观察结果。虽然他在世的时候就看到人们承认了他的发现，但要等到100多年以后，当人们在用效率更高的显微镜重新观察列文虎克描述的形形色色的“小动物”，并知道他们会引起人类严重疾病和产生许多有用物质时，才真正认识到列文虎克对人类认识世界所作出的伟大贡献。

三、微生物学发展展望

微生物学走过了辉煌的历程，由于新的微生物研究技术的不断出现和应用，未来的微生物学也可能会出现我们目前预想不到的闪光点。

（一）生物基因组学研究将全面展开

基因组学是1986年由Thomas Roderick首创，至今已发展成为专门的学科领域，包括全基因组的序列分析、功能分析和比较分析，是结构、功能和进化基因组学交织的学科。

未来微生物基因组学将在后基因组研究（认识基因与基因组功能）中发挥不可取代的作用外，会进一步扩大到与工业、农业及与环境、资源、疾病有关的重要微生物。目前已经完成基因组测序的微生物主要是模式微生物、特殊微生物及医用微生物。而随着基因组作图测序方法的不断进步与完善，基因组研究将成为一种常规的研究方法，帮助我们从本质上认识微生物，使我们在自身利用和改造微生物上产生质的飞跃，并将带动分子微生物学等基础学科研究的发展。

（二）以相互作用为内容的微生物研究将全面深入

以研究同种微生物之间、微生物与其他微生物、微生物与环境的相互作用为内容的微生物生态学、环境微生物学、细胞微生物学等，将在基因组信息的基础上获得长足发展，为人类的生存和健康发挥积极的作用。

（三）微生物生命现象的特征和共性将更加受到重视

微生物具有其他生物共有的基本生物学特性，同时也具有其他生物不具备的代谢途径和功能。如微生物可在其他生物无法生存的极端环境下生存和繁殖，进行厌氧生活、化能营养、不释放氧的光合作用和生物固氮等。此外，微生物个体微小、结构简单、生长周期短、易培养和变异，便于研究。微生物这些生命现象的特征和共性将是进一步研究解决如生命起源与进化、物质运动的基本规律等生物学重大理论问题和新的微生物资源、能源、粮食的开发利用等实际应用问题最理想的材料。

（四）与其他学科实现更广泛的交叉，获得新的发展

微生物学、生物化学和遗传学的交叉形成了分子生物学，而微生物基因组学则是数、理、化、信息、计算机等多种学科交叉的结果。随着各学科的迅速发展和人类社会的实际需要，各学科之间的交叉和渗透将是必然的发展趋势。未来的微生物学将进一步向地质、海洋、大气、太空渗透，使更多的边缘学科得到发展，如大气微生物学、太空（或宇宙）微生物学、微生物地球化学、海洋微生物学以及极端环境微生物学等。微生物与能源、信息、材料、计算机的结合也将开辟新的研究和应用领域。另外，微生物的研究技术与方法也将在吸收其他学科先进技术的基础上向自动化、定向化和定量化发展。

（五）微生物产业将呈现全新的局面

微生物从被发现到现在已经成为继动物、植物两大生物产业后的第三大产业。这是以微生物的代谢产物和菌体本身为生产对象的生物产业，所用的微生物主要是从自然界筛选培育的自然菌种。未来的微生物产业除了更广泛地利用和挖掘不同环境（包括极端环境）的自然资源微生物外，基因工程菌将形成一批强大的工业生产菌，生产外源基因表达的产物，特别是药物的生产将出现前所未有的新局面。

另外，随着生物技术革命的深入，微生物的应用领域将不断扩展，生产各种各样的新产品，例如微生物塑料、微生物传感器、微生物燃料电池、微生物生态修复制剂及病原微生物诊断的DNA芯片等，特别是生物芯片技术，与聚合酶链反应（PCR）、DNA重组技术一样，给分子生物学和相关学科带来突飞猛进的发展。

学习回顾

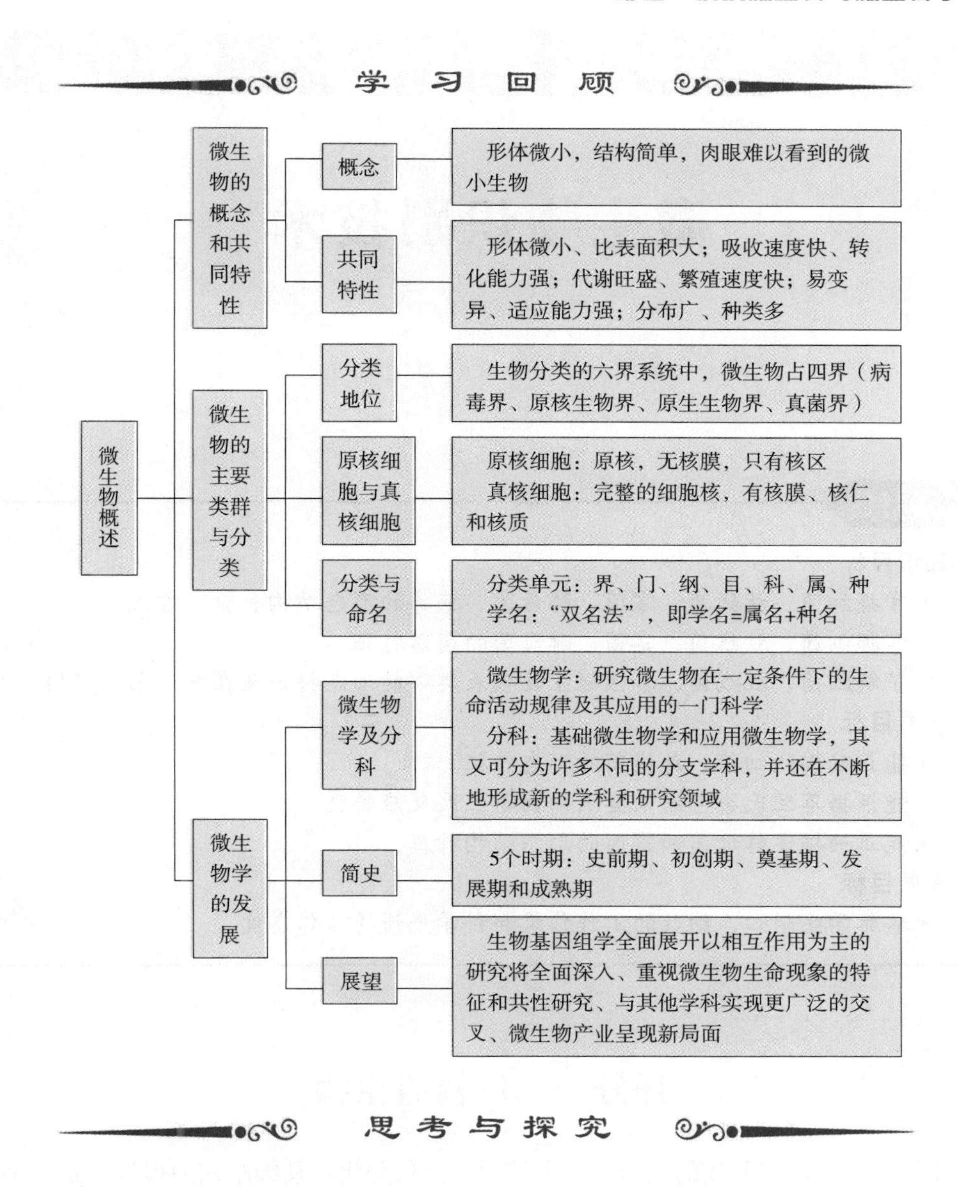

思考与探究

1. 什么是微生物？其具有哪些共同特点？

2. 微生物包括哪些类群？它是如何命名的？

3. 原核生物与真核生物有哪些区别？

4. 微生物学的发展史可以简要地划分为哪几个时期？各时期有哪些重要代表人物与重大事件？

5. 微生物学的发展前景与趋势如何？

6. 微生物与农业的关系如何？

项目一

微生物识别技术

学习目标

◆ 知识目标

- 掌握细菌、放线菌、霉菌、酵母菌、病毒的形态结构和繁殖方式。
- 掌握细菌、放线菌、霉菌、酵母菌的菌落特征。
- 了解细菌、放线菌、真核微生物代表类群的形态特征及在农业上的应用。

◆ 能力目标

- 能正确描述细菌、放线菌的形态特征。
- 能根据革兰氏染色结果鉴别细菌革兰氏反应类型。
- 能正确描述酵母菌和霉菌的形态结构特征。

◆ 素质目标

- 培养学生耐心、细致的工作作风和科学严谨的工作态度。

任务一　原核微生物

原核微生物没有明显的细胞核，无核膜、核仁分化，其细胞核为拟核，是大小为微米（μm）级的单细胞微生物，包括真细菌和古生菌两大类群。真细菌的主要代表类群有细菌、放线菌、蓝细菌、立克次氏体、衣原体和支原体等。其中以细菌的数量最多、分布最广，与人类的关系最为密切。

一、细　　菌

细菌是一类结构简单、种类繁多、以二分裂繁殖为主和水生性较强的单细胞原核微生物，主要分布在温暖、湿润、富含有机质的地方。

（一）细菌细胞的形态和大小

1. 细菌细胞的形态　细菌细胞的形态简单，主要有球状、杆状和螺旋状 3 种，分别称之为球菌、杆菌和螺旋菌（图 1-1）。

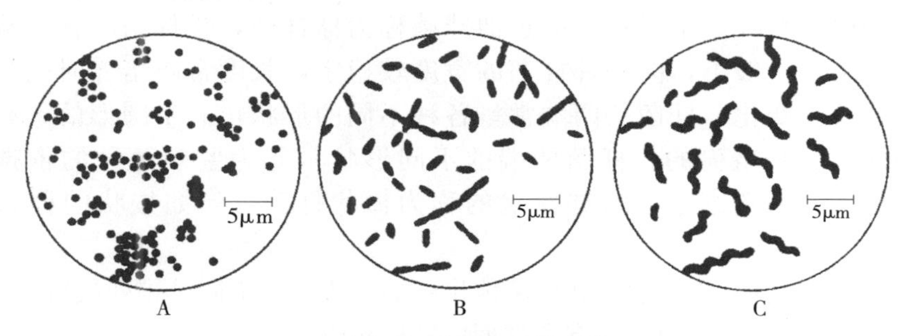

A. 球菌　B. 杆菌　C. 螺旋菌

图 1-1　3 种不同形态的细菌细胞

（1）球菌。球菌即球形或近似球形的细菌，有的单独存在，有的连在一起。球菌可以有多个分裂面，分裂之后产生的细胞常保持一定的排列方式，根据这些排列方式可将球菌分为单球菌、双球菌、链球菌、四联球菌、八叠球菌和葡萄球菌（图 1-2）。

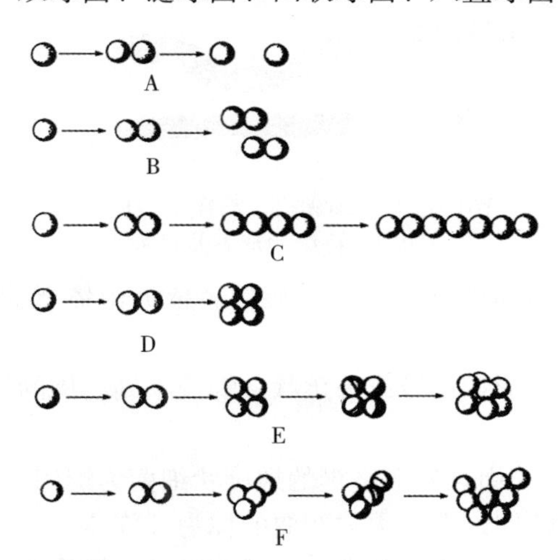

A. 单球菌　B. 双球菌　C. 链球菌　D. 四联球菌　E. 八叠球菌　F. 葡萄球菌

图 1-2　球菌细胞的排列方式

①单球菌。细胞分裂沿一个平面进行，新个体分散而单独存在，如尿素微球菌（*Micrococcus ureae*）。

②双球菌。细胞沿一个平面分裂，新个体成对排列，如肺炎双球菌（*Diplococcus pneumoniae*）。

③链球菌。细胞沿一个平面进行分裂，新个体排列成链状，如乳链球菌（*Streptococcus lactis*）、无乳链球菌（*Streptococcus agalactiae*）。

④四联球菌。细胞沿两个相垂直的平面进行分裂，分裂后每 4 个细胞特征性地连在一起，呈“田”字形，如四联微球菌（*Micrococcus tetragenus*）。

⑤八叠球菌。细胞沿 3 个互相垂直的平面进行，分裂后每 8 个球菌特征性地连在一起，呈立方体形，如藤黄八叠球菌（*Sarcina ureae*）。

⑥葡萄球菌。细胞无定向分裂，多个新个体形成一个不规则的群体，犹如一串葡萄，如金黄色葡萄球菌（*Staphylococcus aureus*）、白色葡萄球菌（*Staphylcoccus albus*）。

（2）杆菌。杆状的细菌称为杆菌。根据杆菌长和宽的比例不同把杆菌分为长杆菌、短杆菌。短杆菌中最特殊的近似球菌称为球杆菌，长杆菌中长和宽比例最大者为线杆菌。一般讲，同一种杆菌的宽度较稳定，长度常随培养时间与环境条件不同而有较大变化。杆菌的两端常呈各种不同的形状，有半圆形的、有钝圆形的，有平截的、有略尖的。杆菌两端的不同形状常作为鉴别菌种的依据。有些杆菌一端膨大、一端细小，形如棒状的称为棒状杆菌，形如梭状的称为梭状杆菌。

杆菌永远沿横轴方向分裂，此外菌体排列的方式也有不同，排列成对的称为双杆菌，形成链状的称为链杆菌，也有的排列成栅栏状或“八”字形（图 1-3）。

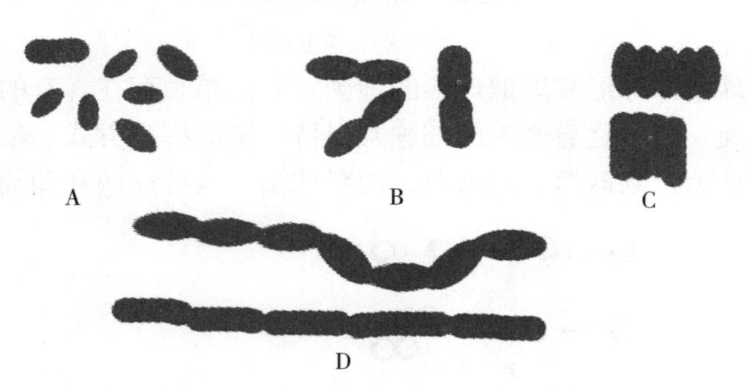

A. 单杆菌　B. 双杆菌　C. 栅杆菌　D. 链杆菌

图 1-3　杆菌的形态及排列

（3）螺旋菌。菌体弯曲的细菌称为螺旋菌。依据菌体弯曲程度不同可分为以下几种。

①弧菌。菌体略弯，形如逗号或香蕉状，螺旋不满一周的称为弧菌，如霍乱弧菌（*Vibro cholerae*）。

②螺菌。螺旋在 2～6 周且外形坚挺的螺旋状细菌为螺菌。

③螺旋体。螺旋在 6 周以上，柔软弯曲的称为螺旋体。

自然界存在的细菌中以杆菌最为常见，球菌次之，螺旋菌比较少见。除了这 3 种基本形态外，极少数细菌还有一些其他形态，如丝状、三角形、正方形和圆形等。如星状菌属（*Stella*）的细菌为星状；柄细菌属（*Caulobacter*）的细胞呈弧形或肾状并具有一根特征性的细柄，可附着于基质上，故命名为柄细菌。

细菌的形态易受环境影响，如培养时间、培养温度、培养基的成分、浓度和 pH 的改变均可引起菌体形态发生变化。一般生长条件适宜时培养 8～18h 的细菌形态正常，表现其固有形态。在老龄培养物中或在有药物、抗生素、过高浓度盐分等不正常情况下，细菌常出现畸形，若转移到新鲜培养基中培养又可恢复其原有形态。

2. 大小　细菌个体很小，必须借助显微镜才能观察到。细菌细胞的大小可用测微尺在显微镜下测量。球菌只测其直径，杆菌测其长度和宽度，螺旋菌测其宽度与弯曲形长度，以宽×长或直径来表示大小。大多数球菌的直径为 0.5～2.0μm，一般杆菌为（0.5～1.0）μm×（1.0～5.0）μm（图 1-4）。同一种细菌的大小也有不同，一般刚产生的子细胞均较小，成长后变大；培养数小时的幼龄菌较大，老龄菌较小。

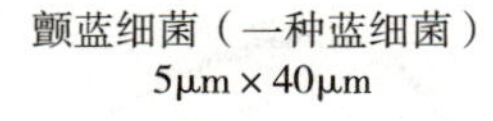

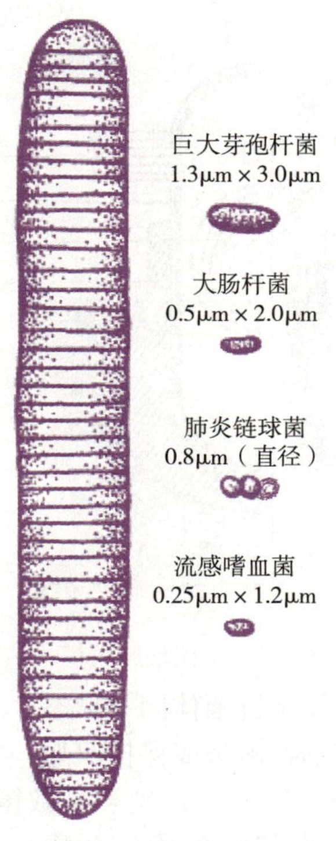

图 1-4　几种细菌细胞大小的比较

知识拓展

典型细菌细胞的大小可用大肠杆菌作代表，其细胞的平均长度约为 2μm，宽度约为 0.5μm。也就是说，1 500 个大肠杆菌“头尾”相接相当于 1 粒芝麻长，120 个“肩并肩”地紧挨在一起才有人的 1 根头发粗。至于它的质量则更是微乎其微，大约 10^9 个大肠杆菌细胞的总质量才 1mg。迄今所知最大的细菌是纳米比亚嗜硫珠菌（*Thiomargarita namibiensis*），其大小一般为 0.1～0.3mm，有些可达 0.75mm，肉眼可见；而最小的是纳米细菌，其细胞直径仅为 50nm，比有些病毒还要小。

（二）细菌细胞的结构

细菌细胞的结构可分为基本结构和特殊结构两种（图 1-5）。基本结构指的是所有的细菌细胞都具有的结构，如细胞壁、细胞膜、细胞质及内含物、核区与质粒。特殊结构是有的细菌细胞有、有的细菌细胞所没有的结构。如糖被、鞭毛和芽孢等特殊结构，它是细菌分类鉴定的重要依据。

1. 细菌细胞的一般结构

（1）细胞壁。细胞壁是位于细菌菌体最外层的具有一定韧性和弹性的外被，占细胞干重的 10%～20%。

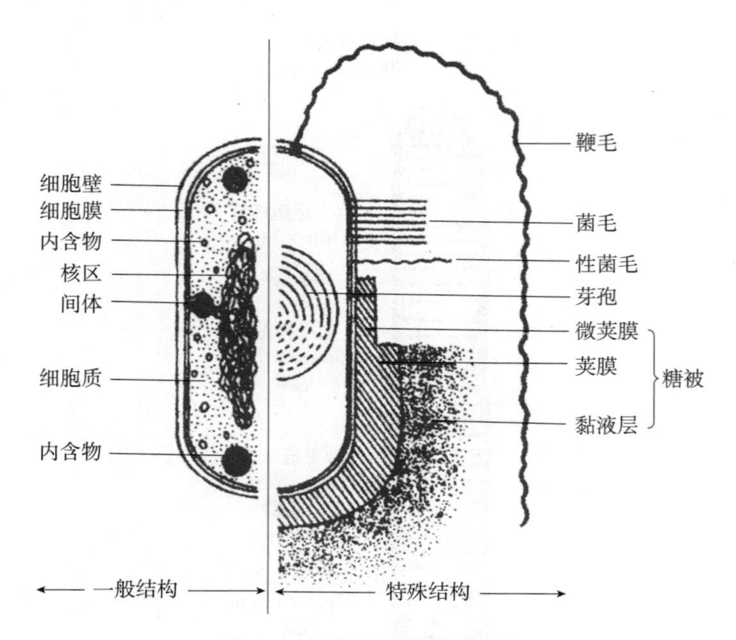

图 1-5 细菌细胞的模式结构

①细胞壁的功能。细胞壁能维持菌体固有形态，对菌体具有保护作用，在一定的低渗液和高渗液中使菌体细胞不致破裂或保持原形；它与细菌的抗原性、抗病性和对噬菌体的敏感性均有关系。因其较薄，在光学显微镜下不易见到。用电子显微镜观察，细胞壁为多孔网状结构，水与小分子化合物可以通过，对大分子物质有阻拦作用。

②细胞壁的化学成分。原核细胞微生物细胞壁主要的化学成分是肽聚糖。肽聚糖是 *N*-乙酰胞壁酸、*N*-乙酰葡萄糖胺和短肽聚合成的多层网状结构的大分子化合物（图 1-6）。

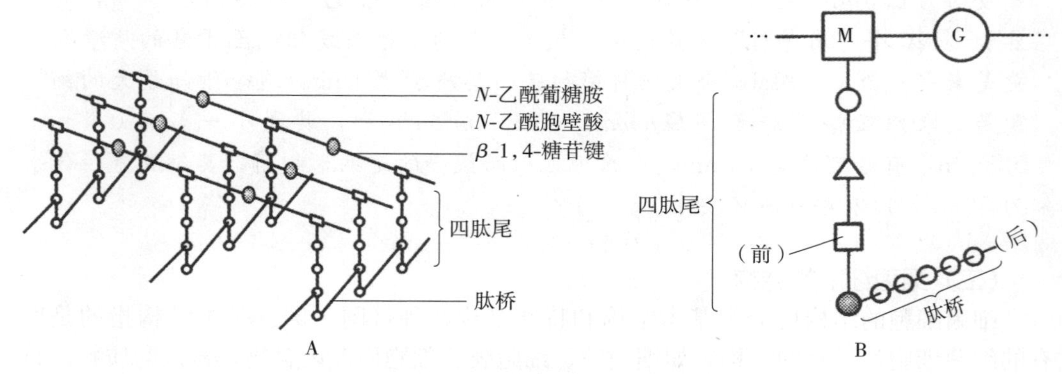

A. 整体结构 B. 单体结构

图 1-6 肽聚糖的结构

③细菌细胞壁与革兰氏染色的关系。根据细菌细胞革兰氏染色的结果可将细菌分为两种，菌体细胞呈紫红色者为革兰氏阳性菌（G^+菌），菌体细胞呈粉红色者为革兰氏阴性菌（G^-菌）。细菌出现不同的染色反应主要是因为这两类细菌的细胞壁的化学

组成和结构有明显区别（图 1-7）。

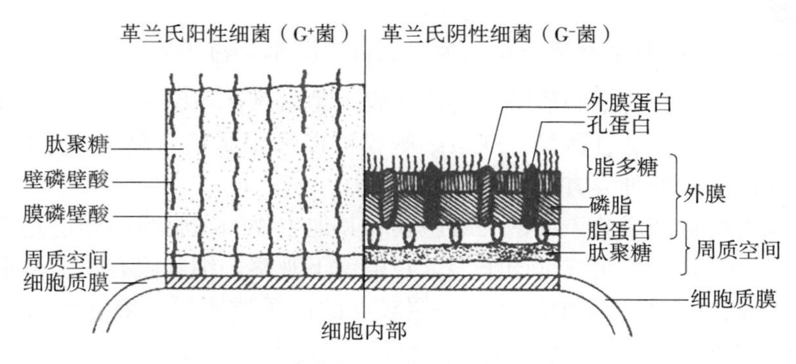

图 1-7 G^+ 菌与 G^- 菌细胞壁构造的比较

G^+ 菌的细胞壁较厚，达 20～80nm，化学组成简单，主要成分是肽聚糖和磷壁酸，肽聚糖层次多，达 15～20 层，占细胞壁干重的 50%～80%，肽聚糖的交联程度也比较高，有 75%的交联。

G^- 菌的细胞壁较薄，一般为 10～15nm，主要成分为脂多糖、脂蛋白。肽聚糖层很薄，类脂的含量高于 G^+ 细菌。细胞壁有两层，外层较厚是一层脂类物质，内层为肽聚糖，肽聚糖层层次少，只有 1～3 层，占细胞壁干重的 10%～20%。肽聚糖层的交联度只有 25%，整体结构比较疏松。

G^+ 菌肽聚糖的含量与交联程度均较高，层次也多，细胞壁较厚，壁上的间隙较小，媒染后形成的结晶紫-碘复合物就不易脱出细胞壁，加上它基本不含脂类，经 95%乙醇洗脱后非但没有出现缝隙，反而由于外界乙醇浓度高，肽聚糖层的网孔失水而变得通透性更小，结果蓝紫色的结晶紫-碘复合物就留在细胞内而呈蓝紫色。而 G^- 菌肽聚糖的含量与交联程度均较低，层次也少，细胞壁较薄，壁上的间隙较大，再加上细胞壁的脂质含量高，经 95%乙醇洗脱后细胞壁因脂质被溶解而空隙变大，所以，蓝紫色的结晶紫-碘复合物极易脱出细胞壁，乙醇脱色后变成无色，经过第二种染色剂复染，呈现第二种染色剂的颜色。

④缺壁细菌。细胞壁是细菌细胞的基本结构，但并非所有细菌都有细胞壁。在自然界长期进化中和在实验室菌种的自发突变中都会产生少数缺细胞壁的种类，把这一类称为细胞壁缺陷细菌，简称为缺壁细菌。常见的缺壁细菌有如下几种。

A. 原生质体（protoplast）。指在人工条件下用溶菌酶除尽原有细胞壁或用青霉素抑制细胞壁的合成后所留下的仅由细胞膜包裹着的细胞，常见于革兰氏阳性菌。

B. 球状体或原生质球（spheroplast）。用溶菌酶等作用于革兰氏阴性细菌，仅能去除细胞壁的肽聚糖成分，形成仍有脂多糖层包裹的菌体，称之为球状体或原生质球。

C. L 型细菌。L 型细菌专指那些在实验室中或宿主体内通过自发突变而形成的遗传性稳定的细胞壁缺陷菌株。1935 年，在英国李斯特（Lister）预防医学研究所中发现一种由自发突变而形成的细胞壁缺损的细念珠状链杆菌（*Streptobacillus moniliformis*），它的细胞膨大，对渗透压十分敏感，生长繁殖较慢，在固体培养基上形成油煎蛋似的小菌落。

【想一想】

缺壁细菌与有细胞壁细菌相比，对环境条件要求有何不同?

(2) 细胞膜。又称为细胞质膜，简称质膜，是紧靠在细胞壁内侧包围细胞质的一层柔软而富有弹性的半透性薄膜。观察细胞膜可以采用质壁分离法、选择性染色法、电镜技术以及溶菌酶处理等方法。

①细胞膜的结构和成分。细菌的细胞膜和其他生物的细胞膜一样也是“单位膜”，由磷脂双分子层和蛋白质组成（图1-8）。在电镜下观察，细胞膜有3层，是两层比较暗的厚约2nm的电子致密层中间夹着一层较亮的电子透明层。细胞膜约占细胞干重的10%，其主要成分是蛋白质（占60%～70%）、脂类（占20%～30%）以及少量的多糖（占2%）。

细胞膜——流动镶嵌模型

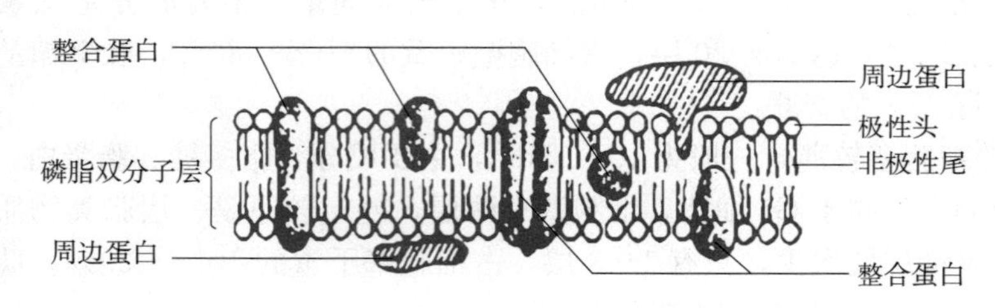

图1-8 细胞膜的结构模式

②细胞膜的功能。细胞膜是细菌细胞结构中必不可少的部分，它可以维持细胞内正常的渗透压；控制营养物质和代谢产物进出细胞；参与脂膜、细胞壁各种组分以及糖被等的生物合成；参与产能代谢，在细菌中，电子传递链和ATP合成酶均位于细胞膜；为鞭毛提供着生点及运动所需能量；分泌细胞壁和糖被的成分等。

③内膜系统。与真核生物细胞膜不同，原核生物细胞膜可内陷到细胞质里形成一些管状、层状、囊状或串状物，称之为内膜系统，又称为中体、间体或中间体，一般位于细胞分裂的部位或附近，可以参与隔膜的形成、核的复制，同时也是能量代谢的场所（类似于线粒体的功能，又称拟线粒体）。

(3) 细胞质及其内含物。细胞膜内除核区外的一切半透明、胶状、颗粒状物质可总称为细胞质，是细菌细胞的基础物质，其基本成分是水、蛋白质、核酸和脂类物质，也含有少量的糖和无机盐类。细菌细胞质和其他生物细胞质的主要区别是其核糖核酸含量高，含量可达固形物的15%～20%。由于细菌细胞质中含有大量的核糖核酸，因而嗜碱性强，易被碱性和中性染料着色，尤其是幼龄菌。老龄菌菌体细胞中核糖核酸常作为氮和磷的来源而被利用，其核酸含量减少，故着色力降低。

在细胞质内含有核糖体、贮藏物、丰富的酶系和中间代谢物，所以细胞质是细菌进行营养代谢以及合成核酸和蛋白质的场所，具有生命物质所具有的各种特征，使细菌菌体细胞与周围环境不断地进行物质交换，不断地更新细胞内的结构和成分，以维持细菌的生命活动。

①核糖体。核糖体是细菌合成多肽和蛋白质的场所，由核糖核酸与蛋白质组成，由于其常串联在mRNA上以多聚体形式存在，称为多聚核糖体。细菌的核糖体分散在细胞质中，其大小为70S粒子，由30S和50S两个亚基组成。链霉素等抗生素可抑

制核糖体30S亚基的合成，从而抑制细菌蛋白质的合成。

【想一想】

链霉素能抑制人体细胞蛋白质的合成吗？

②颗粒状内含物。在很多细菌的细胞质中还含有一些颗粒状物质，这些物质大多在营养过剩时形成，当营养物质缺乏时又被分解利用，因此被称为贮藏性物质。其种类随菌种而异，数量随菌龄与培养条件而变化。根据其化学性质和功能，把细菌的细胞质内贮藏物质分为糖原、淀粉粒、脂滴、聚β-羟基丁酸（PHB）、异染颗粒、硫粒以及气泡等。

（4）核区与质粒。

①核区。原核生物所特有的无核膜包裹、无固定形态的原始细胞核称之为原核或拟核。它没有核膜、核仁分化，只有一个核质体或称染色体，在电子显微镜下观察呈丝状结构。它实质上是一个巨大的、连续的环状双链DNA分子，比细菌本身长很多倍，经折叠缠绕而成。如*E. coli*细胞长度为2μm，而其DNA长度约达1 100μm。细胞核在遗传性状的传递中起重要作用。

②质粒。在很多细菌菌体细胞中还存在染色体外的遗传因子，为很小的环状DNA分子，其相对分子质量为染色体DNA相对分子质量的0.3%～3.0%，分散在细胞质中能自我复制，称为质粒。附着在染色体上的质粒称为附加体，它们也是遗传信息储存、表达及传递的物质基础。

质粒基因组含细菌生命非必需的基因，不同的质粒分别含有使细菌具有某些特殊性状的基因，如致育性、抗药性、产生抗生素、降解某些化学物质等。质粒能自我复制，随宿主分裂传递给子代，也可以独立于染色体而转移，有时质粒还能携带DNA片段在细胞之间转移。因此，质粒已经成为基因工程中被广泛采用的基因载体。

2. 细菌细胞的特殊结构

（1）鞭毛。鞭毛是从细胞质膜上起源，穿过细胞壁伸到细胞外的一根或数根纤细呈波浪状的丝状物，是细菌的“运动器官”。鞭毛的主要成分为蛋白质。

鞭毛细长、坚硬。鞭毛长度一般可超过菌体若干倍，而直径仅是菌体宽度的1/10或更细，用电镜才能看清，或经染色加粗后在光镜下也可看见。此外，在暗视野中可通过对细菌水浸片或悬滴标本片的观察，根据其运动方式判断是否有鞭毛；可通过半固体琼脂穿刺培养穿刺线上群体扩散的情况来推断群体有无鞭毛。

大多数球菌不生鞭毛，螺旋菌都有鞭毛，杆菌中有的生鞭毛、有的不生鞭毛。生鞭毛细菌的鞭毛数目与着生位置随细菌种类而异，并依此可将细菌区分为偏端单生鞭毛菌、两端单生鞭毛菌、偏端丛生鞭毛菌、两端丛生鞭毛菌和周生鞭毛菌（图1-9）。幼龄菌易生鞭毛，运动活泼；衰老后失去鞭毛，无运动性。鞭毛菌除能在液体中定向运动外，运动性活泼的也能在固体培养基表面的水膜内运动，并蔓延至远处形成扩张性菌落。

能否产生鞭毛由细菌的遗传特性决定，但也与环境条件有关。有鞭毛的细菌并不是在生活史的任何阶段都有鞭毛。一般来说，鞭毛极易脱落，有鞭毛的细菌一般在幼龄时具有鞭毛，老龄时脱落。在不良的环境条件下，如过高或过低的温度、培养基成

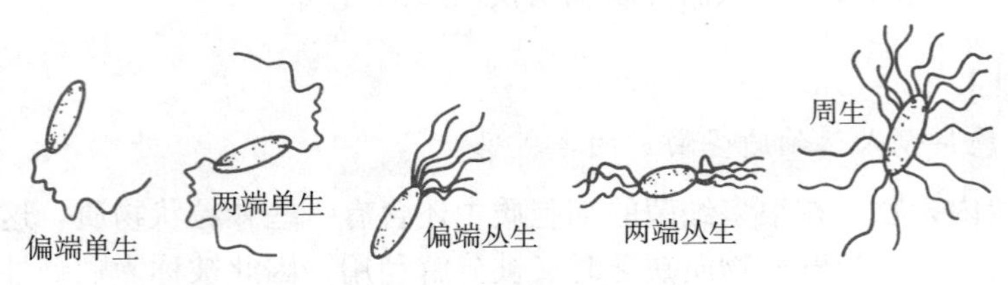

图 1-9 细菌鞭毛的类型

分改变、培养时间过长、过于干燥、芽孢形成、防腐剂的加入等可使细菌运动缓慢或不能运动，甚至丧失鞭毛。

（2）菌毛与性丝。

①菌毛。许多革兰氏阴性菌与少数革兰氏阳性菌的细胞表面具有中空柱状的蛋白质类附属物，称为菌毛。菌毛较鞭毛细、短、直，数量较多，一般 200～300 条，多的可达 500 条，且周身分布。菌毛一般长 0.2～2.0μm，直径 3～10nm，只能在电镜下观察到。菌毛不参与运动，所以运动细菌和不运动细菌都可以有菌毛。但不是所有细菌都有菌毛，产生菌毛的能力由其染色体的基因决定。

菌毛的功能：一是赋予细菌黏附的能力，尤其是对致病菌；二是使某些细菌缠结在一起而在液体表面形成菌膜以获取充分的氧气；三是可作为某些细菌的抗生素原——菌毛抗原。

②性丝。性丝是一类特殊的菌毛，构造和成分与菌毛相同，其功能是参与细菌的性接合，向雌性菌株传递遗传物质。所以性丝只存在于某些菌的雄株菌的表面。与菌毛相比，性丝数目较少，一般只有 1～4 根，最多可达 10 根，较长和较宽。

（3）糖被。有些细菌在其生命活动过程中向其表面分泌一层松散透明的富含水分的黏胶状物质，称为糖被（图 1-10）。

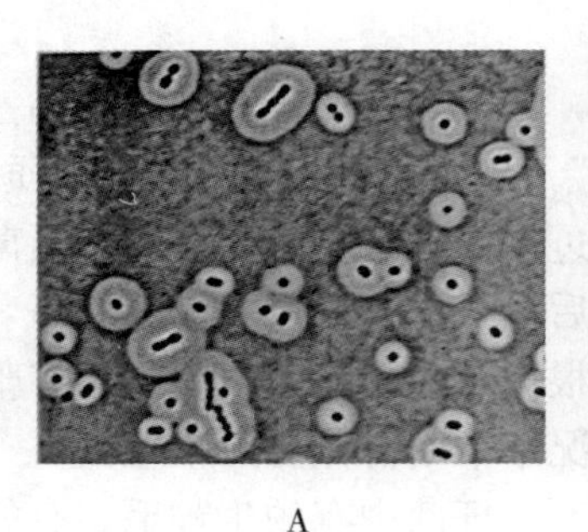
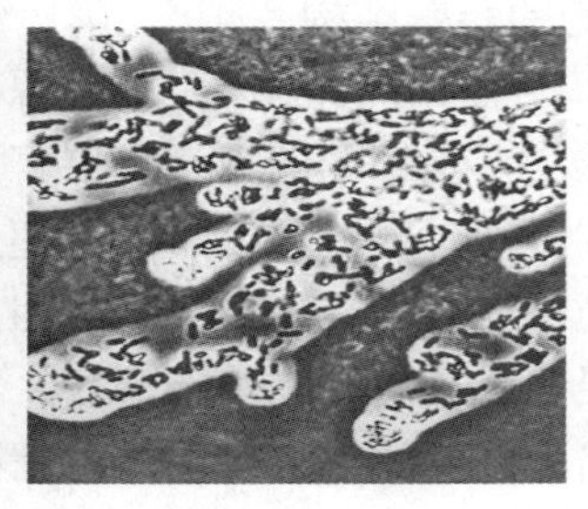
A　　B

A. 大荚膜　B. 菌胶团
图 1-10 细菌的糖被

①糖被的成分。糖被的化学成分主要是水分（90%），除此之外还有 10%的多糖。糖被折光率低，不易着色，但用负染色法可在光学显微镜下清楚地观察到细菌的糖被。

②糖被的类型。根据这层黏胶状物质量的大小以及与细菌细胞壁结合的紧密程度，可把糖被分为以下 3 种。

A. 微荚膜。较薄（<200nm），有固定外形，与细胞表面结合紧密，在光学显微

镜下看不见，但能用血清学方法证明其存在，易被蛋白酶消化。

B. 大荚膜。也称真荚膜，较厚（约 200nm），约为菌体宽度的几倍，具有一定的外形和明显外缘。

C. 黏液层。黏液层是非定形物，自细胞分泌出来后与细胞结合松散，无明显边缘，易扩散至培养基中，在液体培养基中会使培养基的黏度增加。

有的细菌能分泌黏液将许多菌体黏合在一起，形成具有一定形状的黏胶物，称为菌胶团。它是细菌群体的共同荚膜。

在琼脂培养基表面上，产糖被细菌菌落表面通常湿润、光滑、透明，即 S 型菌落。不产糖被细菌菌落表面干燥、粗糙，即 R 型菌落。

③糖被的功能。糖被富含水分，可以保护细菌免受干燥影响；糖被是聚合物，可以作为贮存在细胞外的营养物质；糖被还是某些病原菌的致病因子，如 S 型肺炎双球菌依靠其荚膜致病，转变为 R 型后致病力降低；另外，糖被还具有抗原性。

能否形成糖被由细菌的遗传特性决定，也与环境条件有一定的关系。生长在含糖量高的培养基上的细菌容易形成糖被，如肠膜明串珠菌（*Leuconostoc mesenteroides*）只有在含糖量高、含氮量低的培养基中才能形成糖被。某些病原菌，如炭疽芽孢杆菌（*Bacillus anthracis*）只在寄主体内才形成糖被，在人工培养基上不形成糖被。形成糖被的细菌也不是整个生活期内都有糖被，如肺炎双球菌在生长缓慢时形成糖被；某些链球菌在生长早期形成糖被，后期则消失。

产糖被细菌常给人类带来一定的危害，如菌胶团能阻塞工厂管道、影响生产等。但产糖被细菌也有一定的益处，人们常常利用菌胶团细菌分解和吸附有害物质的能力来进行污水处理；还可以从肠膜明串珠菌的糖被中提取葡萄糖以制备羟甲基淀粉代血浆或葡萄糖凝胶试剂。

（4）芽孢和伴孢晶体。

①芽孢。有些细菌生长发育至一定阶段，能在细胞内形成一个壁厚、质浓、折光性强的休眠体，称为芽孢。一个细菌菌体只能产生一个芽孢，一个芽孢萌发后也只能产生一个菌体，所以芽孢不是繁殖器官。

细菌的特殊结构——芽孢

由于芽孢的壁厚、折光性强，因此在显微镜下观察为透明体。芽孢难以着色，为了观察芽孢，常采用着色力强的染色剂进行染色。

一般而言，杆菌中能形成芽孢的种类较多，且多为 G^+ 杆菌，在球菌和螺旋菌中只有少数种类形成芽孢。能否形成芽孢是菌种的特征，受其遗传特性的制约，但也需要一定的环境条件。大多数芽孢杆菌在营养缺乏、温度较高或积累有害代谢产物等不良条件下在衰老的细胞体内形成芽孢。但有的菌种需要在营养丰富、温度适宜的条件下才能形成芽孢，如苏云金芽孢杆菌在营养丰富、温度和通气适宜等条件下在幼龄细胞中大量形成芽孢。

芽孢的形状、位置和大小因菌种而异（图 1-11），是细菌分类的形态特征之一。一般而言，芽孢以圆柱形居多，圆球形的较少。芽孢着生的位置有端生、近端生和中央生 3 种。芽孢杆菌的芽孢大多位于菌体中央，一般不大于菌体宽度；梭状芽孢杆菌的芽孢多数位于菌体近端部或端部，通常大于菌体宽度。

芽孢的抗逆性主要和芽孢的结构有关。成熟的芽孢具有多层结构（图 1-12），位

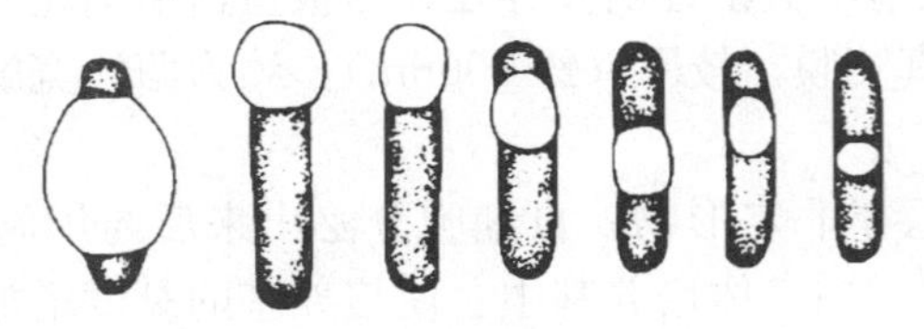

图 1-11　细菌芽孢的几种类型

于菌体最外层的是芽孢外壁，主要成分是蛋白质、脂质和糖类，具有保护作用；接下来是 3～15 层的芽孢衣，主要含疏水性的角蛋白，所以芽孢衣非常致密，通透性很差，对酶类和表面活性剂具有很强的抗性；紧挨着芽孢衣的是皮层，约占芽孢体积的一半，主要成分为芽孢所特有的芽孢肽聚糖和吡啶二羧酸钙盐，赋予芽孢异常的抗热性，皮层的渗透压很高；位于芽孢中央的是芽孢核心，通常由芽孢壁、芽孢膜、芽孢质（含有核糖体、RNA、酶类）、芽孢核区（含有 DNA）构成，含水量极低。

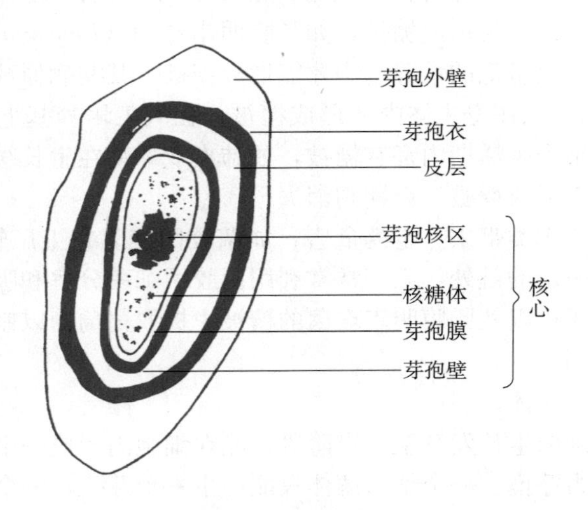

图 1-12　细菌芽孢结构模式

芽孢含水量低，具有厚而致密不易渗透的芽孢壁，含有抗热性能的 2，6-吡啶二羧酸（DPA）及抗热性的酶类。因此，芽孢对于高温、干燥、光线、化学药品等不良环境条件有很强的抵抗力，一些芽孢可以在不良环境中存活几年甚至几十年。灭菌时，通常在 100℃下煮 10min 可以杀死全部营养细胞，而芽孢在湿热 120℃以上需 20～30min 方可被杀死。

芽孢的抗逆性和休眠能力有助于产芽孢细菌渡过困境，故芽孢对产芽孢细菌的生存具有重要意义，它既可以作为细菌分类鉴定的一项重要形态特征，也是制订灭菌标准的重要依据。

②伴孢晶体。苏云金芽孢杆菌在其形成芽孢的同时，通常在其相对的一端形成一个碱溶性的蛋白质结晶体，由于其是伴随着芽孢的产生而产生的，因此称为伴孢晶体（图 1-13）。伴孢晶体在碱性条件下溶解可释放出一种内毒素，能杀死多种昆虫，尤其是鳞翅目昆虫的幼虫。因此，可以用苏云金芽孢杆菌制成细菌性杀虫剂，它对人畜安全，现已商品化生产。

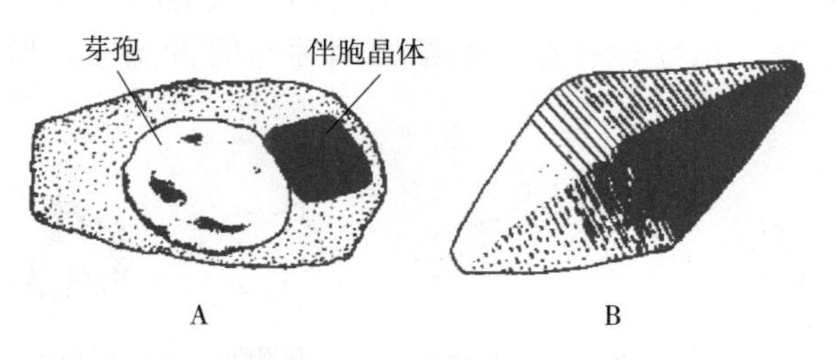

A. 芽孢与伴孢晶体　B. 伴孢晶体的电镜示意

图 1-13　苏云金芽孢杆菌的伴孢晶体

（三）细菌的繁殖

细菌进行无性繁殖，主要为分裂生殖，简称裂殖，其中最主要的是同等二分裂，是一个母细胞分裂成两个大小、形状相似的子细胞的过程。分裂时，核 DNA 先复制为两个新双螺旋链，拉开后形成两个核区，在两个核区间产生新的双层膜与壁，将细胞隔为大小、形状相同的两个，各含一个与亲代相同的核 DNA（图 1-14）。

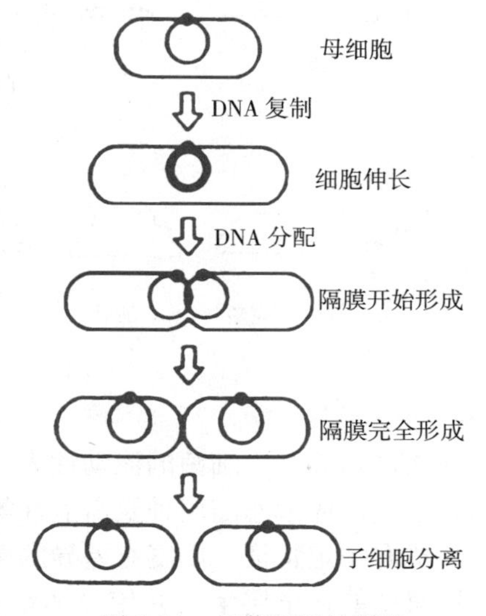

图 1-14　细菌细胞的裂殖

除同等二分裂外，少数细菌还有不等二分裂、三分裂、多分裂、出芽繁殖等其他的繁殖方式。不等二分裂是指分裂形成的两个子细胞大小、形状有差异，如柄细菌；暗网菌进行三分裂，形成两个相对的 Y 形结构，许多这样的菌链交织形成三维网状结构；多分裂主要是寄生在宿主细胞内的细菌在进行分裂时形成多个子细胞；出芽繁殖主要是指在母细胞表面先芽生一个小突起，待其长大到与母细胞相仿后脱落并独立生活的一种繁殖方式。现知很少细菌有“性”接合。

（四）细菌的菌落

肉眼看不到单个微小的细菌细胞，但当细菌在固体培养基上生长繁殖时，由于受到固体培养基表面和深层的限制，不像在液体培养基中那样可以自由扩散，产生的大量细胞便以此母细胞为中心而聚集在一起，形成一个肉眼可见的、具有一定形态结构的子细胞群，称为菌落。当一个固体培养基表面许多菌落连成一片时，便称为菌苔。某一种细菌在一定条件下形成的菌落具有自己的特征，并有一定的稳定性，因此菌落可作为细菌菌种鉴定和判断菌种纯度的重要依据。

菌落特征包括菌落的大小、形状、颜色、光泽、透明度、硬度、隆起状况、表面和边缘特征等（图 1-15）。细菌菌落的共同特征是：菌落较小、湿润、黏稠、质地均匀、各部位的颜色一致、与培养基结合不紧密、培养时间长了有臭味。但不同细菌的菌落也具有自己的特征，如没有鞭毛、不能运动的细菌的菌落较小、较厚、边缘比较整齐；产生鞭毛的细菌（可运动）的菌落较大、扁平，边缘多缺刻；有荚膜的细菌形成的菌落表面光滑、湿润，菌落较大，呈透明的蛋清状；没有荚膜的细菌形成的菌落较小，表面干燥、粗糙；有芽孢的细菌因芽孢的折光性，形成的菌落干燥、有皱褶。

图 1-15　细菌的菌落特征

（沈萍，马向东 . 2006. 微生物学 . 2 版）

在液体培养基中细菌的流动性大，一般分散在全部培养基中，不形成肉眼可见的菌落。但其群体形态随菌种及需氧性等而形成几种不同的现象，一些需氧性细菌在液面上形成有一定特征、厚度有差异的菌膜，厌氧性细菌则只在底层生长并产生沉淀，兼性厌氧菌能在全层生长并使液体培养基变混浊。有些细菌在生长期间还可产生气泡、酸、碱和色素等。

（五）常见细菌种群代表

细菌种类繁多，形态各异，在自然界的分布也很广泛，这里仅简单介绍一些与农业生产有关的种类。

1. 革兰氏阴性菌

（1）大肠杆菌属（*Escherichia*）。又称为埃希氏杆菌属。短杆菌，不产生芽孢，单生或成对，周生鞭毛。许多菌株产荚膜和微荚膜，有的菌株生有大量菌毛，属化能有机营养型，为兼性厌氧菌，能分解乳糖、葡萄糖，产酸产气，能利用醋酸盐，但不能利用柠檬酸盐，在伊红美蓝培养基上菌落呈深蓝黑色，并有金属光泽。

该属中最具典型意义的代表种是大肠杆菌（*E. coli*）。大肠杆菌生活于人体和温血动物的肠道和粪便中，所以在食品卫生检验上常以大肠菌群数作为饮用水、牛乳、食品、饮料等卫生检定指标。大肠杆菌在微生物学中的重要性在于有些大肠杆菌的菌株是研究细菌的细胞形态、生理生化和遗传变异的重要材料，人们对细菌生物学的基础知识，以至于对生命科学的基础知识，很多是用大肠杆菌作为实验材料获得的。

（2）假单胞杆菌属（*Pseudomonas*）。直或略弯曲，多单生，大小为（0.5～1.0）μm×（1.5～5.0）μm。鞭毛端生，不形成芽孢。本属菌营养要求不严，属化能有机营养型，多数为好氧菌，大部分菌种能在不含维生素、氨基酸的培养基上很好生长。有很强分解蛋白质和脂肪的能力，但能水解淀粉的菌株较少。

假单胞杆菌属种类繁多，广泛存在于土壤、水、动植物体表以及各种含蛋白质的食品中，是最重要的食品腐败菌之一，可使食品变色、变味，引起变质；在好气条件下还会引起冷藏食品腐败、冷藏血浆污染；假单胞杆菌属的少数种会对人或动植物致病，如铜绿假单胞菌等。但多数假单胞杆菌在工业、农业、污水处理、消除环境污染中起重要作用。

(3) 醋酸杆菌属（*Acetobacter*）。直或稍弯曲，大小为（0.6～0.8）μm×（1.0～3.0）μm，单生、成对或成链。某些种常出现各种退化型，其细胞呈球形、伸长、膨胀、弯曲、分支或丝状等形态。鞭毛周生，运动或不运动，不形成芽孢。属于化能有机营养型，在中性或酸性（pH 4.5）时氧化乙醇成醋酸。其中的醋化醋杆菌通常存在于水果、蔬菜、酸果汁、醋和酒中，此菌常用于醋酸酿造工业。醋酸杆菌中有的种可引起菠萝的红粉病和苹果、梨的腐烂病，有的菌株在生长过程中可以合成纤维素，这在细菌中是极其罕见的。

(4) 沙门氏菌属（*Salmonella*）。寄生于人和动物肠道内的无芽孢直杆菌，为兼性厌氧菌。除极少数外，通常以周生鞭毛运动。绝大多数发酵葡萄糖产酸产气，不分解乳糖，可利用柠檬酸盐。在肠道鉴别培养基上，形成无色菌落。

本属种类特别繁多，已发现1 860种以上。沙门氏菌是重要的肠道致病菌，除可引起肠道病变外，还能引起脏器或全身感染，如肠热症、败血症等。误食被沙门氏菌污染的食品常会造成食物中毒。

2. 革兰氏阳性菌

(1) 微球菌属（*Micrococcus*）。菌体呈球状，单生、双生或多次分裂，分裂面无规律，形成不规则簇形或立体形，好氧、不运动，在食品中常见，是食品腐败细菌。某些菌株如黄色微球菌能产生色素，感染这些菌后会使食品发生变色。微球菌属具有较高的耐盐性和耐热性。有些菌种适于在低温环境中生长，引起冷藏食品腐败变质。

(2) 葡萄球菌属（*Staphylococcus*）。菌体呈球状，单生、双生或呈葡萄串状，无芽孢、无鞭毛、不运动，有的形成糖被，好氧或兼性厌氧菌。本属菌广泛分布于自然界，如空气、土壤、水域及食品中，也经常存在于人和动物的皮肤上，是皮肤正常微生物区系的代表性成员。某些菌种是引起人畜皮肤感染或食物中毒的潜在病原菌。如人和动物的皮肤或黏膜损伤后感染金黄色葡萄球菌可引起化脓性炎症；食物被该菌污染，人误食后可引起毒素性食物中毒。

(3) 芽孢杆菌属（*Bacillus*）。菌体呈杆状，菌端钝圆或平截，单个或成链状。有芽孢，大多数能以周生鞭毛或退化的周生鞭毛运动。某些种可在一定条件下产生糖被，好氧或兼性厌氧。菌落形态和大小多变，在某些培养基上可产生色素。其生理性状多种多样。

本属广泛分布于自然界，种类繁多。枯草芽孢杆菌（*B. subtilis*）是代表种。除作为细菌生理学研究外，常作为生产中性蛋白酶、α-淀粉酶、5′-核苷酸酶和杆菌肽的主要菌种及饲料微生物添加剂中的安全菌种使用。地衣芽孢杆菌（*B. licheniformis*）可用于生产碱性蛋白酶、甘露聚糖酶和杆菌肽。多黏芽孢杆菌（*B. polymyxa*）可生产多黏菌素。炭疽芽孢杆菌（*B. anthracis*）是毒性很大的病原菌，能引起人畜患炭疽病。蜡状芽孢杆菌（*B. cereus*）是工业发酵生产中常见的污染菌，同时也可引起食物中毒。苏云金芽孢杆菌（*B. thuringiensis*）的伴孢晶体可用于生产无公害农药。

（4）乳杆菌属（*Lactobacillus*）。菌体呈长杆状或短杆状，链状排列、不运动，厌氧性或兼性厌氧，能发酵糖类产生乳酸。化能有机营养型，营养要求复杂，需要生长因子。在 pH 3.3～4.5 条件下仍能生存。乳杆菌常见于乳制品、腌制品、饲料、水果、果汁及土壤中。

它们是许多恒温动物，包括人类口腔、胃肠和阴道的正常菌群，很少致病。德氏乳杆菌常用于生产乳酸及乳酸发酵食品，保加利亚乳杆菌、嗜酸性乳杆菌等常用于发酵饮料工业。

（5）链球菌属（*Streptococcus*）。菌体呈球状或卵圆状，直径 0.5～1.0μm，呈短链或长链排列，无鞭毛、不运动，兼性厌氧菌，广泛分布于水域、尘埃以及人畜粪便与人的鼻咽部等处。有些是有益菌，如乳链球菌常用于乳制品发酵工业及我国传统食品工业中；有些是乳制品和肉食中的常见污染菌；有些构成人和动物的正常菌群；有些是人或动物的病原菌，如化脓链球菌、肺炎链球菌、猪链球菌等。

（6）双歧杆菌属（*Bifidobacterium*）。细胞形态呈多样性，长细胞略弯或有突起，或有不同分支，或有分叉或产生匙形末端；短细胞端尖，也有球形细胞。细胞排列或单个或成链，也有的呈星形、V 形及栅状。厌氧，有的能耐氧。发酵代谢通过特殊的果糖-6-磷酸途径分解葡萄糖。存在于人、动物的口腔和肠道中。近年来，许多实验证明双歧杆菌产乙酸具有降低肠道 pH、抑制腐败细菌滋生、分解致癌前体物、抗肿瘤细胞、提高机体免疫力等多种对人体健康有效的生理功能。

二、放 线 菌

放线菌（*Actinomyces*）是一类呈丝状生长、主要以孢子繁殖、陆生性强的原核微生物。因其菌丝通常从一个中心向四周辐射生长，菌落呈放射状，故得名。放线菌广泛分布于土壤、空气、水域，尤其在中性或偏碱性而富含有机质的土壤中，其种类和数量都比较多。土壤所特有的泥腥味主要是由放线菌的代谢产物引起的。大多数放线菌是腐生菌，这类放线菌对自然界的物质循环起着一定作用；少数为寄生菌，能引起人和动植物的病害；另外，有的放线菌如弗兰克氏菌属（*Frankia*）能与植物共生，固定大气中的氮。

放线菌的个体由一个细胞组成，这与细菌十分相似，放线菌又有许多真菌家族的特点，例如菌体由许多无隔膜的菌丝体组成，所以最初人们认为它是介于细菌和真菌之间的过渡类型，但是随着电子显微镜的广泛应用和一系列其他技术的发展，人们发现了放线菌与细菌的关系比与真菌的关系密切：①放线菌的菌丝体为单细胞，菌丝直径比真菌细，与细菌接近；②无核膜、核仁和线粒体等，核糖体为 70S，属原核生物；③细胞壁含胞壁酸、二氨基庚二酸等成分，不含几丁质、纤维素、G^{+}；④对环境 pH 的要求是近中性或微偏碱，这与细菌相近而不同于真菌（一般偏酸性）；⑤凡能抑制细菌的抗生素也能抑制放线菌，而抑制真菌的抗生素对放线菌无抑制作用；

⑥对溶菌酶敏感。

放线菌绝大多数属有益菌，与人类关系密切，其中最主要的是产生抗生素。用来治疗人和动植物病害的抗生素大多数是由放线菌产生的。据不完全统计，到目前为止，由放线菌产生的抗生素约有1 700种，其中用于临床和农林业生产的有数十种。如链霉素、庆大霉素、平阳霉素、土霉素、春雷霉素、井冈霉素、灭瘟素等，都是经济价值大、疗效好的抗生素。我国广泛应用的"5406"菌肥也是由一类放线菌制成的。放线菌还可用来生产维生素和酶类，此外，放线菌在甾体转化、石油脱蜡、烃类发酵、污水处理等方面的应用也很广泛。近年来，随着医疗卫生和防治植物病害的需要，国内外对放线菌的研究都给予很高的重视。

（一）放线菌的形态结构

放线菌的形态

放线菌由分支状的菌丝体构成。菌丝是一种管状透明的细丝，菌丝内无隔膜。许多菌丝互相交织在一起，成为菌丝体。放线菌的菌丝很细，直径为0.2～1.4μm，与细菌大小相似。

放线菌的菌丝由于形态和功能的不同，分为基内菌丝、气生菌丝和孢子丝 3 种类型（图 1-16）。

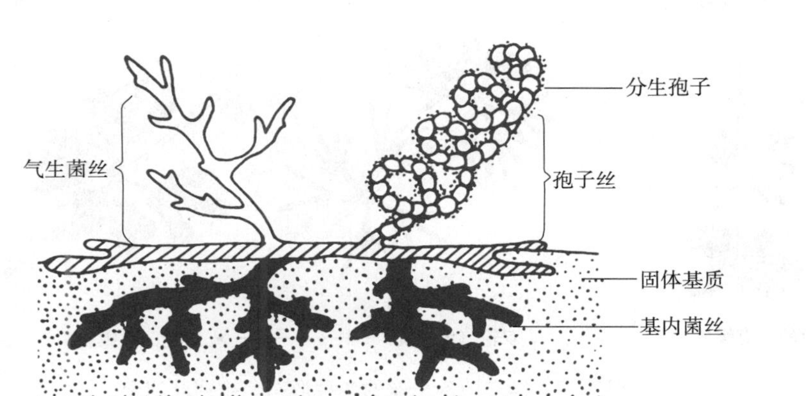

图 1-16　放线菌一般形态结构模式

1. 基内菌丝　伸入到固体培养基内部或培养液的菌丝为基内菌丝。其主要功能是吸收营养物质，故又称营养菌丝。由于菌种和培养基成分的不同，基内菌丝可产生黄、橙、红、紫、蓝、褐、黑等水溶性或脂溶性色素。水溶性色素从菌丝内渗出，使培养基着色，而脂溶性色素则不扩散。基内菌丝能多次分支，无色或可能产生水溶性或脂溶性色素，从而使培养基或菌落底层带有特征性颜色。

2. 气生菌丝　基内菌丝发育到一定阶段后，向空间长出的菌丝体为气生菌丝。气生菌丝一般颜色较深，比基内菌丝粗，直径为1.0～1.4μm。其长度差别很大，直形或弯曲，有分支。有些类群可产生色素。

3. 孢子丝　当气生菌丝生长发育到一定阶段，气生菌丝上分化出可形成孢子的菌丝即孢子丝，又称繁殖菌丝或产孢丝。

孢子丝的形状和在气生菌丝上的生长方式因种而异（图 1-17）。孢子丝的形态主要有直、弯曲和螺旋 3 种，排列方式有单生、丛生、轮生和互生等，螺旋又有数目、大小和疏密之分，这些都是重要的分类特征。孢子丝通过横隔分裂法形成单个或成串的分生孢子。

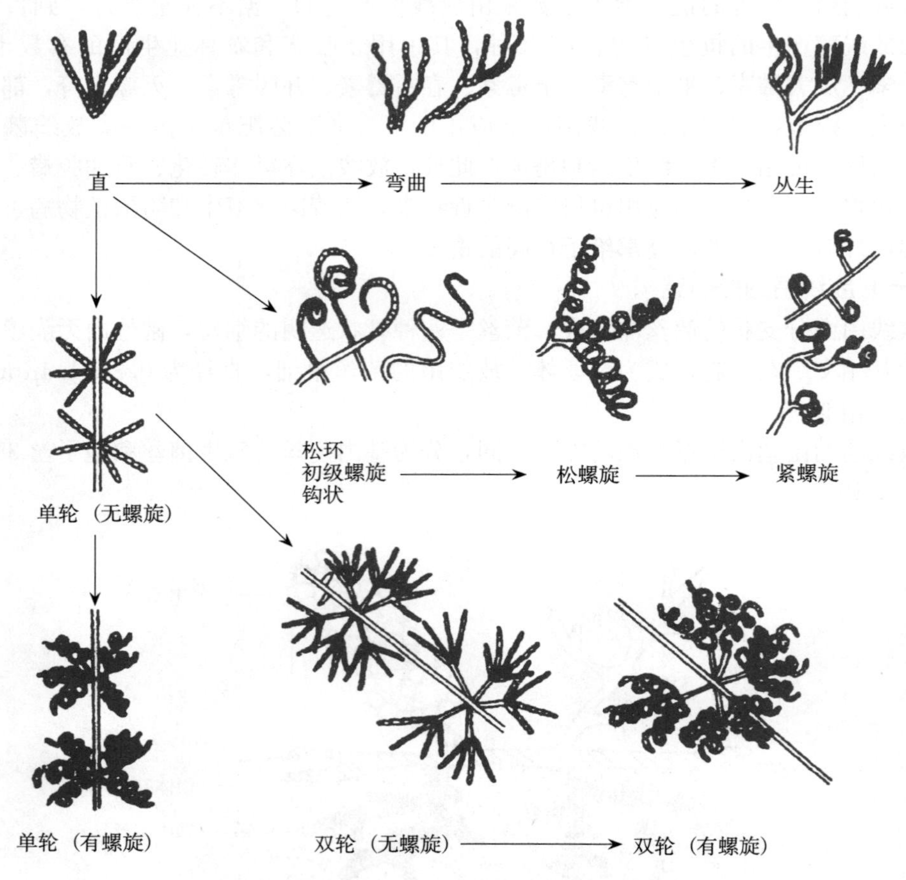

图 1-17　链霉菌孢子丝的各种形态、排列及演变

分生孢子呈球形、椭圆形、圆柱形或瓜子形等，在电镜下观察孢子还具有特殊的表面结构，如光滑刺状、带小疣、毛发状和特征性的颜色。

（二）放线菌的繁殖

放线菌主要通过形成各种无性孢子和菌丝断裂进行繁殖。

1. 分生孢子　分生孢子主要由孢子丝通过横隔分裂的方式形成。孢子丝发育至一定阶段形成横隔，细胞壁加厚并收缩，形成一个一个的细胞，最后细胞成熟，形成一串分生孢子。

2. 孢囊孢子　游动放线菌属的放线菌不形成孢子丝，而是在菌丝顶端膨大产生球形、棒状或瓶状等的孢子囊，孢子囊成熟后释放出孢囊孢子。

3. 菌丝断裂　放线菌也可以借菌丝断裂来繁殖。放线菌的菌丝片段可以形成新的菌丝体。这种方式常见于液体培养及液体发酵生产中。如诺卡氏菌属当营养菌丝成熟后，会以横隔分裂方式突然产生形状、大小较一致的杆菌状、球状或分支状的分生孢子。

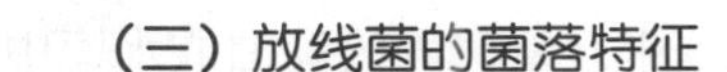

（三）放线菌的菌落特征

放线菌菌落的特征随种类而异，大致可分为两类。一类以链霉菌为代表，其气生菌丝较细，生长缓慢，菌丝分支相互交错缠绕，所以形成的菌落质地致密，表面呈紧密的绒状或坚实、干燥、多皱。菌落较小，与培养基结合紧密，不易用针挑起或整个菌落被挑起而不破碎。菌落正、反面的颜色常因基内菌丝和孢子所产色素各异而不一致，正面是孢子的颜色，背面则是营养菌丝或它所分泌的色素颜色。

另一类以诺卡氏菌为代表，它们的菌落一般只具有基内菌丝，结构松散，黏着力差，并易于挑起，常常也具有特征性颜色。

放线菌液体静置培养，在液面形成膜或下沉于底部，振荡培养则形成球状颗粒。

（四）常见放线菌种群代表

1. 链霉菌属（*Streptomyces*）　链霉菌属大多生长在含水量较低、通气较好的土壤中。其菌丝无隔膜，基内菌丝较细，直径为0.5～0.8μm，气生菌丝发达，较基内菌丝粗1～2倍，成熟后分化为直线形、波曲形或螺旋形的孢子丝，孢子丝发育到一定时期产生出成串的分生孢子。链霉菌属是抗生素工业所用放线菌中最重要的属。已知链霉菌属有1 000多种，许多常用抗生素，如链霉素、土霉素、井冈霉素、丝裂霉素、博来霉素、制霉菌素、红霉素和卡那霉素等都是链霉菌产生的。

2. 诺卡氏菌属（*Nocardia*）　诺卡氏菌属主要分布在土壤中。其菌丝有隔膜，基内菌丝较细，直径为0.2～0.6μm。一般无气生菌丝。基内菌丝培养十几个小时形成横隔，并断裂成杆状或球状孢子。有些种能产生抗生素，如利福霉素、蚁霉素等；也可用于石油脱蜡及污水净化中脱氰等。

3. 放线菌属（*Actinomyces*）　放线菌属菌丝较细，直径小于1μm，有隔膜，可断裂成V形或Y形。不形成气生菌丝，也不产生孢子，一般为厌氧或兼性厌氧菌。本属多为致病菌，如引起牛颚肿病的牛型放线菌，引起人的后腭骨肿瘤病及肺部感染的衣氏放线菌。

4. 小单孢菌属（*Micromonosphora*）　小单孢菌属分布于土壤及水底淤泥中。基内菌丝较细，直径0.3～0.6μm，无隔膜，不断裂，一般无气生菌丝。在基内菌丝上长出短孢子梗，顶端着生单个球形或椭圆形孢子。菌落较小。多数好氧，少数厌氧。有的种可产生抗生素，如绛红小单孢菌和棘孢小单孢菌都可产生庆大霉素，有的种还可产生利福霉素。此外，还有的种能产生维生素B_{12}。

5. 链孢囊菌属（*Streptosporangium*）　链孢囊菌属的特点是可形成孢子囊和孢囊孢子。孢囊孢子无鞭毛，不能运动。本属菌也有不少菌种能产生抗生素，如粉红链孢囊菌产生多霉素、绿灰链孢囊菌产生氯霉素等。

三、蓝细菌

蓝细菌（*Cyanobacteria*）曾称为蓝藻或蓝绿藻，由于发现它们与细菌同为原核细胞而改称为蓝细菌。蓝细菌具有光合能力，可以将CO_2同化为有机物，加之许多种还可以固定空气中的氮气，因此，它们的生活条件、营养要求都不高，所以蓝细菌广泛分布于自然界，普遍生长在河流、海洋、湖泊和土壤中。富营养的湖泊或水库中所见到的水华，常常就是蓝细菌形成的。蓝细菌抗逆境的能力较强，所以在温泉（70～73℃）和盐湖等一些极端环境中也能生活。在贫瘠的岩石等处有不少能固氮的蓝细菌生长着，它们甚至能通过岩石隙缝而向岩石内生长，是岩石分解和土壤形成的"先驱生物"。在沙漠中，蓝细菌常以结成片的"壳"覆盖在土壤与岩石表面，在干旱时休眠，在短时间的冬雨和春雨中生长。一些蓝细菌还能与真菌、苔类、蕨类、苏铁科植物、珊瑚甚至一些无脊椎动物共生。它是一大类群分布极广的、绝大多数情况下营产氧光合作用的、古老的原核微生物。

蓝细菌是一类很有经济利用价值的微生物。如螺旋蓝细菌（*Spirulina*）的蛋白质含量高达50%～60%、脂肪含量为6%～7%，此外还含有多种矿物质和维生素，现已被开发为保健食品。蓝细菌还可以用于临床治疗肝硬化、贫血、白内障、青光眼、胰腺炎等疾病，对糖尿病、肝炎也有一定疗效。

（一）蓝细菌的形态

蓝细菌的个体形态（图1-18）可分为球状或杆状的单细胞和由许多细胞排列而成的丝状体两大类。如黏杆蓝细菌属、皮果蓝细菌属等就是单细胞类群的，丝状蓝细菌包括产异形胞的丝状蓝细菌（鱼腥蓝细菌属）和分支的丝状蓝细菌（飞氏蓝细菌属）等。蓝细菌的细胞一般比细菌大，通常为3～10μm，大的如巨颤蓝细菌的细胞可长达60μm。当许多个体聚集在一起时，可形成肉眼可见的、很大的群体。若蓝细菌繁茂生长，可以使水的颜色随菌体颜色而变化。

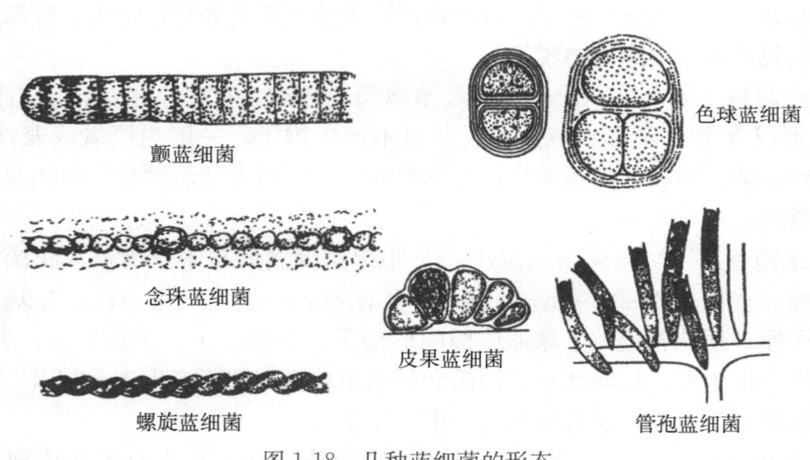

图1-18　几种蓝细菌的形态
（周奇迹．2009．农业微生物）

（二）蓝细菌的结构

蓝细菌的细胞结构在许多方面类似于革兰氏阴性细菌。细胞壁含肽聚糖，外有脂多糖层，革兰氏染色阴性。许多蓝细菌还向细胞壁外分泌黏胶物质，它或包在单细胞外形成类似细菌荚膜的黏膜外套，或包裹在丝状体外形成鞘。多数丝状蓝细菌虽无鞭毛，但能作滑行运动，某些蓝细菌的滑行运动并非简单转移，而是丝状体的旋转、逆转和弯曲，并表现出趋光性。

蓝细菌的脂肪酸常是含有两个或多个双键的不饱和脂肪酸，而其他细菌几乎都含饱和脂肪酸以及只有一个双键的不饱和脂肪酸。

蓝细菌的光合器为片层状膜系统——类囊体。它由多层膜片相叠而成，通常位于细胞周缘，平行于细胞壁。在一些较简单的蓝细菌中，片层常以同心圆规则地排列在细胞质四周。类囊体膜含叶绿体 a、类胡萝卜素、藻胆素以及光合电子传递链的有关组分等。藻胆素是蓝细菌所特有的一种辅助色素，又包括藻蓝素和藻红素两种，在大多数蓝细菌细胞中，以藻蓝素占优势，蓝细菌由于兼有藻蓝素和叶绿素 a 故呈蓝绿色。藻胆素与蛋白质结合成藻胆蛋白，聚集在类囊体外表面构成颗粒状藻胆蛋白体。在缺乏氮素的情况下，藻胆素还可以当氮源贮藏物使用。受氮素饥饿的蓝细菌由于藻蓝素被降解用去，所以常呈绿色。有些蓝细菌的红色或棕色系藻红素所致。蓝细菌的藻蓝素和藻红素比例会因环境条件，尤其是光照条件的变化而改变。在蓝光和绿光下，藻红素占优势，而在红光下主要是藻蓝素，这样保证了蓝细菌能在不同的环境条件下有效地利用光能。

许多蓝细菌的细胞质中含有固定 CO_2 的羧酶体，在其细胞质中有气泡，其作用是使菌体漂浮，使它们逗留在光线最充足的地方，以利光合作用。在蓝细菌细胞质内还有各种贮藏性物质，如糖原、多聚磷酸和聚 β-羟基丁酸（PHB），以及特有的蓝细菌颗粒多聚天冬氨酸。每个天冬氨酸残基上都连有一个精氨酸，是氮源贮藏物，主要贮存在异形胞中。在缺少能量（黑暗或厌氧）的条件下，被精氨酸双水解酶水解成鸟氨酸，并有 ATP 产生，所以在一定条件下，它还起着能量贮备物的作用。

有些蓝细菌还有其他细菌所没有的细胞形态。在有些丝状蓝细菌中有一种特化细胞——异形胞（图 1-19），比一般营养细胞稍大、圆形、厚壁、折光率高，内含蓝细菌颗粒，分布在丝状体中间或末端。异形胞是适应于在有氧条件下进行固氮作用的细胞，它仅含少量藻胆素，缺乏光合系统Ⅱ，不产生 O_2 或固定 CO_2。另外，异形胞的厚壁中含大量糖脂，可降低氧气扩散进入。这样，就为蓝细菌固氮从结构和代谢上提供了一个厌氧环境，使固氮酶避免被氧损伤而保持活性。异形胞来自营养细胞，它与邻接营养细胞通过胞间连丝互相进行物质交流。没有异形胞的丝状蓝细菌在厌氧条件下生长时就在营养细胞中固氮。而其他没有异形胞的蓝细菌则通过其他途径来创造固氮所必需的厌氧条件。

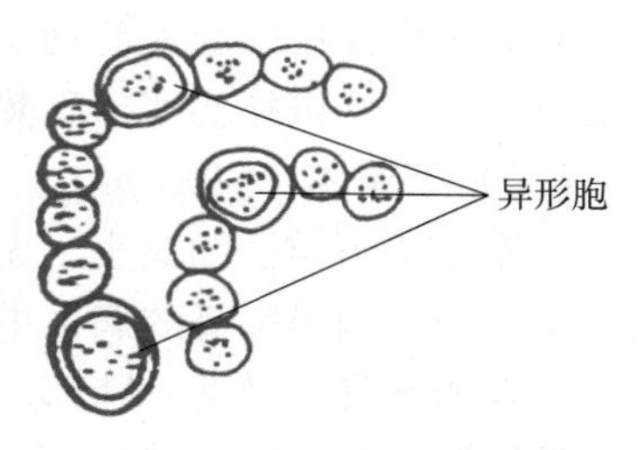

图 1-19 蓝细菌的异形胞
（周奇迹. 2009. 农业微生物）

有些蓝细菌还可形成静息孢子，静息孢子是一种特化细胞，厚壁、色深，与异形胞相似，着生在丝状体的中间或末端，具有抗干旱或冷冻的能力，属于蓝细菌的休眠体，在适宜条件下可萌发形成新的菌丝体。

（三）蓝细菌的繁殖

蓝细菌通过无性方式繁殖，且主要进行裂殖。单细胞的种类进行二分裂（如黏杆蓝细菌）或多分裂（如皮果蓝细菌）。此外，丝状类群还能通过含两个或多个细胞的连锁体脱离母体后形成新的丝状体。少数种类能在细胞内形成许多球形或三角形的内孢子，并以释放成熟的内孢子方式进行繁殖。

四、其他原核微生物

立克次氏体、支原体及衣原体是一些细胞比细菌小的原核微生物。

(一) 立克次氏体 (*Rickettsia*)

1909 年美国医生 Ricketts 研究落基山斑疹热时首次发现这个病害的病原菌。第二年，他不幸在研究过程中因感染斑疹伤寒而患病，并失去生命。人们为了纪念他，把此病的病原菌命名为立克次氏体。立克次氏体是专性活细胞内寄生的致病性原核微生物。

立克次氏体的形态结构和有些特性与细菌相似，其特点为：①细胞大小为 (0.3～0.7)μm× (1～2)μm，类球状或杆状，在光学显微镜下可见；②有细胞壁，细胞壁含胞壁酸和二氨基庚二酸，还有与细菌内毒素相似的脂多糖复合物，但脂质含量高于一般细菌，G^-；③细胞膜主要由磷脂组成，透性比较高，易从寄主细胞获得所需物质，一旦离开寄主无法生活，只能进行专性寄生，实验室一般用鸡胚培养；④细胞内有丝状核质区、70S 核糖体、包含体或空泡，核酸是 RNA 和 DNA，DNA 为正常双链形式；⑤以二分裂方式繁殖；⑥它对许多抗细菌的抗生素是敏感的，如对青霉素和四环素敏感；⑦立克次氏体的宿主一般为蚤、蝉、螨等节肢动物，并可传至人或其他节肢动物；⑧对热敏感，一般在 56℃以上经 30min 即被杀死；⑨能量代谢途径不完整，只能氧化谷氨酸，不能氧化葡萄糖、6-磷酸葡萄糖或有机酸。

立克次氏体可引起人与动物患多种疾病，如引起人类患洛基山斑点热、流行性斑疹伤寒、地方性斑疹伤寒、Q 热和恙虫热等疾病。

(二) 支原体 (*Mycoplasma*)

支原体是一类已知最小、无细胞壁、能离开活细胞独立生活的原核微生物。最初是从患传染性胸膜肺炎的病牛中分离出来的，称为胸膜肺炎微生物（PPO）。支原体能引起人和畜禽呼吸道、肺部、尿道以及生殖系统（输卵管和附睾）的炎症。植物原体（又称类支原体）是黄化病、矮缩病等植物病害的病原体。支原体还是组织培养的污染菌。在污水、土壤或堆肥土中也常有支原体存在。

支原体的特点为：①个体相当小，直径仅有 0.1～0.3μm，一般约 0.2μm，因而在光学显微镜下勉强可见；②G^-，因无细胞壁，所以形态易变，菌体柔软，可通过孔径比自己小得多的细菌滤器，对抑制细胞壁合成的抗生素如青霉素和溶菌酶等不敏感，而对抑制蛋白质生物合成的抗生素（四环素、红霉素等）和破坏含甾体的细胞膜结构的抗生素（两性霉素、制霉菌素等）、表面活性剂（肥皂和新洁而灭）等敏感；③细胞膜含有原核微生物没有的甾醇，故即使缺乏细胞壁，其细胞膜仍有较高的机械强度和韧度；④菌落呈荷包蛋状，直径仅 0.1～1.0mm；⑤一般以二分裂方式繁殖，有时也出芽繁殖；⑥体外培养的要求苛刻，需用含血清、酵母膏或固醇等营养丰富的复合培养基。

【想一想】

支原体为什么对抑制细胞壁合成的抗生素不敏感？

（三）衣原体（*Chlamydia*）

衣原体是一类比立克次氏体小，代谢活性丧失更多的专性活细胞寄生的原核微生物。由于它没有产能系统，ATP 来自宿主，故有“能量寄生物”之称，所以曾长期被误认为是“大型病毒”。后来发现衣原体与病毒有明显不同，而与细菌有很多相似的特点，于 1970 年正式命名为一类独特的原核生物。

衣原体的特点为：①有细胞构造，细胞球形或椭圆形，直径为 0.2～0.3μm；②有细胞壁，G^-；③同时含 DNA 和 RNA，核糖体为 70S；④以二分裂方式繁殖；⑤对抑制细菌的抗生素和药物敏感；⑥缺乏产生能量的酶系，严格细胞内寄生，只能用鸡胚等活组织培养。

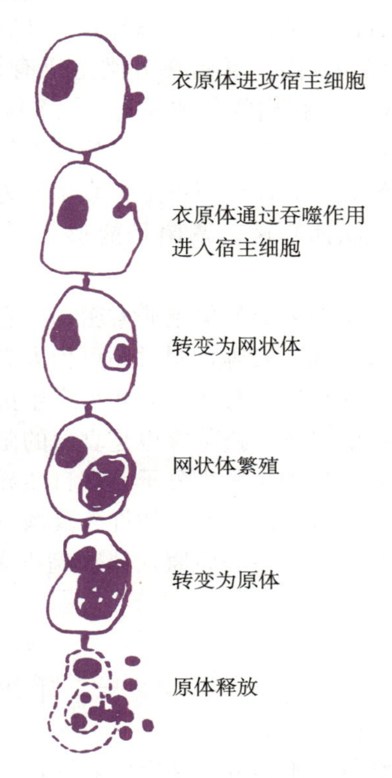

图 1-20　衣原体的生活史

衣原体的生活史特殊（图 1-20），在其生活史中有大、小两种细胞类型。小细胞称原体，具感染性，无生长性，细胞球状，直径约 0.3μm，壁厚且硬，中央有致密的类核结构，RNA/DNA＝1。大细胞称网状体，又称始体，具有生长性，无感染性，多形，直径约 1μm，壁薄而脆，无致密类核结构，RNA/DNA＝3。衣原体感染始自原体，具有高度感染性的原体通过吞噬作用进入宿主细胞，而后原体渐大变成无致密类核结构的网状体。网状体在空泡中以二分裂方式反复繁殖，形成大量子细胞。然后子细胞又变成原体，并通过宿主细胞破裂而释放，再感染新的宿主细胞，整个周期约 48h。与立克次氏体不同，衣原体不需媒介，它直接感染宿主。

目前认识到的衣原体只有沙眼衣原体（*Chlamydia trachomatis*）、鹦鹉热衣原体（*C. psittaci*）。沙眼衣原体是由我国微生物学家汤飞凡等于 1956 年通过鸡胚培养分首先离出来的。它引起沙眼、小儿肺炎以及多种疾病（非淋菌尿道炎、附件炎、淋巴肉芽肿和新生儿眼炎等）。鹦鹉热衣原体引起鹦鹉、鸽、鸡、鹅以及牛、羊的多种疾病。虽然鹦鹉热衣原体的天然宿主是鸟类和人以外的哺乳动物，但当人吸入鸟的感染性分泌物后，能导致肺炎和毒血症，因此鹦鹉热衣原体是人畜共患病的病原体。

任务二　真核微生物

真核生物是细胞核具有核膜、核仁分化，能进行有丝分裂，细胞质中存在线粒体或同时存在叶绿体等多种细胞器的生物。真核微生物个体一般比原核微生物大，主要包括真菌、藻类和原生动物。真菌和藻类的主要区别在于真菌没有光合色素，不能进行光合作用。所有真菌都是有机营养型的，而藻类则是无机营养型的光合生物。真菌和原生动物的主要区别在于真菌的细胞有细胞壁，细胞壁的成分大都以几丁质为主，也有部分真菌（卵菌）细胞壁的成分以纤维素为主，而原生动物的细胞则没有细胞壁。本任务主要介绍真菌。

真菌种类繁多，形态各异，细胞结构多样，广泛分布于土壤、水、空气、动植物体内部和表面。真菌在分类上仍有许多不同的看法，目前被广泛采用的是1966年Ainsworth提出的分类系统，该系统将真菌界分为真菌门和黏菌门，真菌门又分为鞭毛菌亚门、接合菌亚门、子囊菌亚门、担子菌亚门和半知菌亚门。通常根据真菌的形态和研究的方便，习惯上将真菌分为酵母菌、霉菌和蕈菌。酵母菌是单细胞真菌，霉菌是丝状体真菌，蕈菌是能形成子实体的大型真菌，它们归属于真菌界中不同的亚门。

真菌与人类的关系非常密切。它们可以作为食品的来源，为人类提供美味食品和蛋白质、维生素等，同时还可为人类提供真菌多糖、低聚糖等提高免疫力、抗肿瘤的生物活性物质。有些真菌还可产生抗生素、乙醇、有机酸、酶制剂、脂肪等。用作名贵药材的灵芝、茯苓等也是真菌的菌体。真菌还可以将环境中的各种有机物降解为简单的复合物和无机小分子，在自然界的物质转化中起着不容忽视的作用。但是真菌也有对人类有害的一面，如许多真菌可引起农副产品、衣物、食品、原料、器材等的霉烂，有些是人畜的病原，植物病害多数由真菌引起，黄曲霉可产生致癌性毒素危害人类。

一、单细胞真菌——酵母菌

酵母菌不是分类学上的名词，一般泛指能发酵糖类的各种单细胞真菌。酵母菌具有以下特点：①个体一般以单细胞状态存在；②多数营出芽繁殖；③能发酵糖类产能；④细胞壁常含甘露聚糖。

酵母菌广泛分布于自然界，主要生长在含糖量较高、偏酸性的基质和相关环境中，如水果、蔬菜、花蜜的表面和果园土壤中；石油酵母则分布于油田和炼油厂附近的土壤中。

酵母菌是人类应用最早的微生物，与人类关系极为密切，也是国民经济中具有极大经济价值的菌类，如各种酒类生产，面包制造，甘油发酵，饲用、药用及食用单细胞蛋白的生产都离不开酵母菌，同时还可以利用酵母菌制取酵母片，提取核酸、麦角甾醇、辅酶A、细胞色素C、凝血质和维生素等生化药物。近年来，在基因工程中酵母菌还以最好的模式真核微生物而被用作表达外源蛋白功能的优良受体菌，同时它也是分子生物学、分子遗传学等重要理论研究的良好材料。当然，酵母菌也会给人类带来危害。例如，腐生型的酵母菌能使食品、纺织品和其他原料发生腐败变质；耐渗透压酵母可引起果酱、蜜饯和蜂蜜的变质。少数酵母菌能引起人或其他动物的疾病，其中最常见者为白色念珠菌（白假丝酵母）能引起人体一些表层（皮肤、黏膜）或深层（各内脏和器官）组织疾病。

(一) 酵母菌的形态结构

1. 酵母菌的形态和大小 酵母菌菌体为单细胞，无鞭毛、不运动，一般呈球形、卵圆形或圆柱形。某些酵母菌进行一连串的芽殖后，长大的子细胞与母细胞并不立即分离，其间仅以极狭小的接触面相连，这种藕节状的细胞串称为假菌丝（图 1-21）。

酵母菌本身体积差别很大，最长可达 100μm。每一种酵母菌的大小因生活环境、培养条件和培养时间长短而有较大的变化。最典型和最重要的酿酒酵母细胞大小为（2.5～10）μm×（4.5～21）μm，约为细菌的 10 倍。

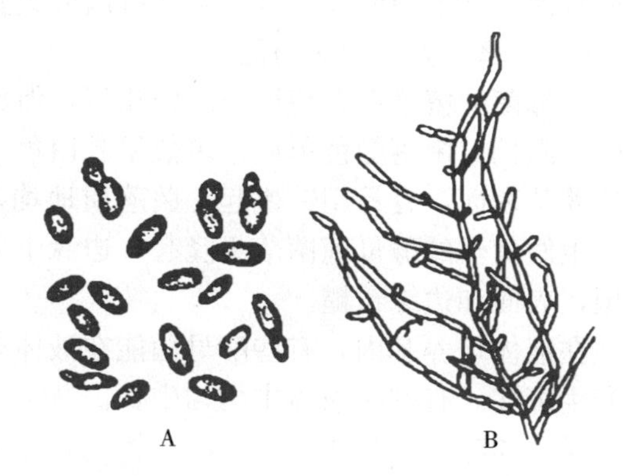

A. 单细胞　B. 假菌丝

图 1-21　酵母菌的形态

2. 酵母菌细胞的构造 酵母菌具有典型的真核细胞构造。

（1）细胞壁。厚约 25nm，约占细胞干重的 25%，是一种坚韧的结构。细胞壁具 3 层结构，外层为甘露聚糖，内层为葡聚糖，中间夹有一层蛋白质分子。位于细胞壁内层的葡聚糖是维持细胞壁强度的主要物质。

（2）细胞膜。酵母菌细胞膜主要由蛋白质、类脂（甘油酯、磷脂、甾醇等）和糖类（甘露聚糖等）组成，其中甾醇以麦角甾醇为主。

（3）细胞质。主要为溶胶状物质，在细胞质中含有各种功能不同的细胞器，主要有内质网、核糖体、高尔基体、线粒体、溶酶体、微体、液泡等。

（4）细胞核。酵母菌具有由多孔核膜包裹着的、球形的细胞核，核膜是一种双层单位膜，上面有大量的核孔，一般具有多条染色体。细胞核是遗传信息的主要贮存库。

(二) 酵母菌的繁殖

酵母菌具有有性繁殖和无性繁殖两种繁殖方式，以无性繁殖为主。

1. 无性繁殖 酵母菌无性繁殖的方式主要为芽殖，其次为裂殖。

（1）芽殖。芽殖也称出芽生殖，是酵母菌最普遍的繁殖方式。其芽殖的过程是首先在成熟的酵母细胞上产生一个小突起，形成芽体，然后部分核物质、染色体和细胞质进入芽体内，液泡也不断分裂进入芽体，芽体不断增大，当芽体长到一定程度时，两细胞之间形成横壁，随后脱离母细胞而成为新的个体。

酵母菌的繁殖方式——芽殖

如果酵母菌生长旺盛，在子细胞尚未与母细胞脱离前，又在子细胞上长出新的芽体，如此继续进行出芽生殖，便可形成假菌丝。

（2）裂殖。裂殖仅为少数种类酵母菌，如裂殖酵母属（*Schizosaccharomyces*）所特有的繁殖方式。首先是细胞延长，核分裂为两个，细胞中央出现隔膜，将细胞横分为两个单核的子细胞。

2. 有性繁殖 当酵母菌发育至一定阶段后，两个性别不同的细胞各伸出小突起相互接触，接触处的细胞壁溶解，形成一个通道（质配），两个单倍体的细胞核移到融合管道中结合形成二倍体细胞核（核配）。结合后的核进行减数分裂，形成 4 个或

8 个核，以核为中心的原生质浓缩变大形成孢子，原来的结合子称为子囊，其内的孢子称为子囊孢子。

酵母菌形成子囊孢子需要一定的条件。通常处于幼龄和合适的环境条件下才易形成子囊孢子。在适宜的条件下，子囊孢子又可萌发成新的菌体。产生的子囊和子囊孢子形状因菌种不同而异，这也是酵母菌分类鉴定的重要依据之一。

（三）酵母菌的菌落特征

酵母菌的菌落形态特征与细菌相似，但比细菌大而厚，湿润，表面光滑，多数不透明，黏稠，菌落颜色单调，多数呈乳白色，少数红色，个别黑色。酵母菌生长在固体培养基表面，容易用针挑起，菌落质地均匀，正、反面及中央与边缘的颜色一致。不产生假菌丝的酵母菌菌落更隆起，边缘十分整齐；形成大量假菌丝的酵母，菌落较平坦，表面和边缘粗糙。

在液体培养基内，有些酵母菌能在液体表面形成一层薄膜。有的酵母菌在液体底部产生沉淀，有的在液体中均匀生长。

（四）常见酵母菌种群代表

1. 啤酒酵母（*Saccharomyces cerevisiae*） 啤酒酵母细胞呈椭圆形或卵形，无性繁殖的主要方式为芽殖，有性繁殖形成子囊孢子（图 1-22），除用于酿造啤酒、乙醇及其他的饮料酒外，还可发酵面包。菌体中维生素、蛋白质含量高，可作食用、药用和饲料酵母，还可以从其中提取细胞色素 C、核酸、谷胱甘肽、凝血质、辅酶 A 和三磷酸腺苷等。

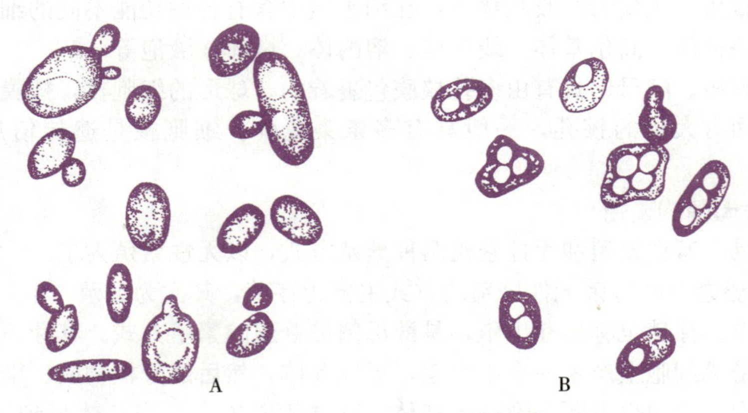

A. 细胞及芽殖 B. 子囊孢子

图 1-22 啤酒酵母

啤酒酵母在麦芽汁琼脂培养基上菌落为乳白色，有光泽，平坦，边缘整齐。啤酒酵母能发酵葡萄糖、麦芽糖、半乳糖和蔗糖，不能发酵乳糖和蜜二糖。

按细胞长与宽的比例，可将啤酒酵母分为 3 组。第一组的细胞多为圆形、卵圆形或卵形（细胞长/宽＜2），主要用于酒精发酵、酿造饮料酒和面包生产。第二组的细胞形状以卵形和长卵形为主，也有圆形或短卵形细胞（细胞长/宽≈2）。这类酵母主要用于酿造葡萄酒和果酒，也可用于啤酒、蒸馏酒和酵母生产。第三组的细胞为长圆形（细胞长/宽＞2）。这类酵母比较耐高渗透压和高浓度盐，适合于用甘蔗糖蜜为原料生产乙醇，如台湾 396 号酵母。

2. 卡尔斯伯酵母（*Saccharomyces carlsbrgensis*） 因丹麦卡尔斯伯（Carlsberg）地方而得名，俗称卡氏酵母。卡尔斯伯酵母的细胞呈椭圆形或卵形，大小为（3～5）μm×（7～10）μm。在麦芽汁琼脂斜面培养基上，菌落呈浅黄色，软质，具光泽，产生微细的皱纹，边缘呈细锯齿状，孢子形成困难。卡尔斯伯酵母能发酵葡萄糖、蔗糖、半乳糖、麦芽糖及棉籽糖，除了用于酿造啤酒外，它还可作食用、药用和饲用。

3. 异常汉逊氏酵母（*Hansenula anomala*） 异常汉逊氏酵母的细胞为圆形（直径4～7μm）、椭圆形或腊肠形，大小为（2.5～6.0）μm×（4.5～20.0）μm，有的细胞甚至长达30μm，属于多边芽殖。液体培养时培养液混浊，发酵液面有白色菌醭，有菌体沉淀于管底。在麦芽汁琼脂斜面上，菌落平坦，乳白色，无光泽，边缘丝状。在加盖玻片的马铃薯葡萄糖琼脂培养基上能形成发达的树枝状假菌丝。

异常汉逊氏酵母产生乙酸乙酯，故常在食品的风味中起一定作用。如无盐发酵酱油的增香；以薯干为原料酿造白酒时，经浸香和串香处理可酿造出味道更醇厚的酱油和白酒。该菌种氧化烃类能力强，可以煤油和甘油作碳源。培养液中它还能累积游离L-色氨酸。

4. 产朊假丝酵母（*Candida utilis*） 产朊假丝酵母的细胞呈圆形、椭圆形或腊肠形，大小为（3.5～4.5）μm×（7～13）μm。液体培养不产生菌醭，管底有菌体沉淀。在麦芽汁琼脂培养基上，菌落乳白色，平滑，有或无光泽，边缘整齐或呈菌丝状。在加盖玻片的玉米粉琼脂培养基上，形成原始假菌丝或不发达的假菌丝，或无假菌丝。产朊假丝酵母能发酵葡萄糖、蔗糖、棉籽糖，不发酵麦芽糖、半乳糖、乳糖和蜜二糖；不分解脂肪，能同化硝酸盐。

产朊假丝酵母的蛋白质含量和B族维生素含量均高于啤酒酵母。它能以尿素和硝酸盐为氮源，不需任何生长因子。特别重要的是它能利用五碳糖和六碳糖，即能利用造纸工业的亚硫酸废液、木材水解液及糖蜜等生产人畜食用的蛋白质。

5. 解脂假丝酵母（*Candida lipolytica*） 解脂假丝酵母的细胞呈卵形，大小为（3～5）μm×（5～11）μm，液体培养时有菌醭产生，管底有菌体沉淀。麦芽汁琼脂斜面上菌落乳白色，黏湿，无光泽。有些菌株的菌落有皱褶或表面菌丝状，边缘不整齐。在加盖玻片的玉米粉琼脂培养基上可见假菌丝或具横隔的真菌丝。

从黄油、人造黄油、石油井口的黑墨土、炼油厂及动植物油脂生产车间等处采样，可分离到解脂假丝酵母。解脂假丝酵母能利用石油等烷烃，是石油发酵脱蜡和制取蛋白质较优良的菌种。

6. 白地霉（*Geotrichum candidum*） 白地霉在28～30℃的麦芽汁中培养24h，会产生白色的、呈毛绒状或粉状的膜。具有真菌丝，有的分支，横隔或多或少。繁殖方式为裂殖，形成的节孢子单个或连接成链，孢子呈长筒形、方形，也有的为椭圆形或圆形，末端钝圆。节孢子大小多为（4.9～7.6）μm×（5.4～16.6）μm。白地霉的菌体蛋白营养价值高，可供食用及饲料用，也可用于提取核酸。白地霉还能合成脂肪，能利用糖厂、酒厂及其他食品厂的有机废水生产饲料蛋白。

【想一想】

白地霉为什么属于酵母菌而不属于霉菌？

二、丝状真菌——霉菌

霉菌是一些丝状真菌的通称，意即“发霉的真菌”。凡在营养基质上形成绒毛状、棉絮状或蜘蛛网状的菌体又不产生大型肉质子实体结构的真菌，统称为霉菌。从分类地位上来讲，霉菌分属于鞭毛菌亚门、接合菌亚门、子囊菌亚门和半知菌亚门。

霉菌是微生物中种类最多的一大类，在自然界中分布极广，与人类的关系密切，兼具利和害的双重作用。从有利方面讲，它们是酿造、工业发酵、抗生素和酶制剂等工艺中重要的菌类；从不利因素看，霉菌能引起粮食、水果、蔬菜等农副产品及各种工业原料、产品、电器和光学设备的发霉或变质，也能引起动植物和人体疾病。如马铃薯晚疫病、小麦锈病、稻瘟病和皮肤癣症等，少数种类如黄曲霉产生黄曲霉毒素，危害人畜的健康和生命。

（一）霉菌的形态和结构

1. 霉菌的形态

（1）菌丝和菌丝体。霉菌营养体的基本单位是菌丝。菌丝是无色透明管状的细丝，其宽度为 3～10μm，与酵母细胞直径相近，但比原核微生物（细菌、放线菌）宽很多倍，而其长度却可以无限延伸，也可以产生分支。许多分支的菌丝相互交织在一起，形成菌丝体。霉菌的菌丝依据有无隔膜可以分成无隔菌丝和有隔菌丝两种（图1-23）。

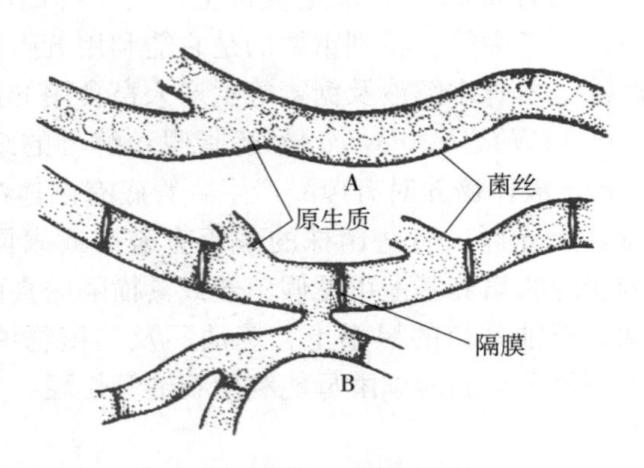

A. 无隔菌丝　B. 有隔菌丝

图 1-23　霉菌的菌丝

①无隔菌丝。菌丝中无横隔，整个菌丝为长管状单细胞，含有多个细胞核。其生长过程只有核分裂而没有细胞分裂，表现为菌丝的延长和细胞核的裂殖增多以及细胞质的增加。低等霉菌如卵菌和接合菌的营养体就是无隔菌丝。

②有隔菌丝。菌丝由横隔膜分隔成成串多细胞，每个细胞内含有一个或多个细胞核。其生长过程既有核分裂，也有细胞分裂，其生长表现为菌丝的延长和细胞核的增加。隔膜中央有小孔，使细胞质和细胞核可以自由流通，而且每个细胞的功能也都相同。高等真菌如担子菌和子囊菌的营养体就是有隔菌丝。

霉菌的菌丝在生理功能上也有一定程度的分化，长入基质中吸收养分的菌丝称为基内菌丝或营养菌丝，伸出基质外的菌丝称为气生菌丝。气生菌丝产生色素，呈现不同颜色，有的色素可分泌到细胞外。

（2）菌丝的变态。不同的霉菌在长期进化中对各自所处的环境条件产生了高度的适应性，其营养菌丝体和气生菌丝体的形态与功能发生了明显变化，形成了各种特化的构造（图1-24）。

①假根。某些低等霉菌的菌丝与固体基质接触处分化出来的根状结构，有固着基质和吸取养料的功能。在显微镜下观察，假根的颜色要比其他菌丝深。

②吸器。进行外寄生的霉菌如霜霉菌、白粉菌、锈菌等，其营养菌丝侵入宿主细胞后形成的球状、指状或丝状构造，用以增大其吸收宿主养料的面积而不使其死亡。

③菌核。是一种休眠的菌丝组织，在不良环境条件下可存活数年之久。菌核形状有大有小，大如茯苓（形如小孩头），小如油菜菌核（形如鼠粪）。菌核的外层色深、坚硬，内层疏松，大多呈白色。有的菌核中夹杂有少量植物组织，称为假菌核。许多产生菌核的真菌是植物病原菌。

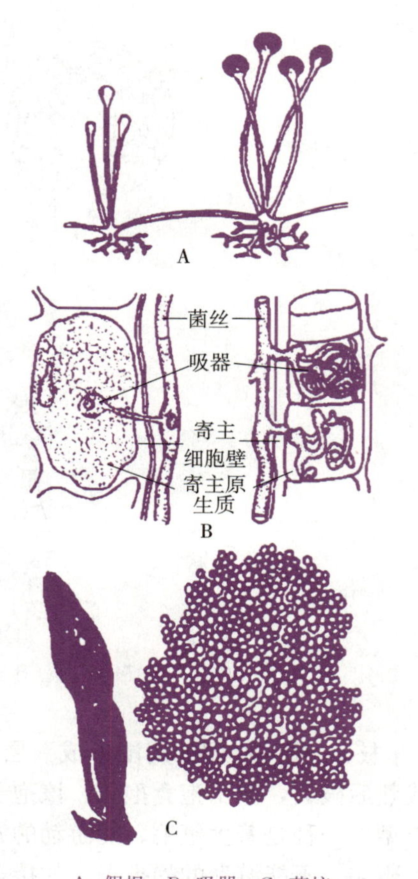

A. 假根　B. 吸器　C. 菌核

图 1-24　菌丝的几种特殊形态

2. 霉菌细胞的构造　霉菌菌丝细胞的构造与酵母菌十分相似。菌丝最外层为厚实、坚韧的细胞壁，其内有细胞膜，膜内空间充满细胞质。细胞核、线粒体、核糖体、内质网、液泡等与酵母菌相同。构成霉菌细胞壁的成分按物理形态可分为两大类：一类为纤维状物质，如纤维素和几丁质，赋予细胞壁坚韧的机械性能，在低等霉菌里细胞壁的多糖主要是纤维素，在高等霉菌里细胞壁的多糖主要是几丁质；另一类为无定形物质，如蛋白质、葡聚糖和甘露聚糖，混填在纤维状物质构成的网内或网外，充实细胞壁的结构。

（二）霉菌的繁殖

霉菌具有很强的繁殖能力，繁殖方式多种多样，除了菌丝断片可以生长成新的菌丝体外，主要是通过无性繁殖或有性繁殖来完成生命的传递。

1. 无性繁殖　无性繁殖是指不经过两性细胞的结合而直接产生孢子的过程，所产生的孢子称为无性孢子。霉菌形成的无性孢子主要有以下几种（图 1-25）。

（1）孢囊孢子。菌丝发育到一定阶段，气生菌丝的顶端细胞膨大成孢子囊，然后膨大部分与菌丝间形成隔膜，囊内原生质形成许多原生质小团（每个小团内包含 1～

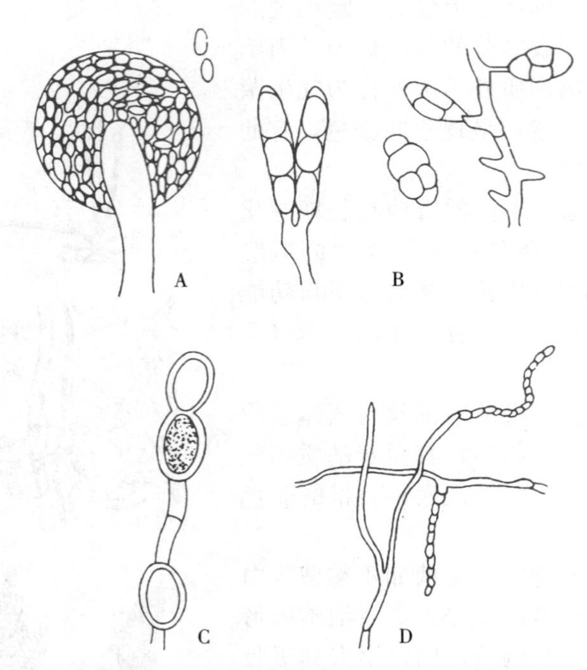

A. 孢囊孢子　B. 分生孢子　C. 厚垣孢子　D. 节孢子

图 1-25　无性孢子的类型

2 个核），每一小团的周围形成一层壁，将原生质包围起来，形成孢囊孢子。孢子囊成熟后破裂，散出孢囊孢子。该孢子遇适宜环境发芽，形成菌丝体。孢囊孢子有两种类型，一种是着生鞭毛、能游动的游动孢子，如鞭毛菌亚门中的腐霉属；另一种是不生鞭毛、不能游动的静孢子，如接合菌亚门中的根霉属。

（2）分生孢子。由气生菌丝的顶端或由菌丝分化而成的分生孢子梗上形成单个或成簇的孢子称为分生孢子。分生孢子梗的形状、分隔、色素及分生孢子的大小、形状、颜色随菌种而异，这也是霉菌分类的依据之一。

（3）厚垣孢子。又称厚壁孢子，是一种外生孢子，它是由菌丝顶端或中间的个别细胞膨大，原生质浓缩、变圆，细胞壁加厚形成的球形或纺锤形的休眠体。厚垣孢子对外界环境有较强抵抗力。

（4）节孢子。又称粉孢子，当霉菌菌丝生长到一定阶段，出现许多隔膜，细胞壁也稍增厚，然后从隔膜处断裂，产生许多单个的长方形或圆柱形的孢子，形如竹节，故称节孢子。

严格说来，厚垣孢子和节孢子是营养繁殖的产物，由于没有经过两性器官的结合，所以归为无性孢子。

2. 有性繁殖　有性繁殖是指经过两个性细胞的结合而产生后代的繁殖方式。在霉菌中，有性繁殖不及无性繁殖普遍，仅发生于特定的条件下。

（1）有性繁殖的过程。霉菌的有性繁殖分为质配、核配和减数分裂 3 个阶段。霉菌的性细胞称为配子。

①质配。两个配偶细胞的原生质融合，而两个性别不同的细胞核仍然独立存在，

称为质配，质配后仍为单倍体。

②核配。两个配偶细胞的细胞核结合成双倍体核的过程称为核配。

③减数分裂。大多数霉菌核配后进行减数分裂，其染色体数目又恢复到单倍体状态。

(2) 有性孢子。经过有性繁殖后产生的孢子称为有性孢子。霉菌常见的有性孢子有 3 种。

①卵孢子。是由两个大小不同的异型配子囊结合而成的有性孢子。其小型配子囊称为雄器，大型的配子囊称为藏卵器。藏卵器中的原生质在与雄器配合以前，往往收缩成一个或数个原生质小团，即卵球。雄器与藏卵器接触后，雄器中的细胞核与原生质通过受精管输入到卵球内。受精后的卵球生出外壁，发育成双倍体的厚壁卵孢子（图 1-26）。

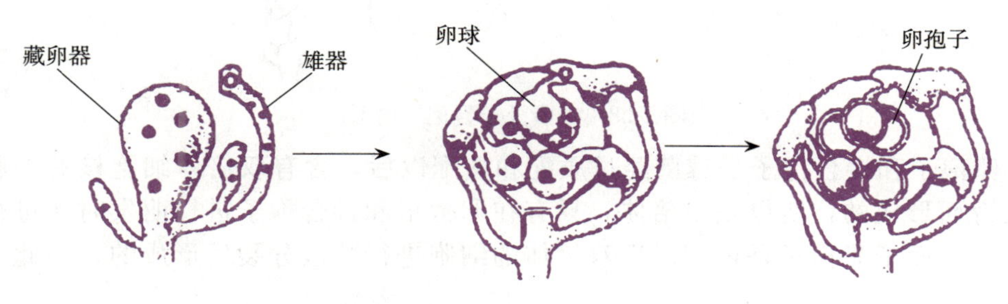

图 1-26　卵孢子形成过程
（张青，葛清平．2004．微生物学）

②接合孢子。是由两个形状相同但性别不同的配子囊进行接合所形成的有性孢子。当两个邻近的菌丝相遇时各自向对方生长出极短的侧枝，称为原配子囊。两个原配子囊接触后，各自的顶端膨大，并形成横隔，融成一个细胞，称为配子囊。相接触的两个配子囊之间的横隔消失，细胞质和细胞核互相配合，同时外部形成厚壁，即为接合孢子（图 1-27）。接合孢子主要分布在接合菌亚门中，如高大毛霉和黑根霉产生的有性孢子为接合孢子。

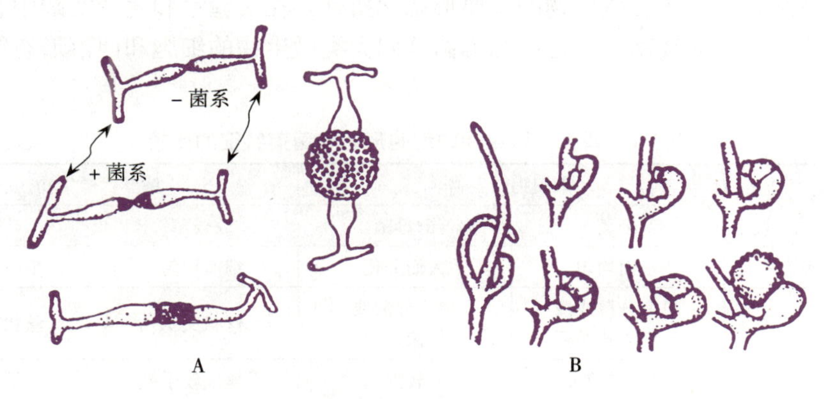

A. 异宗结合　B. 同宗结合
图 1-27　接合孢子的形成过程

③子囊孢子。真菌的菌丝可分化为产囊器和雄器，然后二者结合形成子囊，子囊进行两次分裂，其中一次为减数分裂，每个子囊内产生 4～8 个子囊孢子。最后许多子囊丛生在一起，它们常被许多不孕的菌丝细胞所包围，而构成一定形状的子囊果（图 1-28）。

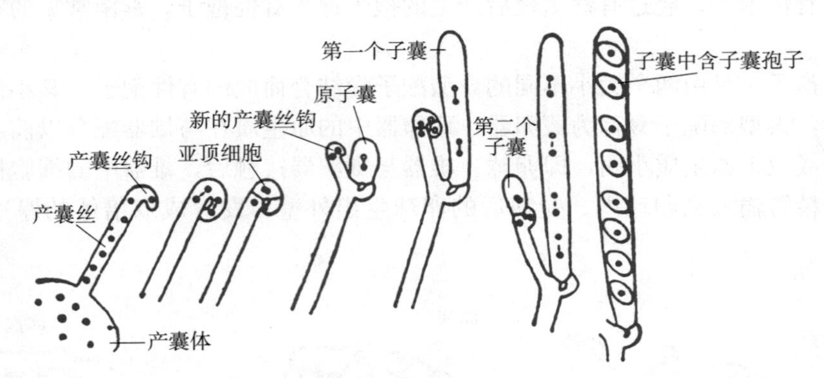

图 1-28　子囊及子囊孢子的形成

卵孢子和接合孢子是霉菌经过质配和核配以后，含有双倍体细胞核的细胞直接发育而形成的，所以是二倍体，只有在卵孢子和接合孢子进行萌发时才进行减数分裂。而子囊孢子是核配以后双倍体的细胞进行减数分裂后形成的，因此是单倍体。

（三）霉菌的菌落特征

霉菌是丝状微生物，菌落与细菌、酵母菌明显不同，与放线菌接近。但是霉菌的菌丝比放线菌的菌丝粗长，所以其菌落比放线菌菌落大而疏松，外观干燥，不透明，呈现或紧或松的蛛网状、绒毛状或棉絮状，菌落与培养基结合较紧密。菌落正、反面的颜色及边缘与中心的颜色常不一致，其原因是气生菌丝分化出孢子的颜色往往比深入在固体基质内的营养菌丝颜色深；菌落中心气生菌丝的生理年龄大于菌落边缘的气生菌丝，其发育分化和成熟度较高，颜色较深。由于霉菌形成的孢子有不同形状、构造和颜色，所以菌落表面往往呈现出肉眼可见的不同结构与色泽等特征。

菌落特征是鉴定各类微生物的重要形态学指标，在实验室和生产实践中有重要的意义。现将细菌、放线菌、酵母菌和霉菌这四大类微生物的细胞和菌落形态等特征做一比较（表 1-1）。

表 1-1　四大类微生物的细胞形态和菌落特征的比较

<table>
<tr><th colspan="3" rowspan="2">微生物类别
菌落特征</th><th colspan="2">单细胞微生物</th><th colspan="2">菌丝状微生物</th></tr>
<tr><th>细菌</th><th>酵母菌</th><th>放线菌</th><th>霉菌</th></tr>
<tr><td rowspan="4">主要特征</td><td rowspan="2">细胞</td><td>形态特征</td><td>小而均匀</td><td>大而分化</td><td>细而均匀</td><td>粗而分化</td></tr>
<tr><td>相互关系</td><td>单个分散或按一定方式排列</td><td>单个分散或假菌丝状</td><td>丝状交织</td><td>丝状交织</td></tr>
<tr><td rowspan="2">菌落</td><td>含水情况</td><td>很湿或较湿</td><td>较湿</td><td>干燥或较干燥</td><td>干燥</td></tr>
<tr><td>外观特征</td><td>小而凸起或大而平坦</td><td>大而凸起</td><td>小而紧密</td><td>大而疏松或大而致密</td></tr>
</table>

（续）

菌落特征 \ 微生物类别		单细胞微生物		菌丝状微生物	
		细菌	酵母菌	放线菌	霉菌
参考特征	菌落透明度	透明或稍透明	稍透明	不透明	不透明
	菌落与培养基结合度	不结合	不结合	牢固结合	较牢固结合
	菌落的颜色	多样	单调	十分多样	十分多样
	菌落正反面颜色差别	相同	相同	一般不同	一般不同
	细胞生长速度	一般很快	较快	慢	一般较快
	气味	一般有臭味	多带酒香	常有泥腥味	霉味

（四）常见霉菌

1. 毛霉属（*Mucor*） 毛霉属在自然界分布很广泛，土壤和空气中都有很多毛霉孢子。毛霉生活在谷物、果品、蔬菜及其他食品上，导致腐败。毛霉作为糖化菌应用于酿造工业中，在腐乳制造过程中，豆腐的生霉阶段长出的就是毛霉。

毛霉的菌丝体呈棉絮状，由许多分支的菌丝构成。菌丝无隔膜，具多个细胞核。基内菌丝和气生菌丝在形态上没有区别。菌丝幼嫩时原生质浓稠，均匀一致，老时则出现液泡并含有各种内含物。

（1）毛霉的无性繁殖。在毛霉的培养中，可见到气生菌丝加长，先端膨大，成为具有一个头部的长丝，头部下产生一隔膜，将头部与长丝分开。头部发育为孢子囊，囊内充满着很多细胞核。以后每个细胞核周围的细胞质浓缩，外面形成孢壁，即成为孢囊孢子。孢子囊下面的菌丝称为孢囊梗；孢囊梗突入孢子囊内的部分称为囊轴。成熟后，孢子囊壁破裂，孢囊孢子分散出来（图 1-29）。孢囊孢子无鞭毛，不能游动，在空气中易被吹散，遇到适宜环境萌发形成新的菌丝体。

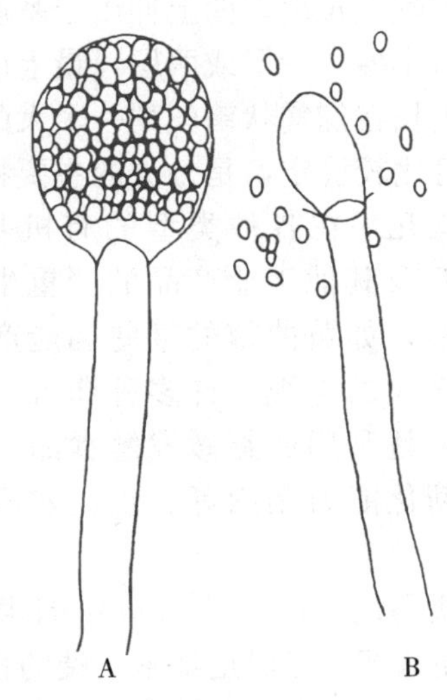

A. 孢囊梗和幼年孢子囊

B. 孢子囊破裂后露出囊轴和孢囊孢子

图 1-29 高大毛霉的孢子囊和孢囊孢子

（2）毛霉的有性繁殖。毛霉进行有性繁殖所生成的孢子称为接合孢子。接合孢子的形成过程如下：相接近的两菌丝各自向对方生出极短的侧支，称为原配子囊。原配子囊接触后，顶端各自膨大并形成横隔，隔成一细胞，此细胞即配子囊。相接触的两个配子囊之间的横隔消失，其细胞质与细胞核互相配合，同时外部形成厚壁，即接合孢子。接合孢子外面被有极厚而带褐色的孢壁，其表面常具有棘状或不规则的突出物。接合孢子经过一段休眠期后才能萌发。萌发时孢壁破裂，长出芽管，芽管顶端形成一孢子囊，在孢子囊中通过减数分裂产生大量单倍体的孢囊孢子。

2. 根霉属（*Rhizopus*） 根霉属与毛霉属类似，常在馒头、甘薯等腐败的食物上出现。它们在自然界的分布也很广泛，土壤、空气中都有很多根霉孢子。根霉属在发酵工业中用作糖化菌。根霉的气生性强，大部分菌丝为匍匐于营养基质表面的气生菌丝，称为蔓丝。蔓丝生节，从节向下分支，形成假根状的基内菌丝，假根伸入营养基质中吸收养料。

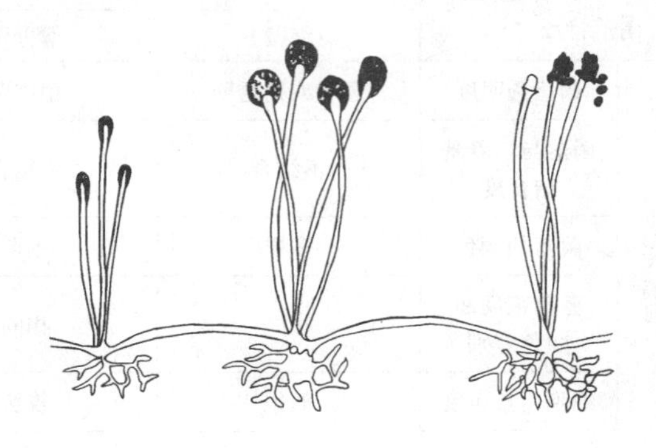

图 1-30 根霉的无性繁殖

无性繁殖产生孢子囊梗和孢子囊（图 1-30）。孢子囊梗不分支，直立，2～3 个丛生于蔓丝的节上。孢子囊成熟时呈黑色，内生大量球状孢囊孢子。有性生殖产生接合孢子。

3. 曲霉属（*Aspergillus*） 本属的菌丝体紧密，菌丝分支，长入基质内；分生孢子梗由菌丝上长出，向上伸出于基质表面，不分支。顶端膨大，称为顶囊；顶囊上长满辐射状小梗，一层或两层，最上层小梗瓶状，顶端着生成串的球形分生孢子。分生孢子梗生长在匍匐状菌丝的一个大的足细胞上（图 1-31）。此属菌的菌落颜色多种多样，而且比较稳定，是分类的主要特征之一。

曲霉几乎在各种类型的有机基质上都能出现，在湿热的条件下常能引起皮革、布匹及其他工业产品的严重生霉；许多种能引起食物霉坏变质。有的种还能产生毒素，如黄曲霉的某些菌能产生黄曲霉毒素。黄曲霉毒素是致癌因子，近年来引起极大的重视。许多种曲霉具有强大的酶活性，应用于许多工业生产。我国自古以来就利用曲霉做发酵食品，例如利用米曲霉的蛋白分解能力作酱，利用黑曲霉的糖化能力制酒等。现代发酵工业中利用曲霉生产柠檬酸、葡萄糖酸、酶制剂等。

4. 青霉属（*Penicillium*） 本属菌的菌落呈密毡状或松絮状，大多为灰绿色；分生孢子梗基部不形成足细胞，梗的顶端不膨大，分支或再分支，呈扫帚状；最后一级分支称为小梗，小梗顶端串生分生孢子（图 1-32），分生孢子青绿色。按照分生孢子梗的形态，青霉属可分为 4 组，即一轮青霉，分生孢子梗上只生一轮分支；二轮青霉，在分生孢子梗上生 2 轮分支；多轮青霉，在分生孢子梗上生 3 轮以上分支；不对称青霉，分生孢子梗上不对称地产生分支。

青霉也是常见的霉腐菌，破坏皮革、布匹、谷物、果品和饲料的作用不亚于曲霉，在微生物实验室中也是常见的污染菌。同样，它在工业上也有很高的经济价值，如有些青霉能产生柠檬酸、延胡索酸、草酸、葡萄糖酸等有机酸，也可用于生产酶制剂和食品加工。有些青霉可产生抗生素，产黄青霉就是青霉素的产生菌。

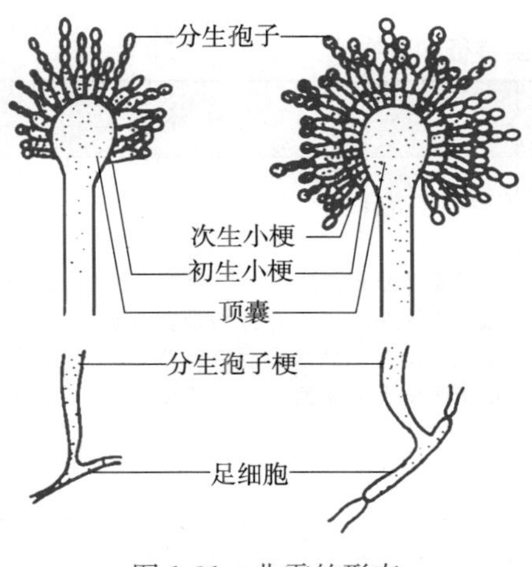

图 1-31　曲霉的形态

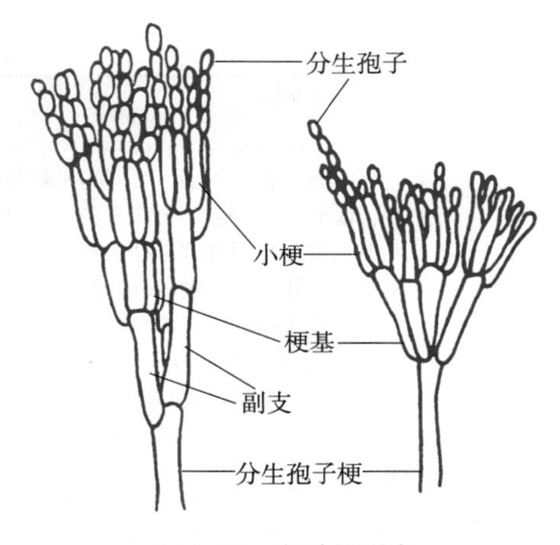

图 1-32　青霉的形态

三、高等真菌——蕈菌

蕈菌也是一个通俗名称，通常指那些能形成大型肉质子实体的真菌。蕈菌广泛分布于地球各处，在森林落叶地带更为丰富。它们与人类的关系密切，包括食用菌、药用菌和毒蕈。在分类上，它们绝大多数属于真菌门中的担子菌亚门，少部分属子囊菌亚门。本部分内容见项目七中任务三的食药用菌生产技术。

四、其他真核微生物

(一) 藻类

藻类是一类能进行光合作用的低等植物，有单细胞和多细胞两类。由于大多数单细胞藻类个体微小，肉眼看不见或不易看见，故列入微生物范畴。与高等植物不同的是，藻类结构简单，细胞分化和生殖方式比较低级，无根、茎、叶的分化。具有色素体，含叶绿素、类胡萝卜素等光合色素，能进行光合作用。

藻类的形态观察

1. 形态与结构　藻类种类繁多，形态各异，呈球状、杆状、弯曲状、星状和梭状等。单细胞藻类与细菌大小类似，如小单胞藻的大小为 $1.0\mu m \times 1.5\mu m$。

藻类具有真核细胞的一般特征。多数有细胞壁，细胞壁主要组分为纤维素、木聚糖或甘露聚糖等。藻细胞具有完整的膜系统，含一个或多个细胞核。单细胞藻类具有叶绿体，在叶绿体上有类囊体，在其上进行光合作用。叶绿体呈盘状、带状、螺旋状、星状等。其细胞中除叶绿素外还含有胡萝卜素、叶黄素和藻胆蛋白载色体，使单细胞藻类呈现绿、黄、红、褐等颜色。藻类细胞的线粒体结构变化较大，有片状嵴、盘状嵴和管状嵴。

【想一想】

藻类与高等植物的叶绿体有什么不同？

2. 常见的藻类（表 1-2）

表 1-2　常见藻类的主要特征和分布

藻类	主要形态特征	分布
裸藻	单细胞，大多能运动。细胞椭圆形、卵形、锤形或长带形，末端常尖细。细胞裸露无细胞壁，仅具由原生质特化形成的表质膜。有些种类表质膜较软，细胞可变形；有些种类表质膜较硬，细胞不变形。有少数种类在表质膜外具囊壳，囊壳无色或呈黄、棕、橙色。裸藻色素体形状多样，有盘状、星状、带状等。藻体多鲜绿色，少数红色或无色	大多数分布在淡水中，少数生长在半咸水中，很少生活在海水中，特别是在有机质丰富的水中生长良好，是水质污染的指示生物，夏季大量繁殖使水呈绿色，并浮在水面上形成水华
绿藻	绿藻个体形态差别较大，有单细胞体、群体和丝状体。运动的种类多具 2～4 条顶生、等长的鞭毛。色素体的形状有杯状、芽状、板状、网状、星芒状，数目一至多个，呈草绿色	广泛分布在各类水体、土壤表面和树干上，在淡水中最常见
硅藻	形态多样，有单细胞体、群体或由单列细胞构成的丝状体。细胞壁硅质化，称为壳体，壳体由上壳和下壳组成，就像培养皿的底和盖一样。上下壳套合的地方环绕一周，称为环带。细胞内有一个核和一至多个色素体，色素体小盘状或片状，呈黄绿色或黄褐色	广泛分布在各类水体中，有的种可作为土壤和水体盐度、腐殖质含量和酸碱度的指示生物。一般在春、秋两季大量繁殖，是水生动物的优良食料，有些种类大量繁殖时可导致海洋发生赤潮
金藻	金藻形态多样，有单细胞体、群体或分支丝状体。大多数种类具一条或两条、等长或不等长的鞭毛。细胞壁有或无，有的具囊壳或覆盖硅质化的鳞片、刺等。色素体一个、两个或几个，多周生，弯曲片状或带状，呈黄绿色或金棕色	多生长在清洁的淡水中，浮游或固着生活。对环境变化敏感，有些种类常被作为清洁水体的指示生物。金藻细胞营养丰富，常是鱼类和其他水生动物的良好食料。少数种类如小三毛金藻大量繁殖时可引起鱼类死亡
甲藻	多为单细胞，一般呈宽卵形、三角形、球形，背腹或左右略扁，前、后端常有突出的角。细胞壁有或无，许多种类的细胞壁外有板片，称为壳，壳分为上壳、下壳，上、下壳之间有一横沟，下壳的腹面还有一纵沟。运动的种类有两条鞭毛。甲藻色素体数目多，有盘状、片状、棒状和带状，多周生，呈棕黄色、黄绿色、灰色、红色，少数种类无色	大多是海生种类，淡水种类不多。在适宜的光照和较暖水温中，甲藻在短期内可大量繁殖导致湖泊水华和海洋赤潮
隐藻	单细胞，具鞭毛，能运动。细胞形状有卵形、椭圆形、肾形，有明显的背腹之分，背侧凸出，腹侧平直或略凹。细胞前端宽，钝圆或斜向平截，在腹侧有一向后延伸的纵沟。鞭毛两条，长度略不相等，自前端和腹侧长出。色素体大型、叶状，1～2 个，呈黄绿色或黄褐色	广泛分布于淡水水体中，特别在有机质较丰富的水体中，大量繁殖可形成水华。隐藻是水生动物的重要食料，也可作水质污染的指示生物

藻类常见属的形态见图 1-33。

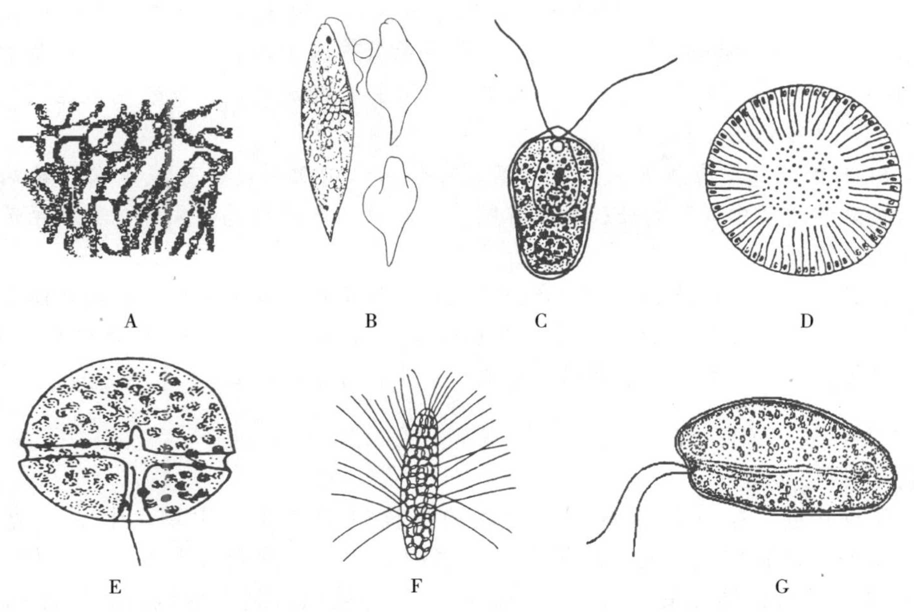

A. 念珠藻属　B. 裸藻属　C. 衣藻属　D. 小环藻属　E. 鱼磷藻属
F. 裸甲藻属　G. 隐藻属

图 1-33　藻类常见属形态

（陈建军．2006. 微生物学基础）

知识拓展

藻类的作用与危害

1. 生产有机物和氧气　据估计，自然界光合作用制造的有机物中有近一半是由藻类所产生的。因此，藻类是海洋“牧草”的重要组成部分，也是自然界氧气的重要来源。

2. 维持水体生态平衡　无论在淡水还是海水中，藻类是水生生态系统中重要的初级生产者，是水生食物链中的关键环节，是水生动物的食料，因此在水体自然生态平衡中具有重要作用。

3. 监测水质　一些藻类对其环境变化非常敏感，环境的变化会使水体中藻类的种类及数量发生变化，因此可检测水质。如较清洁的水体中有鱼鳞藻、簇生竹枝藻、肘状针杆藻等；中等污染的水体中有被甲栅藻、四角盘星藻、纤维藻、裸甲藻等；严重污染的水体有绿色裸藻、静裸藻和囊裸藻等。

4. 净化环境　一方面，有些藻类具有吸收和积累有害元素的能力，且体内所积累的污染元素的浓度常常高出外界环境很多倍；有些有害的化学物质可通过藻体解毒或降解以至去除。另一方面，在水体中通过光合作用，释放氧气，促进好氧细菌对水中有机污染物的分解。

5. 食用和药用 人们可以食用的绿藻有溪菜、刚毛藻、水绵、海松；褐藻有鹅肠菜、海带、裙带菜、鹿角菜；红藻有紫菜、海索面、石花菜等。褐藻中提取的碘可治疗和预防甲状腺肿；藻胶酸可作牙模型的原料，藻胶酸钙盐能制成人造羊毛，并可作止血药。

6. 其他用途 海藻（主要是褐藻）可作为农田肥料，并可减少农作物病虫害；褐藻和红藻中提取的藻胶酸、琼胶、碳酸钠、醋酸钙、磺化钾、乳酸等是重要的工业原料。

在特定条件下，藻类异常增殖会导致湖泊发生水华，海洋发生赤潮，使水质恶化变臭，鱼虾大量死亡。此外，有些藻类如甲藻，还会产生毒素积累于鱼、虾、贝类体内，人类食用后会引起中毒，严重的可导致死亡。

微型动物的形态观察

（二）原生动物

原生动物通常指无细胞壁、可运动的真核单细胞原生生物。生活环境恶化时，许多原生动物体表分泌物质把自身包裹起来，进入孢囊（图 1-34）的休眠期。孢囊可以保护有机体免受不良环境的影响，且易被风带到其他地方，因此原生动物的分布广泛，在海水、淡水、潮湿土壤中均有分布，许多寄生于人和动物体内。

原生动物和人类的关系比较密切。许多种类是有利的，如有的种类（眼虫）可作为有机污染指示动物；浮游种类是鱼类的天然饵料；死亡浮游生物大量沉积于水底淤泥中，在微生物的作用和高温、高压下可形成石油；在了解动物的进化和进行生物基础理论研究中有重要价值。许多种类是有害的，如寄生于人体和经济动物体内的种类引起疾病，危害健康；有的污染破坏环境、资源等。

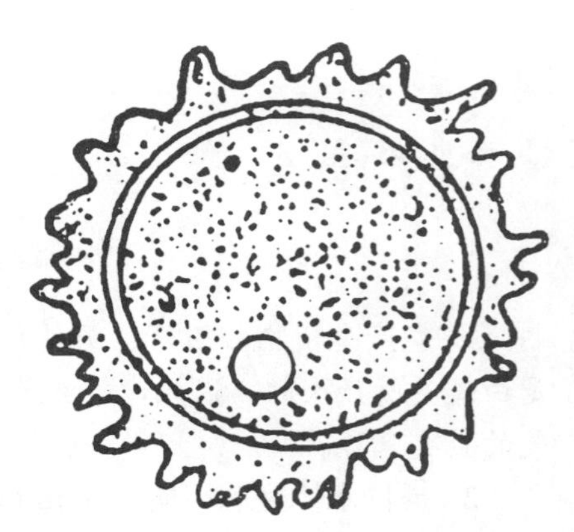

图 1-34 原生动物的胞囊
（陈建军.2006. 微生物学基础）

1. 形态与大小 原生动物种类很多，形态差别很大，有球状、椭圆状、钟状、喇叭状等（图 1-35），有的种没有固定的形状，如变形虫。其大小差异也很大，大者肉眼可见，小的用显微镜才能看见。原生动物中最小的利什曼原虫只有 2～3μm，最大的（某些有孔虫）可达 10cm 左右，但是绝大多数个体较小，长度一般为 100～300μm。

2. 结构 原生动物以单细胞为其生命单位，没有细胞壁，除具有细胞质、细胞核、细胞膜等一般细胞的基本结构外，还具有动物细胞所没有的特殊细胞器，如胞口、胞咽、伸缩泡、鞭毛等。作为一个细胞它是最复杂的，作为一个动物机体是最简单的。某些原生动物个体聚合形成群体，但细胞没有分化，最多只有体细胞和生殖细胞的分化，细胞具有相对的独立性。

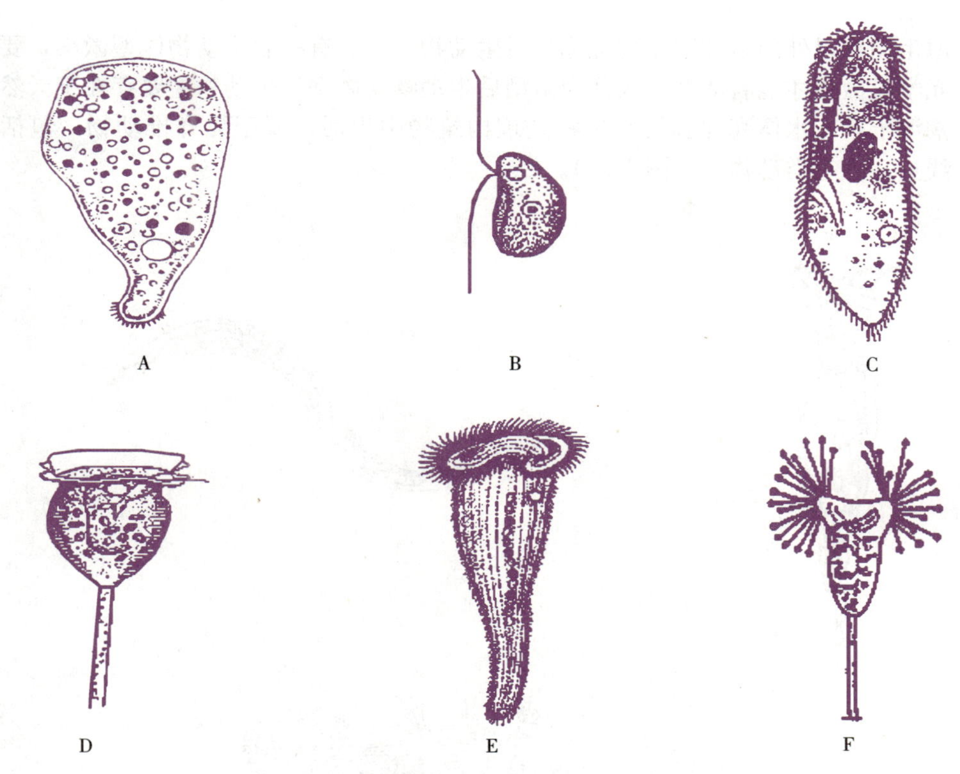

A. 变形虫 B. 波豆虫 C. 草履虫 D. 钟形虫 E. 喇叭虫 F. 吸管虫

（陈建军．2006．微生物学基础）

图 1-35 常见原生动物形态

（1）细胞膜。原生动物体表的细胞膜有的极薄，称为质膜，不能使身体保持固定的形状，体形随细胞质的流动而不断改变。多数原生动物体表有较厚且具有弹性的表膜，能使动物体保持一定的形状，在外力压迫下改变形状，当外力取消即可由弹性恢复虫体原状。还有些原生动物的体表形成坚固的外壳，外壳有几丁质、钙质或纤维质等。

（2）细胞质。可分为外质和内质两部分。外质透明、清晰、致密；位于中央的称为内质，色泽暗，有很多颗粒状的内含物，细胞核与分化的细胞器位于其中。

（3）细胞核。大多数为单核细胞，少数有两个或两个以上的核。核有核膜、核质和染色质，核膜上有小孔与细胞质沟通。

3. 营养吸收方式和生殖方式 原生动物通过鞭毛、纤毛、伪足等来完成运动。原生动物主要有 3 种营养方式：有色素体鞭毛虫通过光合作用制造营养物质，进行光合营养；变形虫等靠吞噬其他生物或有机碎屑进行吞噬营养；寄生类借助体表的渗透作用吸收周围的可溶性有机物，进行渗透营养。呼吸是通过体表直接与周围的水环境进行的，并通过体表和伸缩泡排出部分代谢废物。

原生动物的生殖方式多种多样，分为无性生殖和有性生殖。无性生殖又有 4 种方式，包括二分分裂（有纵二分裂和横二分裂两种）、复分裂、出芽、质裂等。有性生殖包括配子生殖（同配生殖、异配生殖）、接合生殖（纤毛虫特有）等。

(三) 微型后生动物

原生动物以外的多细胞动物统称为后生动物。因为有些后生动物体型微小，要借助于光学显微镜才能看清楚，故称为微型后生动物。微型后生动物主要存在于天然水体、潮湿土壤、水体底泥和污水生物处理构筑物中生活，属于无脊椎动物，包括轮虫、线虫、寡毛类动物等（图 1-36）。

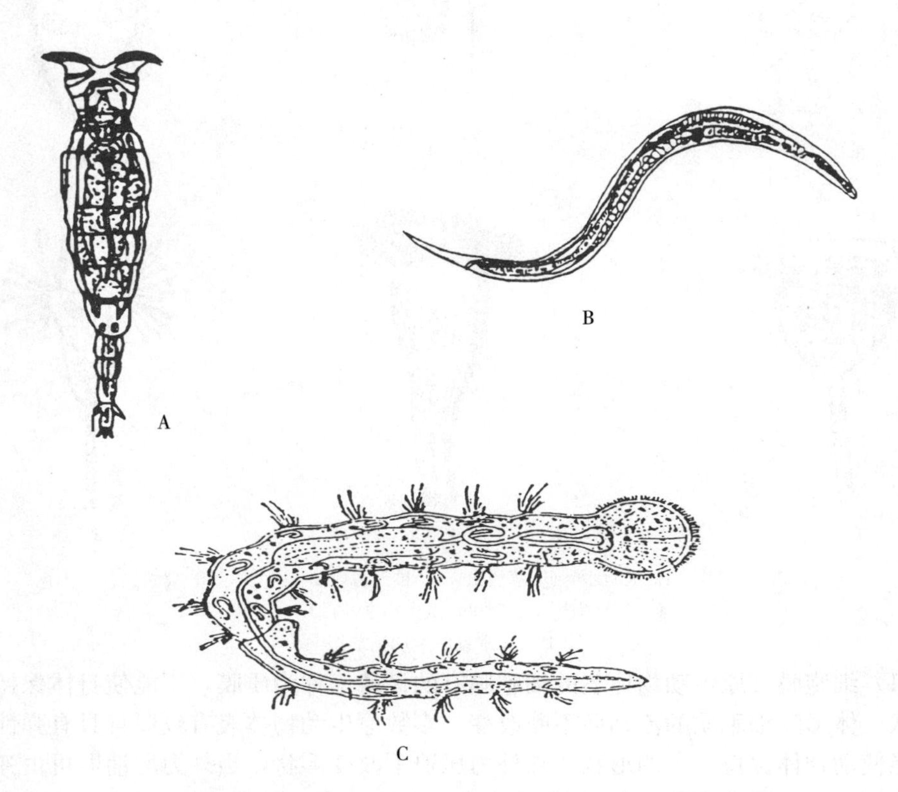

A. 轮虫（转轮虫） B. 线虫 C. 寡毛类动物（红斑颗体虫）

图 1-36 常见微型后生动物形态

1. 轮虫 轮虫形体微小，长 0.04～2.00mm，多数不超过 0.5mm。它们分布广，多数营自由生活。轮虫的身体较长，可区分出头部、躯干、后尾部，头部有纤毛，纤毛能有规律地摆动，使纤毛环如车轮转动，故称轮虫。纤毛除有运动功能外，还是轮虫摄食的工具。

细菌、霉菌、酵母菌、藻类、原生动物都可以作为轮虫的食料，所以轮虫具有净化废水的功能。当活性污泥中出现轮虫时，表明处理效果良好，若数量太多，可能破坏污泥的结构，使污泥松散而上浮。

2. 线虫 线虫广泛分布在淡水、海水、土壤和沙漠等自然环境中，绝大多数腐生，少数寄生，常见的寄生于人体并能导致严重疾病的线虫有 10 余种，重要的有蛔虫、钩虫、丝虫、旋毛虫等。

线虫身体较长，线状，形体微小，多在 1mm 以下。线虫的前端口上有感觉器官，体内有神经系统，消化道为一直管。雌雄异体，卵生。营养型有腐食性、植食性、肉食性3种。线虫可同化其他微生物不易降解的固体有机物，在废水生物处理的活性污泥和生物膜中可发现线虫。

3. 寡毛类动物　寡毛类动物身体分节不分区，体表具刚毛，但刚毛的数目较少，因此称为寡毛类。

寡毛类身体圆柱形，较扁，体型大小差别很大，最小的个体不足1mm，大的长达1～3m，体表分节明显。大量的种是陆生的，另一类是水生的，主要分布在各种淡水水域，特别是有机质丰富的浅水中，主要以污泥中的有机碎片和细菌为食，可以进行污水处理，也可以作为河流、湖泊底泥污染的指示生物。

任务三　非细胞型微生物

非细胞型微生物是结构最简单和最小的微生物，它体积微小，能通过除菌滤器，没有典型的细胞结构，无产生能量的酶系统，只能在宿主活细胞内生长、增殖。这种微生物仅有一种核酸类型，即由DNA或RNA构成核心，外披蛋白质衣壳，有的甚至仅有一种核酸而不含蛋白质，或仅含蛋白质而没有核酸。

1884年法国微生物学家Chamberland发明细菌过滤器后，俄国科学家Ivanovsky和荷兰细菌学家Beijerinck先后证实引起烟草花叶病的病原体是一种极小的、能通过细菌过滤器的病毒。1935年美国的生化学家Stanley首次从烟草花叶病病叶中提取了病毒结晶，发现结晶体大部分是蛋白质并具有致病力。20世纪70年代以来，又陆续发现了比病毒更小、结构更简单的亚病毒，如类病毒、卫星病毒、卫星RNA和朊病毒等。

一、病毒的一般属性

病毒是一类超显微、只含有一种核酸、专性活细胞内寄生的非细胞型微生物。根据宿主种类的不同，病毒分为噬菌体、真菌病毒、植物病毒、无脊椎动物病毒（昆虫病毒）和脊椎动物病毒。

与其他生物相比，病毒具有以下特点：①体型极其微小，一般能通过细菌滤器，只有在电子显微镜下才能观察到；②无细胞结构，其主要成分仅为核酸和蛋白质；③只含有一种核酸，DNA或RNA；④专性活细胞内寄生，病毒缺乏独立的代谢能力，靠其宿主细胞内的营养物质及代谢系统来复制核酸、合成蛋白质等组分，然后再进行装配而得以增殖；⑤在离体条件下以无生命的化学大分子状态存在，并保持其侵染活性；⑥对一般抗生素不敏感，而对干扰素敏感。

病毒广泛存在于生物体内，与人类关系非常密切。一方面由病毒引起的疾病可给人类健康、种植业、养殖业等带来不利影响，如发酵工业中的噬菌体污染会严重危及生产；另一方面，又可利用病毒进行生物防治、疫苗生产，以及作为试验材料和基因工程载体等。

（一）病毒的形态与大小

病毒粒子形态多种多样（图1-37），其基本形态为球状、杆状、蝌蚪状和线状。

人、动物和真菌病毒大多呈球状，如腺病毒、口蹄疫病毒、蘑菇病毒，少数为弹状或砖状，如弹状病毒、痘病毒；植物和昆虫病毒则多数为线状和杆状，如烟草花叶病毒、家蚕核型多角体病毒，少数为球状，如黄瓜花叶病毒；细菌病毒有的呈蝌蚪状，如T偶数噬菌体、λ噬菌体，有的呈球状，如 MS_2、ΦX_{174}，有的呈丝状，如 fd、M_{13}。另外，有的动物病毒，如痘病毒呈砖状或卵圆形；有少数动植物病毒如水泡性口膜炎病毒、狂犬病毒及植物弹状病毒则呈子弹状；在变形虫中还发现一类具有独特形状——长串念珠状的病毒。

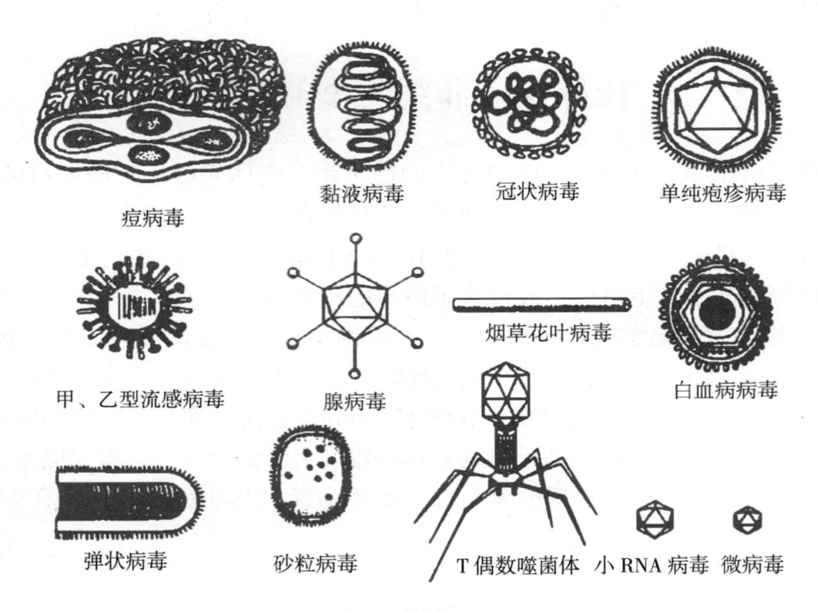

图 1-37　病毒的形态和相对大小
（黄秀梨．2003．微生物学．2 版）

病毒个体极其微小，其大小通常以纳米（nm）表示，多在 20～300nm，超出了普通光学显微镜的分辨能力，只有借助电子显微镜才能观察到。绝大多数病毒能通过细菌过滤器。病毒大小相差悬殊，最大的如动物痘病毒，其大小为（300～450）nm×（170～260）nm，比支原体（直径 200～250nm）还大；最小的如菜豆畸矮病毒，大小仅为 9～11nm，比血清蛋白分子（直径 22nm）还小。球状动物病毒的直径多数在 40～150nm，不少球状植物病毒的直径为 30nm 左右。大多数杆状植物病毒的长为 110～900nm、宽为 10～25nm。在细菌病毒中，蝌蚪状噬菌体的头部 47～110nm，尾部（15～170）nm×（10～25）nm；球状噬菌体的直径为 24～30nm；丝（杆）状噬菌体大小约为 6nm×800nm。

（二）病毒的结构

病毒的形态与结构

1. 病毒的基本结构　成熟的具有侵染力的病毒颗粒称为病毒粒子，简称毒粒。病毒粒子主要由衣壳和核心两部分组成，衣壳由许多衣壳粒以高度重复的方式排列而成，核心由核酸构成，位于病毒粒子中心（图 1-38）。病毒的衣壳和核心一起构成的复合物称为核衣壳，只具有核衣壳的病毒称为裸露病毒，如烟草花叶病毒。有些病毒在核衣壳外包着一层由脂肪或蛋白质组成的包膜，有的包膜上面还有刺突，这类具有包膜的病毒称为包膜病毒，如流感病毒。

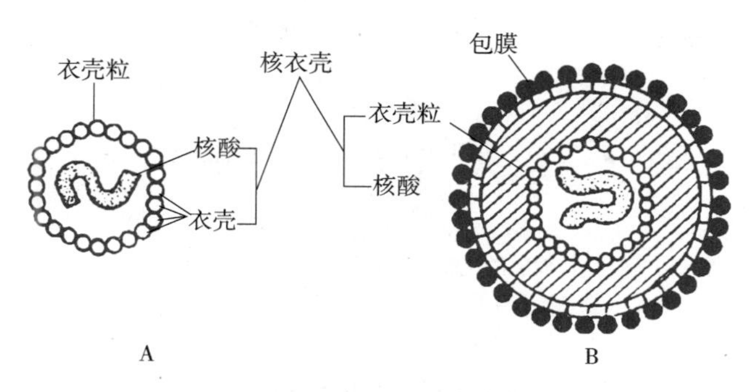

A. 裸露病毒　B. 包膜病毒

图 1-38　病毒的基本结构

2. 病毒壳体的对称性　病毒衣壳粒在壳体上的排列具有高度对称性。

（1）螺旋对称型。具有螺旋对称构型的病毒粒子一般呈杆状或线状，如 M_{13}、烟草花叶病毒（TMV）（图 1-39）。TMV 核衣壳像一个中空的圆柱体，衣壳粒有规律地沿中轴呈螺旋排列，形成高度有序、稳定的壳体结构。这类病毒多数是单链 RNA 病毒。

（2）二十面体对称型。衣壳粒有规律地排列成立体对称的正二十面体。如腺病毒（图 1-40），其核心为线状双链 DNA。

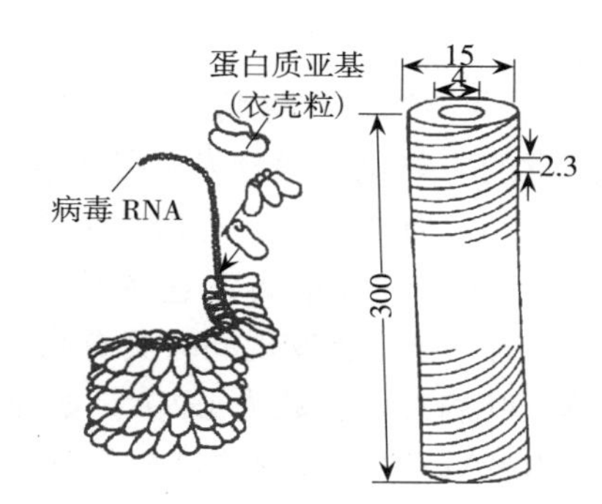

图 1-39　烟草花叶病毒的形态结构（单位：nm）

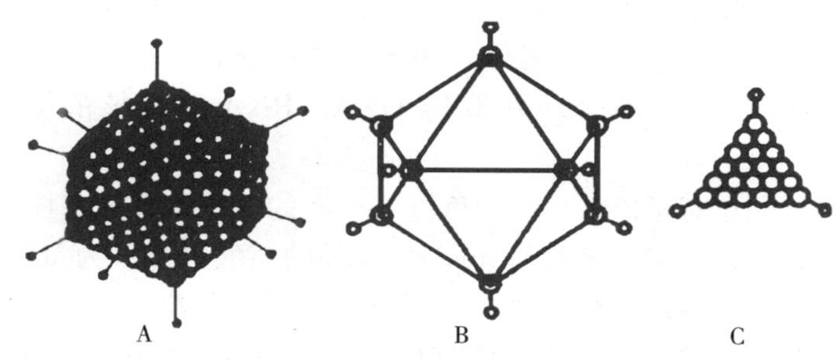

A. 腺病毒的形态　B. 二十面体的形态　C. 单个单边三角形

图 1-40　腺病毒的形态结构

（3）复合对称型。这类病毒的壳体是由两种结构组成的，既有螺旋对称型壳体，又有二十面体对称型壳体，故称复合对称。如大肠杆菌 T_4 噬菌体（图 1-41），由头部、颈部和尾部组成，其中头部为二十面体对称型，尾部为螺旋对称型。

3. 包涵体　包涵体是宿主细胞被一些病毒感染后在细胞内形成光学显微镜下可见的、具有一定形态的小体。包涵体多数位于细胞质内，具嗜酸性；少数位于细胞核内，具嗜碱性；也有在细胞质和细胞核内都存在的类型。包涵体是病毒粒子的聚集体，如昆虫核型多角体病毒、腺病毒的包涵体，其内含有大量的病毒粒子。

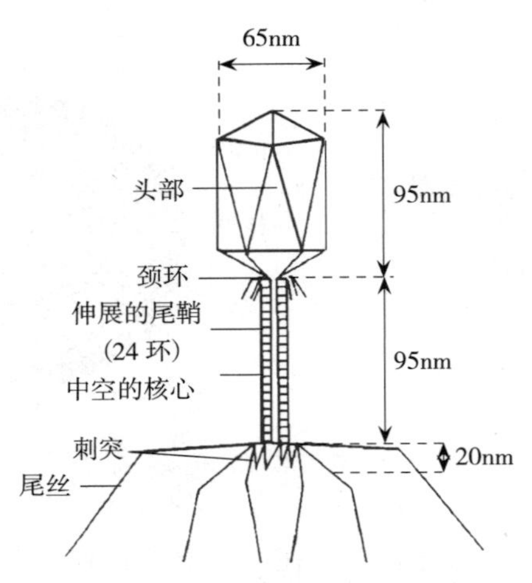

图 1-41　T_4 噬菌体的模式结构

（三）病毒的化学组成

病毒的主要化学组分为核酸和蛋白质，有包膜的病毒和某些无包膜的病毒还含有脂类、糖类。有的病毒含有聚胺类物质、无机阳离子等。

1. 核酸　核酸是病毒遗传信息的载体，一种病毒只含有一种核酸（DNA 或 RNA）。至今还没有发现同时具有两种核酸的病毒。大多数植物病毒的核酸为 RNA，如烟草花叶病毒，少数为 DNA，如花椰菜花叶病毒；噬菌体的核酸大多数为 DNA，少数为 RNA；动物病毒的核酸部分为 DNA，部分为 RNA。大多数病毒粒子只含有一个核酸分子，少数 RNA 病毒含两个或两个以上的核酸分子。

病毒核酸的类型很多，无论是 DNA 还是 RNA，都有单链（ss）和双链（ds）之分。RNA 病毒多数是单链，极少数为双链；DNA 病毒多数为双链，少数是单链。病毒核酸还有线状和环状之分，如玉米条纹病毒的核酸为线状单链 DNA，大丽花花叶病毒的核酸为闭合环状双链 DNA。RNA 病毒核酸多呈线状，罕见环状。

此外，病毒核酸还有正链（+）和负链（−）的区别。凡碱基序列与 mRNA 相同的核酸单链称为正链，碱基序列与 mRNA 互补的核酸单链称为负链。如烟草花叶病毒核酸为正链，副黏病毒核酸为负链。正链核酸具有侵染性，可直接作为 mRNA 合成蛋白质，负链没有侵染性，必须依靠病毒携带的转录酶转录成正链后才能作为 mRNA 合成蛋白质。

2. 蛋白质　有的病毒只含有一种蛋白质，如烟草花叶病毒；多数含有多种蛋白质，如 MS_2 噬菌体含有 4 种蛋白质，流感病毒含 10 种蛋白质，T_4 噬菌体则含 30 余种蛋白质。病毒蛋白质的氨基酸组成与其他生物一样，但不同病毒蛋白质的氨基酸含量各不相同。蛋白质在病毒中的含量随病毒种类而异。

3. 其他成分　少数有包膜的病毒还含有脂类、糖类等。脂类主要构成包膜的脂双层，糖类多以糖蛋白或糖脂的形式存在于包膜的表面，其组成与宿主细胞相关，决定着病毒的抗原性。

二、噬菌体

噬菌体是感染细菌、真菌、放线菌或螺旋体等微生物的病毒的总称，因部分能引起宿主菌的裂解，故称为噬菌体。20 世纪初在葡萄球菌和志贺菌中首先发现噬菌体。噬菌体具有病毒的一些特性：①个体微小，可以通过滤菌器；②没有完整的细胞结构，主要由蛋白质构成的衣壳和包含于其中的核酸组成；③只能在活的微生物细胞内复制增殖，是一种专性细胞内寄生的微生物。

噬菌体广泛存在于自然界中，凡是有细菌的场所就可能有相应噬菌体的存在。在人和动物的排泄物或污染的井水、河水中常含有肠道菌的噬菌体，在土壤中可找到土壤细菌的噬菌体。噬菌体有严格的宿主特异性，只寄居在易感宿主菌体内。由于噬菌体和它的寄主都是体型微小、结构简单、繁殖快、易控制的微生物，对于深入研究病毒的复制、生物合成、基因表达、感染性以及其他活性等问题来说，噬菌体是一个很方便的模型和独特的工具。同时，可利用噬菌体进行细菌的流行病学鉴定与分型，以追查传染源。

（一）噬菌体的形态

噬菌体的基本形态为蝌蚪状、微球状和线状。大部分噬菌体呈蝌蚪状，由头部和尾部组成。头部球形或多角形，尾部较长，由一中空的尾髓和尾鞘组成。尾鞘末端附有六边形的基片和 6 根细长的尾丝。微球状噬菌体较小，一般为 20～60nm，呈二十面体结构。线状噬菌体结构更简单，是一条略显弯曲的细丝，长 600～800nm。

（二）噬菌体的增殖

噬菌体的增殖是由宿主细胞提供原料、能量和生物合成场所，在噬菌体核酸遗传密码的控制下，于宿主细胞内复制出噬菌体的核酸和合成病毒的蛋白质，进一步装配成大量的子代噬菌体，最后释放到细胞外的过程，也称为噬菌体的复制。

噬菌体的增殖一般可分为吸附、侵入、增殖、组装及释放 5 个阶段。大肠杆菌是发现噬菌体最多、研究得最深入的一种宿主，人们对大肠杆菌 T-系噬菌体进行了大量研究，获得了很多有关病毒的基础知识。现以大肠杆菌 T-系噬菌体为例加以说明（图 1-42）。

T 系噬菌体的增殖过程

1. 吸附 吸附是病毒和寄主之间高度特异性的相互作用，噬菌体能否侵染宿主细胞取决于它能否吸附在宿主细胞表面的受点部位。噬菌体以其尾丝尖端的蛋白质与宿主细胞表面的特异受体（蛋白质、多糖、脂蛋白—多糖复合物等）接触，可触发颈须把卷紧的尾丝散开，紧接着就附着在受体上，从而使刺突、尾板固着于细胞表面。

不同的噬菌体吸附在不同的受体上，如大肠杆菌 T_3、T_4、T_7 噬菌体吸附在脂多糖受体上，T_2 和 T_6 噬菌体的受体是脂蛋白，枯草杆菌 SP_{50} 噬菌体的吸附位点是磷壁酸，噬菌体 X 的受体在沙门氏菌的鞭毛上，丝状噬菌体（如 f_2、MS_2）则吸附于大肠杆菌雄性菌株的性丝上，因而只能感染雄性细菌，又称雄性噬菌体。

有些敏感细菌突变后，缺失特异受体，不会被噬菌体吸附而成为抗性菌株。吸附作用受病毒的数量、离子浓度、pH、温度等许多因素的影响。

2. 侵入 噬菌体首先通过尾丝附着在宿主细胞表面，噬菌体尾部释放溶菌酶，

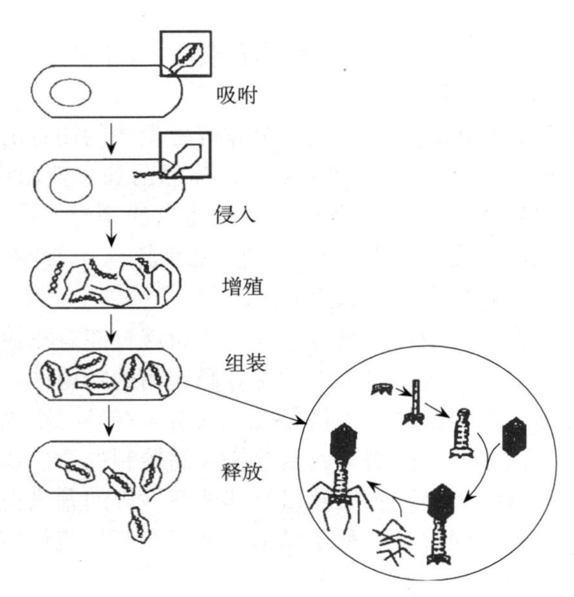

图 1-42 大肠菌 T_4 噬菌体的增殖过程

（李阜康，胡正嘉 . 2003. 微生物学 . 5 版）

溶解接触处细胞壁中的肽聚糖，使细胞壁产生一小孔，接着尾鞘收缩，使尾髓穿透细胞壁和膜，头部的核酸迅通过尾髓注入宿主细胞内，而将其蛋白质衣壳留在细胞壁外。从吸附到侵入时间极短，如 T_4噬菌体只需 15s。

病毒侵入后，将病毒的包膜及衣壳脱去，使核酸释放出来的过程称为脱壳。大多数病毒在侵入时就已在宿主细胞表面完成，如大肠杆菌 T 偶数噬菌体；有些病毒则需在宿主细胞内脱壳，如痘病毒需要在吞噬泡中溶酶体酶的作用下部分脱壳，进入宿主细胞后在脱壳酶作用下完全脱壳。如果短时间内有大量噬菌体吸附同一细胞，在细胞表面产生很多小孔，会造成细胞立即裂解，不再进行噬菌体的增殖。

3. 增殖 增殖过程包括核酸的复制和蛋白质的生物合成。噬菌体的核酸进入宿主细胞后，经过“适应”“调整”便“接管”宿主的合成机器，以宿主细胞原有核酸的降解、代谢库内的贮存物或环境中营养物质为原料，以其核酸中的遗传信息向宿主细胞发出指令并提供“蓝图”，很快“转录”出它们自己的 mRNA，然后再合成大量的子代噬菌体所必需的核酸和蛋白质。

4. 组装 病毒核酸与蛋白质是分别合成的，因而必须将他们装配在一起才能成为成熟的病毒粒子。装配就是将合成的噬菌体各部件组装在一起成为成熟病毒粒子的过程。装配方式随病毒种类而异，如 T_4噬菌体装配过程是：DNA 分子的缩合→通过衣壳包裹 DNA 而形成头部→尾丝和尾部的其他部件独立装配完成→头部与尾部相结合→装上尾丝。至此，一个个成熟的噬菌体粒子就装配完成。整个装配时间因病毒种类不同而异。

5. 释放 宿主细胞内的大量子代噬菌体成熟后就从细胞内释放出来。噬菌体在生长末期能产生溶菌酶，从细胞内部向外溶解细胞壁，使寄主细胞裂解，释放出大量的噬菌体。由于在一个细胞内合成了 150～400 个噬菌体，使细胞内机械压力增大，也有助于细菌细胞破裂。细菌裂解导致液体培养物由混浊变澄清，固体培养物出现噬菌斑。

还有一些丝状的噬菌体，如大肠杆菌 f_1、fd 和 M_{13} 等，它们的衣壳蛋白在合成后都沉积在细胞膜上。噬菌体成熟后并不破坏细胞壁，而是一个个噬菌体 DNA 外出穿过细胞膜时才与衣壳蛋白结合，然后穿出细胞。在这种情况下，宿主细胞仍可继续生长。

（三）烈性噬菌体与一步生长曲线

能在宿主细胞内增殖产生大量子代噬菌体并引起寄主细胞裂解的噬菌体称为烈性噬菌体。以感染时间为横坐标，以噬菌斑数为纵坐标，定量描述烈性噬菌体生长规律的试验曲线，称为一步生长曲线（图 1-43）。一步生长曲线可用来测定从噬菌体侵染到成熟病毒粒子释放的时间间隔，估计每个被侵染细胞释放出来的新的噬菌体粒子的数量。

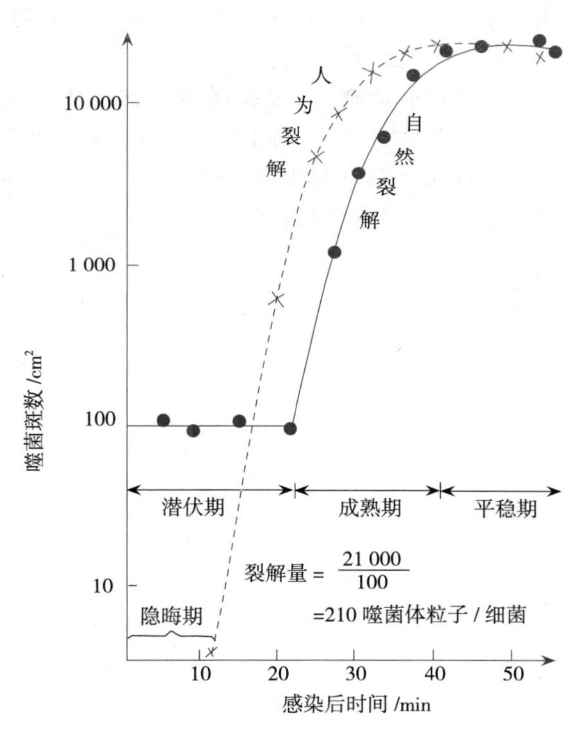

图 1-43　T_4噬菌体的一步生长曲线

一步生长曲线分为以下 3 个时期。

1. 潜伏期　是指噬菌体吸附于细胞到受感染细胞释放子代噬菌体前的最短时间。潜伏期中没有一个成熟的噬菌体粒子从细胞中释放出来。

2. 成熟期　是指潜伏期后宿主细胞迅速裂解，释放出大量子代噬菌体的一段时间。这是新合成的噬菌体核酸与蛋白质装配成有侵染性的成熟噬菌体并裂解细菌细胞的结果。

将此时的噬菌斑数除以潜伏期的噬菌斑数得到裂解量，裂解量是每一个宿主细胞裂解后所产生的子代噬菌体的数量。不同的噬菌体有不同的裂解量，如 T_2 为 150 左右，T_4约为 100，ΦX_{174}约为 1 000，而 f_2则可高达 10 000 左右。

3. 平稳期 是指溶液中的噬菌斑数目达到最高并相对稳定的一段时间。成熟期末受感染的宿主细胞已全部裂解，子代噬菌体全部释放出来，因此溶液中噬菌体数量达到最高。一次生长周期的长短随噬菌体及其宿主的体系有所不同，很多噬菌体为 30～60min。

（四）温和噬菌体和溶源性细菌

1. 温和噬菌体 噬菌体吸附并侵入宿主细胞后在一般情况下不进行增殖，也不引起宿主细胞裂解而与宿主共存，称溶源性或溶源现象。凡能引起溶源性的噬菌体即称温和噬菌体，其宿主称为溶源菌。

温和噬菌体侵染细菌后，其 DNA 整合到宿主的核染色体上。这种处于整合态的噬菌体 DNA 称为前噬菌体。前噬菌体所携带的遗传信息由于受噬菌体本身编码的一种特异阻遏物的阻遏作用而得不到表达，在一般情况下不进行复制和增殖，而是随宿主细胞的核基因组的复制而同步复制，并随着宿主细胞分裂平均分配到子代细胞中去，如此代代相传，这样便进入溶源性周期。

在某些情况下，前噬菌体可脱离整合状态，在宿主细胞内增殖，产生大量子代噬菌体而导致细胞裂解，这称为裂解性周期（图 1-44）。温和噬菌体的种类很多，常见的有大肠杆菌的 λ、Mu-1、P_1和 P_2噬菌体和鼠伤寒沙门菌的 P_{22}噬菌体等，其中的 λ 噬菌体是迄今研究得最清楚的一种温和噬菌体。

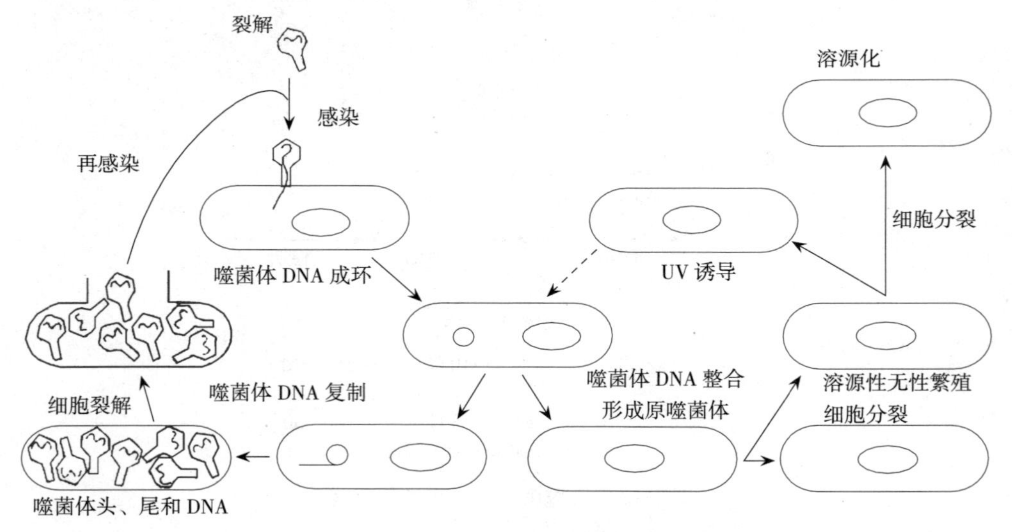

图 1-44 λ 噬菌体的裂解和溶源化示意
（李阜康，胡正嘉．2003．微生物学．5 版）

2. 溶源性细菌及其检出

（1）溶源性细菌。是指在核染色体上整合有前噬菌体并能正常生长繁殖而不被裂解的细菌。在自然界中溶源性细菌是普遍存在的，如大肠杆菌、枯草杆菌、沙门氏菌等。大肠杆菌 K_{12}（λ）就表示一株带有 λ 前噬菌体的大肠杆菌 K_{12}溶源菌株，其携带的噬菌体用括号表示。溶源性细菌具有如下特性。

①具有遗传的、产生前噬菌体的能力。整合到宿主细胞基因组中的前噬菌体在细

胞分裂时随同宿主基因组一起复制，而一代代传下去。

②自发裂解。在溶源菌的正常分裂过程中，少数细胞的前噬菌体脱离整合状态，产生大量子代噬菌体，导致细菌细胞裂解。

③诱发裂解。溶源性细菌在紫外线、X射线、氮芥等外界理化因子的作用下，大部分甚至全部细菌细胞会发生裂解。

④免疫性。溶源性细菌对附于其溶源性的噬菌体及其相关的噬菌体都有免疫性。噬菌体即使吸附于溶源性细菌，甚至感染，也不能在其细胞中增殖。溶源性细菌不仅对同一类噬菌体是免疫的，而对该类型噬菌体的大部分突变株也是免疫的。

⑤复愈。在溶源性细菌群体的增殖过程中，一般有1/100 000的个体丧失其前噬菌体，并成为非溶源性细菌，这一过程称为复愈。复愈后的细菌丧失了产生噬菌体的能力和对噬菌体的免疫性。

⑥溶源性转变。指溶源菌由于整合了温和噬菌体的前噬菌体而使自己获得新性状的现象。如原来不产毒素的白喉棒杆菌被β棒杆菌温和噬菌体感染后变为产白喉毒素的致病菌。

⑦局限性转导。指整合到一个细菌基因组中的噬菌体DNA把宿主个别相邻基因转移到另一个细菌体内的现象。

（2）溶源性细菌的检出。检出溶源性细菌在发酵工业上具有重要的意义。将少量待测菌与大量敏感性指示菌相混合，然后加至琼脂培养基中倒成一平板。培养一段时间后，溶源菌就长成菌落。由于在溶源菌分裂过程中有极少数个体会发生自发裂解，其释放的噬菌体可不断侵染溶源菌菌落周围的指示菌菌苔，所以会产生一个个中央有溶源菌的小菌落，菌落的四周有透明的特殊噬菌斑（图1-45）。

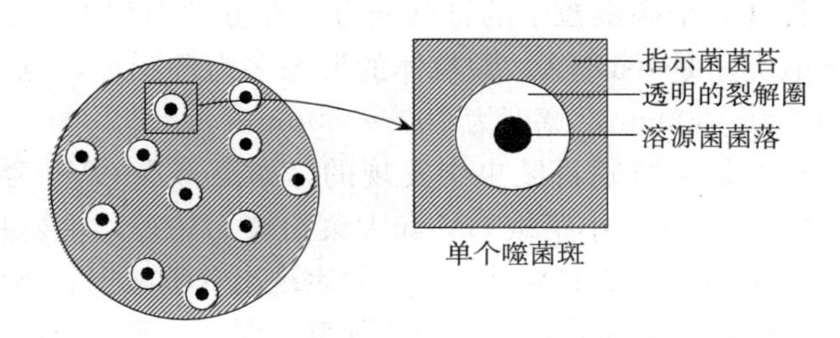

图1-45　溶源性细菌及其特殊噬菌斑

也可利用溶源性细菌诱发裂解特性，用紫外线照射生长的待测菌，进一步培养并过滤，将滤液与敏感性指示菌混合培养。若待测菌是溶源性细菌，紫外线诱发裂解产生的噬菌体可侵染敏感性指示菌菌苔，形成透明的噬菌斑。

三、昆虫病毒与植物病毒

（一）昆虫病毒

昆虫病毒属于无脊椎动物病毒，是指以昆虫为宿主的病毒，是引起昆虫致病和死亡的重要病原体。在农林害虫的生物防治和有益昆虫病毒病的控制上，昆虫病毒都受到了人们的重视和开发利用。如有些病毒能侵染并杀死农林害虫，可利用其作为生物农药。蜜蜂和家蚕一旦染上病毒，会造成经济上的损失。

1. 昆虫病毒的主要种类 大多数昆虫病毒可在宿主细胞内形成包涵体。其包涵体一般呈多角状，因此称为多角体。多角体的特点是：①大小一般在0.5～10.0μm，多数约为3μm；②主要成分为碱溶性结晶蛋白；③其内包裹着数目不等的病毒粒子；④具有保护病毒粒子抵御不良环境的功能。80%以上的昆虫病毒都是农林业常见的鳞翅目害虫的病原体，可作为害虫生物防治中的巨大资源库。

根据是否形成多角体和多角体的形态及形成部位，可把昆虫病毒分成以下几类。

（1）核型多角体病毒（NPV）。NPV是一类在昆虫细胞核内增殖、具有蛋白质包涵体的杆状病毒。迄今所知的NPV多数是在鳞翅目昆虫中发现的，如棉铃虫NPV、粉纹夜蛾NPV及家蚕NPV等；在双翅目等昆虫中也有存在，如埃及伊蚊NPV。

多角体表面有一层蛋白亚基结构的膜，它对外界不良环境具有一定的抵御作用，多角体内包埋着多个杆状病毒粒子。一般多个病毒粒子被包膜包围形成病毒束并包埋于多角体内，如棉铃虫NPV。也有单个病毒粒子被包膜包围并包埋于多角体内，如粉纹夜蛾NPV。NPV的大小因病毒的种类而异，一般在0.6～5.0μm，平均为3μm左右，如棉铃虫NPV的多角体大小为0.8～2.0μm。

（2）质型多角体病毒（CPV）。CPV是一类在昆虫细胞质内增殖、具有蛋白质包涵体的球状病毒。其多角体内包埋着1～10 000个病毒粒子。CPV多角体的大小为0.5～10.0μm，形态不一。CPV病毒粒子呈二十面体，直径为48～69nm，无脂蛋白包膜，有双层蛋白组成的衣壳，在其12个顶角上各有一突起，核酸类型为dsRNA。

（3）颗粒体病毒（GV）。GV是一类在昆虫细胞核内增殖、具有蛋白质包涵体、每个包涵体内一般仅含一个病毒粒子的杆状病毒。在分类地位上，GV与NPV同属于杆状病毒科，核酸类型是dsDNA。颗粒体的形态多为椭圆形，也有肾形、卵圆形或圆筒形，长度为200～500nm，宽度为100～350nm。

目前报道的GV都是从鳞翅目昆虫中发现的，如菜青虫GV、茶小卷叶蛾GV、松毛虫GV、稻纵卷叶螟GV、小菜蛾GV和大菜粉蝶GV等，主要感染鳞翅目昆虫的真皮、脂肪组织及血细胞。昆虫被感染后一般表现出食欲减退，体弱无力，行动迟缓，腹部肿胀变色，虫体表皮易破，流出液呈腥臭、混浊、乳白色脓状等症状。我国已研制成菜粉蝶颗粒体病毒剂用于生物防治。

（4）非包涵体病毒。病毒粒子球状，不形成包涵体。宿主范围广泛，除昆虫纲外，还存在于蜘蛛纲、甲壳纲等，如柑橘红蜘蛛病毒、浓核症病毒、家蚕软化病病毒、小菜蛾球形病毒等。用非包涵体病毒防治柑橘红蜘蛛较有效。昆虫浓核症病毒是目前在无脊椎动物中所发现的一种最小的非包涵体病毒。由于感染该病毒的宿主细胞核膨大，核内物质呈现浓密、丰盈现象。其代表种为大蜡螟浓核症病毒，病毒粒子为正二十面体的球状颗粒，直径约20nm，无包膜，核酸类型是ssDNA。

2. 昆虫病毒的感染途径 昆虫病毒主要通过口器感染，其侵染过程是：通过昆虫的口腔进入其消化道，由于胃液呈碱性，把多角体蛋白溶解并释放出病毒粒子。病毒粒子通过与中肠上皮细胞微绒毛的融合侵入中肠上皮细胞，继续侵入血细胞、脂肪细胞、气管上皮细胞、真皮细胞、腺细胞和神经节细胞体，在那里大量增殖和重复感染，造成宿主生理功能紊乱、组织破坏，最终导致死亡。

（二）植物病毒

植物病毒是指感染高等植物、藻类等真核生物的病毒。植物病毒对植物生长产生的危害作用是使植物的叶或花改变颜色。正是因为病毒的侵染，使花瓣在原有颜色上产生了花斑或条纹，使花色更加奇异、绚丽，对花卉起到美化作用。病毒研究史上发现的第一个病毒就是植物病毒——烟草花叶病毒。但由于植物病毒大多难以培养和纯化，必须把它们接种到整个植株上或进行组织制备，而且很多植物要昆虫作为转移载体，这些都限制了植物病毒的研究，所以植物病毒的研究进展远没有噬菌体和动物病毒研究进展得顺利。

植物病毒种类很多，绝大多数种子植物，尤其是禾本科、葫芦科、豆科、十字花科和蔷薇科的植物易感染病毒，已经鉴定的植物病毒有 1 000 余种。植物病毒虽是严格的胞内寄生物，但是它们的专一性并不强，一种病毒能寄生在不同科、属、种的植物上，其引起的症状随植物品种不同而不同，如烟草花叶病毒（TMV）可以感染 30 多个科的 200 多种植物。一株植物也可同时感染两种以上的病毒。

1. 植物病毒的形态结构　植物病毒的基本形态有杆状、丝状和近球状（二十面体）。绝大多数没有包膜，只有弹状病毒科和布尼亚病毒科的部分植物病毒具有包膜，如莴苣坏死黄化病毒。植物病毒的基因组多数由一个核酸分子组成，少数 RNA 病毒由多个 RNA 分子或组分所组成。

2. 植物病毒的增殖　植物具有坚硬的细胞壁和角质或蜡质化的表皮，同时植物病毒不像噬菌体那样具有壳体蛋白与宿主表面受体之间的特异性，所以植物病毒只能通过媒介或各种原因形成的伤口侵入植物细胞。植物病毒的增殖过程与噬菌体增殖相似，但与噬菌体不同的是植物病毒必须在侵入宿主细胞后才脱去蛋白质衣壳。

植物病毒侵染植物主要通过 3 个途径：①借昆虫（蚜虫、叶蝉和飞虱等）刺吸式口器损伤植物细胞而侵入；②借带病汁液与植物伤口相接触而侵入；③借人工嫁接时的伤口而侵入。

成熟的病毒粒子通过植物的胞间连丝在细胞间扩散和传播，TMV 的传播速率为 1mm/d 左右。病毒粒子一旦到达维管束组织，便很快传至叶脉、叶柄，一直到茎部。

3. 植物病毒引起的主要症状　植物感染病毒后，表现出以下症状：①叶绿体受到破坏，或阻止合成叶绿素，引起花叶、黄化或红化；②阻碍植株发育，导致植株矮化、丛枝或畸形；③杀死植物细胞，形成枯斑或出现坏死。

一株植物可能感染两种以上的病毒。两种以上病毒混合感染有时产生与单独感染完全不同的症状，如马铃薯 X 病毒单独感染发生轻微花叶，Y 病毒单独感染在有些品种上引起枯斑，而 X 病毒和 Y 病毒同时感染时则使马铃薯发生显著的皱缩花叶症状。

四、亚病毒

凡在核酸和蛋白质两种成分中只含其中之一的分子病原体，称为亚病毒，包括类病毒、卫星病毒、卫星 RNA 和朊病毒。亚病毒是一类不具有完整的病毒结构，比病毒更为简单，能够侵染动植物的微小病原体。

（一）类病毒

类病毒是一个裸露的单链环状 RNA 分子。1971 年在美国工作的瑞士学者 Diener 发现引起马铃薯纺锤形块茎病的病原体是一种只有侵染性小分子 RNA 而没有蛋白质的感染因子，这种 RNA 能在敏感细胞内自我复制，并不需要辅助病毒，由于其结构和性质与已知的病毒不同，故把它称为类病毒。

类病毒大小仅为最小病毒的 1/20，由 246～375 个核苷酸组成，其 RNA 无 mRNA 活性，不能编码蛋白质。大多数类病毒 RNA 都呈高度碱基配对的双链区与未配对的环状区相间排列的杆状构型。

通过机械损伤传播是类病毒主要传播途径。迄今已鉴定的类病毒多为侵染植物的病毒，如马铃薯纺锤形块茎类病毒、番茄曲顶病毒、柑橘裂皮病毒、黄瓜白果病毒和酒花矮化类病毒等。

（二）卫星病毒

卫星病毒基因组缺损，在宿主细胞中不能自主复制，必须依赖其他病毒提供的酶才能完成其复制周期。能帮助卫星病毒完成其感染循环的病毒则称为辅助病毒。如大肠杆菌 P_4 噬菌体缺乏编码衣壳蛋白的基因，需辅助病毒大肠杆菌 P_2 噬菌体同时感染，依赖 P_2 合成的壳体蛋白装配成 P_4 壳体，再与其 DNA 组装成完整的 P_4 颗粒。常见的卫星病毒还有丁型肝炎病毒，它的“宿主”即辅助病毒是乙型肝炎病毒（HBV）。此外还有卫星烟草花叶病毒、卫星玉米白线花叶病毒等。

（三）卫星 RNA

卫星 RNA 是一类寄生在辅助病毒的壳体中，必须依赖辅助病毒才能复制的 RNA 分子片段，也称为拟病毒。卫星 RNA 对于辅助病毒的复制不是必需的，且与辅助病毒的基因组无明显的同源性。

卫星 RNA 是 Randles 等于 1981 年在研究绒毛烟斑驳病毒（VTMoV）时发现的。VTMoV 基因组除含一种大分子线状 ssRNA（称 RNA-1）外，还含有一种环状 ssRNA 分子（称 RNA-2），这两种 RNA 单独接种时都不能感染和复制，只有把两者合在一起时才可以感染和复制。卫星 RNA 能影响其辅助病毒感染宿主的症状，如烟草环斑病毒（TobRSV）的卫星 RNA 能减轻 TobRSV 在烟草上引起的环斑症状。常见的卫星 RNA 还有黄瓜花叶病毒的卫星 RNA 和番茄黑环病毒的卫星 RNA 等。

（四）朊病毒

朊病毒是美国科学家 Prusiner 于 1982 年在研究羊瘙痒病的病原体时发现的。朊病毒是一类具有侵染性并能在宿主细胞内复制的小分子无免疫性的疏水蛋白质。人的库鲁病、牛海绵状脑病（即疯牛病）、羊瘙痒病等病的病原体均为朊病毒。

朊病毒在电子显微镜下呈杆状颗粒，直径为 25nm，长 100～200nm。朊病毒具有以下特性：由宿主细胞内的基因编码，无核酸成分，无免疫原性，SDS、尿素、苯酚等蛋白变性剂则能使之失活，高温、辐射、核酸变性剂等能使病毒失活的因子都不能破坏其感染性。

朊病毒的发现具有重大意义，因为它与目前公认的“中心法则”，即生物遗传信息流的方向是“DNA→RNA→蛋白质”的传统观念发生抵触。通过对朊病毒的深入研究可能会更加丰富“中心法则”的内容。此外，还可能对一些疾病的病因、传播研究以及治疗带来新的希望。

知识拓展

病毒与人类健康

目前已知人类80%的传染病由病毒引起。人免疫缺陷病毒（HIV）是获得性免疫缺陷综合征（AIDS，又称艾滋病）的病原体。HIV属逆转录病毒科慢病毒属，病毒粒子呈球状，直径约为110nm，表面有包膜，内为截头圆锥状的致密核心。HIV严重破坏人体免疫功能，病人因机体免疫力极度下降而导致各种机会感染的发生，后期常常发生恶性肿瘤及神经障碍等一系列临床综合征，最终因长期消耗，全身衰竭而死亡。自1981年发现首例艾滋病病例以来，全球已有超过2 500万人死于此病，2006年，全球新增430万HIV感染者，世界上共有3 950万HIV感染者。AIDS已成为最严重威胁人类健康的病毒病之一，由于尚缺乏有效的治疗措施，被称之为“世纪绝症”。HIV主要通过性传播、血液传播和母婴传播。

严重急性呼吸道综合征（SARS）是进入21世纪以来的一种严重威胁人类健康的病毒传染病。SARS病毒属冠状病毒科，毒粒形状不规则，有包膜，表面有突起，直径为60～220nm。SARS是病毒性肺炎的一种，其临床症状表现为发热、干咳、呼吸急促、头疼等，实验检查有血细胞下降和转氨酶水平升高等，严重时导致进行性呼吸衰竭，并致人死亡。该病毒主要通过空气飞沫、接触病毒感染者的呼吸道分泌物和密切接触进行传播。患者排泄物及其污染的水、食物和物品等也是重要的传播途径。

2009年发生的甲型H1N1流感是由新的流感病毒变异株引起，该病毒人群普遍易感，已引起跨国、跨洲传播。甲型H1N1流感的症状与其他流感症状类似，如高热、咳嗽、乏力、厌食等，如果不及时治疗，病情延续会继发肺炎和呼吸衰竭，甚至死亡。流感病人在发病前一天已可排毒。也有一些人感染后无以上发病症状，但仍然具有传染性。

在病毒疫苗的生产上，乙肝病毒疫苗、狂犬病病毒疫苗、脊髓灰质炎病毒疫苗等多种病毒疫苗已广泛使用，在人类与病毒的斗争中发挥着巨大的作用。

学习回顾

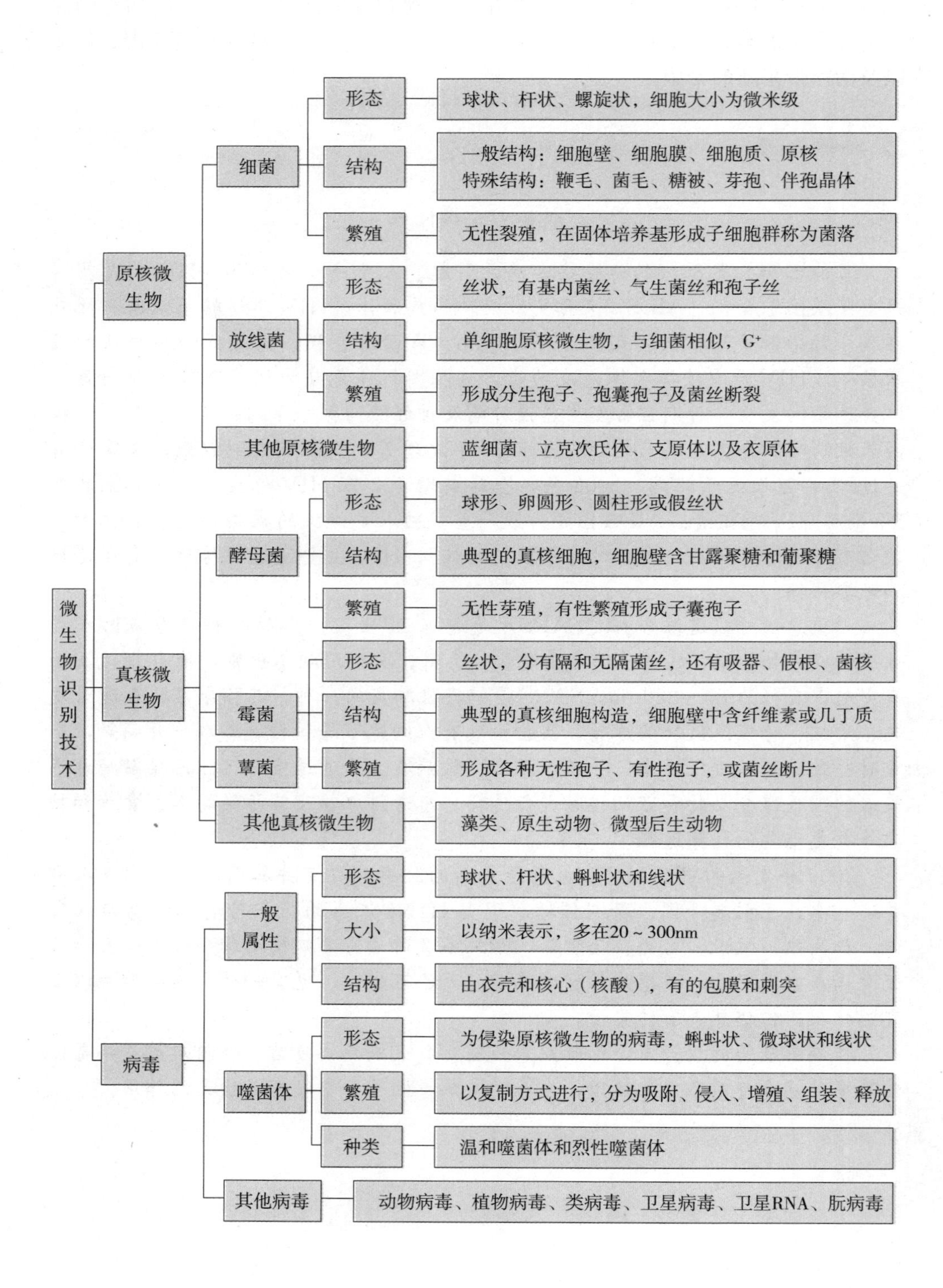
微生物识别技术
原核微生物
细菌
形态
球状、杆状、螺旋状，细胞大小为微米级
结构
一般结构：细胞壁、细胞膜、细胞质、原核
特殊结构：鞭毛、菌毛、糖被、芽孢、伴孢晶体
繁殖
无性裂殖，在固体培养基形成子细胞群称为菌落
放线菌
形态
丝状，有基内菌丝、气生菌丝和孢子丝
结构
单细胞原核微生物，与细菌相似，G+
繁殖
形成分生孢子、孢囊孢子及菌丝断裂
其他原核微生物
蓝细菌、立克次氏体、支原体以及衣原体
真核微生物
酵母菌
形态
球形、卵圆形、圆柱形或假丝状
结构
典型的真核细胞，细胞壁含甘露聚糖和葡聚糖
繁殖
无性芽殖，有性繁殖形成子囊孢子
霉菌
蕈菌
形态
丝状，分有隔和无隔菌丝，还有吸器、假根、菌核
结构
典型的真核细胞构造，细胞壁中含纤维素或几丁质
繁殖
形成各种无性孢子、有性孢子，或菌丝断片
其他真核微生物
藻类、原生动物、微型后生动物
病毒
一般属性
形态
球状、杆状、蝌蚪状和线状
大小
以纳米表示，多在20～300nm
结构
由衣壳和核心（核酸），有的包膜和刺突
噬菌体
形态
为侵染原核微生物的病毒，蝌蚪状、微球状和线状
繁殖
以复制方式进行，分为吸附、侵入、增殖、组装、释放
种类
温和噬菌体和烈性噬菌体
其他病毒
动物病毒、植物病毒、类病毒、卫星病毒、卫星RNA、朊病毒

思考与探究

1. 细菌常见的形态有哪几种？各有何特点？
2. 细菌细胞的结构有哪些？各有何功能？
3. 革兰氏阳性细菌的细胞壁与革兰氏阴性细菌的细胞壁有何区别？
4. 试从芽孢的特殊结构与成分说明它的抗逆性。
5. 试述放线菌的应用价值。
6. 为什么说放线菌与细菌的关系比与真菌的关系密切？
7. 放线菌的菌丝依据形态和功能不同分为哪几种？各有何特点？
8. 简述酵母菌的特点。
9. 真菌有哪些无性孢子和有性孢子？各有何特点？
10. 比较细菌与酵母菌、放线菌、霉菌的繁殖方式和菌落特征。
11. 病毒有哪些特征？以噬菌体为例说明病毒的增殖过程。
12. 简述病毒的结构、化学组成及各部分的功能。
13. 试述植物病毒的传播途径及感染症状。
14. 亚病毒有哪些？各有何特点？

《农业微生物》 项目二

微生物培养基制备技术

NONGYE WEISHENGWU

学习目标

◆ 知识目标

- 掌握培养基的配制原则。
- 理解微生物的营养类型和微生物吸收营养物质的方式。
- 了解微生物需要的营养物质和培养基的种类。

◆ 能力目标

- 能根据配方正确配制培养基。
- 能采用合适的方法对物品进行消毒和灭菌。

◆ 素质目标

- 培养学生的无菌意识和认真、严谨、规范的职业精神。

生物体从外界环境中摄取生命活动所必需的能量和物质，以满足其生长和繁殖需要的生理过程，称为营养。能够满足生物机体生长、繁殖和完成各种生理活动所需的物质称为营养物质。微生物在其生命活动过程中必须不断地进行新陈代谢，从周围环境中吸收营养物质，借以获得能量，合成新的细胞组分和形成代谢产物。掌握了微生物的营养理论就能合理地选用或设计符合微生物生长要求和更有利于生产实践的培养基。

任务一　微生物的营养要求

不同的微生物有不同的营养特点，与高等动植物相比，微生物具有营养物质多样性和营养类型复杂性的特点，所以自然界中的许多物质都能被微生物分解转化。

一、微生物细胞的化学组成

分析微生物细胞的化学组成与各成分的含量是了解微生物营养需求的基础，也是

设计与配制培养基、调控生长繁殖过程的重要理论依据。

微生物细胞的化学组成与其他生物细胞的化学组成相似，主要由大量水分、有机物质和矿质元素组成（表 2-1）。

表 2-1　微生物细胞的主要成分

细胞成分		含量	主要元素
水分		70%～90%	H、O
干物质	有机物质（蛋白质、核酸、糖类、脂肪、维生素）	占干物质的 90%～97%	C、N、H、O 等
	矿质元素	占干物质的 3%～10%	P、S、Ca、Mg、K、Na、Fe 等

组成微生物细胞的主要元素除了 C、H、O、N 外，还有 P、S、K、Ca、Mg、Fe、Na、Cu、Zn、Mn、B、Co、Mo 等矿质元素。其中碳素在各类微生物细胞中的含量最高，且较稳定，约占细胞干物质的 50%。而氮素差异较大，细菌、酵母菌含量较高，真菌含量较少。各种元素在细胞中的含量因微生物种类而异（表 2-2）。同一种微生物在不同的生长时期及不同环境下，细胞内各元素的含量也有变化。如幼龄细胞比老龄细胞含氮量高，在氮源丰富的培养基上生长的细胞比在氮源相对贫乏的培养基上生长的细胞含氮量高。

表 2-2　微生物细胞中主要元素的含量（干重）/%

元素	细菌	酵母菌	丝状真菌
C	50	49.8	47.9
N	15	12.4	5.2
H	8	6.7	6.7
O	20	31.1	40.2
P	3	—	—
S	1	—	—

通过分析微生物细胞的化学组成，其细胞化学组成与高等生物无本质区别，明显存在着“营养上的统一性”。各种生物在营养方面的差别主要表现在营养物质的来源和吸收方式上，而不是表现在对营养元素的需求上。

二、微生物的营养要素及其生理功能

微生物需要的营养要素按照它们在机体中的生理作用不同可区分为碳源、氮源、能源、无机盐、生长因子、水分六大类。

（一）碳源

作为微生物细胞结构或代谢产物中碳素来源的营养物质称为碳源。碳源具有双重作用，除了构成细胞物质及产生各种代谢产物、细胞储藏物质外，多数还能提供微生物生长发育过程中所需要的能量。因而碳是微生物细胞需要量最多的元素。

能被微生物用作碳源的物质种类极其广泛，从简单的含碳无机物，如CO_2和碳酸盐，到各种各样的天然含碳有机物，如糖与糖的衍生物、醇类、有机酸、脂类、烃类、芳香族化合物等，都可以作为微生物的碳源。自然界所有有机物质都可被相应微生物利用，甚至像二甲苯、酚等有毒的物质都可以被少数微生物用作碳源。总体来说，自然界中的碳源都可被微生物利用，因为微生物的种类多，习性不同，所需要的碳素物质不同。就某一种微生物来说，它所利用的碳源是有限的。因此，可以根据微生物对碳源的利用情况作为分类的依据。

微生物利用碳源物质具有选择性，大多数微生物利用有机碳。糖类是一般微生物较容易利用的良好碳源和能源物质。微生物利用的最佳碳源是葡萄糖、果糖、蔗糖、麦芽糖和淀粉，其中葡萄糖是最常用的，其次是有机酸、醇和脂类。但微生物对不同糖类物质的利用也有差别，单糖优于双糖和多糖，己糖优于戊糖，葡萄糖、果糖优于甘露糖、半乳糖；在多糖中，淀粉明显优于纤维素和几丁质，纯多糖优于杂多糖和其他聚合物（如木质素等）。少数微生物只能以CO_2或无机碳酸盐作为唯一碳源。

同种微生物利用碳源的能力有差别，例如在以葡萄糖和半乳糖为碳源的培养基中，大肠杆菌首先利用葡萄糖，然后利用半乳糖，前者称为大肠杆菌的速效碳源，后者称为迟效碳源。不同种类微生物利用碳源物质的能力也有差别，有的微生物能广泛利用各种类型的碳源，而有些微生物可利用的碳源则比较少。

在实验室中，常以葡萄糖、果糖、蔗糖、淀粉、甘露醇、甘油和有机酸等作为主要碳源。生产中常用农副产品和工业废弃物作为碳源，如红薯粉、玉米粉、米糠、麸皮、糖蜜、酒糟、作物秸秆等。这些物质除提供碳源、能源外，还可供应其他营养成分。

目前在微生物工业发酵中所利用的碳源物质主要是单糖、糖蜜、淀粉、麸皮、米糠等。为了节约粮食，人们已经开展了代粮发酵的科学研究，以自然界中广泛存在的纤维素作为碳源和能源物质来培养微生物。

（二）氮源

构成微生物细胞的物质或代谢产物中氮元素来源的营养物质称为氮源。微生物利用氮源在细胞内合成氨基酸和碱基，进而合成蛋白质、核酸等细胞成分及含氮的代谢产物。细胞干物质中氮的含量仅次于碳和氧。

氮素在自然界中以N_2、无机氮化物和有机氮化物3种形式存在。不同形式的氮源都可被相应的微生物利用，微生物对氮源的利用范围也大大广于动植物。N_2在自然界贮量极大，但一切高等动植物和绝大多数微生物都不能直接利用，只有少数固氮微生物能直接利用。但这些固氮微生物的生活环境中有其他氮源存在时，就会利用这些氮源而丧失固氮能力。

微生物能利用的无机氮化物主要有铵盐、硝酸盐等，但硝酸盐不如铵盐利用得快，铵盐几乎被所有微生物利用。有机氮源以简单和复杂氮化物两种形式存在。氨基酸、嘌呤、嘧啶、蛋白胨、尿素等简单有机氮化物可被微生物快速吸收利用。蚕蛹粉、豆饼粉等复杂有机氮化物需经胞外酶的作用，将其分解成简单有机氮化物才能成为有效态氮源。

微生物对氮源的利用具有选择性，如玉米浆相对于豆饼粉、NH_4^+相对于NO_3^-为速效氮源。以铵盐作氮源时会导致培养基 pH 下降，称为生理酸性盐；以硝酸盐作氮源时培养基 pH 会升高，称为生理碱性盐。

氮源一般不作为能源，只有少数自养微生物能同时利用铵盐、硝酸盐作为氮源与能源（如硝化细菌）。在碳源物质缺乏的情况下，某些厌氧微生物在厌氧条件下可以利用某些氨基酸作为能源物质。

生产中常用作氮源的有蚕蛹粉、各种饼粉、鱼粉、玉米浆、酵母膏、酵母粉、麸皮、米糠、粪肥等。在实验室中，常以铵盐、硝酸盐、蛋白胨、牛肉膏、酵母浸出汁等作为氮源。

（三）能源

为微生物生命活动提供最初能量来源的营养物或辐射能，称为能源。微生物的一切生命活动都离不开能源。不同的微生物利用不同的能源，主要有化学能和光能。化学能来自有机物的分解和无机物的氧化，光能是单一功能能源。某些还原态的无机盐如铵盐和硝酸盐等能为硝化、亚硝化细菌提供能源和氮源，某些有机碳如糖、醇等能为化能异养菌提供能源和碳源，属双功能营养物。而氨基酸除提供能源外，还兼有碳源和氮源的作用，属三功能营养物。

（四）无机盐

矿质元素多以无机盐的形式存在，它也是微生物生长过程中不可缺少的营养物质。微生物对无机盐的需求量很小，凡生长所需浓度在 10^{-4}～10^{-3} mol/L 的元素称为大量元素，如 P、S、Mg、K、Na、Ca、Fe 等。凡生长所需浓度在 10^{-8}～10^{-6} mol/L的元素为微量元素，如 Cu、Zn、Mn、Co、Mo 等。

不同的矿质元素有不同的生理功能，有的参与细胞组成和能量转移（如 P、S）；有的是酶的组成部分或激活剂（如 Fe、Mg、Mo 等）；有的调节酸碱度、细胞透性、渗透压等（如 Na、Ca、K）；有的还可为自养微生物提供能源（如 S、Fe）。

在配制培养基时，只要加入相应无机盐即可，如 KH_2PO_4、$MgSO_4$、NaCl、$FeSO_4$等。微生物对微量元素的需要量很少，通常在自来水和其他养料成分中作为杂质存在的含量就足以满足大多数微生物的需要，过量的微量元素反而会对微生物产生毒害作用。

（五）生长因子

微生物生长所必需的，且需求量极微，其自身又不能合成或合成量不足以满足机体生长需要的有机物质称为生长因子。广义的生长因子包括氨基酸、碱基和维生素三类物质，狭义的生长因子一般仅指维生素（主要是 B 族维生素）。生长因子主要是酶的组成部分或活性基团，还具有调节代谢和促进生长的作用。

能提供生长因子的天然物质有酵母膏、蛋白胨、麦芽汁、玉米浆、动植物组织或细胞浸液以及微生物生长环境的提取液等。

（六）水分

水是维持微生物生命活动不可缺少的物质，具有极其重要的功能。水是良好溶剂，营养物质与代谢产物都是通过溶解和分散在水中而进出细胞；水还是细胞中各种生物化学反应得以进行的介质，并参与许多生物化学反应。水的比热高，又是热的良好导体，保证了细胞内的温度不会因代谢过程中释放的能量而骤然上升，保持生活环境温度的恒定。一定量的水分是维持细胞膨压的必要条件；水还能提供氢、氧两种元素。若水分不足，将会影响整个机体的代谢。

水在生物体内的含量很高，在低等生物尤其微生物体内含量更高，因此微生物适宜生长在潮湿的环境或水中。微生物细胞中的水分一部分为不易结冰和不易蒸发的结合水，是细胞物质的组成部分；另一部分为呈游离状态的自由水，是细胞中各种生化反应的介质，也是基本溶剂。

微生物细胞的含水量因种类、生活条件和菌龄不同而有差异。如细菌、酵母菌和霉菌的营养体含水量分别为 80%、75%、85%；幼龄细胞含水量高于老龄细胞；细菌芽孢和真菌孢子的含水量低于营养体，仅占 40%左右，这有利于菌体抵抗燥、热等不良环境。

配置培养基用自来水、井水、河水即可，若有特殊要求可用蒸馏水。保藏某些食品和物品时，可用干燥法抑制微生物的生命活动。

任务二　微生物的营养类型

微生物种类繁多，其营养类型比较复杂。根据微生物生长所需要的能源、基本碳源和供氢体的不同，微生物的营养类型可分为以下 4 种类型（表 2-3）。

表 2-3　微生物的营养类型

营养类型	能 源	供氢体	基本碳源	微生物
光能自养型	光能	无机物	CO_2	单细胞藻类、蓝细菌、紫硫细菌、绿硫细菌
光能异养型	光能	有机物	CO_2及简单有机物	红螺菌科的细菌（即紫色非硫细菌）
化能自养型	化学能（无机物氧化）	无机物	CO_2	硝化细菌、硫化细菌、铁细菌、氢细菌等
化能异养型	化学能（有机物氧化）	有机物	有机物	绝大多数细菌，全部放线菌及真核微生物

一、光能自养型

利用光作为能源，以 CO_2 为碳源的营养类型称为光能自养型。该类型的微生物体内有一种或几种光合色素，能利用光能进行光合作用，以水或其他无机物为供氢体，将 CO_2 合成细胞有机物质。

单细胞藻类、蓝细菌、紫硫细菌、绿硫细菌都是光能自养微生物。单细胞藻类、蓝细菌体内有叶绿素，能进行与高等植物相同的光合作用，在还原 CO_2 时，以水为供氢体，放出氧气。其光合作用一般在好气条件下进行。

$$CO_2+H_2O\xrightarrow[\text{叶绿素}]{\text{光能}}(CH_2O)_n+O_2\uparrow$$

污泥中的绿硫细菌和紫硫细菌细胞内无叶绿素，只有菌绿素，所以它们在严格的厌氧条件下进行不产氧的光合作用。以 H_2S 为供氢体，将 CO_2 还原为有机物，不放

出氧气，而产生元素硫。产生的元素硫积累在细胞内或排到细胞外。

$$CO_2+H_2S\xrightarrow[\text{菌绿素}]{\text{光能}}(CH_2O)_n+H_2O+S$$

二、光能异养型

利用光能，以有机碳或CO_2为碳源，以有机物为供氢体的营养类型称为光能异养型。该类微生物体内有光合色素，能进行光合作用，将有机碳化物或CO_2同化为细胞物质，其光合作用也不产生氧气。

例如，污泥或湖泊中的红螺菌能利用甲基乙醇为供氢休进行光合作用，并积累丙酮。

$$CO_2+CH_3CHOHCH_3\xrightarrow[\text{菌绿素}]{\text{光能}}(CH_2O)_n+CH_3COCH_3+H_2O$$

虽然光能异养微生物也能利用CO_2（碳源），但生活环境中必须至少有一种有机物存在作为供氢体才行。光能异养微生物虽种类很少，但能利用简单有机物迅速生长繁殖。目前已开始利用这类微生物来净化高浓度的有机废水，以消除污染、净化环境，又可从中生产菌体蛋白。人工培养光能异养微生物时通常需要添加维生素B_{12}等生长因子。

三、化能自养型

利用无机物氧化所产生的化学能为能源，以无机碳为主要碳源的营养类型，称为化能自养型。NH_3、NO_2^-、H_2S、S、H_2、Fe^{2+}等均可被相应的化能自养微生物氧化，并为之提供还原CO_2的能量。例如，硫化细菌和硫细菌能在含硫环境中进行化能自养生活，将H_2S或S氧化为硫酸。

$$H_2S+O_2\longrightarrow H_2O+S+\text{能量}$$

$$S+3O_2+H_2O\longrightarrow H_2SO_4+\text{能量}$$

$$CO_2+H_2O\longrightarrow (CH_2O)_n+O_2$$

氧化生成的硫酸常使金属物品及管道腐蚀，但可利用这样的微生物将贫矿中的铜、铁等金属以硫酸盐的形式溶解出来，这就是细菌冶金。

化能自养微生物种类较少，主要类群有硝化细菌、硫化细菌、铁细菌、氢细菌等。它们对无机物的氧化有很强的专一性，一种化能自养微生物只能氧化某种无机物，如铁细菌只能氧化亚铁盐，硫细菌只能氧化硫化氢。

四、化能异养型

以有机物作为碳源和供氢体，以有机物分解放出的能量为能源的营养类型，称为化能异养型。化能异养微生物在自然界中的分布最广、种类最多、数量最大，大多数细菌及全部放线菌、真菌、原生动物都是该类型的。它们不能在完全无机环境中生活。

化能异养微生物按其生活方式不同可分为腐生菌、寄生菌和兼生菌。以无生命的有机物质为养料，靠分解生物残体而生活的微生物为腐生菌。大多数腐生菌是有益的，在自然界的物质转化中起重要作用，但也会导致农产品的腐败。在活的有机体内生活的微生物为寄生菌，它们多是动植物的病原菌。既能营腐生也能营寄生生活的微生物称为兼生菌，如人和动物肠道内普遍存在的大肠杆菌，它生活在人和动物的肠道内是寄生，随粪便排出体外又可在水、土壤和粪便之中腐生。又如引起瓜果腐烂的菌丝可侵入果树幼苗的胚芽基部进行寄生，也可在土壤中长期腐生。

微生物按其所需碳源和能源不同分为4种营养类型并不是绝对的。以CO_2为唯一碳源的自养微生物并不多，而且有的自养微生物并不拒绝利用有机碳源。例如，氢细菌为化能自养微生物，但环境中有现成有机物时它又会直接利用有机物进行异养生活。许多异养微生物也不是绝对不利用CO_2，只是它们不以CO_2作为唯一碳源，它们仍具有固定部分CO_2到有机物中的能力。有些微生物在不同生长条件下生长时，其营养类型也会发生变化，如红螺菌在有光和厌氧条件下利用的是光能，在无光和好氧条件下利用的是有机物氧化放出的化学能。

自养型和异养型无绝对界限，但却有以下几点区别：自养微生物可以利用CO_2或碳酸盐为唯一或主要碳源，所需能源来自日光或无机物的氧化；异养微生物主要的碳源是有机碳化物，能源来自日光或有机物的氧化，不能在完全无机环境中生长。

任务三　微生物对营养物质的吸收方式

微生物不像植物那样利用根系吸收营养和水分，也不像动物那样具有专门的摄食器官，微生物摄取营养物质是依靠整个细胞表面进行的。营养物质进入微生物细胞是一个复杂的生理过程，细胞壁是营养物质进入细胞的屏障之一，对于复杂的大分子物质如蛋白质、淀粉、纤维素等，微生物分泌出相应的胞外酶将其分解为小分子的物质才能被吸收。营养物质主要通过下列方式被微生物吸收。

一、渗透吸收作用

一般认为细胞膜通过4种方式控制物质的运送，即单纯扩散、促进扩散、主动运输和基团移位，其中以主动运输最重要（图2-1）。

（一）单纯扩散

单纯扩散又称被动吸收，是物质进出细胞最简单的一种方式。物质扩散的动力是物质在膜内外的浓度差。溶质分子从浓度高的区域向浓度低的区域扩散，直到两边的浓度相等为止，是简单的物理扩散方式。单纯扩散不消耗能量，不需要膜上载体蛋白的参与，被扩散的分子不发生化学反应，其构象也没有变化。

由于生活着的细胞不断消耗所吸收的营养物质，使胞内始终保持较低的浓度，故胞外物质能源源不断地通过单纯扩散进入细胞，但吸收速度比较慢。单纯扩散不是微生物细胞获取营养物质的主要方式，细胞不能通过该方式来选择必需的营养物质，也

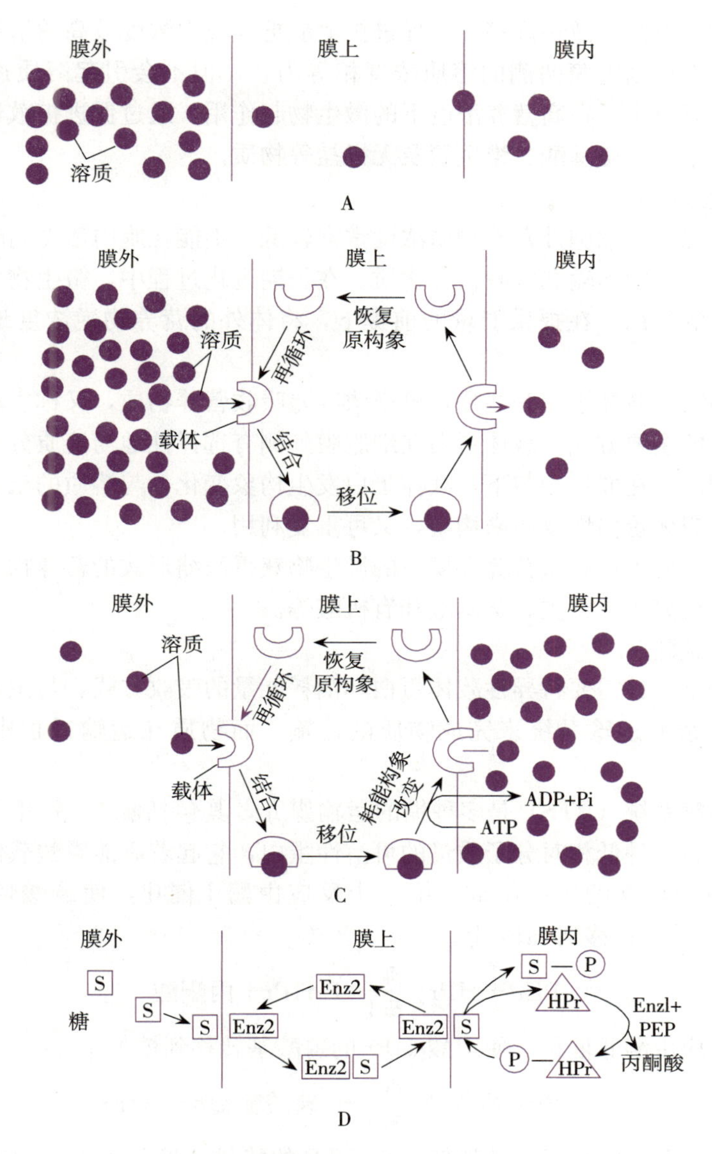

A. 单纯扩散　B. 促进扩散　C. 主动运输　D. 基因移位

图 2-1　营养物质进入细胞的 4 种方式

不能将低浓度溶液中的溶质分子进行逆浓度差的吸收。进行单纯扩散的物质种类不多，主要是 O_2、CO_2、H_2O、乙醇和某些氨基酸分子等物质。

（二）促进扩散

促进扩散

促进扩散与单纯扩散一样，也是以物质的浓度梯度为动力，不消耗能量。但不同于单纯扩散的是促进扩散需要载体蛋白的参与。载体蛋白与所运送的营养物质的亲和力在膜外表面高，而在膜内表面低。因而在膜外，载体蛋白与营养物质结合，当载体蛋白转向膜内时由于亲和力降低，将所运输物质释放在细胞内。载体蛋白运输营养物质的速度与营养物质的浓度梯度密切相关，膜内、外物质的浓度差决定物质运输的方向。载体蛋白具有专一性，不同载体蛋白运载不同的营养物质。由于载体蛋白的参与，促进扩散比单纯扩散快许多倍。促进扩散能把环境中浓度较高的溶质分子加速扩散到细胞内，直至细胞膜两侧的溶质浓度相等为止，但不会引起溶质逆浓度差的输送。因此，它只对生长在高营养浓度下的微生物起作用。通过促进扩散进入细胞的营养物质主要有单糖、氨基酸、维生素及无机盐等物质。

（三）主动运输

在一般情况下，细胞外营养物质浓度常常较低，不能在胞内浓度高时单靠扩散作用进行逆浓度梯度的运输和吸收营养物质。在长期进化过程中，微生物发展了促进扩散中载体蛋白的作用，在提供能量的前提下，将体外的营养物逆浓度地主动运输至体内。

主动运输需要载体蛋白和能量，可逆浓度差吸收营养物质，又称主动吸收，是微生物吸收营养的主要方式。载体蛋白在细胞膜外侧有选择性地与溶质分子结合，当进入细胞膜内侧后，在能量参与下，载体蛋白发生构象变化，与溶质的亲和力降低，将其释放出来。载体蛋白恢复原来构型，又可重复利用。

主动运输可使生活在低营养环境下的微生物获得浓缩形式的营养物。主动运输的营养主要有无机离子、糖类、氨基酸和有机酸等。

（四）基团移位

基团移位是一种需要特异性载体蛋白和消耗能量的吸收方式。与主动运输不同的是它有一个复杂的运输系统来完成物质的运输，而物质在运输过程中发生了化学变化。

磷酸转移酶系统（PTS）是多种糖的运输媒介，其包括酶Ⅰ、酶Ⅱ和热稳定蛋白（HPr）。HPr为一种低相对分子质量的可溶性蛋白，它起着高能磷酸载体的作用。它们基本上由两个独立的反应组成：第一个反应由酶Ⅰ催化，使磷酸烯醇式丙酮酸（PEP）上的磷酸基转移到HPr上。

$$\text{PEP}+\text{HPr}\xrightarrow[\text{酶 I}]{Mg^{2+}}\text{P-HPr}+\text{丙酮酸}$$

另一个反应由酶Ⅱ催化，使磷酸-HPr的磷酸基转移到糖上。

$$\text{P-HPr}+\text{葡萄糖}\xrightarrow[\text{酶 II}]{Mg^{2+}}\text{6-磷酸葡萄糖}+\text{HPr}$$

每输入一个葡萄糖分子，就消耗一个ATP的能量。糖分子进入细胞后以磷酸糖的形式存在于细胞内，磷酸糖是不能透过细胞膜的。这样，磷酸糖不断积累，糖不断进入，形成糖的逆梯度运输。运输的产物磷酸糖可直接进入代谢途径，在运输过程中消耗的能量有效地保存在磷酸糖中。糖及其衍生物、脂肪酸、核苷酸、碱基等物质主要通过这种方式进行运输。

微生物吸收营养物质的4种方式比较见表2-4。

表2-4 微生物吸收营养物质方式比较

比较项目	单纯扩散	促进扩散	主动运输	基团移位
特异载体蛋白	无	有	有	有
运输速度	慢	快	快	快

（续）

比较项目	单纯扩散	促进扩散	主动运输	基团移位
溶质运送方向	由高到低	由高到低	由低到高	由低到高
平衡时内外浓度	内外相等	内外相等	内部浓度高	内部浓度高
运送分子	无特异性	有特异性	有特异性	有特异性
能量消耗	不需要	不需要	需要	需要
运送前后溶质分子	不变	不变	不变	改变
运输物质	H_2O、CO_2、O_2、甘油、乙醇	SO_4^{2-}、PO_4^{3-}、糖	氨基酸、乳糖、Na^+、Ca^{2+}	葡萄糖、果糖、甘露糖、嘌呤、核苷、脂肪酸等

二、膜泡运输

大分子和颗粒物质被运输时并不直接穿过细胞膜，而是由膜包围形成膜泡，通过一系列膜囊泡的形成和融合来完成转运的过程，称为膜泡运输。膜泡运输是一些生物吸收营养物质的方式，主要存在于原生动物中，如变形虫。首先，变形虫通过趋向性运动靠近营养物质，吸附该营养物质到膜表面；接着细胞膜在该物质附近内陷，营养物质逐步被包围，形成一个含该营养物质的膜泡，膜泡离开细胞膜，游离于细胞质中，营养物质通过这种运输方式进入细胞内（图 2-2）。

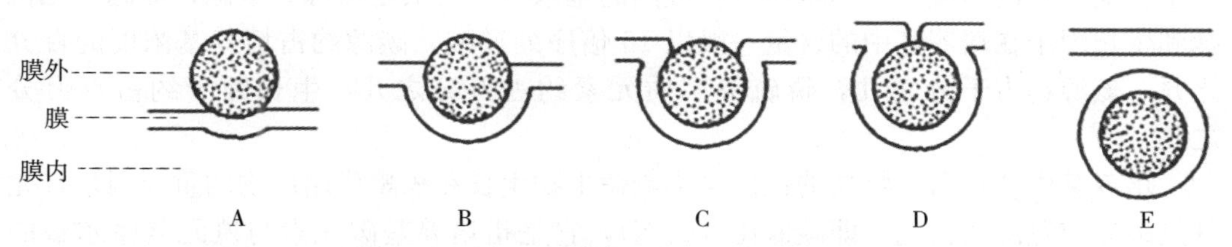

A. 吸附期　B. 膜伸展期　C. 膜泡迅速建成期　D. 附着膜泡形成期　E. 膜泡释放期

图 2-2　膜泡运输过程

任务四　培 养 基

培养基是由人工配制的、适合微生物生长繁殖或产生代谢产物的营养基质。培养基组成成分及比例合适与否对微生物的生长发育、物质代谢、发酵产品生产等影响较大。

一、培养基配制的原则

（一）目的明确，营养适宜

培养基应含有满足微生物生长繁殖所必需的一切营养物质，包括碳源、氮源、能源、无机盐、水及生长因子。首先应该根据培养目的配制培养基，如果培养微生物是为了获得菌体，可增加培养基中氮的含量，有利于菌体蛋白质的合成；如果是为了得到代谢产物，则应考虑生产菌的生理和遗传特性，以及该代谢产物的化学成分。如代谢产物是不含氮的有机酸或醇类时，培养基中的碳源比例要高，如柠檬酸发酵培养基只用红薯粉作原料。若代谢产物是含氮量较高的氨基酸类时，氮源的比例就应高些。如谷氨酸发酵培养基中除了含有水解淀粉或大量的糖外，还有玉米浆和尿素。用于实验室研究的培养基一般不必过多地计较其成本，生产上的发酵培养基应减少成本，尽量选用资源丰富而又廉价的原料。

其次，微生物营养类型复杂，不同微生物对营养物质要求不同，因此配制培养基时应注意微生物对营养物质的需求。自养微生物有较强的生物合成能力，能利用简单的无机物合成自身需要的复杂有机物，其培养基可完全由无机盐组成。例如，自生固氮微生物的培养基不需添加氮源，否则会丧失固氮能力；异养微生物的生物合成能力较弱，培养基中至少要有一种有机物；对于某些需要添加生长因子才能生长的微生物，还需加入它们需要的生长因子。在培养基配制时，多采用动植物组织提取液，如豆芽汁、马铃薯汁、酵母膏等，可满足微生物对生长因子的需要。

病毒、立克次氏体、衣原体和有些螺旋体（回归热螺旋体和梅毒螺旋体）等专性寄生微生物不能在人工制备的一般培养基上生长，而须用鸡胚培养、细胞培养和动物培养等方法培养。

（二）营养协调，比例恰当

培养基中各种营养物质的浓度要适宜，某种营养物不足会阻碍生长，而过量又不利于代谢产物的形成。培养基中含量最高的是水分，其次是碳源。碳源、氮源、无机盐和生长因子在培养基中的含量一般以10倍序列递减。碳源约占培养基浓度的百分之几，氮源约占千分之几，磷硫等矿质元素约占万分之几，生长因子约占百万分之几。

培养基中各种营养物质的比例是影响微生物生长和积累代谢产物的重要因素，尤其是碳源与氮源的比例，即碳氮比（C/N），它是指培养基碳元素与氮元素摩尔数的比值。氮源不足，菌体生长过慢，而过量又易导致菌体徒长，不利于积累代谢产物；碳源不足，菌体易衰老和自溶。不同微生物对营养物质的碳氮比要求不同。对于绝大多数微生物来讲，碳源同时又是能源，所以在培养基中所加的碳源量比较大。细菌和酵母菌的培养基中的C/N约为5∶1，霉菌培养基中的C/N约为10∶1。

（三）条件合适，经济节约

除营养物质外，培养基的酸碱度、渗透压、氧化还原电位等因素也会影响微生物的生长。

1. 酸碱度 培养基的酸碱度不仅影响微生物的生长，还会改变其代谢途径，影响代谢产物种类的形成，所以培养基应保持微生物生长发育所需要的酸碱度。各种微生物需要的酸碱度不同，配制培养基时，常用氢氧化钠、熟石灰、盐酸、过磷酸钙等调节。一般细菌的最适pH为7.0～8.0，放线菌为7.5～8.5，酵母菌为3.8～6.0，而霉菌则为4.0～5.8。

培养基经灭菌和微生物生长后易变酸，因此灭菌前培养基的pH应略高于所需求的pH。微生物在生长繁殖过程中产生的代谢产物会使培养基的pH发生变化，从而会影响生长，甚至会致其死亡。例如，微生物在含糖培养基中生长时产生的有机酸会

使培养基的 pH 下降，而微生物分解蛋白质与氨基酸时产生的氨则会使培养基的 pH 上升。为使培养基的 pH 有一定稳定性，常加入一些缓冲物质，如磷酸盐、碳酸盐、蛋白胨、氨基酸等，除提供营养作用外，还可使酸碱度有一定缓冲性。

KH_2PO_4和K_2HPO_4是常用的缓冲剂。K_2HPO_4溶液呈碱性，KH_2PO_4溶液呈酸性，两种物质的等量混合溶液的 pH 为 6.8。当培养基中酸性物质积累导致 H^+ 浓度增加时，H^+ 与弱碱性盐结合形成弱酸性化合物，培养基的 pH 不会过度降低；如果培养基中 OH^- 浓度增加，OH^- 则与弱酸性盐结合形成弱碱性化合物，培养基 pH 也不会过度升高。这种缓冲液不仅起缓冲作用，还兼有磷源和钾源的作用。

$$K_2HPO_4 + H^+ \longrightarrow KH_2PO_4 + K^+$$

$$KH_2PO_4 + K^+ + OH^- \longrightarrow K_2HPO_4 + H_2O$$

但此种缓冲液只在一定的 pH 范围内（6.4～7.2）才有效。培养产酸微生物如乳酸菌时，培养基中需加 1%～5%的 $CaCO_3$。$CaCO_3$是不溶性的碱，加入培养基中能不断中和产生的酸，又不会使培养液的 pH 升高。

2. 渗透压　微生物生长需要合适的渗透压。渗透压过高会引起细胞吸水，造成质壁分离，而在低渗透压环境中，细胞吸水膨胀甚至破裂，均不利于微生物的生长。配制培养基时应注意调整渗透压至微生物适宜生长的范围。在发酵生产中，为了提高设备利用率和产品产量，通常用较高浓度进行发酵，因此应尽量选育耐高渗透压的生产菌株。

3. 氧化还原电位　不同的微生物对氧化还原电位要求不同。一般好氧微生物生长的氧化还原势（Eh）值为＋0.3～＋0.4V；厌氧微生物只能生长在＋0.1V 以下环境中；兼性厌氧微生物在＋0.1V 以上进行好氧呼吸，在＋0.1V 以下进行发酵产能。可通过振荡培养、搅拌等方式增加通气量，提高培养基的 Eh。在培养基中加入抗坏血酸、硫化钠、半胱氨酸、谷胱甘肽、铁粉等还原性物质可降低培养基的 Eh。

配制培养基时，特别是在大规模生产中，还应遵循经济节约的原则，尽量选用价格便宜、来源方便的原料。在保证微生物生长与积累代谢产物需要的前提下，经济节约原则大致有“以粗代精”“以野代家”“以废代好”“以简代繁”“以烃代粮”“以纤代糖”等。

二、培养基的类型及其应用

微生物种类繁多，不同微生物需要不同的营养物质，即使是同一种微生物，因培养目的或研究目标不同，也会需要不同的培养基，所以培养基种类繁多。一般根据培养基营养物质的来源、培养基的状态及用途等，将其分为下列类型。

（一）按营养物质的来源划分

1. 天然培养基　用生物组织及其浸出物等天然有机物制成的培养基称为天然培养基。常用的动植物浸出物有牛肉膏、酵母膏、蛋白胨（表 2-5）、血清、马铃薯汁、胡萝卜汁等。各种农副产品，如麦麸、米糠、各种秸秆粉也是培养基重要的原料。天然培养基配制简单、营养丰富、原料来源广而经济，是生产上常用的培养异养微生物的培养基。其缺点是成分不稳定也不清楚，使某些精细科研数据不准确，不适宜用于精确的科学实验。

表 2-5　牛肉膏、蛋白胨、酵母膏的来源及主要成分

营养物质	来　源	主要成分
牛肉膏	瘦牛肉组织浸出汁浓缩而成的膏状物质	富含水溶性糖类、有机氮化物、维生素、盐等
蛋白胨	将肉、酪素或明胶用酸或蛋白酶水解后干燥而成的粉末状物质	富含有机氮化合物，也含有一些维生素和糖类
酵母膏	酵母细胞的水溶性提取物浓缩而成的膏状物质	富含B族维生素，也含有有机氮化合物和糖类

2. 合成培养基　完全用已知成分的化学药品配制成的培养基为合成培养基。合成培养基的成分清楚，容易控制，适于在实验室范围内进行有关营养、代谢、鉴定和选育菌种等定量要求较高的研究工作，但其价格贵、配制麻烦、微生物生长慢。

合成培养基适于培养自养型微生物。在异养型微生物的某些研究中有时也需用合成培养基，如需测定某种菌的代谢产物量时必须要用合成培养基。有些对营养要求严格的异养菌在合成培养基上不能生长。

3. 半合成培养基　既有天然有机物，又有已知成分化学药品的培养基为半合成培养基。通常是在天然培养基的基础上适当加入无机盐类，或在合成培养基的基础上添加某些天然有机物。半合成培养基能更有效地满足微生物对营养物质的要求，适合培养大多数微生物。

（二）按培养基的状态划分

1. 液体培养基　液体培养基是将各种营养物质溶解于定量水中而制成的营养液。液体培养基营养成分分布均匀，微生物在液体培养基中能充分接触养料，有利于其生长繁殖和代谢物的积累，适用于进行细致的生理生化研究。现代发酵工业多采用液体培养基进行发酵生产，以获得代谢产物或微生物菌体等。

2. 固体培养基　呈固体状态的培养基称为固体培养基。固体培养基有的是加凝固剂后制成，有的直接用天然固体状物质制成。常用作凝固剂的物质有琼脂、硅胶、明胶等，其中以琼脂最为常用。

固体培养基中琼脂的用量一般是1.5%～2.0%。琼脂是从低等植物红藻中提取的一种多糖，性能稳定，其融化温度是96℃，凝固温度是40℃；不易被微生物分解利用；透明度好，黏着力强；能反复凝固融化，不易被高温灭菌而破坏；培养基的pH<4.0时，琼脂融化后会不凝固。琼脂是最理想的凝固剂，它能使培养基遇热融化，遇冷凝固。常将融化的琼脂培养基装入试管或培养皿中，以制成斜面或平板培养基，用于培养、分离、鉴定、保藏菌种和菌落计数、检验杂菌等工作。硅胶是无机的硅酸钠、硅酸钾与盐酸、硫酸中和时凝成的胶体，一般用于分离培养自养微生物。明胶融点低并能被多种微生物水解，只在微生物鉴定时使用。

另一类固体培养基是用天然固体状基质，如米糠、麸皮、木屑、纤维、麦粒等直接制成的培养基，不加凝固剂，也属于固体培养基。

3. 半固体培养基　液体培养基中加入0.2%～0.5%的琼脂，即成半固体培养基。

半固体培养基在容器倒放时不流出，在剧烈振荡后能破散。该培养基常用于观察细菌的运动能力、细菌对糖类的发酵能力和噬菌体的效价测定等。

（三）按培养基的用途划分

1. 基础培养基　基础培养基含有某类微生物共同需要的营养物质，是一些专用培养基的基础。当具体培养某一种微生物时，只需在基础培养基中加入其特殊需求的物质，即成该种微生物的培养基。如培养细菌的牛肉膏蛋白胨培养基、培养放线菌的高氏一号培养基和培养霉菌的察氏培养基都是基础培养基（表 2-6）。

表 2-6　几种常用的培养基

<table>
<tr><th rowspan="2">类型</th><th rowspan="2">名称</th><th colspan="4">成分/%</th><th rowspan="2">适合培养的微生物</th></tr>
<tr><th>碳源</th><th>氮源</th><th>无机盐</th><th>生长因子</th></tr>
<tr><td rowspan="2">合成培养基</td><td>高氏一号</td><td>可溶淀粉 2.0</td><td>KNO_3 0.1</td><td>K_2HPO_4 0.05
NaCl 0.05
$MgSO_4$ 0.05
$FeSO_4$ 0.001</td><td>—</td><td>放线菌</td></tr>
<tr><td>察氏</td><td>蔗糖 3.0</td><td>$NaNO_3$ 0.3</td><td>K_2HPO_4 0.1
KCl 0.05
$MgSO_4$ 0.05
$FeSO_4$ 0.001</td><td>—</td><td>霉菌</td></tr>
<tr><td rowspan="2">半合成培养基</td><td>牛肉膏蛋白胨</td><td>牛肉膏 0.5</td><td>蛋白胨 1.0</td><td>NaCl 0.5</td><td>牛肉膏中已有</td><td>异养型细菌</td></tr>
<tr><td>马铃薯葡萄糖</td><td>马铃薯 20
葡萄糖 2.0</td><td>马铃薯中已有</td><td>KH_2PO_4 0.3
$MgSO_4$ 0.15</td><td>马铃薯中已有</td><td>霉菌、酵母菌、食用菌母种</td></tr>
<tr><td rowspan="2">天然培养基</td><td>麦芽汁</td><td colspan="4" rowspan="2">汁中已有各种成分</td><td rowspan="2">酵母菌、霉菌</td></tr>
<tr><td>豆芽汁</td></tr>
</table>

2. 选择培养基　向培养基中加入一种其他菌不能利用的营养物质或加入抑制其他菌生长的物质，只利于某种微生物生长的培养基称为选择培养基。选择培养基可使该微生物大大增殖，在数量上超过原有占优势的微生物，以达到富集培养的目的。选择培养基常用于菌种分离。

在分离某种微生物时，若样品中被分离菌种的含量很少，为提高该菌的筛选效率，可向培养基中加入只有被选微生物所需要的特殊营养物质，以利于该菌快速生长，而不利其他菌生长，这样的培养基也称加富或增殖培养基。

用于加富的营养物主要是一些特殊的碳源和氮源。如筛选纤维素分解细菌时，在培养基中加入纤维素或滤纸条作为唯一碳源，用于淘汰其他无法利用纤维素的微生物。在培养基中加入液状石蜡可以分离出以液状石蜡为碳源的微生物，加入甘露醇用来分离自生固氮菌等。

除用加富培养基增加被选菌的数量外，还可向培养基中加入抑制杂菌生长的物质，以间接地促进被选菌的生长。常用的抑制剂是染料（结晶紫等）、抗生素和脱氧胆酸钠等。如分离真菌用的马丁氏培养基中加有抑制细菌生长的孟加拉红、链霉素和金霉素；分离产甲烷菌用的培养基通常都加有抑制真细菌的青霉素等。

3. 鉴别培养基　加入能与某种微生物的代谢产物发生显色反应的指示剂或化学

药物，从而能用肉眼区分不同微生物菌落的培养基，称为鉴别培养基。鉴别培养基能快速使菌落形态相似的微生物出现明显差别。如伊红美蓝培养基（EMB 培养基）可用于鉴别大肠杆菌和产气杆菌。伊红为酸性染料，美蓝为碱性染料，大肠杆菌能强烈分解乳糖产生大量有机酸，结果与两种染料结合形成深紫色菌落，在反射光下具有金属光泽，而产气杆菌则形成湿润的灰棕色大菌落。它在饮用水、牛乳的大肠杆菌等细菌学检验以及遗传学研究上有着重要的用途。

（四）按生产目的划分

1. 种子培养基 这是为保证发酵工业获得大量优质菌种而设计的培养基。种子培养基的目的是提供大量优质的菌种，所以这种培养基与发酵培养基相比，营养总是较为丰富，氮源比例较高。为了使菌种能够较快适应发酵生产，有时在种子培养基中有意识地加入使菌种适应发酵条件的基质。

2. 发酵培养基 发酵培养基的目的是使生产菌种能够大量生长并能积累大量代谢产物。发酵培养基的用量大，因此对发酵培养基的要求除了要满足菌种需要的营养和积累大量代谢产物外，还要求原料来源广泛、成本较低、碳源比例较大。

任务五 灭菌与消毒技术

微生物分布极广，自然状态下的物品、土壤、空气和水中都含有各种微生物。在微生物实验、科研、生产中，需要对微生物进行纯培养，不能有外来杂菌。另外，有些微生物会对人类、动植物造成伤害，因此需要通过对所用物品、培养基、空气进行消毒、灭菌，控制这些有害微生物。

一、基本概念

（一）灭菌

灭菌是指采用强烈的物理或化学方法彻底杀死物体表面及内部包括芽孢、孢子在内的所有微生物的方法。经过灭菌的物品称无菌物品。灭菌分为杀菌和溶菌，杀菌指菌体失活，但菌形尚存；溶菌指菌体死亡后发生溶解、消失的现象（图 2-3）。

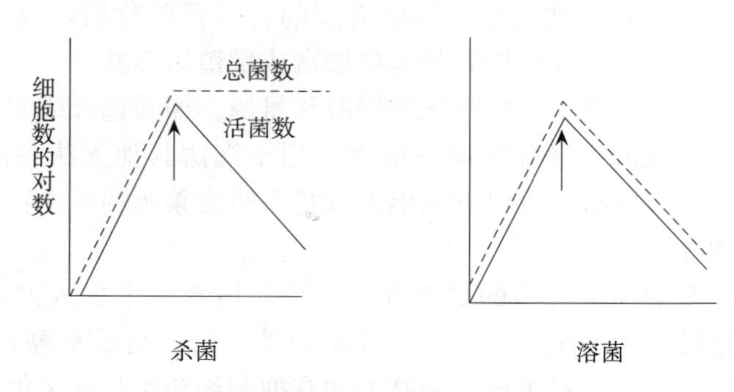

图 2-3 杀菌和溶菌的比较

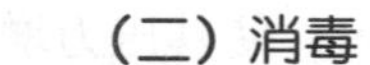

（二）消毒

消毒是指采用较温和的理化方法杀死物体表面和内部的有害微生物，而对被消毒物品基本无害的方法。消毒可杀死病原菌的营养体，但不能杀死所有的芽孢和孢子，能达到防止传染病传播的目的。常用于牛奶、食品及某些物体的表面消毒，也可进行器皿、用具、皮肤的消毒。

（三）防腐

防腐是利用理化因素防止和抑制微生物生长和繁殖的方法。这是一种防止食品腐败和其他物质霉变的技术措施，如低温、干燥、盐渍、糖渍等。具有防腐作用的物质称为防腐剂，如碳酸饮料中的苯甲酸钠、山梨酸钠。

（四）除菌

利用过滤、离心、静电吸附等机械手段除去液体或气体中微生物的方法称为除菌。

理化因素对微生物生长具有杀菌作用还是抑制作用与其强度或浓度、作用时间、微生物对理化因素的敏感性及生长时期等有关。例如，有些化学物质低浓度时起抑菌作用，高浓度时则起杀菌作用。无论采用哪一种灭菌消毒方法，都应该做到既要杀死物品中的微生物，又不破坏其基本性质。

二、物理灭菌消毒技术

常用的物理灭菌法有加热法、辐射法和过滤法，其中加热法是应用最早、效果最可靠、使用最广泛的控制微生物生长的方法。

（一）高温灭菌

高温灭菌是常用的灭菌方法。其基本原理是高温使菌体蛋白凝固变性、酶失去活性、核酸遭到破坏，导致菌体死亡。高温灭菌包括干热灭菌法和湿热灭菌法。

1. 干热灭菌法

（1）火焰灭菌法。是指利用火焰直接焚毁微生物的方法。该法灭菌彻底、简单方便，但使用范围有限。如使用酒精灯火焰灼烧金属工具、玻璃棒、试管口，焚烧带病原菌的材料等。

玻璃器皿的灭菌——干热灭菌

（2）干热空气灭菌法。是指利用干燥箱中的热空气进行灭菌的方法。通常在160～170℃条件下处理1～2h便可达到灭菌的效果。如果被处理物品传热性差、体积较大或堆积过挤时，需适当延长时间。使用干燥箱灭菌需注意温度不要超过180℃，以防棉塞和包装纸等烤焦而燃烧。灭完菌后待箱温降至60℃才可取出被灭菌物品。此法适用于培养皿、三角瓶、吸管、烧杯、金属用具等耐热物品的灭菌，优点是可使灭菌物品保持干燥。

2. 湿热灭菌法 湿热灭菌法是一种用煮沸或饱和热蒸汽杀死微生物的方法。湿热灭菌比干热灭菌效果好，主要是因为随着菌体蛋白质含水量增加，菌体蛋白的凝固温度降低，用较低的温度就可以使菌体蛋白凝固变性；热蒸汽的传导快、穿透力强，可释放潜热，能使被灭菌物体迅速升温，缩短灭菌时间并达到彻底灭菌的效果。

（1）高压蒸汽灭菌法。是在密闭的高压蒸汽灭菌锅内利用高于100℃的水蒸气杀灭微生物的方法。其原理是水沸腾后，水蒸气密闭在高压蒸汽灭菌锅内，使其压力增加，水的沸点随水蒸气压力的增加而升高。高压蒸汽灭菌法应用广泛、效率高，适用于各种耐热物品的灭菌，如一般培养基、生理盐水、各种缓冲液、玻璃器皿、金属用具、工作服等。

灭菌所需的时间和温度取决于被灭菌物品的性质、体积与容器类型等。对体积大、热传导性差的物品，加热时间应适当延长。一般液体培养基和含琼脂的固体培养基只需在0.105MPa（121℃）下处理15～30min即可达到灭菌的目的。沙土、食用菌固体培养基等需在0.14MPa（126℃）条件下灭菌1～2h。

灭菌成功的关键是升压前排尽锅内冷空气，高压锅内空气排除程度与温度的关系见表2-7。这是因为空气是热的不良导体，当高压锅内的压力升高后，它聚集在高压锅的中下部，使饱和热蒸汽难与被灭菌物体接触。同时，空气受热膨胀产生压力，造成压力表虽然已指到要求压力，但锅内蒸汽温度低于饱和蒸汽温度，导致灭菌不彻底。因此，灭菌时必须将锅内的冷空气完全排除，才能达到彻底灭菌的目的。

表2-7　高压锅内空气排除程度与温度的关系

压力/MPa	高压锅内蒸汽温度/℃				
	空气完全未排出	空气排出1/3	空气排出1/2	空气排出2/3	空气完全排出
0.035	72	90	94	100	109
0.070	90	100	105	109	115
0.105	100	109	112	115	121
0.141	109	115	118	121	126
0.176	115	121	124	126	130
0.210	121	126	128	128	135

（2）间歇灭菌法。间歇灭菌法是利用水蒸气反复多次处理的灭菌方法。将待灭菌物品在常压下100℃蒸煮30～60min，以杀死其中所有微生物的营养细胞。冷却后置于室温或37℃下培养过夜，部分受过热刺激的芽孢萌发成营养细胞，第二天以同样方法加热处理。如此反复3次，可杀灭所有芽孢和营养细胞，以达到灭菌的目的。此法一般只用于不耐热的药品、营养物、特殊培养基等的灭菌，如糖类培养基、含硫培养基等。

（3）巴斯德消毒法。巴斯德消毒法是一种低温消毒法。一般在63℃下处理30min或72℃下处理15s既能杀死无芽孢病原菌（如牛奶中的结核杆菌或沙门菌等），又不损害食品的营养与风味。巴斯德消毒法主要用于牛奶、果汁、啤酒和酱油等不宜进行高温灭菌的物品消毒。

（4）煮沸消毒法。煮沸消毒法是指物品在100℃水中煮沸15～20min，可杀死所有微生物的营养细胞和部分芽孢。在水中加入2%碳酸氢钠或2%苯酚，灭菌效果会更好。该法适用于注射器、解剖用具等器材的消毒。

（二）紫外线消毒

紫外线是一种短光波，具有较强的杀菌力。杀菌的原理主要是能使微生物体内的

DNA 链上形成胸腺嘧啶二聚体，干扰 DNA 的复制，导致菌体死亡。紫外线还可在空气中形成臭氧，起杀菌作用。

紫外线的杀菌波长范围为 200～300nm，以 265nm 波长杀菌力最强。一般灭菌采用 30W 紫外灯照射 30min 即可，其有效距离为 1.5～2.0m，以 1.2m 以内最好。被紫外线照射受损后的菌体暴露在可见光下可使部分菌体恢复正常，称为光复活现象。因此在使用紫外线进行杀菌后需过 30min 再开灯。

紫外线的穿透力很弱，一般只用于空气和物体表面的灭菌，也可用于食品表面、饮用水、饮料厂净化水等消毒。紫外线对人的皮肤、眼黏膜及视神经都有损伤作用，应避免直视灯管或在紫外线照射下工作。

【想一想】

夏天为什么皮肤会被晒黑？

（三）过滤除菌

过滤除菌是利用机械阻流的方法除去介质中微生物的方法，一般不能除去病毒、支原体等。此法常用于对一些不耐高温物质（如血清、抗毒素、抗生素和维生素等）的除菌以及空气过滤。液体过滤使用滤菌器，采用抽滤的方法，滤掉液体中的微生物。滤菌器孔径太小，需配备减压装置。

空气过滤是使压缩空气通过超细玻璃纤维组成的高效过滤器，滤除空气中的微生物，使出风口获得所需的无菌空气，如超净工作台、空气净化器及发酵罐空气过滤等。

三、化学灭菌消毒技术

化学消毒灭菌法是利用化学药剂抑制或杀死微生物。具有抑制或杀死微生物的化学药剂种类繁多，性质各异，杀菌强度各不相同。大多数化学药剂杀菌作用的强弱与其浓度有关，一般在高浓度下起杀菌作用，低浓度起抑菌作用，极低浓度时失去作用或对微生物的生命活动有刺激作用。化学药剂对微生物的作用取决于药剂浓度、作用时间和微生物对药剂的敏感性。

化学消毒剂不仅能杀死病原体，同时对人体组织细胞也有伤害作用，所以常用于体表及物品和周围环境的消毒。其作用机制主要有：①使菌体蛋白质变性、凝固或水解；②破坏菌体酶系统，使酶失去活性；③改变细胞膜的通透性，导致菌体死亡。

理想的化学消毒剂应是杀菌力强、配制方便、价格低廉、能长期保存、对人无毒或毒性较小的化学药剂。化学消毒剂常以液态或气态的形式使用，液态消毒剂一般通过喷雾、擦拭、浸泡、洗刷等方式使用，气态消毒剂主要通过熏蒸来消毒。

常用的化学消毒剂主要有以下几类。

（一）醇类

醇类是脂溶剂，能降低细胞表面张力，改变细胞膜的通透性及原生质的结构状态，引起蛋白质凝固变性，但对芽孢和无包膜病毒的杀菌效果较差。目前应用最广泛的是乙醇，70%～75%乙醇杀菌效果最好，用于接种工具、皮肤及玻璃器皿的表面消毒。而无水乙醇杀菌力很低，因为无水乙醇与菌体接触后使菌体表面蛋白质迅速脱水凝固，形成一层保护膜，阻止乙醇向菌体深层渗透，杀菌作用降低。

【想一想】

乙醇易燃，在操作过程中若发生燃烧，应如何处理？

醇类与其他杀菌剂混合使用可增强其杀菌力，如碘酊（含1%碘）是常用的皮肤表面消毒剂。

（二）醛类

醛类能与菌体蛋白质的氨基结合，改变蛋白质活性，使微生物的生长受到强烈抑制或死亡。最常用的醛类是甲醛，37%～40%甲醛溶液又称福尔马林。甲醛具有强烈的杀菌作用，5%甲醛可杀死细菌的芽孢和真菌孢子等各种类型的微生物，常用于空气消毒和保存生物标本。

可利用甲醛对接种室、接种箱、培养室等处进行熏蒸消毒，将5～10mL/m^3甲醛与3～5g/m^3高锰酸钾混合，产生的热量使甲醛挥发，然后密闭24h。甲醛具有强烈的刺激性和腐蚀性，影响人的健康，使用时要注意安全。

（三）酚类

低浓度酚可破坏细胞膜组分，高浓度酚凝固菌体蛋白。酚还能破坏结合在膜上的氧化酶与脱氢酶，引起细胞迅速死亡。常用的酚类消毒剂有以下两种。

1. 苯酚（石炭酸） 为无色或白色晶体。一般用5%苯酚喷雾消毒，配制时需用热水溶化。苯酚有较强的腐蚀性，使用时要注意安全，不要滴到皮肤及衣物上。

2. 煤酚皂液（来苏儿） 为棕色黏稠液体，甲酚含量为48%～52%，杀菌机制与苯酚相同，但杀菌能力比苯酚强4倍。一般其1%～2%溶液用于皮肤消毒，3%溶液用于环境喷雾消毒。

（四）氧化剂

氧化剂通过强烈的氧化作用破坏微生物的蛋白质结构，使其失去活性而死亡。常用的氧化剂有以下两种。

1. 高锰酸钾 0.1%高锰酸钾溶液作用30min可杀灭微生物的营养体，2%～5%高锰酸钾溶液作用24h可杀灭细菌芽孢。高锰酸钾主要用于环境及物品消毒，其溶液暴露在空气中易分解，应随配随用。

2. 漂白粉 主要成分为次氯酸钙，有效氯含量为25%～32%。次氯酸钙不稳定，在水中分解成次氯酸，次氯酸可解离放出新生态氧，具有强烈的氧化作用，易与蛋白质或酶发生氧化作用而使菌类死亡。一般用5%漂白粉对环境进行消毒。

另外，常用的氧化剂还有氯气、碘酒、过氧乙酸、过氧化氢等。

（五）重金属盐类

重金属离子易与蛋白质结合，使其变性或抑制酶的活性。重金属离子具有很强的杀菌力，尤以含汞、银、铜的金属盐杀菌力最强，常用于医疗和农业生产。0.1%氯化汞（升汞）常在植物组织分离中用于外植体消毒及器皿的消毒，2%汞溴红常用于皮肤、黏膜及小创伤的消毒。硫酸铜与石灰以适当比例配成的波尔多液可在农业上用于杀灭真菌、螨虫以及防治植物病害。重金属盐类对人和动物有毒，使用时要注意安

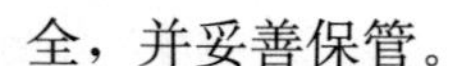

全，并妥善保管。

（六）表面活性剂

表面活性剂可降低表面张力，改变细胞的渗透性及稳定性，使细胞内的物质溢出，蛋白质变性，菌体死亡。其刺激性小、渗透力较强，可用于皮肤、黏膜、器械的消毒。肥皂、洗衣粉是阴离子表面活性剂，杀菌力不强，但能通过搓洗使油脂等污物乳化的同时也除去了皮肤及衣物表面的微生物。阳离子表面活性剂杀菌作用较强，如新洁尔灭是人工合成的四级铵盐阳离子表面活性剂，常用于皮肤、黏膜和器械消毒。

（七）酸碱类

极端酸碱条件能使菌体蛋白质变性，导致菌体死亡。山梨酸及其钾盐、苯甲酸及其钠盐常用于保存食品、饮料，乳酸、醋酸、石灰等常用于对环境进行消毒。

（八）染料

一些碱性染料的阳离子可与菌体的羧基或磷酸基作用，形成弱电离的化合物，妨碍菌体的正常代谢，因而具有抑菌作用。常用结晶紫对皮肤和伤口消毒。

消毒剂的种类很多，不同的消毒剂适用范围和使用浓度有较大差异，即使是同一种消毒剂用于不同场合时的浓度也各不相同。应根据杀灭微生物的特点和化学消毒剂的理化性质、消毒要求等因素进行选择。常用的消毒剂及其使用情况见表 2-8。

表 2-8　常用消毒剂及其使用情况

类型	名称	使用浓度	消毒范围
醇类	乙醇	70%～75%	皮肤、器械
醛类	甲醛	5～10mL/m³	接种、培养环境熏蒸、器皿消毒
酚类	苯酚	3%～5%	地面、空气、家具
	煤酚皂液	2%～3%	皮肤
氧化剂	高锰酸钾	0.1%	皮肤、水果、蔬菜、器皿
	过氧化氢	3%	清洗伤口、口腔黏膜
	过氧乙酸	0.2%	塑料、玻璃、皮肤
	氯气	0.2～0.5mg/L	饮用水、游泳池
	漂白粉	1%～5%	地面、厕所、饮用水、空气
	碘酒	2.5%	皮肤
重金属盐类	氯化汞	0.05%～0.10%	植物、食用菌组织表面消毒
	汞溴红	2%	皮肤、黏膜、小伤口
	硫柳汞	0.01%～0.10%	皮肤、手术部位、生物制品防腐
	硝酸银	0.1%～1.0%	皮肤及新生儿眼睛
	硫酸铜	0.1%～0.5%	配成波尔多液防治植物真菌病害
表面活性剂	新洁尔灭	0.05%～0.30%	皮肤、黏膜、手术器械
	度米芬	0.05%～0.10%	皮肤、金属、棉织品、塑料

（续）

类型	名称	使用浓度	消毒范围
酸碱类	醋酸	3～5mL/m^3	空气熏蒸消毒、预防流感
	石灰水	1%～3%	地面、墙壁
染料	结晶紫	2%～4%	皮肤、伤口

知识拓展

固体培养基的由来

19世纪80年代以前，微生物的培养还只能在液体培养基中进行。用液体培养基对微生物进行分离、纯培养非常困难，方法烦琐，重复性差。为了能直接观察培养物的形态及生长情况，科学家希望能将微生物培养在固体培养基上。一次，德国医生和细菌学家罗伯特·科赫（Rober Koch）在厨房里发现了一片半生不熟的马铃薯片，上面长了红绿斑点。他把马铃薯片上的各种斑点分别拿到显微镜下查看，原来红色斑点是球菌，绿色斑点是杆菌。后来他尝试了用马铃薯来培养细菌：将煮熟的马铃薯切成片，用针尖挑取微生物样品，在马铃薯片表面划线接种，培养后就可获得微生物的纯培养。几乎在同时，Koch的助手Frederick Loeffler发现了利用肉膏蛋白胨培养基培养病原细菌的方法，Koch决定采取此方法固化培养基。他用明胶作培养基的凝固剂，将明胶加入液体培养基中进行融化，然后将混合均匀的液体缓慢地倒在一块玻璃板的表面，当明胶冷却凝固后，就在玻璃板表面形成一层固体培养基。然后在其表面接种微生物，获得纯培养。为了防止空气中杂菌的污染，他还用玻璃罩将玻璃板与周围环境隔离开，这就是最初的固体培养基和培养皿。由于明胶融点低，而且容易被一些微生物分解利用，其使用受到限制。

1882年，日本小旅店店主Minora Tarazaemon发现丢弃的海藻汤在经过寒冷的冬夜后凝固了，之后东印度群岛的荷兰人利用琼脂制作果冻和果酱。Koch一名助手的妻子具有丰富的厨房经验，提议以厨房中用来做果冻的琼脂代替明胶。1882年，琼脂就开始作为凝固剂用于固体培养基的配制，100多年来，琼脂作为培养基最好的凝固剂一直沿用至今。

与明胶相比，琼脂的凝点和熔点之间的温度相差很大。大部分琼脂需要在水中加热到95℃时才开始熔化，而熔化后的溶液在温度需降低到40℃时才开始凝固。它在高温培养时不熔化，在凝固温度临界点接种时也不会将培养物烫死。形成凝胶后，它具有透明度高、保水性好、无毒、不被微生物液化等优点，所以琼脂逐渐成为制造各种生物培养基应用最广泛的一种凝固剂。

学 习 回 顾

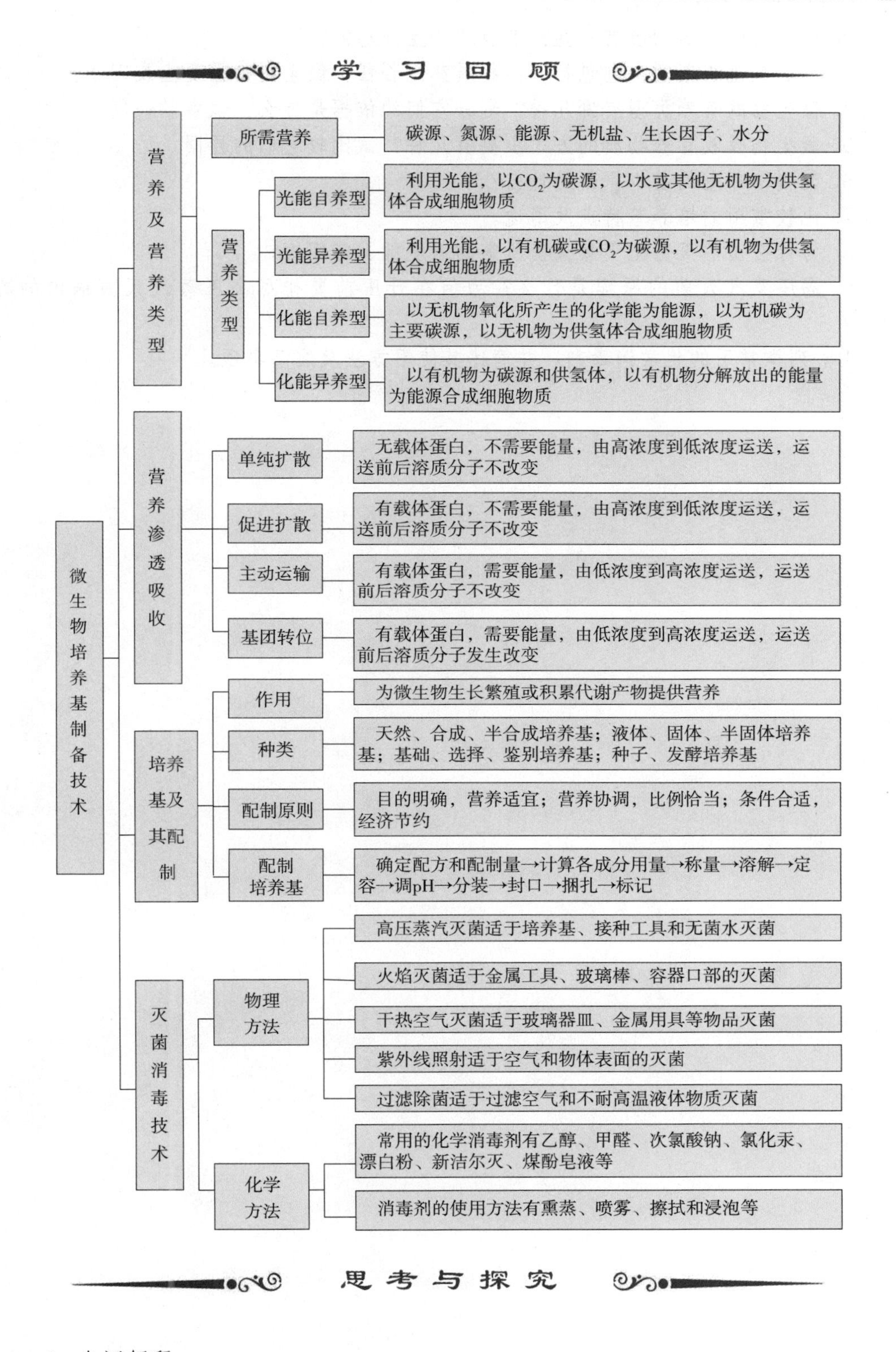

思 考 与 探 究

1. 名词解释

培养基　选择培养基　鉴别培养基　灭菌　消毒　防腐　除菌

2. 微生物的营养物质有哪些？各有哪些生理功能？

3. 什么是生长因子？它包括哪些物质？是否任何微生物都需要生长因子？

4. 微生物的营养类型有哪几种？划分它们的依据是什么？试各举一例。

5. 微生物吸收营养物质的方式主要有几种？试比较它们的异同。

6. 配制培养基的基本原则是什么？

7. 比较常用的培养基特点及用途。

8. 为什么湿热灭菌比干热灭菌所需的温度低、时间短？

9. 高压蒸汽灭菌的原理是什么？为何在升压前要排尽高压蒸汽灭菌锅内的冷空气？

10. 列举常用的化学消毒剂，并简述其使用方法及注意事项。

项目三

微生物分离与纯培养技术

学习目标

◆ 知识目标

- 了解微生物在环境中的分布规律。
- 熟悉影响微生物生长的因素。
- 掌握微生物接种的方法原理。
- 掌握微生物分离的方法原理。
- 掌握微生物培养的方法原理。

◆ 技能目标

- 能够进行无菌操作。
- 能够分离并培养出微生物纯种。

◆ 素质目标

- 激发学生的求知欲，培养学生的无菌意识和认真、严谨、规范的职业精神。

任务一　微生物在自然环境中的分布

微生物是自然界中分布最为广泛的一类生物，它们在自然界的分布直接受环境因子影响。由于生态条件的差异，在自然界的不同区域中生长和分布着不同数量的微生物类群，形成不同的微生物生态系。熟悉微生物在自然界中的分布特点和活动规律，有利于我们更合理地开发利用微生物资源。

一、土壤中的微生物

土壤是由矿物质、有机质、水、空气和生物组成的复合物，具备微生物生长繁殖所需的各种条件，是微生物的适生环境。土壤微生物种类全、数量多、代谢潜力巨大，是主要的微生物源。

（一）微生物生活的土壤环境

土壤是自然界微生物生长繁殖的主要基地，它具备微生物生活的必要条件。

1. 养分 大多数微生物不能进行光合作用，需要依靠摄入有机物生活。土壤中的动植物残体、排泄物、分泌物及人为施入的有机肥料为微生物提供了良好的碳源、氮源和能源；土壤中的矿质元素则满足了微生物生长发育对无机养分的需求。

2. 水分和空气 土壤是一个疏松多孔体，具有一定的结构性、孔隙性和吸附性。存在于土壤孔隙间的空气和水分为微生物生长提供基本的水、气条件。土壤中的水分和空气互为消长关系，且总是处在一种动态的平衡之中。虽然土壤中的水分和空气状况因土壤质地、耕作、季节、气候和植被状况的不同而变化，但一般都能满足微生物的需要。

3. 温度 土壤温度易受大气温度的影响，但由于土壤有一定的厚度，具有保温性，所以土壤温度比气温变幅小且比较稳定。即使冬季地面冰冻，土壤温度仍能满足微生物的生存要求。同时，在炎热的夏季，土层又可以保护微生物免于被阳光直射致死。

4. 酸碱度 土壤的pH为3.5～10.5，多数为5.5～8.5，是大多数微生物适宜的酸碱度。即使在强酸或强碱的土壤里也有与之相适应的微生物种类。

综上所述，土壤是微生物生活最适宜的环境。对微生物来说，土壤是微生物的“大本营”，对人类来说，土壤是人类最丰富的“菌种资源库”。

（二）微生物在土壤中的种类与分布

土壤中微生物的种类与分布受土壤类型、土壤深度、季节、农业技术措施等条件的影响。上述条件不同，其微生物的数量和活动强度等各方面都有差异。

1. 细菌 土壤细菌占土壤微生物总数量的70%～90%，它与土壤接触的表面积特别大，成为土壤中最大的生命活动面，因而也是最活跃的生物因素。它们多属中温型、好氧或厌氧菌。主要是腐生菌，少数是自养菌。腐生菌积极参与土壤有机质的分解和腐殖质的合成，自养菌转化着矿质养分的存在状态。细菌在土壤中大部分吸附于土粒表面，少部分存在于土壤溶液中，但其生长状况常受水分、养分和温度的限制。细菌一般在土壤表层分布较多，随土层加深而减少，但厌氧菌则随土层加深而增加。

2. 放线菌 土壤中放线菌的数量仅次于细菌，占土壤中微生物总数的5%～30%，包括放线菌属和链霉菌属的一些菌种。放线菌在有机质含量高、偏碱的土壤中含量高，常以分支的丝状体缠绕于土粒表面，多分布于土壤耕作层中，通常随着土壤深度而减少。

3. 真菌 从数量上看，真菌是土壤微生物中第三个大类。真菌广泛分布于土壤耕作层中，常以孢子和菌丝的形态存在。一般情况下，土壤中的真菌数目少于细菌和放线菌，但真菌在酸性土壤中比例较高。土壤真菌多数是好气性的，其分解纤维素的能力强。

4. 藻类 土壤中藻类的数量不多，不及土壤微生物总数量的1%，因其形体较大，生物量约为细菌的10%。土壤藻类大多是单细胞的硅藻和丝状的绿藻及裸藻，其细胞内含有叶绿素，能利用光能将CO_2合成有机质。土壤藻类多分布在土面或表土层中，光照和水分是影响它们分布量的主要因素。

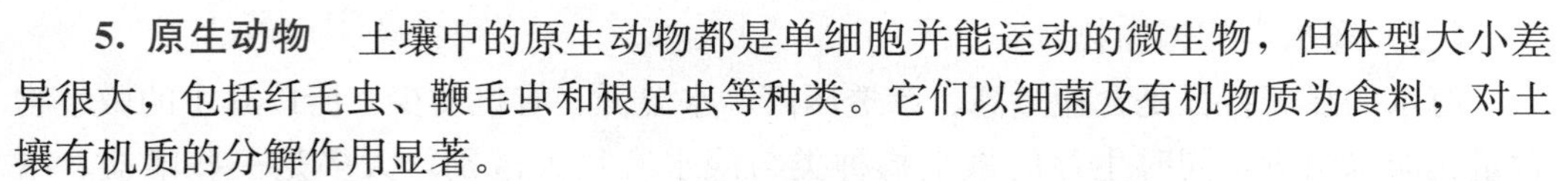

5. 原生动物　土壤中的原生动物都是单细胞并能运动的微生物，但体型大小差异很大，包括纤毛虫、鞭毛虫和根足虫等种类。它们以细菌及有机物质为食料，对土壤有机质的分解作用显著。

土壤微生物是土壤的组成成分，它们通过代谢活动转化土壤中各种物质的状态，改变土壤的理化性质，形成一定的土壤肥力。松土、施肥、轮作等良好的耕作措施可以为土壤微生物创造良好的生活环境。

二、水体中的微生物

（一）微生物生活的水环境

整个地球表面约70％被水所覆盖，无论是海水、河水、湖水，还是雨水、雪水、自来水等，其中都有微生物的存在。自然水域中含有有机物、无机物等微生物所需的营养物质，并为大多数微生物提供了生长适宜的温度、酸碱度和溶解氧含量，具备微生物生长和繁殖所需的基本条件，所以水体是微生物生活的第二天然场所。由于不同水域的生态条件存在差异，其中生存的微生物种类和数量也有显著不同。

（二）淡水中的微生物

淡水主要指江河、湖泊、水库中的水及地下水等。淡水中的微生物主要来源于土壤、尘埃、污水、腐败的动植物残体及人畜等，包括细菌、放线菌、霉菌、藻类及原生动物等。根据其生态特点，可分为以下几种。

1. 清水型水生微生物　指生长在洁净水中的微生物，其发育量一般不大。典型的清水型微生物包括硫细菌、铁细菌及含有光合色素的蓝细菌、绿硫细菌、紫色细菌等，它们大都是化能自养型和光能自养型，能从水中获得某些无机物质或少量的有机物质作为营养进行生长发育。也有一些习惯于水生的腐生性细菌，如色杆菌属、无色杆菌属、小球菌属等能在含有极少量氮化物的水域中利用有机质生长。

2. 腐败型水生微生物　指随着腐败的有机质、人畜的排泄物、含有机物的工业废水及生活污垢进入水域的微生物。它们利用进入水中的有机物质和无机物质作为养料而生长发育，多为腐生性细菌和原生动物，如变形杆菌、大肠杆菌、产气杆菌、产碱杆菌及各种芽孢杆菌、弧菌、螺菌及原生动物。它们在有机物质中大量繁殖，引起水的腐败，但当有机质成分逐渐被分解成无机状态后，其数量大大下降，水也随之净化变清。

3. 地下水中的微生物　地下水因为经过深厚的土层过滤，绝大部分微生物被阻留在土壤中。同时，由于地下水中有机物含量少、温度低，土壤中滤入地下水的微生物通常不易生长繁殖，所以地下水中微生物的含量较地面水中少很多，但被下水道污染的井水中常含有大量的微生物。

监测水体中微生物的含量和病原微生物的存在对人畜卫生有重要意义。水中微生物的监测是指检查水中的细菌总数和大肠杆菌群。我国饮用水的卫生标准是：细菌总数不超过100CFU/mL，大肠菌群总数不超过3CFU/L。

【想一想】

为什么流水不腐，河水能自洁？

(三) 海水中的微生物

海水的显著特征是含盐量高、渗透压高、水温低、有机质少，所以其中的微生物含量比淡水中少，同时生存的微生物种类与淡水有很大区别，大多是一些嗜盐、嗜冷、耐高压的微生物。尽管海水环境比较特殊，微生物发展受到限制，但因海洋中有丰富的动植物资源，所以从海面到海底，从近陆到远洋都有微生物存在。通常，接近海岸的海水和海底淤泥中菌数较多，离海岸越远，菌数越少。一般在海口、海湾的海水中细菌数约为 10^5CFU/mL，而远洋的海水中只有 10～250CFU/mL。

海水中的微生物主要是藻类，常见的细菌主要有假单胞菌属、变形菌属、弧菌属、螺菌属、梭菌属等，属好氧性或兼厌氧性细菌。海水中也存在真菌和原生动物。

三、空气中的微生物

(一) 微生物生活的空气环境

空气是多种气体的混合物，主要成分是氮和氧。大气圈中虽然含有微生物，但因空气中缺乏营养物质和水分，加上紫外线照射，致使大气圈不能成为微生物生长繁殖的良好环境场所。空气中的微生物来源于人、动植物及土壤里的微生物，由空气的流动传播。相对于土壤和水体来说，空气中的微生物都是“过客”，虽然种类和数量较少，却成为引起动植物感病、食品及物品霉腐的传染源。所以，大气微生物是环境和卫生科学工作者研究的重要对象。

(二) 微生物在空气中的种类与分布

空气中的微生物有细菌、放线菌、真菌孢子、酵母菌、病毒和某些藻类，又以革兰氏阳性球状细菌、弧菌、螺菌、放线菌和真菌孢子为主要类型。空气中的微生物以尘埃、微粒等方式由空气流动带来，尘埃越多或越接近地面，空气中的微生物含量也就相对越高。自由悬浮在空气中的微生物能在空气中存留很久，而黏附在尘埃上的微生物易随尘土降落在地面上，所以停留在空气中的时间很短。在尘土较多的地区，藻类的数量比真菌的孢子和花粉还要多，这些藻类主要来自土壤。

空气中所含颗粒物较多会形成气溶胶，其中微生物数量达到一定程度则会形成微生物气溶胶。微生物气溶胶是一种特殊的气溶胶。空气中的微生物以气溶胶的形式存在，为微生物的长距离传播提供可能，成为动植物病害传播、发酵工业污染以及农产品霉腐的重要根源。通过减少菌源、尘埃源，采用空气过滤、紫外照射、甲醛熏蒸等措施，可以有效降低空气中微生物的数量。

总之，空气中微生物的数量和种类随地区、海拔高度、气候和季节等环境条件而不同（表 3-1），主要决定于空气被污染的程度。通常微生物的数量为低空多于高空，城市多于农村，晴天多于雨、雪天，夏季多于冬季。

表 3-1 不同环境下空气中的含菌量/（CFU/m^3）

环境	微生物数量	环境	微生物数量
畜舍	(1～2) $\times 10^6$	宿舍	20 000

（续）

环境	微生物数量	环境	微生物数量
城市街道	5 000	海洋上空	1～2
市区公园	200	北极	0～1

四、生物体内外生存的微生物

自然界中，微生物不但存于高等植物和动物的表面，许多还能生活在它们的体内，既可以存于细胞间隙，也可进入细胞内。

（一）动物体内外生存的微生物

1. 动物体外的微生物 在动物的体表、毛发上都有微生物的存在，这些微生物多数来自土壤、空气、水域或动物的排泄物中，以球菌为主。常见的有葡萄球菌、链球菌、双球菌，也有大肠杆菌、棒状杆菌、结核分枝杆菌及口蹄疫病毒、痘病毒等。

2. 动物体内的微生物 动物的内部器官在正常情况下是无菌的，但通过体表皮肤及口腔、鼻咽腔、消化道、泌尿生殖道等孔道和黏膜与外界接触，也会有微生物的存在。

一般情况下，动物体内外的微生物并不侵害动物，可与动物形成有益的正常菌群，若没有这些微生物的存在，则不能维持正常的生活。但一些病原微生物在动物体内生长繁殖，将会引起有机体患病。

（二）植物体内外生存的微生物

1. 植物体外的微生物 与动物体表面存在大量正常菌群一样，在植物体表面也存在着正常的微生物区系，主要有附生微生物和根际微生物两类。

（1）附生微生物。指附着在地上植物表面的微生物。它们利用植物表皮外渗物及分泌物为营养物质而生活。附生微生物以细菌居多，也有少量的放线菌、霉菌和酵母菌，主要分布于植物叶片。农作物收割后，附生微生物转为腐生微生物，遇到适宜的生活条件则大量繁殖，引起秸秆腐烂和籽粒霉变，所以粮食储藏中应控制好环境条件。

（2）根际微生物。指根系表面几毫米内的土壤区域的微生物，包括细菌、真菌和原生动物等，一般以无芽孢杆菌居多。根际土壤中微生物的数量和临近的非根际土壤中微生物数量的比称为根土比，一般比值为（30～50）：1，有的达 100：1。这说明根际微生物的数量通常远高于根外土壤中微生物的数量，其原因是根际周围能形成特殊的生态环境：①根系的脱落物和分泌物为微生物提供了充足、适宜的营养和各种胞外酶；②根呼吸排出的 CO_2 和分泌的有机酸作用于岩石矿物与不溶性无机养料，产生较多的有效矿质养料；③根系有调节水分的作用，使根际土壤保持湿润，并形成良好的土壤结构；④根呼吸和有机物质分解对氧的消耗使根周氧压变低、还原电位升高。由于这个特殊的生态环境，根际微生物大量生存。

根际微生物对植物生长的有益影响表现在：①加强有机质分解、促进植物养分转化、改善土壤团粒结构；②根际微生物的分泌物和微生物细胞的自溶物刺激植物生长；③根际微生物分泌的抗菌类物质有利于防治植物根病，增强植物的抗病能力。但根际微生物的存在也有其副作用：如与植物进行养分竞争，一些微生物是植物病害的病源，有些微生物虽可产生有毒物质，但对植物生长无致病性。

2. 植物体内的微生物 植物体内的微生物一般包括植物内生菌和植物病原体两类。植物内生菌是指生活史中某一时期生活在植物体内而没有引起植物组织明显病害症状的一类微生物。内生菌普遍存在于多种植物中，包括内生真菌、内生细菌和内生放线菌三大类，具有丰富的生物多样性。植物与内生菌的关系在多数情况下是互惠共生的。一方面，植物体作为内生菌的宿主，为后者提供了生活、栖息的环境；另一方面，内生菌产生的大量活性代谢产物在某种程度上对植物的生长、发育及逆境环境（如干旱胁迫、病虫害等）的抗逆等方面起到了重要的生态学作用，已成为生物防治中有潜力的微生物农药、增产菌，或作为潜在的生防载体菌而加以利用，如根瘤菌、菌根菌、内生芽孢菌等。同时，植物病原体的侵染也会造成植物的畸形、干枯和死亡，对栽培作物的安全生产产生不利影响。

五、极端环境中的微生物

极端环境是指绝大多数微生物不能生存的高温、低温、强酸、强碱、高盐、高压、高辐射等特殊环境。能在这些极端环境中生活的微生物统称极端微生物，分别称为嗜热菌、嗜冷菌、嗜酸菌、嗜碱菌、嗜盐菌、嗜压菌、耐辐射菌等。微生物对极端环境的适应，是自然选择的结果，也是生物进化的动力之一。由于它们具有不同于一般微生物的遗传特性、特殊的细胞结构和生理机能，在冶金、采矿、开采石油、生产特殊酶制剂、环境保护等多种生产和科研领域中具有重要的理论意义与实践价值。

（一）嗜热菌

嗜热菌广泛分布在温泉、厩肥、火山、地热区土壤及海底火山口等环境中，分为一般嗜热菌（45～60℃）、中等嗜热菌（60～80℃）和极度嗜热菌（＞80℃）三类。如在湿草堆和厩肥中生活着好热的放线菌和芽孢杆菌，它们的生长温度在45～65℃；冰岛有种嗜热菌可在98℃温泉中生长繁殖；在太平洋的底部发现可生长在250～300℃高温下的嗜热菌，更是生命的奇迹。

嗜热菌的蛋白质、核酸及类脂的热稳定结构是其嗜热的生理基础。如嗜热脂肪芽孢杆菌在70℃以上的高温下才能生长，其蛋白质的合成在60～70℃时比在35℃时更为活跃，核蛋白体在合成蛋白质能力方面比中温微生物耐热。嗜热菌具有代谢活动强、生长速率快、培养温度高等特点，在生产实践和科学研究中有着广阔的应用前景。在农业废弃物处理中，利用嗜热菌进行厌氧处理可显著提高反应速度，并能消灭污水、污物中的病原微生物。在发酵工业中，利用嗜热菌耐高温的特性可提高反应温度以避免杂菌污染、提高发酵效率。嗜热菌产生的耐热酶如纤维素酶、蛋白酶、淀粉酶等具有良好的热稳定性，催化反应速率高，制备成的酶制剂易于在室温下保存。水生嗜热菌的耐高温 DNA 聚合酶为 PCR 技术的广泛应用提供了基础。

（二）嗜冷菌

嗜冷菌

嗜冷菌分布于两极地区及冰窖、高山、深海和土壤等低温环境中，主要分专性嗜冷菌和兼性嗜冷菌两种类型。专性嗜冷菌从海水和某些冰窖中分离得到，对20℃以下稳定的低温环境有适应性，20℃以上即死亡；兼性嗜冷菌从不稳定的低温环境中分离到的，其生长的温度范围较宽，最高生长温度甚至可达30℃。嗜冷菌的存在会使低温保藏的物质发生腐败。嗜冷菌产生的酶在低温下具有较高的催化活性，因此它对开发低温下作用的酶制剂具有一定的应用价值，如洗涤剂用的蛋白酶。

（三）嗜酸菌

嗜酸菌主要分布在酸性矿水、酸性热泉和酸性土壤中，能生长在 pH 3 以下的环境中。如氧化硫硫杆菌的生长 pH 为 0.9～4.5，最适 pH 为 2.5。它能氧化元素硫产生硫酸，浓度可高达 5%～10%。氧化硫硫杆菌为专性自养嗜酸菌，它能氧化还原态的硫化物和金属硫化物，还能把亚铁氧化成高铁，并从其中获得能量，被广泛应用于铜等金属的细菌沥滤中。

（四）嗜碱菌

嗜碱菌可从碱性和中性的土壤中分离得到，它可以在 pH 11 甚至 pH 12 的条件下生长，而在中性条件下却不能生长。嗜碱菌具有维持细胞内外 pH 梯度的机制，外环境的 pH 即使达到 11～12，细胞内的 pH 仍接近中性。嗜碱菌的胞外酶都具有耐碱的特性，包括一些纤维素酶（活性 pH 6～11）、蛋白酶（活性 pH 10.5～12.0）、淀粉酶（活性 pH 4.5～11.0）和果胶酶（活性 pH 10）等，因此嗜碱菌常被添加在洗涤剂中。嗜碱菌在发酵工业中常作为多种酶制剂的生产菌，如嗜碱芽孢杆菌产生的弹性蛋白酶适宜在高 pH 条件下裂解弹性蛋白。

（五）嗜盐菌

嗜盐菌常分布在晒盐场、盐湖及用盐腌制的食品中，其生长最适盐浓度高达15%～20%，甚至能耐受 32%饱和盐水。如世界著名的盐湖——死海中，其中生长着几种细菌和少数藻类。嗜盐菌的细胞膜因含有类胡萝卜素而呈红色，膜上 50%的面积为紫膜区，具有质子泵和排盐作用。嗜盐菌由于其特殊的细胞结构和理化性质，是极具应用前景的微生物资源。在发酵生产上，其具有抵抗高盐环境胁迫能力，不易污染，可减少发酵工艺，降低成本；在高盐废水的处理、盐渍化土壤等盐碱地改造上也发挥着重要的作用。

（六）嗜压菌

需要高压才能良好生长的微生物称为嗜压微生物。嗜压微生物必须生活在高静压力条件下，如深海和深油井中。能生活在高压环境中而不能在常压下生长的微生物被称为专性嗜压微生物。耐高温和厌氧生长的嗜压菌有可能被用于油井下产气增压和降低原油黏度，以提高采油率。

知识拓展

未培养微生物

未培养微生物是指现在不能人工培养得到的微生物。长久以来，人类对微生物世界的认识主要来源于利用平板分离法得到的纯培养菌株。然而，很多证据表明，自然界中绝大部分的微生物是人工无法纯培养的，甚至是不认识的。它们广泛分布于自然环境之中，尤其在极端环境中更为丰富，并在生态系统、物种、遗传3个方面表现出丰富的多样性，有着巨大的开发和研究前景。

微生物细胞能否被培养在一定程度上取决于是否找到了适宜的培养方法。未培养微生物往往具有特殊的生长需求，包括温度、pH、含氧量、营养源、生长因子、信号物质等。另外，这些微生物在实验室条件下作为一种适应策略可能会形成活的但不能培养或休眠状态。针对传统分离培养方法的先天偏向性、筛选产物多为富营养环境优势菌种等缺陷，研究者在生长速率、营养源、原生境条件、种间互作等多方面进行了培养策略的改良，在一定程度上提高了未培养微生物的可培养性。

随着微生物基因组时代的到来，人们开始构建微生物群落的集群基因组并对其进行测序，这些技术为人类认识基因、物种进化的过程以及最终获得纯培养奠定了基础。由于未培养微生物无论是其物种类群，还是新陈代谢途径、生理生化反应、产物等都存在着多样性和新颖性，比可培养微生物具有更丰富和多样化的可供人类开发利用的生物资源。随着基因组学和蛋白质组学的理论、方法、手段的不断发展，必将在未培养微生物资源的开发利用中发挥巨大作用。

任务二　影响微生物生长的因素

微生物的生长是微生物与外界环境相互作用的结果。影响微生物生长的环境条件包括多方面，通过调控环境条件可促进有益微生物的生长，抑制或杀死有害微生物；也可利用微生物与环境间形成的特殊生态关系开发利用微生物资源，发挥微生物在工农业生产、医药卫生与环境保护中的作用。

研究微生物的个体发育和生理性能必须和外界条件所给予的影响联系起来，才能得到正确的理解。不同种类的微生物对环境条件要求不同，即使是同一种微生物，在不同的生长阶段对环境条件的要求也不一样。

一、物理因素

（一）温度

微生物的生命活动由一系列生物化学反应组成，所有反应的快慢、强弱都受温度的影响，所以温度是影响微生物生长的重要物理因素之一。总体来看，微生物生长的温度范围很广，从−12～100℃的范围内都有微生物生存。但具体到某一种微生物，其只能在有限的温度范围内生长。任何微生物的生长都有最低生长温度、最适生长温度和最高生长温度（温度三基点）。最低生长温度是指微生物能生长的温度下限，在此温度下，微生物尚能生长，但速度缓慢。最适生长温度是指某微生物群体生长繁殖最快的温度，也是最适宜微生物生长的温度。最高生长温度是指微生物能生长的温度上限，超过该温度，会引起细胞成分不可逆的失活而使微生物停止生长或死亡。

【想一想】

微生物的最适生长温度、最适培养温度、最适代谢温度有何不同？

1. 微生物生长的温度类型　根据微生物最适生长温度不同，常将其分为低温型、中温型和高温型三大类（表 3-2）。

表 3-2　微生物的生长温度类型

微生物类型		生长温度范围/℃			分布场所
		最低	最适	最高	
低温型	专性嗜冷型	−12	5～15	15～20	两极地区
	兼性嗜冷型	−5～0	10～20	25～30	海水、冷藏物
中温型	室温型	10～20	25～30	40～50	大多数环境
	体温型		35～40		人、动物体
高温型	嗜热型	30～45	45～60	80	堆肥、温泉
	极端嗜热型	65	70～90	>100	温泉、火山口

（1）低温型微生物。也称嗜冷微生物，有专性和兼性之分。前者只能在低温下生长，环境温度不能超过 20℃。前者一般分布于终年冰冻的两极地区；后者分布相对较广，主要存在于海洋、河流、湖泊及冷藏食品上。低温微生物能适应低温条件的主要原因是：①具有在低温下保持较高活性的酶；②细胞膜中不饱和脂肪酸含量高。冷藏食品的变质往往是由这类微生物引起的。低温型微生物对水体中有机质的分解也有重要作用。

（2）中温型微生物。自然界中绝大多数微生物属于这种类型，适于生长在 25～40℃的温度条件下，分为室温型和体温型。前者广泛分布于土壤、水、空气和动植物上，对分解有机质、推动自然界物质循环起重要作用；后者分布在哺乳动物生活的各种环境中，常是动物的病原菌。

（3）高温型微生物。也称嗜热微生物，分为嗜热型和极端嗜热型。嗜热型最适温度在 45～60℃，极端嗜热型最适温度在 70～90℃。前者主要存在于堆肥和沼气池等环境中，后者存在于温泉和火山喷口等处。

2. 温度对微生物的影响　在适应的温度界限以外，过低或过高的温度对微生物的影响不同。

（1）低于最低生长温度。微生物新陈代谢活动缓慢，呈休眠状态，生命活动几乎停止，但其活力仍然存在。通常微生物对低温的耐受力较强，利用这个特点，在微生物学研究及生产实践中，常采用冷藏法保存菌种或食品。

（2）高于最高生长温度。可引起微生物细胞内蛋白质变性，酶变性失活，代谢停止而死亡。常利用此特点进行加热灭菌。

①致死温度。指在10min内杀死某种微生物的最高温度界限。

②致死时间。指在某一温度下杀死细胞所需的最短时间。

不同微生物的耐热能力差别很大。一般来说，细菌芽孢、真菌的孢子和休眠体比其营养细胞耐热性强；老龄菌比幼龄菌耐热性强。在实际工作中应根据不同需要采用不同的加热灭菌处理方法。

总体来说，温度对微生物的影响表现为以下3个方面：①影响酶的活性；②影响细胞膜的流动性；③影响物质的溶解度。

（二）水分

水是微生物细胞的主要组成成分，也是微生物生命活动的基本条件之一。微生物细胞的含水量为70%～85%。培养微生物时不仅要求培养基有足够的水分，空气湿度对其生命活动也有很大的影响。空气湿度大有利于微生物的生存和传播。如在酿造业中，曲房要接近饱和湿度，以促使真菌旺盛生长；食用菌生产中，出菇阶段的湿度保持在80%～90%是保证高产优质的重要因素之一。

1. 水的活度 环境中水的可给性一般以水活度来表示，通常用水的活度值a_w为指标。a_w是指在一定温度和压力条件下，溶液中的蒸汽压与纯水的蒸汽压之比。各种环境中a_w值在0～1，纯水的$a_w=1$。溶液中有其他溶质时，溶液的a_w值降低。不同微生物适宜生长的水活度条件差别很大，通常为0.66～0.99（表3-3）。一般来说，细菌最不耐干燥；丝状真菌比其他微生物更耐干燥；细菌的芽孢及放线菌和真菌的孢子可以在干旱条件下长期存活。

表3-3 某些微生物生活环境的水活度

水活度（a_w）	环境（或材料）	代表性微生物
1.00	纯水	柄杆菌、螺菌
0.90～1.00	一般农业土壤	大多数微生物
0.98	海水	假单胞菌、弧菌
0.80	水果、蛋糕、果酱	青霉
0.70	谷物、蜜饯、干果	嗜干燥真菌

2. 渗透压 纯水具有通过半透膜的渗透作用。当膜两边溶质浓度不同时产生渗透压差，水分子从溶质浓度低的一边流向溶质浓度高的一边。正常情况下，微生物细胞内溶质的浓度高于细胞外溶质的浓度，所以水分能够通过半透膜进入细胞内。

水的可利用性不单纯取决于水的含量，与溶液的渗透压和水的可给性有密切关系。一般微生物适于在渗透压为300～600kPa的培养基中生长。如果溶液中溶质浓度过高，渗透压过大，则环境中的水对微生物失去了可给性，甚至使细胞脱水，造成生理干燥，引起质壁分离，细胞停止生命活动。盐渍和蜜饯就是利用生理干燥保存食品，防止食品腐败。

（三）氧气和氧化还原电位

氧气对微生物生长的影响

1. 氧气与微生物生长 分子态氧大量存在于空气中，环境中的氧气状况或氧化还原电位的高低对微生物的生命活动有很大影响。不同类型的微生物对氧气的要求不同，根据微生物与氧的关系，可将微生物分成不同类群（表 3-4）。

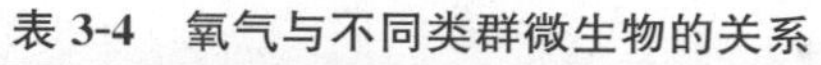

表 3-4 氧气与不同类群微生物的关系

微生物类群	氧气的影响	微生物代表种类
专性好氧型	必须有分子氧才能生活，有完整的呼吸链，以分子氧为最终氢受体	固氮菌属、醋杆菌属、放线菌、真菌
兼性厌氧型	在有氧或无氧的环境中均能生长。有氧条件靠有氧呼吸产能，无氧条件靠发酵或无氧呼吸产能	地衣芽孢杆菌、酿酒酵母
微好氧型	只在低的氧分压下才能生长，通过呼吸链以氧为最终氢受体	霍乱弧菌、发酵单胞菌属
耐氧型	生长中不需要氧，但可在有氧条件下进行发酵，分子氧对菌体无害，不具有呼吸链	乳酸杆菌、乳链球菌
厌氧型	分子氧对这类微生物有毒害或致死作用，只能在无氧条件下生长	产甲烷细菌、梭菌

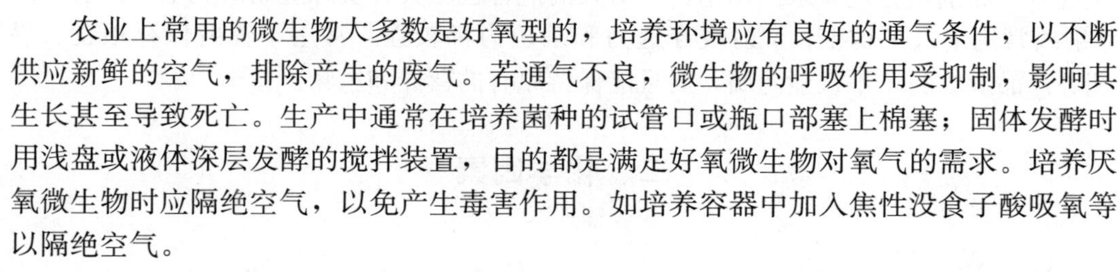

农业上常用的微生物大多数是好氧型的，培养环境应有良好的通气条件，以不断供应新鲜的空气，排除产生的废气。若通气不良，微生物的呼吸作用受抑制，影响其生长甚至导致死亡。生产中通常在培养菌种的试管口或瓶口部塞上棉塞；固体发酵时用浅盘或液体深层发酵的搅拌装置，目的都是满足好氧微生物对氧气的需求。培养厌氧微生物时应隔绝空气，以免产生毒害作用。如培养容器中加入焦性没食子酸吸氧等以隔绝空气。

2. 氧化还原电位与微生物生长 氧化还原电位能全面反映环境的氧化还原状况。环境中的通气状况或氧化还原电位的高低对微生物的生长有很大影响。好氧性微生物需要在有氧即氧化还原电位高的环境中生长，厌氧性微生物则相反，兼厌氧性微生物适应范围广，在有氧、无氧，即氧化还原电位较高或较低的环境中都能生长。氧化还原电位用 Eh 值表示。

Eh 值除了受通气状况或氧分压影响外，还受培养基中氧化/还原物质和 pH 等其他环境因素的影响。改善通气条件、降低培养基 pH 和加入氧化性物质等均可提高培养环境的 Eh 值；反之，则使 Eh 值下降。微生物本身的代谢作用也会反过来影响和改变周围环境中的 Eh 值，主要由于微生物在代谢过程中产生还原性物质使环境中氧化还原电位降低。因此，往培养基中通入空气或加入氧化剂可提高 Eh 值，以利于培养好氧微生物；往培养基中加入还原性物质能降低 Eh 值，以利于培养厌氧微生物。

（四）辐射

辐射是能量以电磁波通过空间传播或传递的一种物理现象。辐射分为电离辐射和非电离辐射两类，根据波长分为各种射线和电波。不同波长的辐射对微生物的影响不同。

1. 紫外线 波长为 100～400nm，其中波长为 180～275nm 的紫外线对微生物有明显的杀灭和抑制作用。其最强作用波长为265～266 nm，这也是核酸的最大吸收波长。另外，紫外线的穿透力很弱，实际工作中紫外线常用作空气或器皿表面灭菌和微生物育种的诱变剂。其诱变和杀菌效果因微生物种类、生理状态、照射时间及剂量不同而异。为避免光复活现象，紫外线照射后的分离培养工作须在避光下进行。

2. 可见光 波长为400～760nm，是光合微生物的能量来源，也是光能微生物所必要的环境条件。可见光对一般非光合微生物也有直接影响。有些微生物虽然不是光合生物，但也有一定的趋光性。如一些真菌在形成子实体和孢子时，需要一些散射光的刺激。强烈的可见光可引起微生物死亡，这是光氧化作用所致。

3. 红外线 其对微生物的作用不大，主要是照射后产生热而对微生物的生长起间接影响作用，导致微生物细胞中的温度增高，引起水分蒸发而致细胞干缩，限制了微生物生长。

4. 电离辐射 X射线、α射线、β射线、γ射线均为电离辐射。电离辐射主要是由放射性物质产生的高能电磁波，它们的特点是波长短、能量大，有很强的穿透能力，照射物质后使物质发生电离。一般低剂量的照射可促进微生物的生长或诱导其发生变异，高剂量处理有杀菌作用，但对人的危害也较大。实际应用研究上，X射线和γ射线常用于人工诱变；γ射线穿透力和杀菌力都较强，常用于辐射保存粮食、果蔬、产品及饮料，不仅能防腐，而且能保持原有的营养和风味。

二、化学因素

pH对微生物生长的影响

（一）酸碱度

环境中的酸碱度对微生物的生命活动有重要影响。酸碱度通常用pH来表示，即氢离子浓度的负对数。

1. 微生物对酸碱度的适应范围 自然界中pH 1～11都有微生物生活，但只有少数种类能够在pH<2和pH>10的环境中生长。大多数种类的微生物生长在pH 4～9的环境中（表3-5）。

表3-5 某些微生物生活环境的酸碱度

微生物	最低pH	最适pH	最高pH
酵母菌	2.5	4.0～5.8	8.0
黑曲霉	1.5	3.8～6.0	9.0
大肠杆菌	4.3	6.0～8.0	9.5
大豆根瘤菌	4.2	6.8～7.0	11.0
放线菌	5.0	7.0～8.0	10.0
亚硝酸细菌	7.0	7.8～8.6	9.4

一般而言，每种微生物生长都有最适宜的pH和一定的pH适宜范围。大多数真

菌是嗜酸性的，最适 pH 为 5.0～6.0；多数的细菌、藻类和原生动物最适的 pH 为 6.5～7.5；放线菌嗜碱性，最适 pH 为 7.6～8.0。

2. 酸碱度对微生物的作用　酸碱度影响微生物生长的作用在于：①引起原生质膜电荷的变化，从而影响微生物对营养物质的吸收；②影响代谢过程中酶的活性；③改变生长环境中营养物质的可给性及有害物质的毒性。

微生物细胞对 pH 的改变是很敏感的，环境中的 pH 如果超过了微生物的适应范围，就会降低或抑制其生命活动。微生物在不同的生长阶段对 pH 的要求也不同，pH 也常随其生长而发生变化，其代谢作用会改变培养基的 pH。如微生物分解葡萄糖产生酸，使 pH 下降；微生物在分解蛋白质时产生氨，使 pH 升高。为了维持微生物生长过程中 pH 的稳定，在配制培养基及微生物生长过程中，都应注意 pH 的调节。

同一种微生物由于培养液的 pH 不同，可能累积不同的代谢产物。所以，可以利用微生物对 pH 的不同要求，促进有益微生物生长或控制杂菌。在发酵工业中 pH 的变化常可以改变微生物的代谢途径，导致产生不同的代谢产物。黑曲霉在 pH 2～3 的环境中分解蔗糖，产物以柠檬酸为主；当 pH 接近中性时，则主要产生草酸。因此，通过调控发酵液的 pH，可以使微生物的代谢向我们所期望的方向进行。

（二）化学药物

有许多化学物质能抑制或杀死微生物。各种化学药物对微生物的毒杀作用因化学物质的毒性和其进入细胞的渗透性以及微生物的种类而有差异，同时也受环境因素的影响。根据它们的效应不同可分为杀菌剂、消毒剂和防腐剂。它们之间没有本质的区别，通常取决于浓度大小。这些化学药物通常可分为以下几种。

1. 有机化合物　常用的有酚、醇、醛、酸类及表面活性剂。

2. 无机化合物　常用的有卤化物、重金属、氧化剂和无机酸等。

3. 染色剂　带有电荷的碱性染色剂都有抑制细菌生长的作用。不同染料抑菌作用不同，吖啶黄的抑菌谱较广，抑菌和杀菌力也很强。

4. 其他　对微生物生长有影响的还有化学治疗剂。这是一类能选择性杀死或抑制人畜和家禽体内病原微生物并可用于临床治疗的特殊化学药品。

一种化学物质对于某一种微生物有毒害，而对于另一处微生物则可能没有影响，甚至可能作为营养物质被利用。有些药物在浓度稍高时是微生物的杀菌剂，但在浓度低时反而能刺激微生物生长。

三、生物因素

自然环境中，微生物与微生物之间、微生物与植物之间、微生物与人和动物之间的关系是非常复杂且多样化的，它们相互制约、相互影响，共同促进了整个生物界的生存、发展和进化。

（一）微生物间的相互关系

自然界中居住着各种微生物形成一定的群社关系，它们之间互为条件、彼此影响，既有协同联合、又有竞争制约。其相互关系可概括为以下几种。

1. 互生 指两种可以独立生活的生物，当其共同生活在一起时，通过各自的代谢活动而有利于对方或偏利于一方的关系。它是一种“可分可合，合比分好”的相互关系。如固氮菌和纤维分解菌之间营养上的互生关系，固氮菌固定的氮素满足纤维分解菌对氮素养料的需求；纤维分解菌分解纤维产生的有机酸可作为固氮菌的碳源、能源。

2. 共生 指两种生物生活在一起，相互分工、相互依赖，甚至达到难以独立生活的一种相互关系。共生关系被认为是互生关系的高度发展，形成在生理上的一种整体，乃至形成特殊的形态结构。如地衣是真菌和蓝细菌形成的一种共生体。在生理上它们互为依存，真菌以其产生的有机酸分解岩石中的矿物质，为蓝细菌提供必需的矿质养料；蓝细菌则通过光合作用向真菌提供有机营养。这种共生关系使地衣具有极强的适应性和生命力，在干燥地区，生长于岩石表面的地衣仍能生长。

3. 拮抗 指一种微生物所产生的某种代谢产物可抑制其他微生物的生长发育或杀死其他微生物的一种相互关系。根据拮抗作用的选择性，分为非特异性拮抗和特异性拮抗。

（1）非特异性拮抗。即没有严格专一性的拮抗关系。指某种微生物产生的代谢产物只改变其生长的环境，导致不适合其他微生物生长。如乳酸细菌在乳酸发酵的过程中产生大量乳酸，能抑制不耐酸微生物的生长。

（2）特异性拮抗。一种微生物在其生命活动过程中产生某种或某类特殊代谢产物，选择性地对某一种或某一类微生物发生抑制或毒害作用。如青霉菌产生青霉素对G^+有抑制作用。

微生物间的拮抗关系可为抗生素的筛选、食品保藏、医疗保健、动植物病害的防治提供有效手段。

4. 寄生 一种生物生活在另一种生物的体表或体内，从后者取得养料的一种关系，前者称寄生物，后者称为寄主。寄生可分为细胞内寄生和细胞外寄生或专性寄生和兼性寄生等数种。在寄生关系中，寄生物对寄主多数是有害的，少数不表现有害现象。如噬菌体寄生于细菌或放线菌，引起菌体溶解。

5. 捕食 指一种生物直接吞噬另一种生物的关系。微生物间的捕食关系主要表现在原生动物吞食细菌和藻类，还有一类是真菌捕食线虫和其他原生动物。捕食关系是微生物中一个引人注目的现象。在自然界中，捕食关系在控制种群密度、组成生态系统食物链中具有重要意义，对污水净化、线虫生物防治等方面产生重要影响。

（二）微生物与植物间的相互关系

微生物在植物根的附近，附着在根的表面或进入根组织与之共同生活在一起；植物的地上部分也附着大量的微生物。因此，微生物与植物间的相互关系是十分密切的。

1. 微生物与植物间的互生关系 根际是微生物活动特别旺盛的区域。根际微生物与植物根系之间的互生关系表现为植物根系分泌有机营养物质供微生物生长；而根际微生物代谢产生的有机酸溶解土壤中难溶的矿物质供植物吸收利用。联合固氮菌能从根的表皮细胞或侧根发生处的裂隙进入根组织的细胞间隙或细胞内，与植物根形成联合固氮体系。在联合固氮体系中，植物为固氮菌提供养料和微生态环境，而联合固氮菌则为植物提供氮素养料，并能产生某些抗病、促生的生物活性物质。

另外，在植物地上部分的表面，特别是在叶上，生活着大量的附生微生物，它们以植物外渗物质或分泌物质为营养，可为植物提供氮素营养和某种程度的保护作用，如附生微生物能产生有毒的或令动物不适的厌恶性物质以防止昆虫或食草动物的取食。能在叶面和叶际生长的细菌类群主要有假单胞菌属、乳酸菌、黄单胞菌属和葡萄球菌属等。

2. 微生物与植物间的共生关系 细菌和植物的共生关系在自然界中广泛存在，真菌和植物的共生关系则更为普遍。

(1) 根瘤。根瘤是根瘤菌和豆科植物形成的共生体，是在植物根部联合发育形成的特殊结构。在农业生产中，利用根瘤菌剂对豆科植物进行拌种是促进作物增产、实施减氮增肥的可持续农业发展技术。

(2) 菌根。菌根是一些真菌用菌丝体包围植物根面或侵入根内共同发育形成的共生体。自然界中大部分植物都具有菌根，如兰科植物的种子若无菌根的共生就无法发芽，杜鹃科植物的幼苗若无菌根的共生就不能存活。相比单独的根和真菌，菌根共生体既保留了原来各自的特点，又产生了新的优点。根据菌根的形态结构和菌根真菌共生时的其他性状分为外生菌根和内生菌根两种类型。

①外生菌根。外生菌根多形成于木本植物，主要为乔木和灌木。它的主要特征是菌丝在植物营养根的表面生长繁殖，形成菌套。菌根取代了根毛的地位和作用，扩大了根的吸收面积，提高了根吸收养分和水分的效率。同时，菌根也具有防御林木根部病害的作用。

②内生菌根。内生菌根是真菌菌丝侵入植物根的内部形成的，它在根细胞间发育，使根变得肿大。其能加强对土壤中养分，特别是磷素养分的吸收，促进植物的生长。丛枝菌根是内生菌根中最普遍和最重要的类型，在自然界分布最为普遍和广泛，80%的陆生菌根都有丛枝菌根。

在农业上，将菌根真菌接种在植物根部可增强作物对土壤磷素的吸收，有利于高品质谷物的培育；在林业上，菌根可应用于引种、育苗、荒废地造林、苗木根部病害防御等。但并非所有的菌根都是有益的，有的菌根会降低土壤透水性、降低有机质的分解速率，进而影响作物的生长。

3. 微生物与植物间的寄生 很多细菌、放线菌、真菌和病毒都能寄生于植物上，有许多是植物的病原菌。植物寄生微生物有严格寄生的，也有兼性寄生的。在一般条件下，寄生微生物只引起植物生长的失调，并降低其在生态环境中的生活和竞争能力，但严重时则会导致植物受损、大幅度减产等。如造成植物叶组织坏死而形成枯斑；分泌果胶酶和纤维素酶使植物组织和细胞解体而发生溃疡、腐烂；气孔或输导组织被病菌侵染后可导致萎蔫、枯萎；叶绿素合成代谢的破坏则造成植株枯黄；产生吲哚乙酸等生长素类物质使局部组织和细胞过度增生而产生畸形、树瘿等。

（三）微生物与人和动物间的相互关系

人和动物的体表与体腔中都存在着许多特定种类及数量的微生物，这些微生物与人和动物也能形成互生、共生、寄生等关系，因种类不同对人和动物产生有利或有害影响。

1. 微生物与动物间的互生　在正常情况下，人和动物的体表与体腔中都生存着特定种类和数量的微生物，它们以人和动物皮肤或腺体的分泌物、黏液、脱落的细胞和食物消化物或残渣等作为养料。人和动物为微生物提供了适宜的温度、水分、氧气和酸碱度等良好的生态环境，并对微生物的生活提供了适当的保护作用。肠道菌群与宿主的关系主要是互生关系，这些微生物是人和动物体内的正常菌群，它们在一定程度上能抑制和排斥外来微生物的生长、病原微生物的定居与入侵，从而保护人和动物的健康。如果由于某种原因（如长期服用抗生素）造成正常菌群种类变化或数量减少，则会导致病原微生物的入侵和疾病的发生。但是，我们也可以利用这种关系防病、治病。如在食物或饲料中添加这些正常菌群的微生物（如双歧杆菌等）则可制止腹泻和促进人或动物的生长。

2. 微生物与动物间的共生

（1）瘤胃微生物与反刍动物的共生。牛、羊和鹿等反刍动物以纤维素含量高的草料为食，它们本身缺乏消化纤维素的酶，要依靠瘤胃中的微生物来分解转化纤维素等物质供其吸收利用。在这种共生关系中，瘤胃为微生物提供了稳定的厌氧、中温和偏酸性的良好生态环境。瘤胃中生活着大量专性厌氧的细菌和以纤毛虫为主的原生动物，通过它们各自的代谢活动将纤维素、半纤维素、淀粉等大分子化合物迅速分解成乙酸、丙酸、丁酸等有机酸被动物吸收进入血液，成为反刍动物的养料。

（2）微生物与昆虫的共生。微生物与昆虫的共生关系表现为多种形式，并有较高的特异性。如切叶蚁与丝状真菌的共生，切叶蚁将地面的树叶切碎带回，并混以唾液和粪便等含氮物质，在窝内用其培养丝状真菌，并食取部分菌丝和孢子。这种共生对热带雨林地表的落叶转化为土壤有机质具有重要作用。

（3）微生物与海洋生物的共生。海洋中尤其是深海中的某些鱼类和无脊椎动物能与发光细菌建立一种特殊的共生关系。动物为细菌提供居住的环境和营养，而细菌的发光帮助动物在黑暗的深海中发现饵料、威慑敌人、逃避捕食或作为联络信号。

3. 微生物与动物间的寄生　动物病原微生物能在人体或动物体内寄生，引起寄主致病或死亡。如果它们寄生于人和有益动物体内，则对人类不利；如果寄生于有害动物体内，则对人类有利，可加以利用。

任务三　微生物的分离与纯培养

一、微生物的分离

生产上使用的微生物菌种有很多是从自然界分离筛选出来的。虽然自然界中的菌

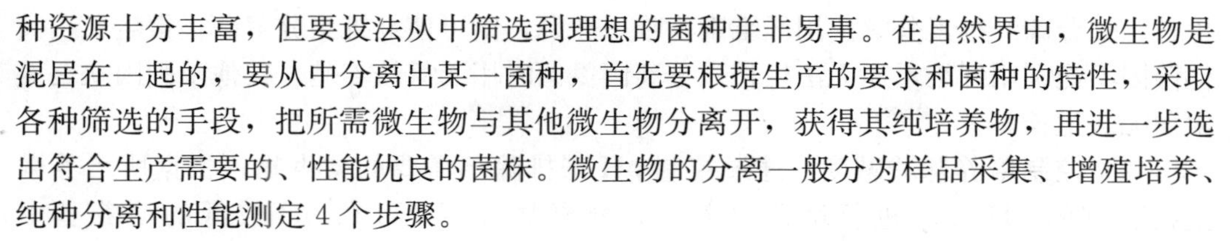

种资源十分丰富，但要设法从中筛选到理想的菌种并非易事。在自然界中，微生物是混居在一起的，要从中分离出某一菌种，首先要根据生产的要求和菌种的特性，采取各种筛选的手段，把所需微生物与其他微生物分离开，获得其纯培养物，再进一步选出符合生产需要的、性能优良的菌株。微生物的分离一般分为样品采集、增殖培养、纯种分离和性能测定 4 个步骤。

（一）样品采集

微生物在自然界中的分布是有一定规律的，样品的采集必须要根据采集对象的特性和分布规律确定采集地点。土壤中微生物的数量和种类最多，所以一般以土壤为样品进行分离。除土壤外，其他介质中都有相应占优势的微生物。如采集根瘤菌要选豆科植物的高产田，取主根上肥大、粉红色的根瘤为样品；采集纤维素分解菌则在枯枝烂叶、腐烂稻草或反刍动物的消化道和排泄物中筛选；想要获得产抗生素能力强的放线菌，需要在有机质丰富的偏碱性土壤中采集样品；采集因感染病菌死亡的虫体作为样品是为了获得杀虫菌。同一种微生物分布的地区不同，生产性能也差异较大。为获得优良菌株，应在不同地区、不同环境下采集样品。通常从土壤中采集含菌样品应考虑以下几个问题。

1. 有机质含量　有机质含量高的肥沃土壤中微生物的数量多，但过于肥沃的土壤一般含细菌过多、放线菌较少。因此，寻找放线菌一般采集园土或耕作过的农田，采集真菌一般找植物残体丰富的土壤或沼泽土。

2. 采集深度　土壤深度不同，通气、养分和水分的分布情况不同。一般 5～20cm 深处的微生物数量最多。

3. 植被情况　植被的种类与微生物分布有着密切的关系。总体来说，森林土壤的微生物多样性要高，又以真菌群落为主，而农田土壤的微生物群落主要以细菌和放线菌主。

4. 采土季节　以春、秋季节为最适。这时土壤的养分、水分和温度都比较适宜，所以微生物数量最多。采集时尤其要注意含水量，避免雨季采集。此外，还应注意土壤酸碱度，一般中性偏碱的土壤中细菌、放线菌较多，酸性土壤及森林土壤中霉菌较多，果园土与菜园土中酵母菌较多。

5. 采集方法　采集土样时要除去表层土，从 5～20cm 深处取土样几十克，放在灭菌的防水纸袋或容器里，注明采集时间、地点、植被情况及采集人。一个地区采土的点不能太少，采集后应立即进行分离，若不能马上分离，应摊开晾干或低温保存，以免发霉。具体采集方法（包装、运输、保存）要根据分离对象（细菌还是放线菌）确定。

（二）增殖培养

一般情况下，采来的样品可直接进行分离，但如果样品中目标菌数量不够多时，就需要增殖培养（也称富集培养）。进行增殖培养时可根据目标菌的特性，人为地加入一定的限制因素，使不需要的微生物增殖缓慢或几乎停止增殖，而目标菌能大量增殖。人为给予的限制因素主要是控制培养基成分和培养条件。

1. 控制培养基成分

（1）添加特定的营养成分。利用选择性培养基，使其他微生物因缺乏营养而不能生长。如分离纤维素分解菌用纤维素为唯一碳源，则可使纤维素分解菌正常生长，其他菌因不能利用纤维素而无法生长；分离固氮菌时用无氮培养基，其他菌则因缺乏氮素而无法生长。

（2）控制培养基酸碱度。通过控制 pH 来排除不需要的微生物，根据所培养微生物适宜的 pH 环境进行增殖培养。如分离酵母菌，可在 pH 较低的培养基中培养。

（3）添加特殊抑制剂。使用特殊抑制剂可抑制其他杂菌生长。如培养基中加数滴10%苯酚可抑制霉菌和细菌的生长，而放线菌、酵母菌仍能较好地生长；添加青霉素、链霉素等抗生素能抑制细菌生长；培养根瘤菌时往培养基中添加结晶紫可抑制细菌的生长而不抑制根瘤菌的生长。

2. 控制培养条件

（1）控制通气条件。根据增殖培养对象对氧气的需求进行控制。厌氧微生物在无氧条件下培养，好氧微生物在有氧条件下培养。

（2）控制培养温度。根据培养微生物生存所需的最适温度进行培养。如分离耐高温菌和产芽孢菌时，将样品在 60℃温度条件下处理 10min 可杀死不耐高温和不产芽孢的微生物。

如果经过一次增殖后，目标菌数量还不能满足要求，还可以再次或多次进行增殖培养。

（三）纯种分离

通过增殖培养，目标菌大量存在，但仍会有其他微生物与之共存。为了取得目标菌的纯种，就必须进行纯种分离。纯种分离就是将目标菌从混杂着大量微生物的样品中分离出来，获得其纯培养物的过程。常用的纯种分离方法有以下 4 种。

1. 稀释分离法 稀释分离法是生产中最常用的一种分离方法。其原理是从混杂着大量细菌的样品中将某种细菌分离出来，最基本的方法就是使各个细胞彼此分开，再进行挑选。具体做法是取一定量的样品，在定量的无菌水中充分振荡，进行一系列稀释，然后取不同稀释度的稀释液少许，置于琼脂平板培养皿中，倒置培养一定时间即可出现分散的单个菌落。将典型的单菌落纯化即得到纯培养。

2. 划线分离法 在无菌操作下用无菌接种环挑取一定量的待分离材料，在培养基表面通过各种方式的划线而达到分离的目的。培养后在某些区域会形成肉眼可见的单菌落。将典型的单菌落转接到斜面上就成为纯种。

3. 单细胞（孢子）分离法 稀释分离法和划线分离法一般只能分离出混杂微生物群体中数量占优势的种类。在自然界中，很多微生物在混杂群体中数量都较少，这时可以采取单细胞（孢子）分离法从混杂群体中直接分离单个细胞或孢子进行培养以获得纯菌株。此方法的难度与细胞或孢子的大小相关，细胞或孢子较小的细菌难度较大，多在高度专业化的科学研究中采用。

较大的微生物可在低倍显微镜下采用毛细管提取单个细胞或孢子，并在灭菌培养基中转移清洗几次，以除去较小微生物的污染。对于个体相对较小的微生物需采用显微操作仪在显微镜下用毛细管或显微针、环等挑取单个细胞或孢子以获得纯培养，没有显微操作仪时也可在显微镜下从样品小液滴中选取一部分含有细胞或孢子的液体进

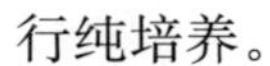

行纯培养。

4. 组织分离法　组织分离法一般适用于动植物病组织中病原微生物的分离。取较少有杂菌污染的病健交界处组织，用75%乙醇或0.1%氯化汞等消毒剂表面消毒后放到相应的培养基平板上培养，再通过划线或单细胞（孢子）分离法纯化培养，以得到纯菌落或纯菌株。

（四）性能测定

分离纯化得到的纯种是否能达到目标菌的要求或是否能用于生产还要进行性能测定。由于分离获得的菌株数量很大，若要对每一株都做全面或准确的性能测定，工作量将十分巨大，并且是不必要的。所以，可通过筛选进行性能测定。筛选一般分初筛和复筛两步进行。

1. 初筛　初筛一般是定性测定，目的是去除明确不符合要求的大部分菌株。因此，手段应尽可能快速、简单，通常采用平皿反应法。平皿反应是指目标菌产生的代谢产物与培养基内的指示物作用后在平板上出现的生理效应，如变色圈、生长圈、抑制圈、透明圈等，将肉眼观察不到的产量性状转化为可见的“形态”变化。这些效应的大小反映了变异菌株产生相应代谢产物的潜力，可以作为筛选标志。常用的方法如下。

（1）纸片培养显色法。该法适用于多种生理指标的测定。它是通过指示剂变色圈与菌落直径之比反映菌株的相对产量性状。如通过淀粉酶变色圈（用碘液使淀粉显色）大小的测定和氨基酸显色圈（转印到滤纸上再用茚三酮显色）大小的测定来评估相应代谢产物的产量。

（2）透明圈法。该法是在固体培养基中渗入溶解性差、可被特定菌利用的营养成分，形成混浊、不透明的培养基背景。如蛋白酶产生菌在含酪素的培养基、产酸菌在含碳酸钙的培养基上可形成透明圈，利用透明圈的大小进行初步筛选。

（3）抑菌圈法。该法常用于抗生素菌的筛选。如利用抗生素产生菌抑制敏感菌的生长，在菌落周围形成不同大小的抑菌圈。

2. 复筛　初筛的结果与实际生产上的发酵培养的情况可能差别很大。所以，作为生产菌种的挑选还必须进行比较精确的复筛。复筛一般是将待测菌进行摇瓶培养或置于小发酵罐中进行培养，然后对培养液进行测定，选出较理想的菌种。

二、微生物的接种与培养

（一）微生物的接种

接种是在无菌条件下，将微生物纯种移接到已灭菌且适合其生长繁殖的培养基中或活的生物体内，获得纯培养物的过程。微生物的分离、培养、纯化或鉴定以及有关微生物的形态观察及生理研究都必须进行接种，所以接种是微生物研究与生产中的一个重要环节，也是一项最基本的操作技术。

1. 固体接种法　即将菌种接种到固体培养基中的接种方法。

（1）划线法。将少量待接菌种移至试管斜面或平板培养基上，并在培养基上来回做直线或曲线运动的一种方法。划线法是最常用的接种方法，主要用于细菌、酵母菌、放线菌孢子和真菌孢子的接种。

（2）点接法。把少量的微生物接种在斜面或平板培养基上一点或多点。该方法主要用于接种丝状真菌。

（3）拌种法。将液体菌种或固体菌种与固体培养基搅拌均匀。该方法主要用于固体发酵生产。

2. 液体接种法 用移液管、吸管或接种环等工具将菌液移接到液体培养基中的方法。该方法多用于单糖发酵实验、增菌液进行增菌培养，也可用于纯培养菌接种液体培养基进行生化试验。

3. 穿刺接种法 用接种针蘸取少量待接菌种，垂直刺入固体或半固体培养基的底部，再按原路抽出接种针的方法。此法多用于半固体、醋酸铅、明胶培养基的接种，常用于保藏厌氧菌种或检查微生物的运动型。

4. 浇混接种法 又称倾注培养法，是将原始样品或浓度适当的待接菌种菌液放入培养皿中，倒入已融化并冷却至45℃左右的培养基，迅速轻轻摇匀，凝固后倒置，在适宜温度下培养的一种方法。

5. 涂布接种法 先倒好平板让其凝固，然后将菌液倒在平板上，迅速用涂布棒在表面进行涂布，使菌液在平板表面均匀分布的方法。

6. 活体接种法 利用注射或拌料喂养等方式将微生物转接至活的生物体内或离体活组织内的方法。此法主要用于培养病毒或其他病原微生物。

（二）微生物的培养

微生物培养的目的各有不同，有的是以大量增殖的微生物菌体为目标，有的是在微生物生长的同时实现目标代谢产物大量积累。由于培养目标不同，在培养方法上就必然存在差别。

1. 根据培养基物理状态分

（1）固体培养。是将菌种接种到疏松且富有营养的固体培养基中，在适宜的条件下进行微生物培养的方法。固体培养在微生物鉴定、计数、纯化和保藏等方面发挥着重要作用。

实验室中常用的固体培养方法是利用试管斜面、培养皿平板、克氏扁瓶等，采取划线接种、涂布接种、浇混接种等方法，将培养物直接放入恒温条件下培养。固体培养方法适用于好氧和兼性好氧微生物的培养。

在生产实践中，好氧真菌的固体培养方法常常是将接种后的固体基质薄薄地摊铺在容器的表面，既可使菌体获得充足的氧气，又可将生产过程中产生的热量及时释放。固体培养使用的原料是麸皮、豆粕等，灭菌后待冷却至合适温度便可接种。固体培养基中的含水量一般控制在40%～70%。

（2）液体培养。是将微生物接种在液体培养基中进行培养的方法。在实验中，通过液体培养可以使微生物迅速繁殖，获得大量的培养物。

在实验室中，进行好氧液体培养的常用方法有以下几种。

①试管液体培养。此法通气效果一般较差，适用于培养兼性好氧微生物以及进行微生物的各种生理生化试验。

②浅层液体培养。是在三角瓶中装入浅层培养液进行微生物培养的方法。该方法

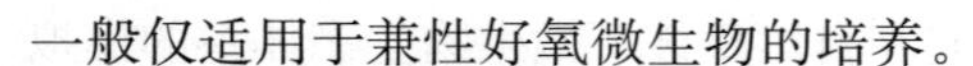

一般仅适用于兼性好氧微生物的培养。

③摇瓶培养。是将三角瓶放在摇床上以一定速度保温振荡培养的方法。

④台式发酵罐。实验室用的发酵罐体积一般为几升至几十升，因结构与生产用的大型发酵罐接近，因此它是实验室模拟生产的主要设备。

在生产实践中，常用的液体发酵方法有以下两种。

①浅盘培养。容器中盛装浅层液体静立培养，没有通气搅拌设备，靠液体表面与空气接触进行氧气交换，是最原始的液体培养形式，有劳动强度大、生产效率低、易污染的缺点。

②发酵罐深层培养。利用发酵罐为微生物提供丰富的营养和良好的环境条件，并能防止杂菌污染。该法生产效率高、易于控制、产品质量稳定，缺点是设备复杂、投资较大。

2. 根据培养基投料方式分

（1）分批培养。又称密闭式培养。分批培养是在一个独立密闭的系统中，一次性加入培养基对微生物进行接种培养并一次性收获的方式。在分批培养的过程中，由于营养物质的消耗及有害代谢产物的积累，必然会限制微生物的旺盛生长。

（2）连续培养。又称开放式培养。连续培养是在微生物的整个培养期间以一定的速度连续加入新的培养基，又以同样的速度流出培养物，保持培养系统中的细胞数量和营养状态的恒定，使微生物连续生长的方法。该方法的优点是高效、经济、产品质量稳定，缺点是菌种易退化、易污染杂菌、营养物的利用率低。根据控制方式的不同，连续培养分为恒浊法和恒化法（表 3-6）。

表 3-6　恒浊法与恒化法的比较

培养方法	控制对象	培养基	培养基流速	生长速率	产物	应用范围
恒浊法	菌体密度	无限制性生长因子	不恒定	最高速率	大量菌体与菌体平等的代谢产物	生产为主
恒化法	培养基流速	有限制性生长因子	恒定	低于最高速率	不同生长速率的菌体	实验室为主

①恒浊法。根据培养器内微生物的生长密度，利用光电控制系统控制培养液的流速，以获得菌体密度高、生长速度恒定的连续培养方式。此法的培养装置称为恒浊器。

②恒化法。是使培养液流速保持不变，通过控制培养液中生长限制因子的浓度来控制微生物生长繁殖与代谢速度的连续培养方式。此法的培养装置称为恒化器。

在一定范围内，微生物的生长与营养物质的浓度呈正比。当某种营养物质的浓度较低时，则会抑制微生物的生长。恒化培养过程中需将某一种必须营养物质的浓度控制在较低浓度，使其成为微生物生长的限制因子来影响微生物的生长速率，同时通过恒定流速不断得到补充，使新鲜培养基的流速与微生物的生长速率处于相平衡状态。

此法尤其适用于与生长速率相关的各种理论研究和自然条件下微生物生态体系的模拟实验。

3. 根据培养时是否需要氧气分

（1）好氧培养。即微生物在培养时需要有氧气加入，否则不能生长良好。在实验室中，斜面培养是通过棉塞从外界获得无菌的空气；三角瓶液体培养多数是通过摇床振荡，使外界的空气源源不断地进入瓶中。

（2）厌氧培养。即微生物在培养时不需要氧气参加。在厌氧微生物的培养过程中，关键的一点是要除去培养基中的氧气。一般可采用以下几种方法：

①降低培养基中的氧化还原电位。常将还原剂如谷胱甘肽、硫基醋酸盐等加入培养基中除氧。

②化合去氧。可采用多种方法，如用焦性没食子酸吸收氧气，用磷吸收氧气，用好氧菌与厌氧菌混合培养吸收氧气，用植物组织如发芽的种子吸收氧气，用产生氢气与氧化合的方法除氧等。

③替代驱氧。用二氧化碳、氮气、氢气或混合气体取代氧气。

4. 其他培养方法

（1）混菌培养。在微生物研究及现代发酵工业中，多以纯种培养为主。但许多产品的发酵是纯菌株无法实现的，只有混合菌株才能完成。如传统的固态白酒和酱油的发酵都是多菌培养发酵的结果。有时混菌培养比纯菌培养更快、更有效、更简便，但混菌培养的反应机制比较复杂。

（2）同步培养。是一种能使群体中不同步的细胞转变成能同时进行生长或分裂的群体细胞的培养过程。其产物常被用来研究在单个细胞上难以研究的生理与遗传特性和作为工业发酵的种子。同步培养的具体方法有：

①诱导法。通过控制环境条件，诱导微生物同步生长的方法。最常用的是温度控制，如先将微生物放在低于最适生长温度条件下一段时间，然后再将培养温度升至最适温度，则易使菌体同时分裂。

②选择法。通过机械法选出大小相同的菌体加以培养而得到同步生长的方法。常用过滤法或梯度离心法进行筛选菌体，取同样大小的菌体进行培养。

诱导法是在非正常条件下迫使菌体同步分裂，会干扰菌体的正常代谢；选择法则不影响菌体的正常代谢。但无论采用哪种方法，每次处理后的微生物最多只能维持1～3代的生长，其后的培养中很快会丧失同步性。

（3）高密度细胞培养法。是指在液体培养中细胞含量超过常规培养10倍以上的发酵技术。因其生物量高，代谢物的产量也大为提高。因此，此法可大幅度提高生产效率，并提高产物的分离和提取效率。

学习回顾

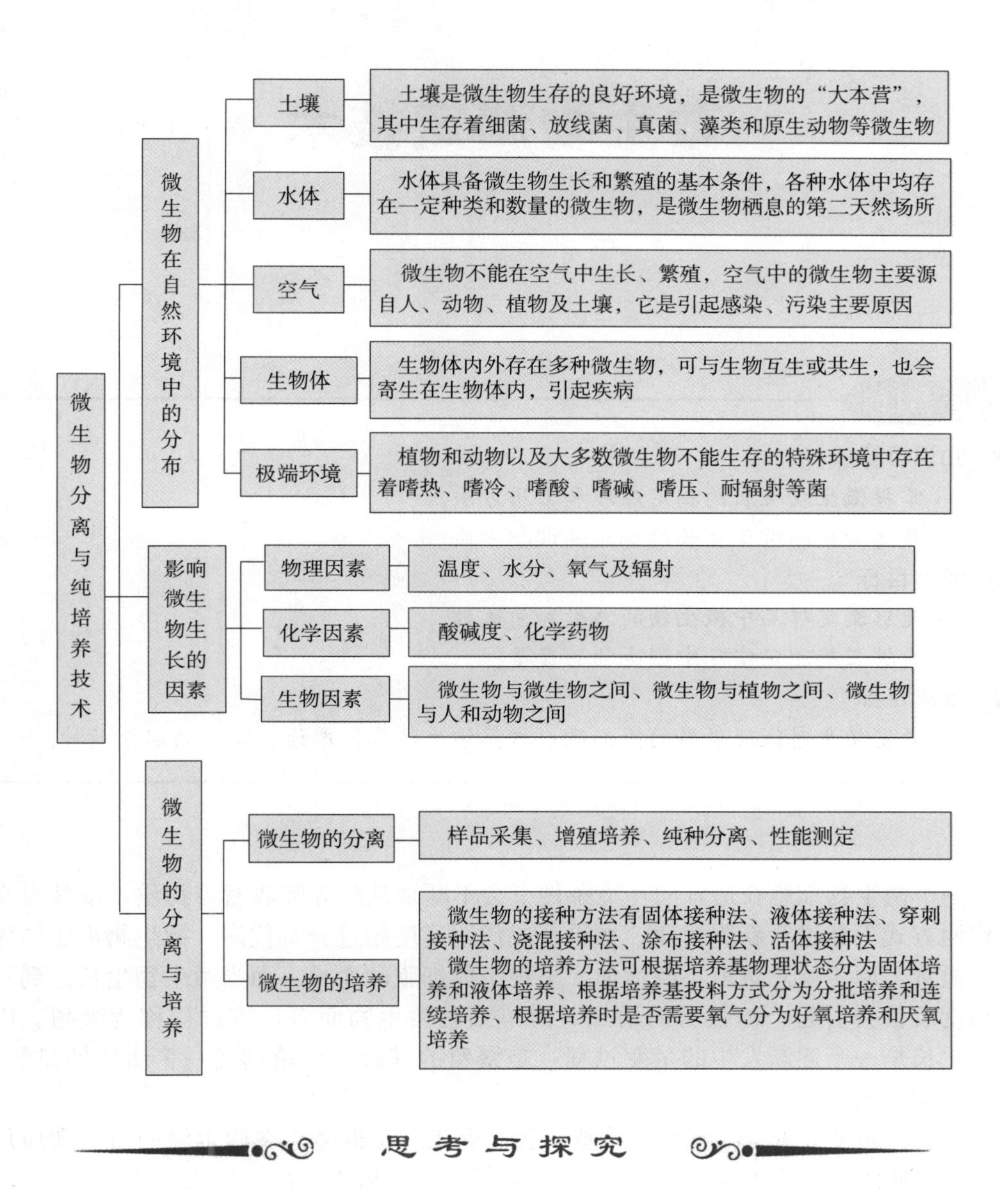

思考与探究

1. 为什么说土壤是微生物的“大本营”、人类的“菌种资源库”？
2. 简述微生物在生态系统中的重要作用。
3. 微生物能在极端环境条件下能生存的原因是什么？
4. 什么是微生物的纯培养技术？
5. 微生物接种的方法有哪些？
6. 微生物培养的方法有哪些？各有什么特点？
7. 影响微生物生长的物理因素、化学因素、生物因素各有哪些？

项目四

微生物测定技术

学习目标

◆ 知识目标

- 掌握微生物生长的测定原理和常用方法。
- 熟悉微生物群体生长规律及其调控方法。

◆ 能力目标

- 能够测定样品中微生物的总数和菌落数。
- 能够正确测定空气中微生物的数量。

◆ 素质目标

- 激发学生对微观世界的探知欲，培养学生认真、严谨、规范的职业精神。

一个微生物细胞在适宜的环境条件下会不断地从外界吸收营养物质，按其自身的代谢方式不断进行新陈代谢。如果合成代谢速度超过分解代谢，微生物细胞的体积、质量、原生质总量就不断增加，呈现个体细胞的生长。而当微生物生长达到一定程度后就会引起个体数目的增加，对单细胞微生物而言，该过程称为繁殖。因此，生长是一个逐渐发生的量变过程，是繁殖的基础。繁殖则是一个质变的过程，是生长的结果。

微生物通过个体不断生长、繁殖，会发展成一个群体。在微生物的研究和应用中，只有群体的生长才有意义，因此微生物的生长一般均指群体生长。

任务一　测定微生物生长繁殖的方法

在微生物实验及生产中，要及时了解微生物的生长情况需要用各种方法进行定期测定。通常可采取直接或间接方法测定群体的增长量，如直接测定菌体数量、间接测定细胞物质的质量或细胞生理活性等。

一、测定微生物生长量

（一）质量测定法

将一定体积样品中的菌体通过离心或过滤的方法分离出来，用水洗净附在细胞表面的残留培养基，再次离心后直接称量，即为湿重。若将湿重样品在105℃烘干或真空下干燥至恒重，即为干重。微生物的干重一般为其湿重的10%～20%。干重法直接又可靠，但要求被测菌体浓度较高，样品中不含或少含不溶性杂质。

> **知识拓展**
>
> 据测定，每个 *E. coli* 细胞干重仅有 2.8×10^{-13} g，1粒芝麻（质量约为3mg）相当于100亿个 *E. coli* 的质量。在一般液体培养基中，1L培养物可得到0.1～0.9g干重的 *E. coli* 细胞，而采用现代高密度培养技术，1L培养物中 *E. coli* 细胞产量最高可达174g（湿重）。

（二）细胞组分含量测定法

1. 蛋白质含量测定法　蛋白质是微生物细胞的主要成分，含量也比较稳定，蛋白质含量可反映微生物的生长量。氮是蛋白质的重要组成元素，从一定体积的样品中分离细胞，洗涤后用凯氏定氮法或双缩脲法测出含氮量。蛋白质含氮量为16%，因此，总含氮量与细胞蛋白质总量的关系可按下式计算：

$$蛋白质总量=含氮量\times6.25$$

2. DNA含量测定法　DNA是微生物的重要遗传物质，其含量较为恒定，不易受菌龄和环境因素的影响。该方法是基于DNA与3，5-二氨基苯甲酸—盐酸结合能显示特殊荧光的原理，定量测定菌悬液中的荧光强度，求得DNA含量。每个细菌细胞DNA平均含量为 8.4×10^{-11} mg，可根据DNA含量计算出细菌的数量。

（三）菌丝长度测定法

丝状微生物的生长可用一定时间内其菌丝的生长长度来表示。测定方法是将丝状真菌接种到固体培养基上，定时测定菌丝伸展的长度或面积。对于生长快的菌类每24h测定1次，对于生长慢的菌类可数天测定1次。该法的缺点是不能反映菌丝的纵向，即菌落的厚度和生长到培养基内部的菌丝，并且接种量也会影响测定结果。

（四）生理指标测定法

生理指标测定法指通过测定生活细胞的生理指标来测定微生物生长量。与微生物生长量相平行的生理指标有耗氧量、呼吸强度、酶活性、生物热等。样品中微生物数量越多或生长越旺盛，这些生理指标越明显，因此可以借助特定的仪器，如瓦勃氏呼吸仪、微量量热计等设备来测定相应的指标。这类测定方法主要用于科学研究中分析微生物生理活性。

二、测定微生物细胞数量

（一）总菌数测定法

1. 显微镜直接计数法 是在光学显微镜下用计数板直接观察细胞并进行计数的方法。该法快捷简便，适于测定样品中的细菌、酵母菌和真菌孢子的数量，但此法不能区分死活细胞，也不能区分形状与微生物相似的杂菌或杂质，误差较大。为解决这一矛盾，可用特殊染料对菌体进行染色，然后再用显微镜进行计数。如用美蓝对酵母菌染色后，活细胞能将美蓝分解，其菌体为无色，而死细胞被染成蓝色；细菌经吖啶橙染色后，在紫外荧光显微镜下观察，活细胞发出橙色荧光，而死细胞则发出绿色荧光，故可分别计数。

常用的计数板有血球计数板和细菌计数板。血球计数板是一个特制的载玻片，计数室面积为1mm^2。盖上盖玻片后，盖玻片和计数室之间的距离为0.1mm，用于酵母菌、真菌孢子、血球等较大细胞的观察和计数。

细菌计数板的结构和计数的原理与血球计数板相同，计数室面积为1mm^2。细菌计数板盖玻片和计数室之间的距离仅有0.02mm，它在油镜视野的工作距离范围以内，故能较精确观察和计数细菌等较小细胞。计数时，常需计取计数室内10～20个小方格中的总菌数，再计算出每个小方格内细菌的平均值，最后换算成样品中的细菌总数。

2. 电子计数器法 电子计数器的工作原理是测定小孔中液体的电阻变化，小孔仅能通过一个细胞，当细胞通过这个小孔时，电阻明显增加，形成一个脉冲，自动记录在电子记录装置上。该法测定结果较准确，但它只识别颗粒大小，而不能区分是否为细菌。因此，要求菌悬液中不含颗粒杂质。

3. 比浊法 这是快速测定液体培养基中细胞总数的一种方法。其原理是液体中的菌体细胞因光的消散作用而变混浊，菌体细胞越多，浑浊度就越高。浑浊度可用浊度计或分光光度计测定，以光密度表示。在一定浓度范围内，菌悬液细胞数目与光密度（OD值）呈正比，与透光度呈反比。测定时需预先制作细胞菌数与光密度的标准曲线，然后测定样品光密度，对照标准曲线查出待测样品中的菌数。该法具有简便、快速、不干扰或不破坏样品等优点，但培养液颜色太深或混有其他颗粒性杂质会影响其测定结果。

（二）活菌数测定法

1. 平板菌落计数法 其原理是每个分散的活细胞在适宜的培养基和良好的生长条件下经过生长繁殖形成一个菌落，因此，菌落数就是待测样品所含的活菌数。测定方法是将待测样品制成均匀的、一系列不同稀释倍数的稀释液，并尽量使样品中的微生物细胞分散开来，使之以单个细胞存在，再取一定稀释度、一定量的稀释液接种到平板中，使其均匀分布于平板中的培养基内。培养后，由单个细胞生长繁殖形成肉眼可见的菌落，即一个单菌落代表原样品中一个活的单细胞。统计菌落数目即可计算出样品中所含的活菌数。

在实际操作中，由于待测样品往往不易完全分散成单个细胞，平板上形成的单个菌落也可能来自样品中的多个细胞，因此平板菌落计数的结果往往比实际菌数低。为了清楚地阐述平板计数的结果，可用单位样品中菌落形成单位来表示，即 CFU/mL 或 CFU/g（CFU 即 colony-forming unit），而不以绝对菌数来表示样品中的活菌数量。

此法常用于生物产品、医药制品的质量鉴定及食品、水质的卫生鉴定，但操作比较烦琐，技术要求高，误差较大。

知识拓展

自动菌落计数器是现代微生物检测实验室中先进和高效的菌落计数仪器，由计数器、探笔、计数池等部分组成，计数器采用 CMOS 集成电路设计，LED 数码管显示，配合专用探笔，计数灵敏而准确。菌落计数器不仅可以对微生物的菌落计数，还可用于测量抑菌圈、抗生素的抗菌性测试和菌种筛选等。

2. 液体稀释测定法 这是一种应用统计学原理测定液体中菌数的方法，又称最大或然数（MPN）法。其方法是对菌液连续稀释 10 倍，从最适宜的 3 个连续稀释液中各吸取 5mL 试样，接种到 3 组（各 5 支）装有培养液的试管中（每管接入菌液 1mL），经培养后记录每个稀释度出现生长的试管数，然后查最大概率表（MPN），再根据样品的稀释倍数就可算出其中的活菌数。该法常用于测定食品和水中大肠菌群。

3. 膜过滤计数法 空气与水中的活菌数量少，需先将一定体积的水或空气等待测样品通过硝化纤维薄膜等微孔薄膜过滤浓缩，然后把滤膜放在适当的固体培养基上培养，长出菌落后即可计数。

滤膜法测细菌总数

测定微生物生长的方法很多，各种方法均有其优缺点，至于哪种方法比较适合，需根据具体条件而定。

任务二 微生物的生长规律

微生物生长表现在微生物的个体生长与群体生长两个水平上。单细胞微生物的个体生长表现为细胞基本成分的协调合成和细胞体积的增加，细胞生长到一定时期就分裂成两个子细胞。而多细胞微生物的个体生长则反映在个体的细胞数目和每个细胞内物质含量两个方面的增加。

由于微生物的体型微小，个体质量和体积的变化不易观察，一般通过群体生长的情况来反映个体生长的变化，以微生物细胞的数量或质量的增加来衡量微生物的生长。微生物的群体生长是有规律变化的，掌握群体生长规律对生产实践具有重要意义。

一、非丝状单细胞微生物生长规律

非丝状单细胞微生物主要包括细菌和酵母菌，其群体生长是以群体中微生物细胞数量的增加来表示的。

微生物的
生长曲线

（一）生长曲线

将少量纯种非丝状单细胞微生物（细菌或酵母菌）接种到一恒定容积的液体培养基中，在适宜条件下培养，定时取样测定培养液中菌数，它的生长具有一定的规律性。如果以培养时间为横坐标，以菌数的对数或生长速率为纵坐标，可得到一条定量描述液体培养基中微生物群体生长规律的曲线，该曲线称为生长曲线（图 4-1）。

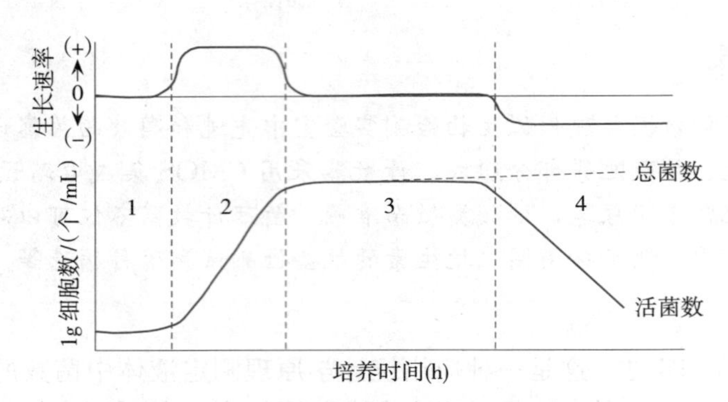

1. 延滞期　2. 对数期　3. 稳定期　4. 衰亡期

图 4-1　非丝状单细胞微生物的典型生长曲线

生长曲线表现了菌体细胞及其群体在新的环境中生长繁殖直至衰老死亡的动力学变化过程。从图 4-1 中可见，生长曲线可分为延滞期、对数期、稳定期、衰亡期 4 个时期。生长曲线各个时期的特点反映了所培养的菌体细胞与其所处环境间进行物质与能量交流，以及细胞与环境间相互作用与制约的动态变化。深入研究各种单细胞微生物生长曲线各个时期的特点与内在机制，在微生物学理论与应用实践上都有着十分重要的意义。

1. 延滞期　当少量菌体接种到新鲜液体培养基中，需要一段时间适应新生活环境的时期称延滞期，又称停滞期、调整期或适应期。延滞期的细胞处于对新的理化环境的适应期，正在为下一阶段的快速生长与繁殖做生理与物质上的准备。

此时期的特点是：①生长速率近于零，细胞数量没有增加；②细胞形态变大，体积增长较快；③细胞内代谢活跃，DNA 与 RNA 含量提高，各种诱导酶的合成量增加；④对外界不良环境敏感，易被杀死或引起变异。

延滞期时间的长短与菌种特性、菌龄、接种量和培养条件有关，可从几分钟到几个小时、几天，甚至几个月不等。

2. 对数期　经过对新环境的适应阶段，培养液中的菌体进入快速生长与繁殖期。该时期的细胞数量以几何级数增长，若以乘方的形式表示，即为 2^0、2^1、2^2、2^3…2^n；指数“n”为细胞分裂的次数或增殖的代数，即一个细胞繁殖 n 代产生 2^n 个子代菌体。细胞增长以指数式进行的快速生长繁殖期称为对数期。

此时期特点是：①菌体代时最短，生长速率最大；②酶系活跃，代谢活性最强，营养物消耗最快；③细胞在形态、生理特性和化学组成等方面较为一致，而且菌体大小均匀，单个存在的细胞占多数，因而适于用作进行生理生化等研究的材料；④细胞对环境理化等因子的作用敏感，因而也是研究遗传变异的好材料。

菌体细胞每分裂一次所需要的时间称为代时。影响微生物代时的主要因素有菌种和环境条件等。不同菌种的代时差别极大，如漂浮假单胞菌只要 9.8min，梅毒密螺旋体为 33h。总的来说，原核微生物细胞的生长速率要快于真核微生物细胞，形态较小的真核微生物要快于形态较大的真核微生物。环境条件如培养基的组成成分、培养温度、pH 与渗透压也影响微生物代时。如同一种微生物在营养丰富的培养基中生长其代时较短，反之较长。在一定条件下，各种细菌的代时是相对稳定的（表 4-1）。

表 4-1 某些微生物的生长代时

菌名	培养基	温度/℃	代时/min
大肠杆菌	肉汤	37	17
荧光假单胞菌	肉汤	37	34.0～34.5
菜豆火疫病假单胞菌	肉汤	25	150
白菜软腐病欧氏杆菌	肉汤	37	71～94
甘蓝黑腐病黄杆菌	肉汤	25	98
大豆根瘤菌	葡萄糖	25	343.8～460.8
枯草杆菌	葡萄糖、肉汤	25	26～32
巨大芽孢杆菌	肉汤	30	31
霉状芽孢杆菌	肉汤	37	28
蜡状芽孢杆菌	肉汤	30	18.8
丁酸梭菌	玉米醪	30	51
保加利亚乳酸杆菌	牛乳	37	39～74
肉毒梭菌	葡萄糖、肉汤	37	35
乳酸链球菌	牛乳	37	23.5～26.0
圆褐固氮菌	葡萄糖	25	240
霍乱弧菌	肉汤	37	21～38

3. 稳定期 在一个封闭的系统中，微生物的对数生长只能维持一个短暂的时期。在对数末期，随着培养液中营养物质逐渐消耗，营养物比例失调，有害代谢产物不断积累，培养液 pH 和氧化还原电位等生长条件越来越不利于菌体生长，使微生物的生长速度降低，代时延长，增殖率下降而死亡率上升，当两者趋于平衡时，就转入稳定期，也称为最高生长期或恒定期。

此时期的特点是：①新繁殖的菌数与死亡的菌数几乎相等，生长速率趋于零，曲线停止上升；②活菌数保持相对稳定，总菌数达最高水平；③菌体大小典型，生化反应相对稳定；④细胞内开始积累代谢产物；⑤多数芽孢菌开始形成芽孢。

4. 衰亡期 稳定后期的菌体在继续培养的过程中，由于生长环境继续恶化和营养物质的短缺，导致菌体死亡率逐渐上升，活细胞数目将以对数速率急剧下降，此阶段就被称为衰亡期。

此期的特点是：①死亡菌数逐渐超过新生菌数，群体中活菌数下降；②菌体细胞形状和大小出现异常，呈多形态或畸形；③革兰氏染色结果发生改变；④细胞开始自溶，使培养液浑浊度下降；⑤许多胞内的代谢产物和胞内酶向外释放等。

(二)生长曲线对发酵生产的指导意义

微生物的生长曲线反映了某种微生物在一定的生活环境中生长、分裂直至衰老、死亡全过程的动态变化规律。它既可作为营养物质和环境因素对生长繁殖影响的理论研究指标，也可作为调控微生物生长代谢的依据，以指导微生物生产实践。

1. 缩短延滞期 在微生物发酵生产中，如果延滞期较长，则会降低发酵设备的利用率、增加能耗和产品生产成本，最终造成劳动生产率低下与经济效益下降。在发酵生产中，通过采用处于对数期的健壮细胞接种、适当增加接种量或选用营养丰富的培养基等措施来有效地缩短延滞期，提高生产效率。

2. 把握对数期 在发酵生产中用生命力旺盛的对数期细胞接种，可以缩短延滞期，加速进入对数期。适当补充营养物，调节因微生物生长而变化的 pH、氧化还原电位，排除培养环境中的有害代谢产物，延长对数期，提高培养液中菌体浓度，为获得高产量的菌体或代谢产物奠定基础。

3. 延长稳定期 稳定期的活菌数达到最高水平，代谢产物大量形成，是收获菌体和代谢产物的最佳时期。菌体或初级代谢产物可在稳定末期收获，而抗生素、维生素等次级代谢产物与微生物细胞的生长过程不同步，它们形成高峰往往在稳定期的后期或在衰亡期，收获时间宜适当推迟。

稳定期的长短与菌种、发酵条件有关。生产上常通过补料、调节 pH、调整温度等措施延长稳定期，以获得大量的菌体，积累更多的代谢产物。

4. 监控衰亡期 微生物在衰亡期细胞活力明显下降，产生代谢产物的能力降低，同时逐渐积累的代谢毒物可能会与代谢产物起某种反应或影响提纯。因此，必须掌握时间，在适当时候结束发酵。

二、丝状微生物生长规律

放线菌和丝状真菌等丝状微生物以菌丝进行生长的，很难以细胞数目的增加来表示菌丝体的生长，常以菌丝质量的增加来衡量其生长。

丝状微生物的群体生长与非丝状单细胞微生物的生长规律基本相似，但无明显的对数生长期。在工业发酵过程中，一般经过生长停滞期、迅速生长期、衰亡期 3 个阶段。生长停滞期孢子开始萌发或菌丝长出芽体；迅速生长期菌丝快速生长，不断分支，菌丝质量迅速增加；衰亡期菌丝生长速度下降，出现空泡及自溶现象。

学习回顾

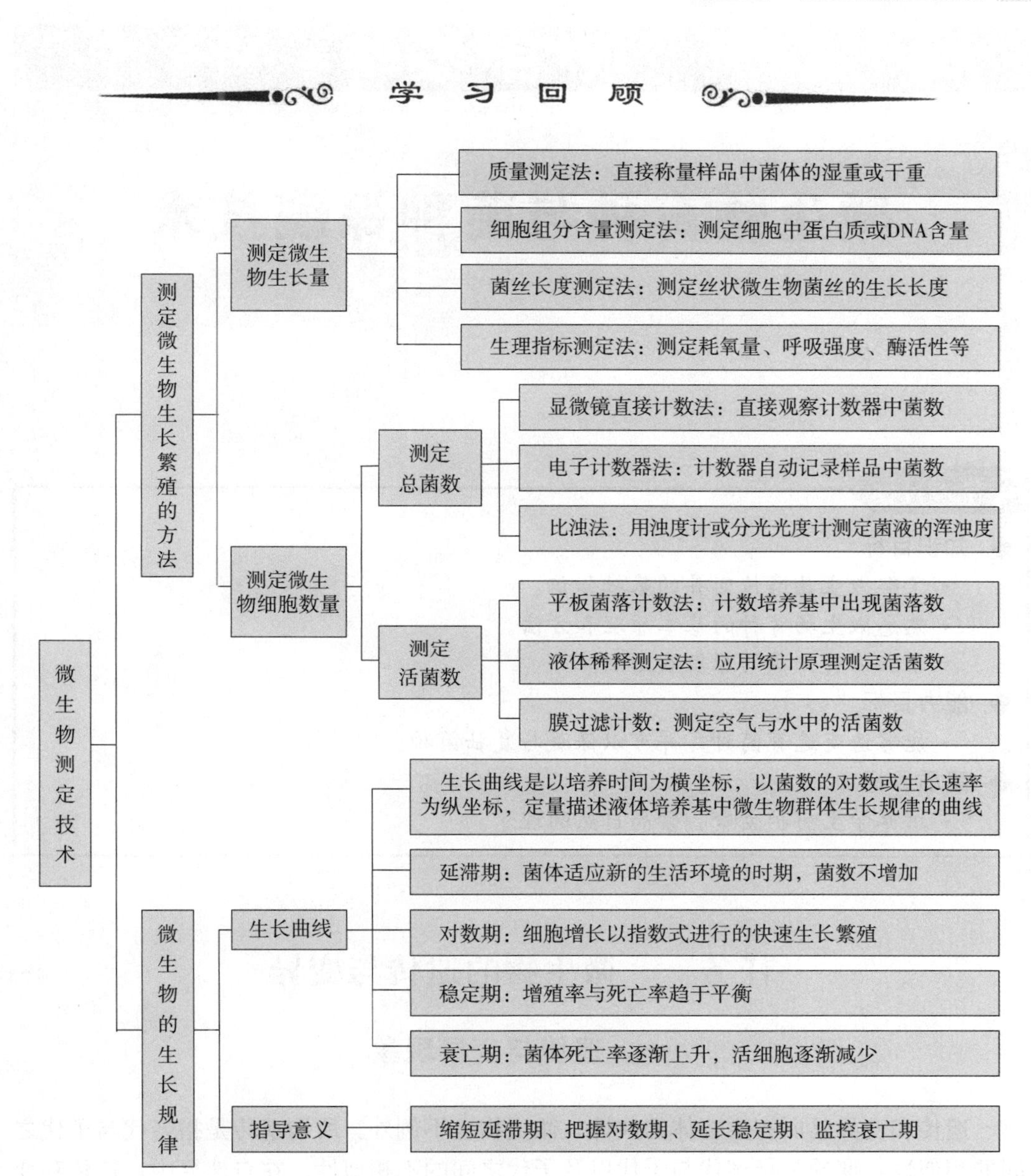

思考与探究

1. 解释名词

生长曲线　代时　延滞期　对数期　稳定期　衰亡期

2. 列表比较测定微生物生长繁殖主要方法的优缺点。

3. 比较非丝状单细胞微生物各生长时期的特点。

4. 如何利用微生物的生长规律来指导工业生产？

项目五

微生物育种与菌种保藏技术

学习目标

◆ 知识目标
- 了解微生物遗传变异的基础知识。
- 熟悉微生物育种的基本原理和方法。
- 掌握菌种保藏的原理和方法。

◆ 能力目标
- 能够诱变选育菌种，并可以保藏与复壮菌种。

◆ 素质目标
- 培养学生呵护生命、崇尚自然的理念。

任务一　微生物的遗传与变异

一、遗传与变异现象

遗传和变异是所有生物体的共性，微生物也不例外。所谓遗传是指亲代与子代之间的相似性，变异是指亲代与子代以及子代之间的不相似性。在自然界中，遗传和变异是相互关联、同时并存的一对矛盾，它们既对立又统一。遗传保证了种的存在和延续，变异推动了物种的进化和发展。遗传是相对的、暂时的，变异是绝对的、不断发生的。认识微生物的遗传和变异需明确以下几个概念。

1. 遗传型与表型　遗传型是指某一生物所含有的全部遗传因子即基因的总和，又称基因型。遗传型是一种内在可能性或潜力，其实质是遗传物质上所负载的特定遗传信息。具有某遗传型的生物只有在适宜的环境条件下通过自身的代谢和发育，才能将它具体化，即产生表型。表型是指某一生物体所具有的一切外表特征及内在特性的总和，是遗传型在合适环境条件下的具体体现。

$$\text{遗传型}+\text{环境条件}\xrightarrow{\text{代谢、发育}}\text{表型}$$

2. 遗传型变异 遗传型变异指生物体在某种外因或内因的作用下所引起的遗传物质结构或数量的改变。其特点是：①群体中发生的概率小（10^{-10}～10^{-5}）；②性状变化的幅度大；③变化后的新性状能稳定遗传。

3. 表型改变 表型改变指不涉及遗传物质结构改变而只发生在转录、翻译水平上的表型变化，又称饰变。其特点是：①个体变化相同；②性状变化的幅度小；③新性状不具遗传性。如黏质沙雷氏菌在25℃培养时可产生深红色的灵杆菌素，但在37℃培养时则不产生灵杆菌素，再在25℃下培养时又恢复产生灵杆菌素的能力。

二、微生物遗传与变异的特点

微生物的遗传和变异在本质上虽然和其他生物相同，但也有自己的特点。

（1）微生物繁殖快、数量多、易发生变异，有利于自然和人工选择。

（2）微生物细胞体积小、表面积大，与外界环境直接接触。当环境条件变化较大时，大多数个体易死亡而淘汰，个别细胞发生变异而适应新环境。

（3）微生物个体一般都是单细胞或无分化的多细胞，有些甚至是非细胞的，它们通常都是单倍体，因而便于建立纯系及长期保存大量品系。

由于遗传和变异在一定条件下要相互转化，所以在育种时要掌握这些转化条件，合理应用这些条件，甚至用人工方法创造这些条件，如利用物理或化学因素诱变处理微生物，使它们发生变异，以便获得我们所需要的微生物新品种。

三、遗传变异的物质基础

遗传和变异的物质基础是核酸。核酸是许多核苷酸聚合而成的大分子，每个核苷酸均由核糖（或脱氧核糖）、碱基及磷酸组成，根据核糖的不同分为脱氧核糖核酸（DNA）和核糖核酸（RNA）两种。

（一）DNA的分子结构及其复制

1. DNA的分子结构 DNA是一种高分子化合物，其基本单位是脱氧核苷酸，真核微生物的DNA集中在染色体上，原核微生物的DNA则集中于核质中。有些病毒没有DNA，其遗传物质是RNA。

Watson和Crick于1953年提出了DNA双螺旋结构模型，对DNA分子的空间结构、DNA的自我复制、DNA的相对稳定性和变异性以及DNA对遗传信息的储存与传递都作了合理的解释，从而奠定了分子遗传学的基础。

DNA分子是由两条多核苷酸链反向平行盘绕所生成的双螺旋结构（图5-1）。其中脱氧核糖分子（D）和磷酸分子（P）以交替的形式形成主链。每条多核苷酸链上均有4种碱基：A（腺嘌呤）、T（胸腺嘧啶）、C（胞嘧啶）、G（鸟嘌呤），它们以氢键与另一条多核苷酸链的4种碱基相连，A与T配对，C与G配对，这种由氢键连接的碱基组合，称碱基配对。一个DNA分子可含几十万或几百万碱基对，相邻碱基对平面之间的距离为0.34nm，即顺中心轴方向每隔0.34nm有一个核苷酸，以3.4nm为一个结构重复周期，包括10对碱基。核苷酸的磷酸基与脱氧核糖在外侧，通过磷酸二酯键相连接而构成 DNA 分子的骨架。脱氧核酸环平面与纵轴大致平行，双螺旋的直径为 2.0nm。

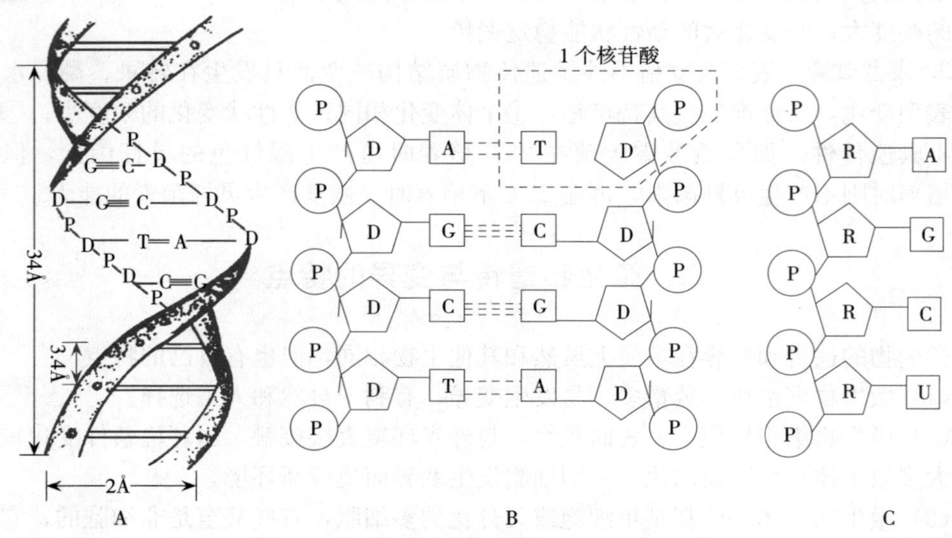

A. DNA 分子结构模式　B. DNA 分子链　C. RNA 分子链

图 5-1　DNA 和 RNA 分子结构示意

2. DNA 的复制　为了确保细胞的 DNA 在传代中精确不变以保证所有属性的遗传，细胞在分裂之前 DNA 十分精确地进行复制。半保留复制是 DNA 复制的模式，即以 DNA 双链之中的一条 DNA 链作为模板，按照碱基配对的原则生成另一条新的 DNA 链，共同构成新的双螺旋结构。

DNA 的复制过程如图 5-2 所示。首先是 DNA 分子中的两条多核苷酸链之间的氢键断裂，双螺旋解旋和分开，每条链分别作为模板合成新链，产生互补的两条链。这样新形成的两个 DNA 分子与原来 DNA 分子的碱基排列顺序完全一样。在此过程中，每个子代分子的一条多核苷酸链来自亲代 DNA，另一条链则是新合成的，又以氢键连接成新的双螺旋结构。

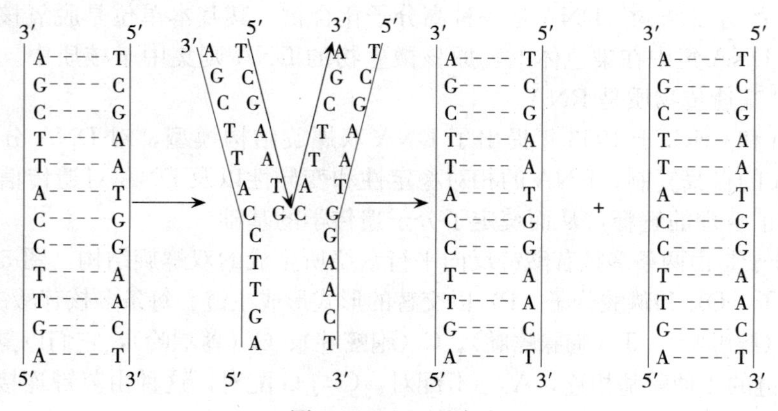

图 5-2　DNA 的复制

（二）遗传物质 RNA

RNA 由 DNA 转录而成，和 DNA 很相似，不同的是以核糖代替脱氧核糖，以尿嘧

啶（U）代替胸腺嘧啶（T）。RNA 有 tRNA、rRNA、mRNA 和反义 RNA 4 种类型。

1. tRNA　又称转移 RNA，是模板与氨基酸之间的接合体，其上有和 mRNA 互补的反密码子，能识别氨基酸及 mRNA 上的密码子，在 tRNA-氨基酸合成酶的作用下具有转运氨基酸的作用。其在蛋白质生物合成的起始作用中，在 DNA 反转录合成中及其他代谢调节中都起重要作用。细胞内 tRNA 的种类很多，每一种氨基酸都有其相应的一种或几种 tRNA。

2. rRNA　又称核糖体 RNA，它和蛋白质结合成的核糖体为合成蛋白质的场所。rRNA 含量大，是构成核糖体的骨架。

3. mRNA　又称信使 RNA，mRNA 上每 3 个核苷酸翻译成蛋白质多肽链上的一个氨基酸，这 3 个核苷酸就称为一个密码子，也称三联子密码。mRNA 与蛋白质之间的联系是通过遗传密码的破译来实现的，贮存在 DNA 上的遗传信息通过 mRNA 传递给蛋白质。每一种多肽都有一种特定的 mRNA 负责编码，所以细胞内 mRNA 的种类是很多的，但是每一种 mRNA 的含量又很低。

4. 反义 RNA　是能与 DNA 的碱基互补，并能阻止、干扰复制转录和翻译的短小的 RNA。反义 RNA 起调节作用，决定 mRNA 翻译合成速度。

mRNA、tRNA、rRNA 和反义 RNA 相互协作合成蛋白质。

（三）基因

基因是生物体内储存遗传信息、具有自我复制能力的遗传功能单位。它是 DNA 分子上一个具有特定碱基顺序，即核苷酸顺序的片断。一个 DNA 分子中含有许多基因，不同的基因所含的碱基对的数量和排列顺序都不相同，一个基因的相对分子质量约为 6×10^5，约有 1 000 个碱基对，每个细菌具有 5 000～10 000 个基因。依其功能的不同可分为结构基因、操纵基因和调节基因。

基因控制遗传性状，但不等于遗传性状。任何一个遗传性状的表现都是在基因控制下的个体发育的结果。基因直接控制酶的合成，即控制一个生化步骤，控制新陈代谢，从而决定了遗传性状的表现。

知识拓展

证明核酸是遗传变异物质基础的实验

1928 年英国细菌学家 Griffith 进行了肺炎双球菌的转化实验。他以 R 型和 S 型菌株作为实验材料进行遗传物质的实验，将活的、无毒的 RⅡ型（无荚膜，菌落粗糙型）肺炎双球菌或加热杀死的有毒的 SⅢ型肺炎双球菌注入小白鼠体内，结果小白鼠安然无恙；将活的、有毒的 SⅢ型（有荚膜，菌落光滑型）肺炎双球菌或将大量经加热杀死的有毒的 SⅢ型肺炎双球菌和少量无毒、活的 RⅡ型肺炎双球菌混合后分别注射到小白鼠体内，结果小白鼠患病死亡，并从小白鼠体内分离出活的 SⅢ型菌。格里菲斯称这一现象为转化作用，实验表明 SⅢ型死菌体内有一种物质能引起 RⅡ型活菌转化产生 SⅢ型菌。这种转化的物质（转化因子）是什么？格里菲斯对此并未做出回答。

1944年美国的O. Avery等人在Griffith工作的基础上，对转化的本质进行了深入研究。1952年A. D. Hershey和M. Chas的噬菌体感染实验，1956年美国科学工作者H. Frqaenkel-Conrat的TMV病毒拆开和重建实验。这些实验都进一步证实了核酸是遗传变异的物质基础。

四、微生物的变异

微生物的遗传物质发生了稳定的、可遗传的变化，就会导致微生物发生变异。变异是生物多样性的重要来源，而且是经常发生的。

（一）微生物的突变

广义的突变是指染色体数量、结构及组成等遗传物质突然发生稳定的可遗传的变化，包括染色体畸变和基因突变。染色体畸变是指DNA链上的一段变化或损伤现象，表现为染色体结构的插入、缺失、重复、易位、倒位及其数量上的变化。基因突变是由DNA链上的一对或少数几对碱基发生改变而引起的，又称点突变，是狭义上的突变。

1. 基因突变的类型 基因突变的类型是多种多样的。按突变体的表型特征不同，可将基因突变分为以下几种类型。

（1）形态突变型。是细胞形态结构或菌落形态发生变化的突变类型。如细菌的荚膜、鞭毛或芽孢的有无，菌落的大小、颜色及外形的光滑（S型）、粗糙（R型）等变异；真菌或放线菌产孢子的多少、外形及颜色变异等。

（2）营养缺陷突变型。是引起代谢过程中某种酶合成能力丧失的突变类型。这是一类重要的生化突变型，在科研和生产实践中有着重要的应用价值。此类突变型必须在原有培养基中添加相应的营养成分才能正常生长繁殖。

（3）抗性突变型。是一类能抵抗理化因素的突变类型。根据其抵抗的对象不同可分为抗药性、抗紫外线或抗噬菌体等突变型。此类突变型十分常见，极易获得，在遗传学基本理论的研究中应用十分广泛，常作为选择性标记菌种。

（4）条件致死突变型。是在某一条件下呈现致死效应，而在另一条件下却不表现致死效应的突变型，如温度敏感突变型。

（5）其他突变型。如抗原突变，糖发酵能力、毒力、代谢产物的种类和产量以及对某种药物的依赖性突变型等。

2. 基因突变的机制

（1）自发突变。是指DNA分子中的碱基自发地发生突变。在自然条件下，微生物发生自发突变的频率是10^{-10}～10^{-5}。

（2）诱发突变。是指由人为地利用物理或化学因素诱导发生的突变。凡能提高基因突变频率的因素统称为诱变剂，诱变剂分为物理诱变剂和化学诱变剂。

①物理诱变剂。常用的物理诱变剂有紫外线、X射线、α射线、β射线等。紫外线是最常用的物理诱变剂，紫外线引起突变的机制是：DNA具有强烈的紫外线吸收

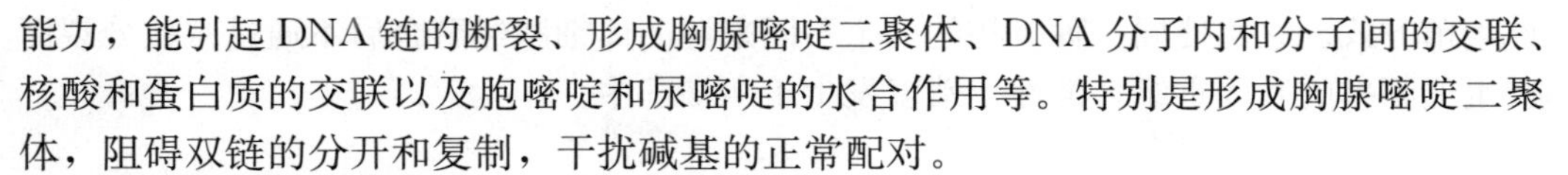

能力，能引起DNA链的断裂、形成胸腺嘧啶二聚体、DNA分子内和分子间的交联、核酸和蛋白质的交联以及胞嘧啶和尿嘧啶的水合作用等。特别是形成胸腺嘧啶二聚体，阻碍双链的分开和复制，干扰碱基的正常配对。

②化学诱变剂。化学诱变剂主要有以下3类。

A. 碱基结构类似物。与正常碱基结构相似的物质，掺入到DNA分子中而不妨碍DNA的正常复制，但其发生的错误配对可引起碱基错误配对，如5-溴尿嘧啶、5-脱氧尿嘧啶等。

B. 与碱基起化学反应类物质。可与碱基起化学变化，引起DNA复制时碱基配对的转换而发生变异，如亚硝酸、硫酸二乙酯、氮芥等。

C. 移码突变剂。能插入到DNA分子的碱基对之间，使DNA结构变形，在复制时产生不对称交换，从而引起在DNA链上插入或缺失一个或几个碱基，引起碱基突变点以后全部遗传密码转录和翻译的错误，如吖啶黄、原黄素等。

（二）微生物的基因重组

基因重组是指把一个个体细胞的遗传基因转移到另一个遗传性不同的个体细胞中，并使之发生遗传性变异的过程。通过基因重组可产生新的遗传型个体。

1. 原核微生物的基因重组　细菌不具备性系统，不能通过两性交配使两个细胞的全部遗传信息等量地传给子代，但细胞之间可以交换部分DNA而进行基因重组。提供DNA的细胞称为供体，获得DNA的细胞称为受体。细菌的基因重组有接合、转化、转导3种方式。

（1）接合。接合是指通过供体菌和受体菌完整细胞间的直接接触而传递大段DNA的过程。细菌的接合作用与F因子有关。F因子又称致育因子，是一种质粒，研究最清楚的是大肠杆菌。F因子控制着大肠杆菌性丝的形成。

（2）转化。转化是指受体细胞直接从外界吸收来自供体细胞的DNA片段，并把它整合到自己的基因组中，从而获得供体细胞部分遗传性状的现象。如S型肺炎双球菌有荚膜，能形成光滑型的菌落，具有致病能力；R型肺炎双球菌是肺炎双球菌的变异株，没有荚膜，形成的菌落表面粗糙，无致病能力。把加热杀死的S型菌加入到R型菌的培养基中，结果使原来无荚膜的R型菌转化成有荚膜的S型菌，而且具有荚膜的性状可以继续遗传下去。

（3）转导。转导是通过温和噬菌体的媒介，把供体细胞中的DNA片段转移到受体细胞中，从而使后者获得了前者的部分遗传性状的现象。根据噬菌体和转导DNA产生途径的不同，可分为普遍性转导和局限性转导。普遍性转导是指噬菌体可转移供体细胞任何一部分DNA片段，而局限性转导是指噬菌体只能转移供体细胞特定的DNA片段。

2. 真核微生物的基因重组　真核微生物的基因重组方式有有性生殖和准性生殖两种。

（1）有性生殖。大多数真核微生物能进行有性生殖，产生各种有性孢子。真核微生物两个性细胞互相联结，通过质配、核配后形成双倍体的合子。合子进行减数分裂时，部分染色体可能发生交换而进行基因重组，由此而产生重组染色体，并把遗传性状按一定的规律传给后代。有性杂交在生产实践中较广泛用于培育优良品种。

（2）准性生殖。准性生殖是一种类似于有性生殖，但更原始、较为低级的一种有性生殖方式。它可使同一种生物的两个不同来源的体细胞经融合后不通过减数分裂而产生低频率的基因重组。准性生殖多发生于半知菌中。

任务二 微生物的育种技术

育种是根据微生物遗传变异的原理，在已有菌种的基础上，采用诱变或杂交的方法，迫使菌种发生变异，然后在变异的菌株中挑选出符合生产实际要求的菌种。

一、诱变育种

诱变育种是通过物理或化学方法处理微生物细胞，使之发生突变，并运用合理的筛选程序和方法，把符合人类需要的优良菌株选育出来的过程。诱变可大大提高微生物的突变率，使人们可以快速地筛选出各种类型的突变株，供生产和研究之用。

(一) 诱变育种的程序

诱变育种的一般程序见图 5-3。

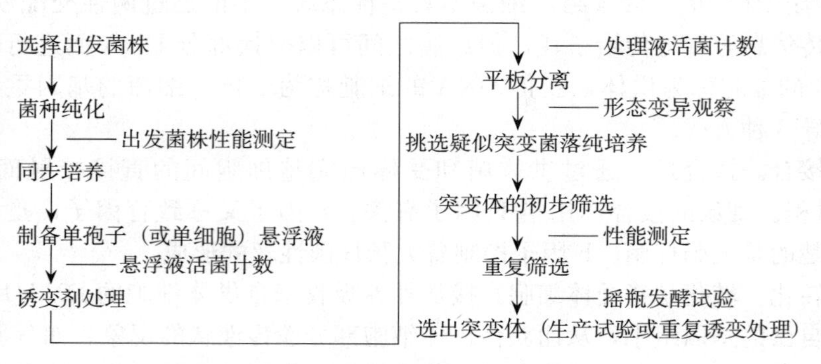

图 5-3 诱变育种的一般程序

(二) 诱变育种的方法

1. 选择出发菌株 出发菌株是用于诱变育种的原始菌株。出发菌株要具备高产、生长快、营养要求粗放、产孢子早而多等有利性状，且对诱变剂敏感。常用于出发菌株的有：①新从自然界分离的野生型菌株，这类菌株的特点是对诱变因素敏感，易发生变异；②生产中经自发突变而筛选得到的菌株，这类菌株类似野生型菌株，容易得到好的结果；③对已经诱变过的菌株进行再诱变。

2. 同步培养 在诱变育种中，一般要采用生理状态一致的单细胞或单孢子。诱变处理前，菌悬液的细胞应尽可能达到同步生长状态，培养出生理活性一致的细胞，这种方法称为同步培养。

3. 制备孢子或菌体悬浮液 诱变处理的细胞必须呈分散悬浮状。其目的一是分散状态的细胞可以均匀接触诱变剂，二是可避免长出不纯菌落。菌悬液中真菌孢子或酵母菌细胞的浓度可达 10^6 个/mL，放线菌孢子或细菌浓度可达 10^8 个/mL。

4. 诱变处理

(1) 选择简便有效的诱变剂。选择诱变剂时，要考虑实验室的条件，诱变剂的诱变率、杀菌率，使用的方便性等。目前生产上常用的诱变剂主要有紫外线、氮芥、硫酸二乙酯、亚硝基胍等。诱变剂多具有致癌性，使用时要小心。

（2）确定合适诱变剂量。一般来讲，诱变率往往随剂量的增高而增高，但达到一定剂量后，再提高剂量会使诱变率下降。根据对紫外线及乙烯亚胺等诱变剂的研究，发现正突变较多地出现在偏低的剂量中，而负突变则较多地出现在高剂量中，同时还发现经多次诱变而提高产量的菌株，高剂量更容易出现负突变。常用杀菌率作为各种诱变剂的相对剂量，以前使用剂量为90.0%～99.9%的死亡率，现倾向于使用较低剂量，如70%～75%的死亡率，甚至更低，特别是经过多次诱变后的高产菌株更是如此。

（3）物理诱变。紫外线的照射剂量可以相对地按照紫外灯的功率、照射距离、照射时间来确定。如紫外灯的功率为15W，灯与处理物之间的距离为30cm，照射时间一般不短于几秒钟，也不会长于20min。在具体操作中，照射前要先开灯预热20min，使光波稳定，培养皿底要平整，照射时要利用电磁搅拌设备或摇动，以求照射均匀。对于有光复活作用的菌体，照射后的操作要在红光下进行。处理后的菌悬液进行增殖培养时可用黑纸包扎玻璃器皿。

（4）化学诱变。几种常见化学诱变剂的使用方法见表5-1。

表5-1　常用化学诱变剂的使用方法

名称	常用浓度	处理时间/min	缓冲液	中止方法
亚硝酸	0.01～0.10mol/L	5～10	pH 4.5 醋酸缓冲液	磷酸氢二钠
硫酸二乙酯	0.5%～1.0%	15～30	pH 7.0 磷酸缓冲液	硫代硫酸钠
亚硝基胍	0.1～1.0mg/L	15～60	pH 4.5 醋酸缓冲液	大量稀释
亚硝基甲基脲	0.1～1.0mg/L	15～90	pH 7.0 磷酸缓冲液	大量稀释

5. 筛选优良突变菌株　经过诱变处理，产生了各种性能的变异菌株，要从这些变异菌株中挑选出具有优良性能的菌株是一项工作量很大的事情，为了取得较好的成效，一定要有高效且科学的筛选方法。具体的筛选方法可参考项目三微生物分离与纯培养技术。

（三）诱变育种实例——筛选营养缺陷型突变体

营养缺陷型是某一微生物发生基因突变而丧失合成一种或几种生长因子的能力，因而无法在基本培养基上正常生长繁殖的变异类型；野生型是从自然界中分离到的微生物，是发生营养缺陷型突变前的原始菌株。

营养缺陷型菌株在科研和生产实践中具有十分重要的意义。在科学实验中，它可作为研究代谢途径和转导、转化、接合及杂交等遗传规律必不可少的标记菌种，也可作为氨基酸、维生素或含氮碱基等物质测定的试验菌种。在生产实践中，它既可直接作发酵生产氨基酸、核苷酸等代谢产物的生产菌，也可作生产菌种杂交育种时必不可少的带有特定标记的亲本菌株。

1. 筛选营养缺陷型菌株所使用的培养基

（1）基本培养基。是指满足野生型菌株生长最低营养限度需要的培养基。

（2）完全培养基。是指满足某一微生物的各种营养缺陷型菌株需要的培养基。完全培养基一般是在基本培养基中加入一些富含氨基酸、维生素和碱基之类的天然物质

(如蛋白胨、酵母膏等)配制而成。

(3)补充培养基。是指满足相应的营养缺陷型菌株生长的培养基。补充培养基是在基本培养基中再添加对某一微生物营养缺陷型菌株所不能合成的代谢物配制而成。

2. 筛选营养缺陷型菌株的一般方法

(1)诱变处理。与上述一般诱变处理相同。

(2)中间培养。对数生长期中,单核细胞常出现双核现象,多核细胞的核也成倍增加。人工诱变对数期的细胞时,突变通常发生在一个核上,故其变异或非变异的细胞必须经过一代或几代繁殖才能分离,这个培养过程称为中间培养。在细菌中用完全培养基或补充培养基培养过夜即可。

(3)淘汰野生型。即浓缩缺陷型,中间培养后的细胞中除营养缺陷型菌株外,仍含有大量野生型菌株,营养缺陷型菌株的比例一般都很低,通常只有千分之几至百分之几。为便于筛选,须将野生型细胞大量淘汰,从而达到浓缩营养缺陷型的目的。常用的方法有抗生素法和菌丝过滤法。

①抗生素法。是将抗生素加入基本培养基中杀死生长繁殖着的相应的野生型菌株,达到浓缩营养缺陷型的目的。细菌浓缩用青霉素法,其原理是青霉素能抑制细菌细胞壁的生物合成,杀死生长繁殖着的细菌,但不能杀死处于休眠状态的细菌。制霉菌素法适用于真菌,其原理是制霉菌素能与真菌细胞膜上的甾醇作用,引起细胞膜损伤,能杀死生长繁殖着的酵母或霉菌。

②菌丝过滤法。用于丝状真菌的浓缩。其原理是在基本培养基中野生型的孢子能发育成菌丝,而营养缺陷型则不能。将诱变后的孢子在基本培养基中培养一段时间后进行过滤,重复数次后就可以去除大部分野生型菌株。

(4)检出营养缺陷型。浓缩后得到的营养缺陷型比例虽加大,但不是每株都是营养缺陷型,还需进一步分离,常用的方法有以下几种。

①逐个检出法。把浓缩的菌液在完全培养基上进行分离培养,然后将平板上出现的菌落逐个点种到基本培养基和完全培养基上,经过一定时间培养后,凡是在基本培养基上不能生长而在完全培养基上能生长的菌落,经重新复证后仍然如此,则这样的菌落便是营养缺陷型。

②夹层培养法。在培养皿中倒一薄层不含菌的基本培养基,待冷凝后加上一层含浓缩后菌液的基本培养基,其上再浇一薄层不含菌的基本培养基。培养后长出的菌落为野生型,在皿底用笔对首次出现的菌落作记号,然后再在其上倒一薄层完全培养基。再经培养后所出现的新菌落,多数为营养缺陷型(图5-4)。

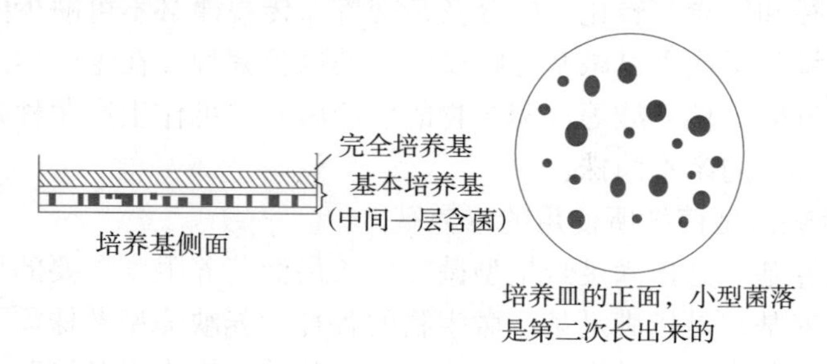

图5-4 夹层检出法及其结果

③限量补充培养基检出法。将经过浓缩的菌液接种在含有微量（0.6%或更少）蛋白胨的基本培养基上，野生型菌株迅速生长成较大的菌落，而营养缺陷型生长较慢，故长成小菌落而得以检出。

④影印法。将诱变处理后的细胞涂布在完全培养基表面上，经培养后长出菌落。然后在略小于培养皿内径的圆柱形木块上包扎一块灭过菌的丝绒布作为接种工具。将长出菌落的平皿开口朝下，在丝绒布上轻轻地印一下，把此皿上的全部菌落转印到另一基本培养基平板上。经培养后，比较这两个平皿上长出的菌落，如果发现前一平皿上某一部位长有菌落而在后一培养基的相应部位上却没有，说明这就是一个营养缺陷型。

（5）鉴定营养缺陷型。营养缺陷型的种类很多，选出后需要鉴定。最常用的方法是生长谱法，即在基本培养基中加入某种物质时，能生长的菌便是某种物质的缺陷型。其方法是：把生长在完全培养基上的营养缺陷型细胞洗下，经无菌水离心清洗后配成浓度为10^7～10^8个/mL的悬液，取0.1mL与基本培养基均匀混合，再倒在培养皿上。待表面稍干后，在皿底划若干区域，然后在每个区域的中央加入极少量的氨基酸、维生素、嘌呤或嘧啶等营养物质。培养后如果在某一营养物的周围有微生物的生长圈，说明该微生物就是它相应的营养缺陷型。

二、杂交育种

诱变育种虽然能够改变菌株的生产性能，但一个菌种一再用诱变剂处理，产量可能不再上升或上升缓慢。如果改用杂交育种，把许多优良性状汇集在一个菌株上，有可能把菌株的生产性能大大提高。近年来，生产上使用的某些通过杂交选育出来的菌种已经证明微生物杂交育种是进行菌种选育的有效途径。

杂交是细胞水平上的重组。通过杂交，染色体发生重组，从而子代个体中不仅会出现双亲的优良性状，而且还可能出现新的性状。对能产生有性孢子的微生物来讲，杂交育种在原则上和高等动植物的杂交一样，把用来进行杂交的两个菌株混合接种在适合于产生有性孢子的培养基上，等到孢子成熟后分离单孢子，使其长成菌株，这些单孢子菌株便是杂交的子代。对不产生有性孢子的微生物来讲，其杂交育种要利用营养缺陷型菌株。这是因为细胞结合常只发生在极个别细胞间，而且经结合而成的细胞和没有结合的一般细胞在形态上没有显著的区别。这样要从大量没有结合的细胞中捡出极少的结合细胞，几乎是不可能的。而营养型缺陷不能在基本培养基上生长，只有结合细胞才能形成菌落，所以利用营养缺陷型比较容易捡出结合细胞。

知识拓展

酵母菌的杂交育种

啤酒酵母和面包酵母是能产生有性孢子的微生物。从自然界中分离到的和在工业生产中应用的这类酵母菌都是二倍体细胞。它们有完整的生活史，而且单倍体和二倍体细胞表现出很大的不同，所以很易识别（表5-2）。

表 5-2 酵母菌单倍体与二倍体的比较

项目	二倍体	单倍体
细胞	大，椭圆形	小，球形
菌落	大，形态一致	小，形态变化较多
液体培养	繁殖较快，细胞较分散	繁殖慢，聚集成团
在孢子培养基上	形成子囊	不形成子囊

啤酒酵母和面包酵母杂交育种的步骤如下：

1. 获得单倍体菌株 将不同生产性状的二倍体菌株分别接种在产孢子培养基上（如醋酸钠培养基），在25～27℃温度条件下培养2～3d，使其产生子囊，子囊内含有经减数分裂而形成的4个单倍体子囊孢子，采用合适方法让单倍体子囊孢子生长成单倍体菌株。

2. 混合培养形成二倍体细胞 将两种不同性状的单倍体菌株混合接种培养，即可出现二倍体细胞。将二倍体细胞挑出，进行必要的生产性能测定，然后选取优良菌种进行保存，以便后用。

在生产实践中，酵母菌杂交育种已获得成功。酒精酵母和面包酵母是同属同种，但是不同菌株。前者产酒率高，可是对于麦芽糖和葡萄糖的发酵力不强，所以酒精厂生产酒精以后的酵母菌不能供面包厂和家庭用。而后者则与之相反，利用糖蜜发酵力强，但产酒率低。两者经过杂交，以培养出麦芽糖活性提高约一倍而产酒率并不下降的酒精酵母，生产酒精以后其废菌体又可供面包厂用。

三、原生质体融合

原生质体融合就是通过人为的方法，使遗传性状不同的两细胞的原生质体发生融合，并进而发生遗传重组以产生同时带有双亲性状的、遗传性稳定的融合子的过程。原生质体融合技术打破了微生物的种属界限，除不同菌株间或种间进行融合外，还能做到属间、科间甚至更远缘的微生物或高等生物细胞间的融合，为远缘生物间的重组育种展示了广阔前景。

原生质体融合的主要步骤是：先选择两个有特殊价值的并带有选择性遗传标记的细胞作为亲本，在高渗溶液中用适当的脱壁酶（如细菌或放线菌可用溶菌酶或青霉素处理，真菌可用蜗牛酶或其他相应的脱壁酶等）去除细胞壁，再将形成的原生质体进行离心聚集，并加入促融合剂PEG（聚乙二醇）或通过电脉冲等促进融合，然后在高渗溶液中稀释，再涂在能使其再生细胞壁和进行分裂的培养基上。待形成菌落后，通过影印接种法将其接种到各种选择性培养基上鉴定它们是否为融合子，最后再测定其他生物学性状或生产性能。

四、基因工程

基因工程是指用人为的方法将需要的某一供体生物的 DNA 提取出来，在离体条件下进行切割后（或用人工合成的基因），把它和载体连接起来，然后导入某一受体细胞中，以让外来的遗传物质在其中“安家落户”，进行正常的复制和表达，从而获得新物种的一种崭新的育种技术。

基因工程是人们在分子生物学理论指导下的一种自觉的、能像工程一样可事先设计和控制的育种新技术，是人工的、离体的、在分子水平上重组 DNA 的新技术，是一种可完成超远缘杂交的育种新技术。基因工程作为一种最新、最有前途的定向育种技术已引起世界各国的重视。基因工程的主要操作步骤见图 5-5。

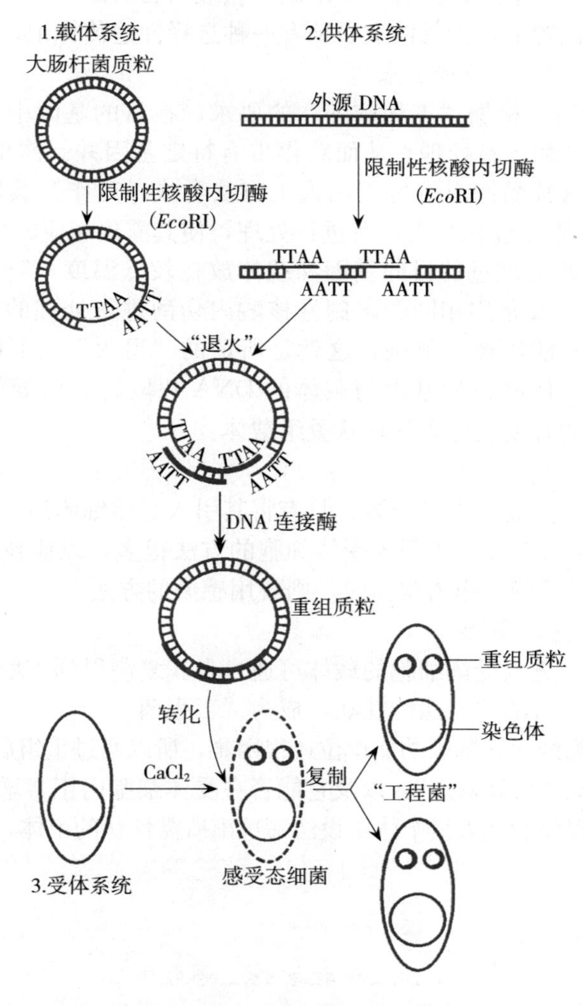

图 5-5 基因工程的主要操作步骤

（一）分离目的基因

1. 获得目的基因 在进行基因工程操作时，首先必须取得有生产意义的目的基因。获得目的基因的途径一般有 3 条：①从适当的供体细胞（各种动植物及微生物均可选用）的 DNA 中分离；②通过反转录酶的作用由 mRNA 合成 cDNA；③由化学方法合成特定功能的基因。

2. 提取目的基因 用密度梯度超速离心等方法，分别提取所需要的目的基因和作为载体的松弛型细菌质粒、噬菌体或病毒。

（二）体外重组

1. 选择载体 携带外源基因进入受体细胞的运输工具称载体。原核受体细胞主要用松弛型细菌质粒（如 pBR32）和 λ 噬菌体作为载体，动物受体细胞主要用 SV40 病毒作为载体，植物受体细胞主要用 Ti 质粒作为载体。

载体必须具有以下几个条件：①是一个有自我复制能力的复制子；②能在受体细胞内大量增殖；③载体上最好只有一个限制性核酸内切酶的切口，使目的基因能固定地整合到载体一定位置上；④载体上必须有一种选择性遗传标记，以便及时把极少数“工程菌”或“工程细胞”选择出来。

2. 处理目的基因 根据“工程蓝图”的要求，在目的基因中加入一种专一性很强的限制性核酸内切酶进行处理，从而获得带有特定基因并暴露出黏性末端的 DNA 单链部分。必要时这种黏性末端也可用人工方法合成。对作为载体的细菌质粒等的 DNA 也可用同样的限制性核酸内切酶进行处理，使其露出相应的黏性末端。

3. 体外重组 将处理过的目的基因和载体放在较低温度（5～6℃）下混合“退火”。由于这两种 DNA 是用相同的限制性核酸内切酶进行处理的，具有相同的黏性末端，因此相互之间能够形成氢键，这就是所谓的“退火”。相邻的核苷酸在 DNA 连接酶的作用下，供体的目的基因与载体的 DNA 片段的裂口处能够形成磷酸二酯键，形成一个完整的有复制能力的环状重组载体。

（三）传递载体

上述在体外反应生成的重组载体，只有将其引入受体细胞后，才能使其基因扩增和表达。把重组载体 DNA 分子引入受体细胞的方法很多，以质粒作载体时，可以用转化的手段；以病毒 DNA 作为载体时，则要用感染的方法。

（四）复制、表达、筛选

在理想情况下，进入受体细胞的载体可通过自我复制得到扩增，并使受体细胞表达出为供体细胞所固有的部分遗传性状，成为“工程菌”。

当前，由于分离纯净的基因功能单位还很困难，所以通过重组后的“杂种质粒”的性状是否符合原定的“设计蓝图”，以及它能否在受体细胞内正常增殖和表达等能力还需经过仔细检查，以便能在大量个体中设法筛选出所需性状的个体，加以繁殖和利用。

知识拓展

基因工程在农业上的应用

基因工程在农业上应用的领域十分广阔。有人估计，到 21 世纪末，每年上市的植物基因工程产品的价值，相当于医药产品的十倍。几个主要的应用领域包括：①将固氮菌的固氮基因转移到生长在重要作物的根际微生物或致瘤微生物中去，或是干脆将它引入到这类作物的细胞中，以获得能独立固氮的新型作物品种；②将木质素分解酶的基因或纤维素分解酶的基因重组到酵母菌内，使酵母菌能充分利用稻草、木屑等地球上贮量极大并可永续利用的廉价原料来直接生产酒精，并有望为人类开辟一个取之不尽的新能源和化工原料来源；③改良和培育农作物和家畜、家禽新品种，包括提高光合作用效率以及抗病虫、缺逆境等各种抗性基因工程等。

任务三　菌种的衰退、复壮与保藏

一、菌种的衰退

在生物进化的过程中，遗传性的变异是绝对的，而它的稳定性反而是相对的；退化性的变异是大量的，而进化性的变异却是个别的。负突变的自发突变菌株的出现最终导致菌种的衰退。菌种衰退是指生产菌株生产性状的劣化或遗传研究菌株遗传标记的丢失。

（一）菌种衰退的表现

菌种衰退表现在微生物形态和生理等多方面的变化。常表现为：

1. 细胞和菌落形态改变　菌落颜色改变、出现畸形细胞等。有的表现为生长缓慢、孢子产生减少，如某些放线菌或霉菌在斜面上多次传代后产生“光秃”现象，出现生长不齐或不产生孢子的衰退，从而造成生产上用孢子接种的困难。

2. 对生长环境的适应能力减弱　如抗噬菌体菌株变为敏感菌株，能利用某种物质的能力降低，对宿主寄生能力的下降等。

3. 生产性能的下降　如发酵菌株的发酵能力下降、代谢产物减少等。这些生产性能的下降对生产来说是十分不利的。

4. 对其寄主寄生能力的下降　如白僵菌对其寄主致病力的下降。

（二）菌种衰退的原因

1. 基因的自发突变　自发突变是一种自然现象，任何菌种都会发生。虽然自发突变的概率很低，但随着移植次数的增加，衰退细胞的数目会不断增加，逐渐地由劣势变为优势。如果控制产量的基因发生负突变，则表现为产量下降；如果控制孢子生成的基因发生负突变，则使菌种产孢子的性能下降。

2. 育种后未经很好地分离纯化　许多微生物细胞含有一个以上的核，经诱变处理后容易形成不纯的菌落；即使是单核细胞，也会出现不纯的菌落。这些菌落如果未经很好地分离纯化，在经过几次移植传代后很容易导致核分离，使某些性状发生变化。

3. 培养条件改变　培养条件主要包括温度、pH 等。如果一个菌种长期生活在不适宜的环境中，其优良性状很难保持，容易衰退。

4. 污染杂菌 如果菌株污染了杂菌或感染了噬菌体，就很容易衰退。

菌种的衰退是发生在细胞群体中的一个由量变到质变的逐步演变过程。最初，群体中只有个别细胞发生负突变，这时若不采取措施而一味地移植传代，则群体中负突变个体的比例会逐渐增大，从而使整个群体表现出衰退。

（三）防止菌种衰退的措施

1. 控制传代次数 尽量避免不必要的移种和传代，并将必要的传代次数降低到最低限度，以减少自发突变的概率。

2. 创造良好的培养条件 创造一个适合菌种的生长条件可以在一定程度上防止菌种衰退。例如，在赤霉素生产菌的培养基中加入糖蜜、天冬酰胺、谷氨酰胺、甘露醇等丰富的营养物有防止菌种衰退的效果；在栖土曲霉的培养中，培养温度从28～30℃提高到33～34℃也可防止其产孢子能力的衰退。

3. 利用不同类型的细胞进行接种 由于放线菌和霉菌的菌丝细胞常含几个核，甚至是异核体，因此用菌丝接种就会出现不纯和衰退，而孢子一般是单核的，用于接种时就没有这种现象发生。

4. 采用有效的菌种保藏方法 在用于生产的菌种中，重要的性状都属于数量性状，而这类性状恰是最易衰退的，所以需研究和采用更有效的保藏方法以防止菌种生产性状的衰退。

二、菌种的复壮

菌种的复壮有广义和狭义两种概念。狭义的复壮是通过分离纯化，把细胞群体中一部分仍保持原有典型性状的细胞分离出来，经过扩大培养，最终恢复菌株的典型性状，这是一种消极的复壮措施。广义的复壮即在菌株的生产性能尚未衰退前就经常有意识地进行纯种分离和生产性能的测定，保证生产性能的稳定或逐步提高。常用的复壮方法有以下几种。

（一）纯种分离

把衰退菌种的细胞群体中一部分仍保持原有典型性状的细胞分离出来，经扩大培养后，就可恢复原菌株的典型性状。

（二）寄主复壮

对于寄生性微生物的衰退菌株，可直接接种到寄主体内以提高菌株的毒性。如苏云金芽孢杆菌经长期人工培养会发生毒力减退、杀虫率降低等现象，此时用衰退的菌株感染菜青虫的幼虫，待虫体发病死亡后可从虫体重新分离典型产毒菌株。

（三）淘汰已衰退的个体

通过改变培养温度、营养成分或酸碱度可淘汰衰退个体。如对“5406”抗生菌的分生孢子采用－30～－10℃的低温处理5～7d，使其死亡率达到80%左右，在抗低温的存活个体中会存在着未衰退的个体。轮换使用苜蓿根、马铃薯、大麦粉等培养基也可提高“5406”菌种的性能。

三、菌种的保藏

一个优良的菌种分离选育出来后，必须妥善地保藏。菌种保藏是使菌种经过一定时间的保藏后，保证菌种不死亡、不衰退、不被杂菌污染。

（一）菌种保藏的原理

菌种保藏主要是根据微生物的生理生化特性，人为地创造一个低温、干燥、缺氧、缺乏营养等环境条件，使微生物的代谢活动和生长繁殖处于受抑制的休眠状态，但又不至于使微生物死亡，从而达到保藏的目的。

（二）菌种保藏的方法

菌种保藏的方法有很多，但一种好的保藏方法首先应能够长期保持菌种原有的优良性状不变，同时还要求方法简便、时间持久、经济。常用的菌种保藏方法见表5-3。

表5-3　几种常用菌种保藏方法的比较

保藏方法	采取措施	适宜微生物	有效保藏时间
斜面低温	低温	各类微生物	3～6个月
液体石蜡	缺氧	各类微生物（除石油微生物）	1年以上
沙土管	干燥、无营养	产孢子或芽孢微生物	1～10年
冷冻干燥	低温、干燥、无氧	各类微生物	10年以上

1. 斜面低温保藏法　也称定期移植保藏法，是利用低温来减慢微生物的生长和代谢，从而达到菌种保藏的目的。将菌种接种到合适的斜面培养基上，待菌种生长健壮后，将菌种放置在4℃的冰箱中保藏，以后每隔一定时间转接一次，培养后再行保藏。细菌、酵母菌、放线菌和霉菌都可以使用该保藏法，保藏时间一般在3～6个月。该方法简便、存活率高。缺点是菌株仍有一定的代谢强度，传代次数多，菌种易变异。

2. 液体石蜡保藏法　液体石蜡可防止水分蒸发，并可阻止氧气进入，使好氧菌不能继续生长，从而延长了菌种保藏的时间。将需保藏的菌种接种到斜面培养基上，培养成熟后将灭过菌并除去水分的液体石蜡倒入斜面，液面高出培养基顶部1cm，使菌种与空气隔绝。试管直立放在室温保藏，保藏时间可长达1年以上。此法适用于各类菌种的保藏。其优点是制作简单，不需特殊设备，且不需经常移种。缺点是保存时必须直立放置，所占位置较大，同时也不便携带。

3. 沙土管保藏法　使微生物吸附在适当的载体上（土壤、沙子等）进行干燥保存的方法。该法特别适合保藏细菌的芽孢、霉菌和放线菌的孢子，一般可保藏数年。此法简便，保藏时间较长，微生物转接也较方便。

4. 冷冻干燥保藏法　这是最佳的微生物菌种保藏法之一，保存时间长，可达10年以上。除不生孢子、只产菌丝体的丝状真菌不宜用此法外，其他多种微生物，如病毒、细菌、放线菌、酵母菌等都能冻干保藏。该法是将菌液在冻结状态下升华，去除其中水分，最后获得干燥的菌体样本。冷冻干燥法同时具备干燥、低温和缺氧三项保藏条件，菌种处于休眠状态，故保藏时间较长。冻干的菌种密封在较小的安瓿中，避免了保藏期间的污染，也便于大量保藏。它是目前被广泛推崇的菌种保藏方法。但是，该法操作相对烦琐，技术要求较高。

学习回顾

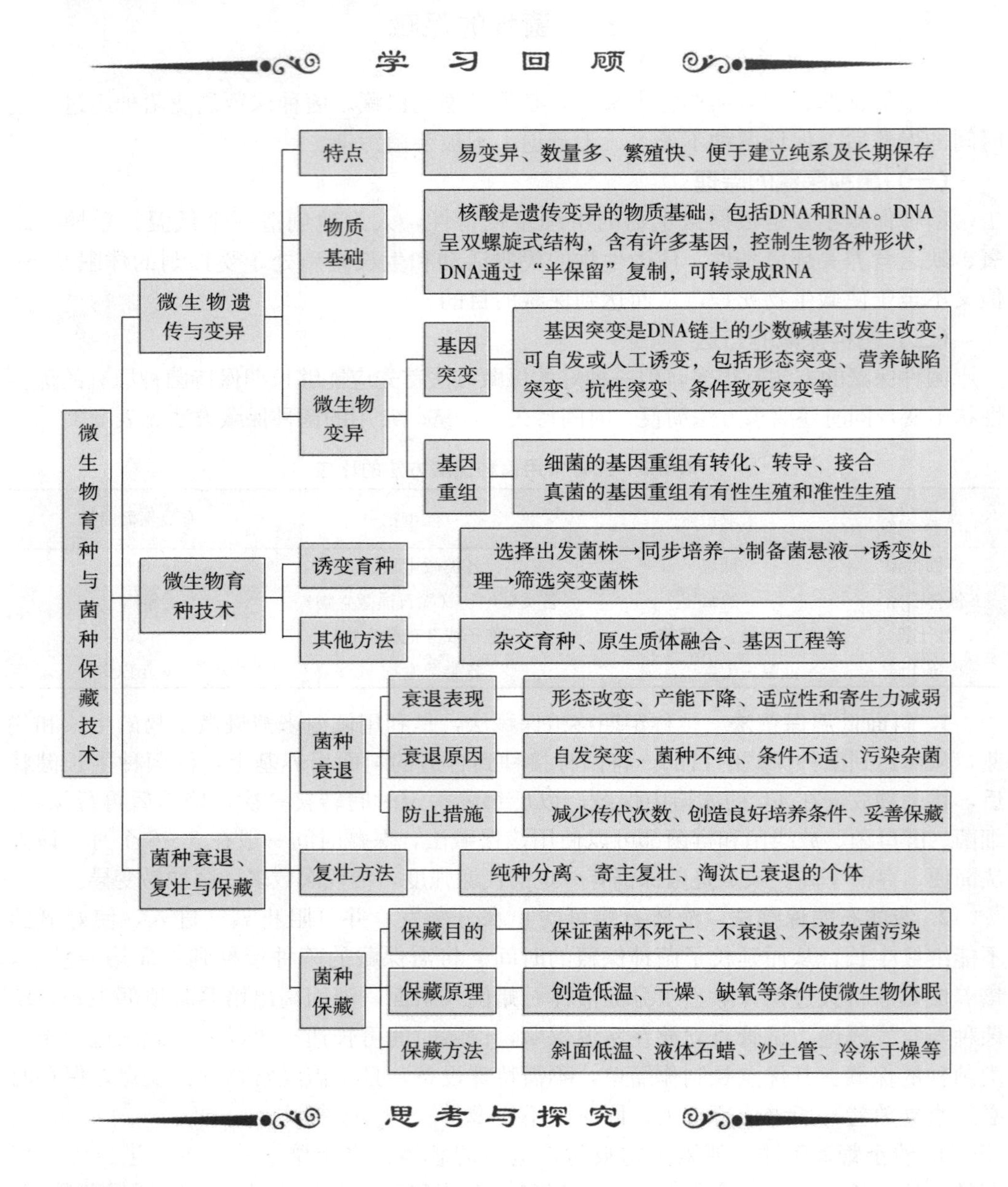

思考与探究

1. 解释名词

基因型变异　表型变异　基因　接合　转导　转化　基因突变　营养缺陷型　野生型　基因重组

2. 微生物遗传和变异的物质基础是什么？DNA是如何复制的？

3. 试述诱变育种的原理和方法。

4. 试述杂交育种的原理和方法。

5. 菌种衰退的原因有哪些？如何防止菌种的衰退？

6. 菌种保藏的目的、原理是什么？常用的菌种保藏方法有哪些？

项目六

微生物发酵技术

学习目标

◆ 知识目标

- 了解酶的特性及微生物物质代谢种类。
- 熟悉微生物能量代谢和发酵的设施设备。
- 掌握微生物发酵的工艺控制。

◆ 技能目标

- 能够使用常见的发酵设备。
- 能够制作酸奶和米酒。

◆ 素质目标

- 激发和调动学生的好奇心、求知欲，培养学生的科学探究精神。

微生物与其他生物一样，需要从外界环境中摄取营养物质，转变成能量和构成自身的物质，并向体外排出自身不需要的产物，以进行生长发育及繁殖后代。此过程需要经过一系列的生化反应，称为代谢。代谢是生命活动的最基本特征，是推动生物一切生命活动的动力源。

在生产上，发酵是指在人工控制条件下，微生物通过自身代谢活动，将所吸收的营养物质进行分解、合成，以及产生各种产品的工艺过程。从日常饮用的酒、酸奶，调味的酱油、醋、味精，到抗生素、维生素、激素、疫苗等，无一不是微生物发酵的产物。

任务一 酶与微生物的代谢

酶是一类具有催化功能的蛋白质，能够促进生物体内各种生化反应的进行，无论是动物、植物还是微生物本身，它们在新陈代谢时所进行的一切生化变化几乎都需要酶的参与，可以说没有酶就没有生命。发酵的本质是微生物生命活动所产生的酶的生物催化作用，酶种类的多样性决定了发酵产品种类的多样性。

一、酶

（一）酶的特性

酶是由活细胞产生的以蛋白质为主要成分的生物催化剂，它不但能催化各种生物化学反应，又有区别于其他催化剂的特性。

1. 高效性 酶的催化效率是无机催化剂的 10^{7}～10^{13}倍，生化反应速率更快。

2. 专一性 一种酶只能催化一种或一类底物，或催化一种或一类化学反应，产生一定的产物。如淀粉酶只能将淀粉分解成多糖或单糖，蛋白酶只能催化蛋白质水解成多肽。

3. 多样性 酶的种类很多，目前已发现微生物的酶有 2 500 多种。

4. 温和性 酶所催化的化学反应一般是在常温、常压和近中性的水溶液条件下进行的。

5. 可调节性 酶的活性受激活剂、抑制剂、激素调节、辅助因子（如辅酶、辅基或金属离子）、代谢物对酶的反馈调节等多方面的调控，以调节酶的活性和产量，进而使代谢顺利进行。

6. 敏感性 酶对一些理化因素的反应比无机催化剂更敏感。高温、高压、强酸、强碱和紫外线等都容易使酶失去活性；Cu^{2+}、Hg^{2+}、Ag^{+}等重金属离子能钝化酶，使之失活。适宜的温度和酸碱度是酶保持高活性的重要因素。

（二）酶的分类及应用

在已发现的微生物的酶中，使用价值高且大量规模化生产的仅 20 多种，主要有淀粉酶、蛋白酶、葡萄糖异构酶、纤维素酶、果胶酶、葡萄糖氧化酶等。

1. 酶的分类 根据酶在细胞中存在的部位可将酶分为胞外酶和胞内酶。分泌到细胞外发生作用的酶为胞外酶，主要是水解酶类，如蛋白酶、淀粉酶和纤维素酶等。胞外酶能将原料中大分子蛋白质、淀粉等分解为可溶性的简单成分，便于微生物吸收利用，在微生物的营养中起重要作用。存在于细胞内部的酶称为胞内酶。大多数酶是胞内酶，它们在细胞内有严格的活动区域，从而使微生物的生理活动在时间上和空间上都有次序地、高度协调地进行。通过代谢调节和人工控制发酵条件，利用糖类等某些营养物质在发酵过程中积累大量的代谢产物，可获得如乙醇、氨基酸、柠檬酸、乳酸、乙酸等产品。

不同的酶催化不同的反应，根据其催化反应性质的不同可分为氧化还原酶类、转移酶类、水解酶类、裂解酶类、异构酶类和合成酶类等。

2. 酶的主要应用 从动物胃、肠、胰、心脏等内脏或植物中可提取各种酶类，然而酶的来源易受季节、地区、数量等条件的限制，远不能满足生产需要。由于几乎所有的酶类都可在微生物细胞中找到，因此，目前普遍采用微生物发酵法生产酶制剂。微生物种类繁多，生长繁殖快，可缩短生产周期，而且易于大规模培养，便于人工控制。酶制剂广泛地应用于食品、轻工业、医药等各个生产领域（表 6-1）。

表 6-1 微生物酶的来源和应用

酶的名称	来源	应用
淀粉酶	枯草杆菌、黑曲霉、毛霉等	酒精发酵、制酱、制醋、饲料加工
蛋白酶	曲霉、枯草杆菌、毛霉、灰色链霉菌等	制酱、豆腐乳、饲料加工、皮革软化
脂肪酶	青霉、根霉、假丝酵母等	乳制品增香、羊皮软化、羊毛脱脂
纤维素酶	木霉、根霉、黑曲霉、青霉	糖化饲料、果蔬加工、酒类发酵、食醋
果胶酶	米曲霉、黑曲霉、黄曲霉等	酿造、果汁澄清

二、微生物的代谢类型

微生物代谢是微生物活细胞中各种生化反应的总称。微生物的代谢分为物质代谢和能量代谢，物质代谢包括分解代谢和合成代谢，能量代谢包括产能代谢和耗能代谢。

（一）物质代谢

1. 分解代谢 分解代谢是指细胞将大分子物质降解成小分子物质，并在此过程中产生能量。分解代谢一般分为 3 个阶段。

第一阶段：将蛋白质、多糖及脂类等大分子营养物质降解成氨基酸、单糖及脂肪酸等小分子物质。

第二阶段：将第一阶段产物进一步降解成更为简单的乙酰辅酶 A、丙酮酸以及能进入三羧酸循环的某些中间产物，在这个阶段会产生一些 ATP、NADH 及 $FADH_2$。

第三阶段：通过三羧酸循环将第二阶段产物完全降解生成 CO_2，并产生 ATP、NADH 及 $FADH_2$。

第二和第三阶段产生的 ATP、NADH 及 $FADH_2$ 通过电子传递链被氧化，可产生大量的 ATP。

2. 合成代谢 合成代谢是指细胞利用简单的小分子物质合成复杂的大分子物质的过程，需要消耗能量。合成代谢所利用的小分子物质来源于分解代谢过程中产生的中间产物或环境中的小分子营养物质。

分解代谢保证了正常合成代谢的进行，而合成代谢又反过来为分解代谢创造了更好的条件，两者相互联系，促进了生物个体的生长繁殖和种族的繁荣发展（图 6-1）。

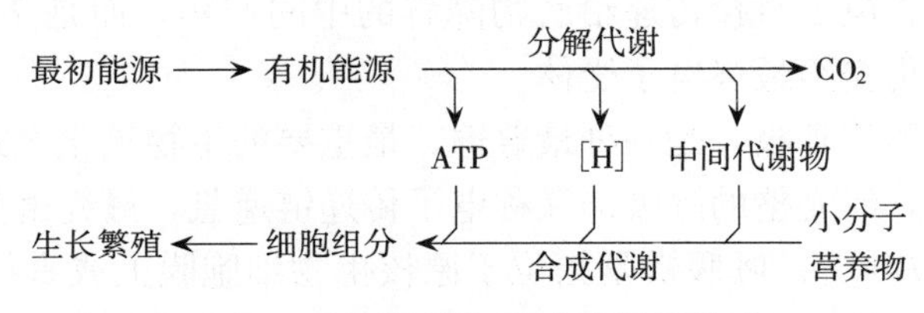

图 6-1 分解代谢与合成代谢的联系

（二）产能代谢

一切生命活动都是耗能反应，能量代谢是新陈代谢中的核心问题。生物体能量代谢的中心任务是将外界环境中多种形式的最初能源转换成生命活动的通用能源——ATP，这就是产能代谢（图 6-2）。

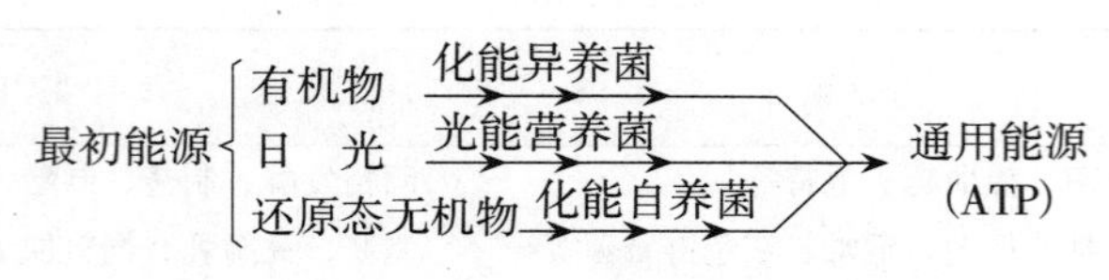

图 6-2　产能代谢

1. 生物氧化　生物氧化是发生在活细胞内的一系列产能性氧化还原反应的总称。生物氧化过程中释放的能量可被微生物直接利用，也可通过能量转换贮存于高能化合物（如 ATP）中，以便逐步被利用，还有部分能量以热的方式释放到环境中。不同类型的微生物进行生物氧化所利用的物质是不同的，异养微生物主要利用有机物，自养微生物则利用无机物。

生物氧化的过程可分脱氢（或电子）、递氢（或电子）和受氢（或电子）3 个阶段；生物氧化的功能是产能（ATP）、产还原力和产小分子中间代谢物。

2. 异养微生物的产能代谢　异养微生物将有机物氧化，根据氧化还原反应中电子受体的不同，可将微生物细胞内发生的生物氧化反应分为发酵和呼吸两种类型。

（1）发酵。发酵是指微生物细胞将有机物氧化释放的电子直接交给底物本身未完全氧化的某种中间产物，同时释放能量，并产生各种不同代谢产物。这是能量代谢中狭义的发酵概念。

发酵的种类有很多，可供微生物发酵的有机物有糖类、有机酸、氨基酸等，其中以微生物发酵葡萄糖最为重要。微生物降解葡萄糖主要有糖酵解（EMP）、单磷酸己糖降解（HMP）、2-酮-3-脱氧-6-磷酸葡萄糖（ED）和磷酸裂解酶（PK）酵解 4 种途径。

发酵是厌氧微生物在生长过程中获取能量的一种主要方式，但这种氧化并不彻底，只释放出小部分的能量，大部分能量仍贮存在有机物中。如酵母菌在无氧条件下进行的酒精发酵：

$$C_6H_{12}O_6 \rightarrow 2CH_3COCOOH + 4H^+ \longrightarrow 2CH_3CH_2OH + 2CO_2 + 225.7kJ$$

（2）呼吸。呼吸是指微生物在降解底物的过程中将释放出的电子时交给 NAD^+、$NAPP^+$、FAD 等电子载体，再经电子传递系统传递给外援电子受体，从而生成水或其他还原性产物，并释放出能量的过程。其中以分子氧作为最终电子受体的称为有氧呼吸，以氧化型化合物作为最终电子受体的称为无氧呼吸。呼吸与发酵的根本区别在于：电子载体不是将电子直接传递给底物降解的中间产物，而是交给电子传递系统，逐步释放出能量后再交给最终电子受体。

①有氧呼吸。简称呼吸，是一种最普遍、最重要的生物氧化方式，其特点是底物按常规方式脱氢后，经完整的呼吸链又称电子传递链递氢，最终由分子氧接受氢并产生水和释放能量（ATP）。呼吸链是指位于原核生物细胞膜上或真核生物线粒体膜上的由一系列电子载体构成的电子传递系统。它能把氢或电子从低氧化还原势的化合物传递给高氧化还原势的分子氧或其他无机、有机氧化物，并使它们还原。在氢或电子的传递过程中，通过与氧化磷酸化反应发生偶联，就可产生 ATP 形式的能量。

好氧微生物在有氧条件下利用葡萄糖进行有氧呼吸，可将底物彻底氧化，并释放大量能量，形成较多的 ATP。

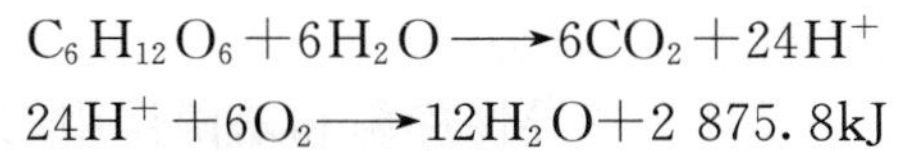

$$C_6H_{12}O_6+6H_2O \longrightarrow 6CO_2+24H^+$$

$$24H^+ +6O_2 \longrightarrow 12H_2O+2\ 875.8kJ$$

②无氧呼吸。与有氧呼吸相比，无氧呼吸的最终受氢体为无机氧化物，一部分能量转移给它们，因此释放的能量不如有氧呼吸多。如反硝化细菌在无氧条件下以 NO_3^- 为最终受氢体进行无氧呼吸：

$$C_6H_{12}O_6+6H_2O \longrightarrow 6CO_2+24H^+$$

$$24H^+ +4NO_3^- \longrightarrow 12H_2O+2N_2+1\ 793.2kJ$$

3. 自养微生物的产能代谢

（1）光能自养微生物的产能代谢。光能自养微生物如单细胞藻类、蓝细菌和光合细菌具有光合色素，能以 CO_2 作为唯一或主要碳源进行光合作用。光合作用是自然界一个极其重要的生物学过程，其实质是通过光合磷酸化将光能转变成化学能，用于合成细胞物质。

（2）化能自养微生物产能代谢。化能自养微生物如硝化细菌、硫化细菌、氢细菌和铁细菌能从无机物氧化中获得能量，以 CO_2 或碳酸盐作为碳源合成细胞物质。这些微生物在自然界物质转化中起着重要的作用，如硝化细菌将铵态氮氧化成硝酸氮包括两个阶段。

第一阶段：由亚硝酸细菌将氨氧化为亚硝酸。

$$2NH_3+3O_2 \longrightarrow 2HNO_2+2H_2O+\text{能量}$$

第二阶段：由硝酸细菌将亚硝酸氧化为硝酸。

$$2HNO_2+O_2 \longrightarrow 2HNO_3+\text{能量}$$

三、微生物的代谢产物

微生物从体外吸收各种营养物质，在细胞内各种酶的催化作用下通过复杂的生物转化作用，一部分营养物质同化为菌体的组成部分或以贮藏的形式存积于细胞内；另一部分营养物质或贮藏物质经过一定转化后成为分泌物或排泄物排于细胞外，这两部分统称为微生物的代谢产物。根据它们在微生物体内的作用不同，又可把微生物的代谢产物分为初级代谢产物和次级代谢产物两种类型。

（一）初级代谢产物

初级代谢产物指微生物在正常生长或培养过程中，通过新陈代谢产生的自身生长和繁殖所必需的物质，糖酵解中的丙酮酸、乳酸、乙醇，三羧酸循环中的 α-酮戊二酸、富马酸、草酰乙酸、柠檬酸以及与此循环相关的衍生产物，如谷氨酸、丙氨酸、苹果酸及丁烯二酸等氨基酸和有机酸等均属初级代谢产物。在不同种类的微生物细胞中，初级代谢产物的种类基本相同。此外，初级代谢产物的合成在不停地进行着，任何一种产物的合成发生障碍都会影响微生物正常的生命活动，甚至导致死亡。

（二）次级代谢产物

次级代谢产物是指微生物生长到一定阶段才产生的化学结构十分复杂、对该微生物无明显生理功能，或并非是微生物生长和繁殖所必需的物质，如抗生素、激素、毒素、色素等。不同种类的微生物所产生的次级代谢产物不相同，具有物种特异性，它们可能积累在细胞内，也可能排到外环境中。

1. 抗生素 抗生素是一类具有特异性抑菌和杀菌作用的有机化合物，放线菌中能产生抗生素的种类很多，目前医疗上广泛应用的有链霉素、青霉素、红霉素和四环素等。农业上主要应用井冈霉素、多抗生素、庆丰霉素等防治植物病虫害。由于各种抗生素的化学成分不一，对微生物的作用机制也有所不同，主要是通过抑制细胞壁蛋白质和核酸的合成、破坏细胞膜的功能等作用机制抑制或杀死病原菌，在防治人类、动物及植物病虫害上起着重要作用。

2. 激素 它主要是由植物和细菌、放线菌、真菌等微生物合成并能刺激植物生长的一类生理活性物质，如赤霉素、细胞分裂素、吲哚乙酸和萘乙酸等。赤霉素（GA）是一类属于双萜类化合物的植物激素，赤霉素中生理活性最强、研究最多的是赤霉酸 GA_3，它能显著地促进植物茎、叶生长，特别是对矮生植物有明显的促进作用；能代替某些种子萌发所需要的光照和低温条件，从而促进发芽；可使长日照植物在短日照条件下开花，缩短生活周期；能诱导开花，增加瓜类的雄花数，诱导单性结实，提高坐果率，促进果实生长，延缓果实衰老。

3. 维生素 维生素是维持生命活动不可缺少的重要物质。人及动物无合成维生素的能力，而有些微生物合成维生素的能力较强，能在细胞内积累或分泌到细胞外。如某些芽孢杆菌、链霉菌和耐高温放线菌在培养过程中可以积累维生素 B_{12}，各种霉菌可不同程度地积累核黄素，某些醋酸细菌能过量合成维生素 C 等，酵母菌类细胞中除含有大量硫胺素、核黄素、烟酰胺、泛酸、吡哆素以及维生素 B_{12} 外，还含有各种固醇，其中麦角固醇是维生素 D 的前体，经紫外光照射即能转变成维生素 D。目前医药上应用的各种维生素主要是通过微生物合成后提取的。

4. 色素 色素是指由微生物在代谢中合成的、积累在胞内或分泌于胞外的各种呈色的次生代谢产物。微生物色素可分为两类：菌类本身呈色而不掺入培养基，称为脂溶性色素；菌苔本身呈色或不呈色，但使培养基呈色，称为水溶性色素。水溶性色素使培养基呈现紫、黄、绿、褐、黑等色。脂溶性色素积累在细胞内使菌体或孢子带上各种颜色，如霉菌的菌丝、孢子常呈现各种不同的颜色。微生物色素的数量远远超过已知植物色素的数量，已开发应用的有实物价值的微生物色素主要有红曲色素、β-胡萝卜素等。红曲霉产生红曲色素，我国将它用于各种饮料和食物，特别是肉类的着色。类胡萝卜素是目前国际上开发和应用最广泛的天然色素之一，能产生类胡萝卜素的微生物有三孢布拉霉、好食脉孢菌、菌核青霉、黏红酵母等。

5. 毒素 微生物产生的对人和动植物有毒害作用的次级代谢产物称为毒素。毒素大多是蛋白质类物质，根据毒素存在部位的不同，可分内毒素与外毒素两类，前者产生后处于胞壁上，仅在细胞解体后才释放到环境中；后者产生后能分泌至细胞外。毒素大多具有抗热性，有的在 280℃下才被破坏。毒素对人类及饲养业的危害极大，如易在霉变玉米和花生上生长的黄曲霉毒素、肉毒梭菌产生的肉毒毒素食用后可引起中毒或死亡。有些毒素只对昆虫有毒杀作用，如苏云金杆菌产生的伴孢晶体毒素已被制成微生物农药，用于农林害虫的防治。

6. 生物碱 某些霉菌可合成生物碱，如麦角菌中含有一种生物碱有促进血管收缩、肌肉痉挛、麻痹神经的作用，主要用来防治产后出血、治疗交感神经过敏、周期

性偏头痛和降低血压等症状。

任务二 微生物发酵的设施设备

微生物发酵是在一定的设施设备中进行的，这些设施设备为微生物生长、代谢提供一个稳定的环境，从而保证微生物细胞能更快更好地生长，得到更多需要的生物量或目标代谢产物。由于微生物发酵方式多种多样（图 6-3），其发酵的设施设备也各不相同。

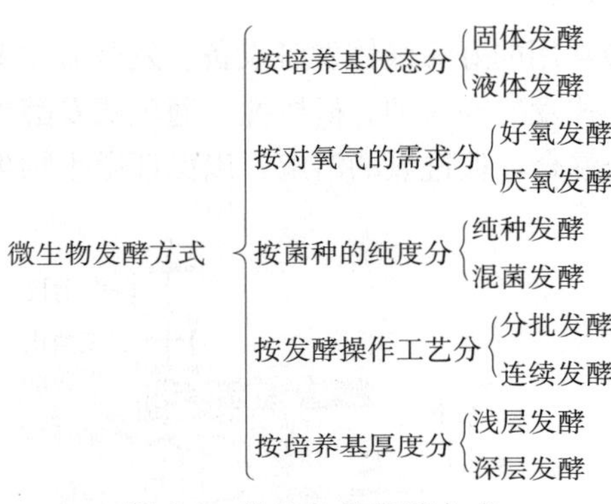

图 6-3 微生物的发酵方式

一、固体发酵设备

（一）好氧固体发酵设备

1. 固体深层发酵设施设备

（1）机械搅拌通风制曲设施。机械搅拌通风固体深层培养是发酵工业中制备生产用曲的方法，其培养的发酵设施设备有制曲室、保温保湿设备、曲池、通风机（图 6-4）。

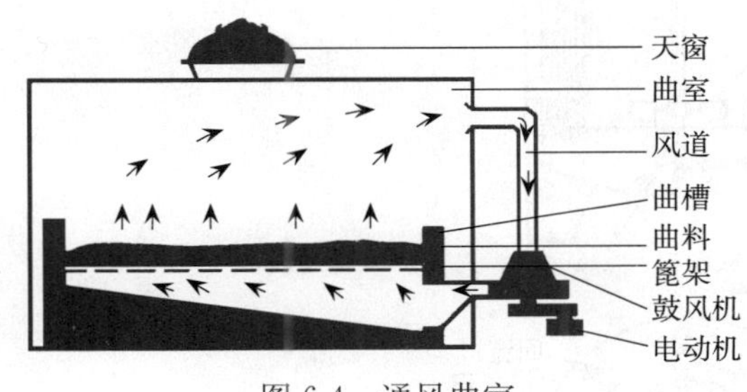

图 6-4 通风曲室

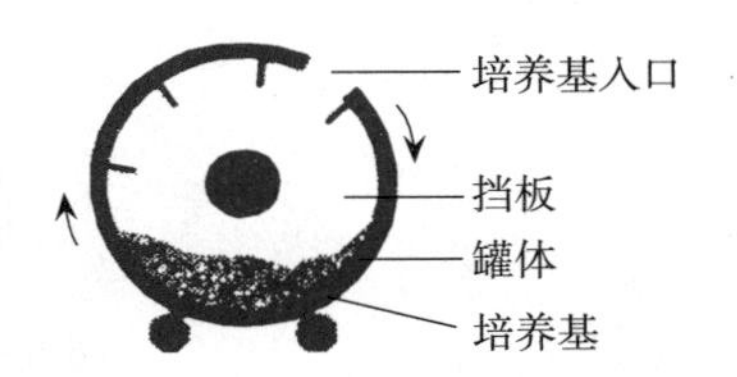

图 6-5 旋转式发酵罐

（2）旋转式固体深层发酵罐。将固体培养基接入菌种，放在发酵罐内（图 6-5），发酵过程中发酵罐以低速间歇式旋转，罐内培养物沿管壁滑动，达到散热并与空气接触的目的；同时还可以通入经过调温调湿的空气，利于控制发酵条件。

2. 固体浅层发酵设备 好氧固体浅层发酵又称自然通风发酵，是传统制备种曲的方法，其发酵的设施设备有曲室、曲盘、竹扁及种曲培养工具，如生产白酒的大曲、麸曲、小曲都是采用此种设备。

（二）厌氧固体发酵设备

我国传统酿造白酒、黄酒等发酵食品中均采用厌氧固体发酵法，发酵较为简单，其主要设施设备有发酵室、窖池、发酵缸等。

二、液体发酵设备

（一）好氧液体发酵设备

发酵罐是发酵工厂最常用的好氧液体发酵设备。发酵罐主要有机械搅拌通风式发酵罐、自吸式发酵罐和气升式发酵罐 3 种。机械搅拌通风式发酵罐是利用机械搅拌器的作用，将空气和发酵液充分混合，促进氧的溶解，以保证微生物生长繁殖和代谢。

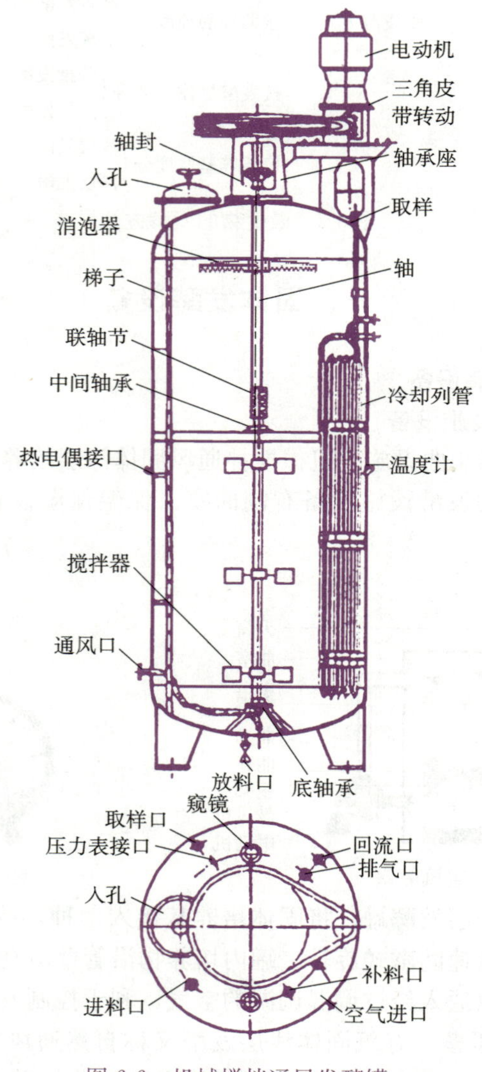

图 6-6 机械搅拌通风发酵罐

机械搅拌式发酵罐的基本结构如图 6-6 所示，在罐体的顶或底部安上向罐内延伸的搅拌轴，轴上装 2～4 个搅拌桨。罐底装有无菌空气的分布器。由于机械搅拌的作用可使进入罐内的空气很好地获得破碎和分布，以增加罐内气液接触面积而有利于氧的传递和发酵液的混合。它能适应大多数的发酵，并形成标准化的通用产品，是发酵首选的发酵罐。

（二）厌氧液体发酵设备

厌氧液体发酵设备是密闭厌氧发酵罐，主要应用于乙醇、丙酮—丁醇、啤酒等发酵。图 6-7 为酒精发酵罐。

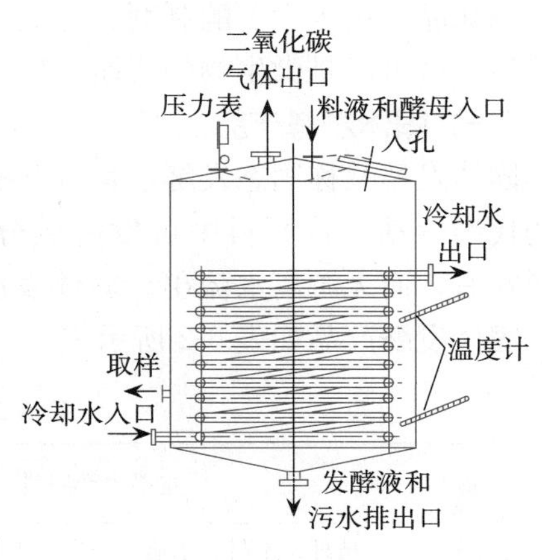

图 6-7　酒精发酵罐

任务三　微生物发酵

一、微生物发酵工艺

微生物发酵方式多种多样，但发酵工艺流程是很类似的，其基本过程如图 6-8 所示。有的发酵工艺更繁杂，有的则可省去某些步骤。

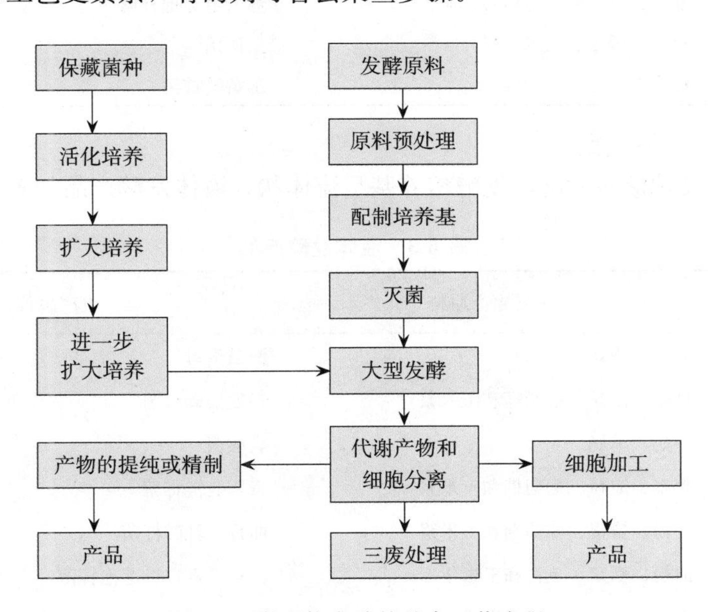

图 6-8　微生物发酵的基本工艺流程

二、微生物发酵的主要产品

微生物发酵广泛应用于农业、工业、医药各行业，发酵产品多种多样，包括食品、调味品、抗生素、酶制剂、有机酸、乙醇、农用微生物、沼气等，既可以是微生物菌体，也可以是微生物的代谢产物。

（一）固体发酵产品

固体发酵又称固态发酵，是将发酵原料及菌体吸附在疏松的支持物上，经过微生物的代谢活动，将原料中可发酵成分转化为发酵产物。固体培养基一般含水量为50%左右，而无游离水流出。固体发酵工艺历史悠久，在现代微生物工业中应用较少。固体发酵产品如表 6-2 所示。

表 6-2　固体发酵产品

产品	主要生产原料	生产菌种
食用菌	秸秆、木材、木屑、壳皮、粪肥	香菇、平菇、蘑菇等食用真菌
有机肥	秸秆、粪肥	放线菌、纤维素分解菌
畜禽饲料	秸秆	乳酸菌
面包	小麦粉	酿酒酵母
白酒	高粱、大米、小麦、玉米、甘薯	根霉、曲霉、毛霉、酵母
食醋	米、麦、薯	曲霉、酵母菌、醋酸杆菌
豆腐乳	大豆制品	腐乳毛霉
单细胞蛋白	甘蔗渣、甜菜渣	产朊假丝酵母
Bt 杀虫剂	麦麸、豆饼粉、硫酸铵、肥土	苏云金芽孢杆菌
白僵菌杀虫剂	麦麸、稻壳、玉米芯粉	白僵菌
抗生菌肥料	棉饼粉、肥土、蔗糖	细黄链霉菌

（二）液体发酵产品

液体发酵又称液态发酵，发酵培养基呈流体状，液体发酵产品如表 6-3 所示。

表 6-3　液体发酵产品

发酵产品	主要生产原料	生产菌种
啤酒	大麦、酒花	酿酒酵母
味精	糖蜜、淀粉、葡萄糖和玉米浆	谷氨酸棒杆菌
酸奶	牛奶、羊奶	乳酸菌
抗生素	糖蜜、淀粉、葡萄糖和玉米浆	青霉、链霉菌
有机酸	淀粉、糖蜜、葡萄糖和玉米浆	曲霉、乳酸杆菌
淀粉酶	淀粉、糖蜜、鱼粉和玉米浆	曲霉、青霉、芽孢杆菌
微生物肥料	玉米粉、豆饼粉、蚕蛹粉	固氮菌、根瘤菌、钾细菌、磷细菌

微生物发酵是选择固体发酵工艺还是液体发酵工艺主要取决于所用菌种、原料、设备及所需产品及技术等，并考虑可行性和经济效益。由于液体发酵适用面广、效率高，能精确地调控，适于机械化、工厂化和自动化生产，因此现代微生物大多采用液体发酵。

三、微生物发酵的过程控制

微生物发酵受到细胞内部遗传特性和外部发酵条件两方面的制约。微生物发酵菌种是发酵的主体，不同菌种的生长速度、代时、代谢特性等也有不同，选择适宜的发酵菌种是发酵控制的核心。由于发酵过程的复杂性，使得发酵过程的控制较为复杂，生产中主要通过发酵原料、温度、通风、pH、溶解氧、泡沫、搅拌速率等环节的调节来控制发酵的方向与速度。

（一）培养基成分的调节

培养基的成分对微生物发酵产物的形成有很大影响。每一种代谢产物有其最适的培养基配比和生产条件。培养基是生产菌代谢的物质基础，既涉及菌体的生长繁殖，又涉及代谢产物的形成。就产物的形成来说，培养基过于丰富有时会使菌体生长过旺、黏度增大、传质差，菌体不得不花费较多的能量来维持其生存环境，即用于非生产的能量大大增加，这对产物合成不利。

1. 碳源　碳源分为速效碳源和缓效碳源。速效碳源能较迅速地参与代谢、合成菌体和产生能量，并分解产物（如丙酮酸），有利于菌体的生长。但有的分解代谢产物对产物的合成可能产生阻遏作用。缓效碳源为菌体缓慢利用，有利于延长代谢产物的合成。在发酵工业上，发酵培养基中常采用速效和缓效混合碳源来控制菌体的生长和产物的合成。

碳源的浓度对发酵有影响。碳源过于丰富会引起菌体异常繁殖，对菌体的代谢、产物合成和氧的传递产生不良影响。若产生阻遏作用的碳源用量过大，则产物的合成会受到明显的抑制。反之，仅仅供给维持量的碳源，菌体生长和产物的合成就都停止。所以控制合适的碳源浓度是非常重要的。

2. 氮源　氮源像碳源一样，也有速效氮源和缓效氮源。速效氮源有氨基酸、硫酸铵、玉米浆，缓效氮源有黄豆饼粉、花生饼粉、棉籽饼粉等。速效氮源容易被菌体所利用，促进菌体生长，但对某些代谢产物的合成，特别是某些抗生素的合成产生调节作用，影响产量。如用链霉菌生产竹桃霉素时，铵盐能刺激菌丝生长，但抗生素产量下降。缓效氮源对延长次级代谢产物的分泌期、提高产物的产量是有好处的。但一次投入容易促进菌体生长和养分过早耗尽，以致菌体过早衰老而自溶，从而缩短产物的分泌期，因而要选择适当的氮源和适当的浓度。

此外，培养基中的碳氮比（C/N）在发酵工业中尤其重要。不同的微生物菌种、不同的发酵产物要求的碳氮比不同。菌体在不同生长阶段对碳氮比的最适大小也不一样。培养基的碳氮比不仅会影响微生物菌体的生长，也会影响发酵的代谢途径、发酵产物。由于碳既作碳架又作能源，所以用量要比氮多。碳氮比随糖类和氮源的种类及通气搅拌等条件而异，很难确定统一的比值。一般情况下，碳氮比偏小，能使菌体生长旺盛，易造成菌体提前衰老自溶，影响产物的积累；碳氮比过大，菌体繁殖数量少，不利于产物的积累；碳氮比较合适，但碳源、氮源浓度高，仍能导致菌体的大量繁殖，增大发酵液黏度，影响溶解氧浓度，容易引起菌体代谢异常，影响产物合成；碳氮比较合适，但碳源、氮源浓度过低，会影响菌体的繁殖，同样不利于产物的积累。

3. 矿质元素 大多数微生物发酵需要添加磷酸盐、镁盐、锰盐、铁盐、钾盐和氯化物。通常自来水或复合培养基中含有所需的微量元素铜、锌、钴和钼等以及钙盐。

4. 生长因子 许多微生物需要一些它们不能合成的生长因子，如氨基酸、嘌呤、嘧啶、维生素和生物素等。工业生产采用复合培养基，如酵母粉、黄豆饼粉、玉米浆等，用于供给微生物所需的特殊未知养分。

（二）发酵温度的控制

温度对发酵的影响及其调节控制是影响有机体生长繁殖最重要的因素之一，因为任何生物化学的酶促反应与温度的变化有关。

1. 温度对发酵的影响

（1）影响微生物的生长。每种微生物都有自己最适的生长温度范围。同一种微生物的不同生长阶段对温度的敏感性不同，延迟期对温度十分敏感，温度不适宜时延迟期较长，将其置于最适温度时延迟期缩短。

（2）影响反应速率。发酵过程中的反应速率实际上是酶反应速率。温度越高，酶反应速度越快，微生物代谢加快，产物提前生成。但温度过高，酶的失活也快，微生物容易衰老，发酵周期缩短，从而影响终产物的产量。所以酶反应要求有一个最适温度。

（3）影响发酵方向。如利用金色链霉菌发酵生产四环素的同时能生产金霉素。当温度低于30℃时，金色链霉菌合成金霉素的能力较强；随着温度升高，合成四环素的能力逐渐增强，当温度提高到35℃时只产生四环素。另外，温度还影响发酵液的黏度、溶氧和传递速率。

2. 最适发酵温度 最适发酵温度是既适合菌体生长又适合代谢产物合成的温度。但最适生长温度与最适生产温度往往是不一致的。如谷氨酸产生菌的最适生长温度为30～34℃，谷氨酸的最适生产温度为36～37℃。因此，在发酵前期的长菌阶段和种子培养阶段应满足菌体的生长最适温度，在发酵的中后期要适当提高温度。

最适温度随菌种、培养基成分、培养条件和菌体生长阶段不同而改变：培养基浓度稀薄时，温度可低些；温度升高，营养利用加快，促使菌体过早自溶，使发酵产物的产量降低；当通气条件差时，可适当降温，使菌体呼吸速率降低，溶氧可提高些，从而能克服通气不足所造成的代谢异常问题。

3. 发酵温度的控制 接种后发酵温度有下降趋势，应适当加热以维持罐温，以利于孢子的萌发和菌体的生长繁殖；当发酵液的温度表现为上升时，发酵液的温度应控制在微生物生长的最适温度；发酵旺盛阶段温度应控制在代谢产物合成的最适温度；发酵后期发酵热下降，此时需适当加热维持罐温，以提高产量。

（三）pH的控制

1. pH变化的原因 发酵过程中，pH的变化是微生物在发酵过程中代谢活动的综合反映，其变化的根源取决于培养基的成分和微生物的代谢特性。

一般来说，有机氮源和某些无机氮源的代谢导致pH升高，如氨基酸的氧化、硝酸钠的还原、玉米浆中的乳酸被氧化等，这类物质被微生物利用后可使pH上升，被

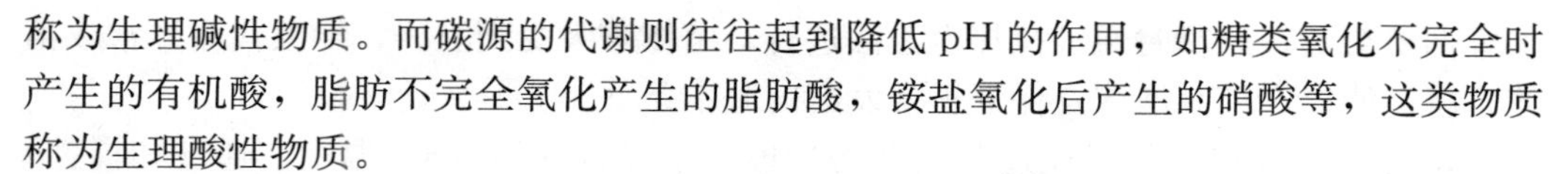

称为生理碱性物质。而碳源的代谢则往往起到降低 pH 的作用，如糖类氧化不完全时产生的有机酸，脂肪不完全氧化产生的脂肪酸，铵盐氧化后产生的硝酸等，这类物质称为生理酸性物质。

此外，通气条件的变化、菌体自溶或杂菌污染都可能引起发酵液 pH 的改变，所以确定最适 pH 以及采取有效的控制措施是使菌种发挥最大生产能力的保证。

2. pH 对发酵的影响 pH 对微生物的生长繁殖和代谢产物形成的影响主要有：

（1）影响酶的活性。当 pH 抑制菌体中某些酶的活性时，会阻碍菌体的新陈代谢。

（2）影响代谢方向。如黑曲霉在 pH 2～3 时产生柠檬酸，pH 近中性时积累草酸和葡萄糖酸。谷氨酸发酵中，中性或微碱时形成谷氨酸，酸性时产生 N-醋谷胺。

（3）影响细胞膜的电荷状态，引起膜的渗透性发生改变，进而影响菌体对营养物质的吸收和代谢产物的形成。

（4）影响培养基中某些组分中间代谢产物的解离，从而影响微生物对这些物质的利用。

（5）影响菌体的形态。如产黄青霉细胞壁的厚度随 pH 的增加而减小。当$pH<6$时，菌丝的长度缩短，直径为 2～3μm；当 $pH\geqslant 7$ 时，直径为 2～18μm，酵母状膨胀菌丝的数目增加。pH 下降后，菌丝形态又恢复正常。

3. pH 的控制 在工业生产中，调节 pH 的方法并不是仅仅采用酸碱中和，因为酸碱虽然可以中和培养基中存在的过量酸碱，但是不能改善代谢状况和代谢过程中连续不断发生的酸碱变化。发酵过程中引起 pH 变化的根本原因是微生物对营养物质的代谢，所以调节控制 pH 的根本措施是考虑培养基中生理酸性物质与生理碱性物质的配比，其次是通过中间补料进一步加以控制。补料添加酸碱或生理酸性和生理碱物质不仅可以调节 pH，还可以补充氮源。当 pH 和氨基氮含量低时，加入氨水；当 pH 高，氨基氮含量低时，加入硫酸铵。

（四）溶氧的控制

溶氧是需氧发酵控制最重要的参数之一。由于氧在水中的溶解度很小，在发酵液中的溶解度亦如此，因此需要不断通风和搅拌，才能满足不同发酵过程对氧的需求。溶氧的大小对菌体生长和产物的形成及产量都会产生不同的影响。如谷氨酸发酵，供氧不足时，谷氨酸积累就会明显降低，产生大量乳酸和琥珀酸。需氧发酵并不是溶氧越大越好。溶氧高虽然有利于菌体生长和产物合成，但溶氧太大有时反而抑制产物的形成。

（五）泡沫的控制

1. 泡沫产生的原因与危害 发酵过程中产生少量的泡沫是正常的。泡沫的多少一方面与搅拌、通风有关；另一方面与培养基的性质有关。蛋白质原料如蛋白胨、玉米浆、黄豆粉、酵母粉等是主要的发泡剂。糊精含量多也易引起泡沫的形成。其中基质中的有机氮源（如黄豆饼粉等）是起泡的主要因素。当发酵感染杂菌和噬菌体时，泡沫异常多。起泡会带来许多不利因素，如发酵罐的装料系数减少、氧传递系统减小等。泡沫过多时，影响更为严重，造成大量逃液，发酵液从排气管路或轴封逃出而增加染菌机会等，严重时通气搅拌也无法进行，菌体呼吸受到阻碍，导致代谢异常或菌体自溶。所以，控制泡沫是保证正常发酵的基本条件。

2. 泡沫的控制 可以通过改变某些物理化学参数（如pH、温度、通气和搅拌）或改变发酵工艺（如采用分次投料）来减少泡沫形成的机会，但这些方法的效果有一定的限度。现在多采用机械消泡或消泡剂消泡这两种方法来消除已形成的泡沫。

（1）机械消泡。利用机械强烈振动或压力变化而使泡沫破裂。机械消泡有罐内消泡和罐外消泡两种方法。前者是靠罐内消泡浆转动打碎泡沫；后者是将泡沫引出罐外，通过喷嘴的加速作用或利用离心力来消除泡沫。

（2）消泡剂消泡。消泡剂或能降低泡沫液膜的机械强度，或能降低液膜的表面黏度，或者两种作用兼有，达到破裂泡沫的目的。消泡剂都是表面活性剂，具有较低的表面张力。

目前常用的消泡剂主要有两类，一类是天然油脂类，如豆油、玉米油、棉籽油、菜籽油等，用量为0.1%～0.2%，可兼作碳源；另一类是聚醚类，又称泡敌，消泡能力为豆油的10～20倍，用量为0.02%～0.03%。

学习回顾

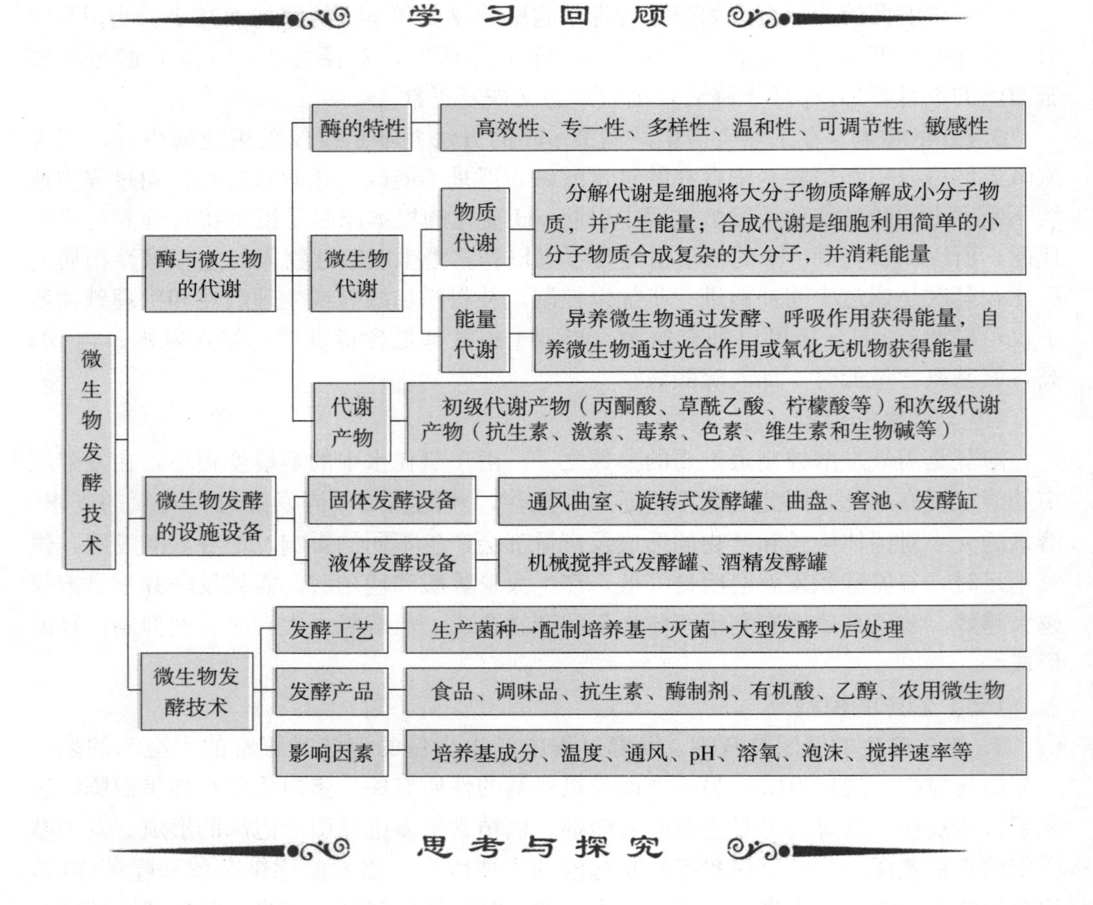

思考与探究

1. 名词解释

酶　　发酵　　有氧呼吸　　无氧呼吸　　生物氧化　　初级代谢　　次生代谢

2. 酶有哪些特性？酶的作用有哪些？

3. 微生物的代谢包括哪些类型？

4. 比较发酵、有氧呼吸和无氧呼吸的异同。

5. 微生物的次生代谢产物有哪些？次生代谢产物与初级代谢产物有何不同？

6. 试述机械通风式发酵罐的结构。

7. 比较固体和液体发酵工艺。

8. 影响微生物发酵的因素主要有哪些？如何控制？

项目七

微生物在农业生产中的应用

学习目标

◆ 知识目标

- 掌握常见微生物农药和肥料生产技术。
- 掌握食药用菌菌种生产技术。

◆ 技能目标

- 能够生产出苏云金芽孢杆菌和光合细菌菌剂。
- 能够生产食药用菌原种和栽培种。
- 能够进行平菇生产。

◆ 素质目标

- 培养学生发现问题、解决问题的意识和爱岗敬业、踏实认真、勇于创新的职业精神。

任务一　微生物农药生产技术

微生物农药是直接利用微生物或其代谢产物来防治病、虫、草害的生物制剂。随着人们对环境保护的要求越来越高，化学农药开发的难度越来越大，开发费用也越来越昂贵，微生物农药无疑是今后农药的发展方向之一。与化学农药相比，微生物农药具有如下优点：

（1）选择性强。微生物农药对病虫害选择性相当强，对人畜、农作物和自然环境安全，不杀伤害虫的天敌和有益生物。

（2）不污染环境。微生物农药的生产原料和有效成分属天然产物，使用后无残留，不会污染环境。

（3）不易产生抗药性。微生物农药和其他因素共同发挥作用，害虫和病原菌难以产生抗药性。

（4）易于改造。可用现代生物技术对微生物及其发酵工艺进行改造，不断改进产品性能，提高产品质量。

微生物农药主要通过触杀、胃毒等方式达到以菌治虫、以菌治菌、以菌除草的目的。根据成分，微生物农药包括微生物杀虫剂、杀菌剂和除草剂。

一、微生物杀虫剂

对昆虫有致病或致死作用的微生物称为杀虫微生物，包括细菌、真菌和病毒，由这些微生物生产的杀虫剂分别称为细菌杀虫剂、真菌杀虫剂和病毒杀虫剂。

（一）细菌杀虫剂

细菌杀虫剂是最早得以应用的微生物农药，主要利用昆虫病原细菌来防治农业、林业害虫。已报道的昆虫病原细菌有 100 多个种和亚种，大多来源于芽孢杆菌科、假单胞菌科和肠杆菌科。目前细菌杀虫剂品种多达 150 多个，而商品化生产并投入使用的主要是苏云金芽孢杆菌、日本金龟子芽孢杆菌和球形芽孢杆菌等。

1. 苏云金芽孢杆菌　苏云金芽孢杆菌简称 Bt，是开发时间最早、用途最广、产量最高、应用最成功的细菌杀虫剂。其杀虫范围很广，对烟青虫、棉铃虫、斜纹夜蛾、稻纵卷叶螟、玉米螟、小菜蛾和茶毛虫等多种昆虫都有毒杀作用，对森林害虫松毛虫也有较好效果，而且各亚种、各菌株所毒杀的昆虫对象不完全相同。

（1）苏云金芽孢杆菌的形态。营养体呈杆状，两端钝圆，G^+，菌体大小为（1.0～1.2）μm×（3.0～5.0）μm，周生鞭毛，运动或不运动，单生或形成短链。当菌体成熟后，在其一端形成椭圆形或圆形芽孢，芽孢直径小于菌体宽度，另一端同时形成菱形或正方形的伴孢晶体，此时为芽孢囊阶段。生长后期芽孢囊破裂释放出芽孢和伴孢晶体。

（2）苏云金芽孢杆菌的生物学特性。苏云金芽孢杆菌对营养条件要求不高，能在多种碳源、氮源和无机盐组成的培养基中生长繁殖。在 12～40℃都能生长，以 27～32℃最为适宜，最适 pH 7.5。好氧，需充足的氧气菌体才能生长良好，特别是在芽孢形成时，如氧气不足会延迟芽孢的形成或不能形成芽孢。

（3）苏云金芽孢杆菌的致病机制。苏云金芽孢杆菌杀虫起重要作用的是伴孢晶体。完整的伴孢晶体并无毒性，当敏感昆虫吞食伴孢晶体后，从口腔经食道而至中肠，伴孢晶体经肠道蛋白酶消化后释放出对昆虫有毒力的毒蛋白。

【想一想】

伴孢晶体对人畜等哺乳动物安全吗？

（4）苏云金芽孢杆菌制剂的生产。苏云金芽孢杆菌菌剂的生产有液体深层发酵和固体发酵两种方法。

①液体深层发酵。工业生产主要采用液体深层发酵生产苏云金芽孢杆菌，其优点是生产量大、产品质量稳定、生产效率高，但需要较复杂发酵和通气设备。苏云金芽孢杆菌生产工艺流程如图 7-1 所示。

A. 斜面培养。为保持菌种优良性能，避免传代过多而引起退化，苏云金芽孢杆菌菌种常以休眠状态的芽孢保存在沙土管中。生产前应将沙土管内的菌种移接到牛肉膏蛋白胨斜面培养基上，在 28～30℃条件下培养 2～3d，使芽孢从休眠状态活化。斜

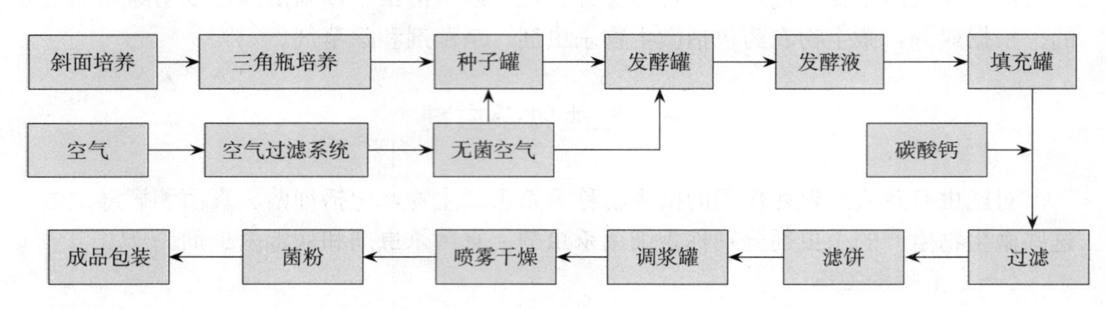

图 7-1　苏云金芽孢杆菌液体生产工艺流程

面菌种表面长满后，菌苔丰满，呈灰白色，无噬菌斑，也无杂菌。经涂片镜检，有95%以上菌体的芽孢和晶体已脱落，且形态正常，合格者可作为菌种。暂时不用的可置于冰箱中保存，但最好不超过 7d。

B. 种子罐培养。种子培养基配方为：豆饼粉 1.0%，糊精 0.4%，蛋白胨 0.2%，磷酸二氢钾 0.1%，碳酸钙 0.4%，硫酸镁 0.03%，硫酸铵 0.03%，豆油 0.2%，pH（消前）7.0～7.2。在 121℃条件下灭菌 30min。

培养条件：罐温 29～31℃，罐压 0.5kg/cm^2，通气量 1∶1（V/V），搅拌速度为 200r/min。培养 2h 后通气量逐渐加大，经 6～8h 营养体生长至对数期，经镜检菌体正常，染色均匀，无污染即可转接至发酵罐。

C. 发酵罐培养。培养基成分可根据条件和经验采用不同配方，培养基中总营养物的含量一般均控制在 3%～6%。常用培养基配方为：花生饼粉 2.0%，玉米浆 0.9%，糊精 0.8%，蛋白胨 0.1%，碳酸钙 0.2%，硫酸镁 0.075%，磷酸二氢钾 0.07%，硫酸铵 0.2%，饴糖 0.5%，豆油 0.2%。pH（消前）7.2～7.4。在 121℃条件下灭菌 30min。待培养基温度冷至 30℃时，接入种子液，接种量为 1%～2%。

发酵条件：温度 29～31℃，罐压 0.3～0.5kg/cm^2，通气量 1∶1（V/V）。整个发酵过程应定时取样检查，测定糖、氮、磷的含量和 pH，若有过高过低现象须采取补料等措施加以调整。培养 20～22h，经检查无杂菌，有 80%菌体明显形成芽孢囊和芽孢，有 10%左右的芽孢和晶体已脱落即可终止发酵。

D. 发酵液的后处理。培养好的发酵液可根据成品剂型采用不同的方法进行处理。如成品为粉剂，则发酵液可按其体积加 8%～10%轻质碳酸钙等填充剂，混匀后经板框过滤获得滤饼，滤饼调浆后加入展着剂，通过喷雾干燥成为粉剂。也可将发酵液经离心或真空减压浓缩后加入乳化剂，即制成乳剂。

②固体发酵。利用麦麸、米糠、豆饼等农副产品和水配制成的固体培养基在浅盘上培养即为固体发酵。固体发酵的优点是设备简单，不要求绝对无菌，而且技术较易掌握，可因地制宜生产使用。但缺点是发酵过程的各个阶段不易控制，产品质量不稳定。

（5）苏云金芽孢杆菌制剂的使用。苏云金芽孢杆菌使用与化学杀虫剂中的胃毒剂相同，可采取喷雾、喷粉、灌心、泼浇、毒饵等方法。使用时避免阳光直射，环境温度在15℃以上、湿度较大时有利于昆虫发病。由于家蚕对苏云金芽孢杆菌非常敏感，故在养蚕地区要谨慎使用Bt制剂。万一误喷，用0.3%漂白粉处理3min即可解除毒性。

2. 金龟子芽孢杆菌 金龟子芽孢杆菌是金龟子幼虫（蛴螬）的专性病原菌。此菌营养体为杆状，两端近圆形，G^+，不运动，大小为（0.5～0.8）μm×（1.3～5.2）μm，芽孢位于菌体一侧，芽孢膨大后菌体变成梨形。金龟子芽孢杆菌在普通培养基中不能生长，在加富培养基中有些菌株能缓慢生长，却不能形成或很少形成芽孢。因此，目前商品制剂都是采用幼虫活体培养的方法制备。

金龟子芽孢杆菌能使50余种金龟子幼虫致病，当蛴螬吞食金龟子芽孢杆菌的芽孢后，芽孢在虫体内萌发生成营养体，穿过肠壁进入体腔，并大量繁殖，破坏各种组织。在幼虫患病后期，血淋巴中形成大量的芽孢，因芽孢有较强的折光性，使血淋巴呈现不透明的白垩色，死亡幼虫呈乳白色，又称为乳状病。

金龟子芽孢杆菌的芽孢在土壤中能长期存活，染病死亡后的幼虫又释放出更多的芽孢，而且能随染病的幼虫自然传播到附近地区，成为持久的环境因子，具有长期的防治效果。

知识拓展

灭 蚊 细 菌

灭蚊病原细菌目前主要是苏云金芽孢杆菌以色列亚种（Bti）和球形芽孢杆菌（Bs）。与Bti相比，Bs杀蚊谱较窄，其中对库蚊属幼虫的毒性最强，在污水中的药效维持时间较长，特别适用于污水中滋生的库蚊属幼虫的控制。但Bs制剂较Bti制剂易产生抗性，对Bs产生抗性的蚊幼虫对Bti却仍然表现出高度敏感性。因此，可以利用这一点，联合使用两种制剂产生协同作用，扩大杀蚊谱，延长药物维持时间，提高杀灭疗效，并预防或延缓蚊幼虫对Bs产生抗性。

（二）真菌杀虫剂

目前已知有800多种真菌能寄生于昆虫和螨类，导致寄主发病和死亡。与其他微生物杀虫剂相比，真菌杀虫剂具有类似于某些化学杀虫剂的触杀性能，并具广谱的防治范围、残效长、扩散力强等特点。真菌杀虫剂广泛应用于防治农业害虫，其中以白僵菌应用较多。

1. 白僵菌生物学特性 白僵菌是一种广谱性寄生真菌，能侵染鳞翅目、直翅目、鞘翅目、膜翅目、同翅目等昆虫。白僵菌属半知菌亚门白僵菌属，有球孢白僵菌、卵孢白僵菌和小球孢白僵菌3个种。我国主要应用的是球孢白僵菌。

球孢白僵菌菌丝有隔，无色透明，直径为1.5～2.0μm。菌落平坦，前期绒毛状，后期呈粉状，表面白色至淡黄色。分生孢子梗多次分叉，聚集成团，呈花瓶状。分生孢子球形，着生于小梗顶端（图7-2）。

白僵菌的生长温度为5～35℃，在22～26℃、相对湿度95%以上时最适于菌丝

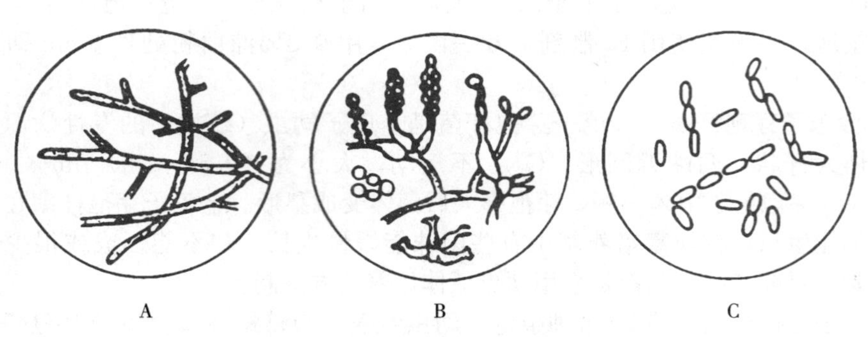

A. 菌丝　B. 分生孢子　C. 节孢子
图 7-2　白僵菌形态

生长，30℃以下、相对湿度低于 70%有利于分生孢子产生，而孢子萌发要求相对湿度在 95%以上。白僵菌属好氧微生物。在培养基上白僵菌可保存 1～2 年，在低温干燥条件下可存活 5 年，在虫体上可维持 5 个月。

2. 白僵菌的致病机制　在适宜条件下，白僵菌的分生孢子接触到虫体萌发长出芽管，分泌几丁质酶，溶解虫体表皮侵入体内，或由气门进入。菌丝侵入虫体后大量繁殖，形成许多筒形孢子。筒形孢子和菌丝弥漫在血液里，影响血液循环。病原菌大量吸取体液和养分，分泌白僵菌素破坏组织，产生的代谢产物如草酸盐类在虫体血液中大量聚集，致使血液的 pH 下降，2～3d 即死亡。

死亡的虫体因菌丝大量吸收水分很快变得干硬，虫体披着白色绒毛，称白僵虫。病死的僵虫上产生的大量孢子又继续侵染其他虫体，如果条件适宜，会引起昆虫病害的流行。

3. 白僵菌的生产与使用　白僵菌对营养物要求不严，在以黄豆饼粉或玉米粉等为原料的固体培养基上生长良好，并形成分生孢子。培养物干燥后制成白僵菌制剂。

白僵菌菌剂主要用于防治松毛虫和玉米螟，尤其是在防治松毛虫时，白僵菌可作为环境因子持续多年控制松毛虫的危害。

知识拓展

绿僵菌

绿僵菌也是一种广谱杀虫真菌，其致病作用是靠分泌的腐败毒素 A、B 使昆虫中毒而死。绿僵菌的生产方式与白僵菌相似，但要求的培养温度、湿度较严格。主要用于防治地下害虫、天牛、飞蝗、蚊幼虫等。

（三）病毒杀虫剂

许多昆虫体内存在病毒，已经分离到的昆虫病毒有 1 200 多种，具生物防治潜力，能感染许多农林害虫。病毒杀虫剂具有宿主特异性强、能在害虫群体内流行、持效作用强等特点。我国已有 20 余种病毒杀虫剂进入大田应用试验和生产示范，应用最多是核型多角体病毒和颗粒体病毒。其中棉铃虫多角体病毒、斜纹夜蛾多角体病毒和草原毛虫多角体病毒等3种杀虫剂已进入商品化生产。

核型多角体病毒（NPV）是已发现的种类最多的昆虫病毒，病毒寄主包括鳞翅目、膜翅目、双翅目、鞘翅目、直翅目等昆虫。NPV主要通过口器传染，多角体被活虫吞食后被胃液消化，放出病毒粒子侵入细胞核，在核内繁殖并形成多角体。被多角体感染致死的幼虫又成为新的感染源，继续感染敏感昆虫。昆虫幼虫感染核多角体病毒后，食欲减退，行动迟钝，随后躯体软化，体内组织液化，白色或褐色体液从破裂的皮肤流出，一般从感染到死亡需4～20d。病死的幼虫倒吊在植物枝条上，由于组织液化下坠，使下端膨大，这是寻找感染虫体的特征。

二、微生物杀菌剂

微生物杀菌剂是指微生物及其代谢产物和由它们加工而成的具有抑制植物病害的生物活性物质。微生物杀菌剂主要抑制病原菌能量产生、干扰生物合成和破坏细胞结构。其内吸性强、毒性低，有的兼有刺激植物生长的作用。微生物杀菌剂主要有农用抗生素、细菌杀菌剂、真菌杀菌剂等类型。

（一）农用抗生素

农用抗生素是由微生物发酵过程中产生的对作物的病、虫、草害显示特异性药理作用的化学物质，是一种具有高度活性的微生物次生代谢产物。

农用抗生素被分解后残留量低、对人畜安全、不污染环境、用药量小、便于运输、多数具有内吸性、对植物病害有预防和治疗作用，现已被广泛地应用于植物病虫害的防治。我国农用抗生素的研究始于20世纪60年代初，目前已投产使用的抗生素见表7-1。

表7-1 农业上常用的抗生素

农用抗生素	生产菌	防治范围
井冈霉素	吸水链霉菌井冈变种	防治水稻纹枯病的特效药，纹枯病菌接触到井冈霉素后，菌丝顶端产生异常分支而丧失致病力。其持效期可长达15～20d，耐雨水冲刷
中生菌素	淡紫灰链霉菌海南变种	防治水稻白叶枯病、大白菜软腐病、苹果轮纹病、柑橘溃疡病和黄瓜细菌性角斑等细菌性病害
抗霉菌素120	刺孢吸水链霉菌北京变种	防治瓜类枯萎病、小麦白粉病、芦笋茎枯病、苹果树腐烂病等真菌性病害
阿维菌素	阿维链霉菌	杀虫范围包括鳞翅目、鞘翅目、半翅目、双翅目、膜翅目和同翅目的害虫，特别是对螨类有很高的毒性

（二）细菌杀菌剂

近年来，以细菌防治植物病毒病取得了较大的进展。在国外有的使用放射土壤杆菌K84菌系防治果树的根癌病，用草生欧氏杆菌防治梨火疫病。我国利用拮抗木霉和拮抗细菌混合发酵制成粉剂，成功地防治了保护地蔬菜和甜瓜的苗期病害；还有的用地衣芽孢杆菌来防治黄瓜及烟草炭疽病，用枯草芽孢杆菌防治甘蓝黑腐病以及用假单胞菌防治水稻纹枯病等。

由于细菌的种类多、数量大、繁殖速度快、易于人工培养和控制，且细菌在自然界中广泛存在、对人畜无害、不污染环境，因而细菌杀菌剂备受关注，其研究和开发具有较大的前景。

三、微生物除草剂

微生物除草剂是利用寄主范围较为专一的植物病原微生物或其代谢产物，将杂草种群控制在危害水平以下的制剂。微生物除草剂有两类：一类是用杂草的病原微生物直接作为除草剂，如我国“鲁保一号”是利用专性寄生于菟丝子的黑盘孢目长孢属的真菌制成，防治农田杂草菟丝子的效果达70%～95%；另一类是利用微生物产生的对杂草具有毒性的次生代谢产物防除杂草，如放线菌酮能使水浮萍枯死，茴香霉素能使稗草幼根的40%～60%受抑制。

任务二　微生物肥料生产技术

微生物肥料是指含有特定微生物活体，应用于农业生产，通过其中所含微生物的生命活动增加植物养分的供应量或促进植物生长、提高产量、改善农产品品质及农业生态环境的制品。微生物肥料包括微生物接种剂、复合微生物肥料和生物有机肥。

一、微生物接种剂

微生物接种剂是由一种或一种以上的目的微生物经工业化生产增殖后直接使用或经浓缩、载体吸附而制成的活菌制品，也称为微生物菌剂。按内含的微生物种类或功能特性可将接种剂分为以下9种类型（表7-2）。

表7-2　常用的微生物接种剂及其作用

菌剂类型	主要作用
固氮菌菌剂	自生和（或）联合固氮
根瘤菌菌剂	与豆科植物共生固氮
解磷类微生物菌剂	解磷、溶磷，使土壤中无效磷转化为有效磷
硅酸盐细菌菌剂	分解云母、长石等矿物，释放出钾等矿质元素
光合细菌菌剂	固氮，分泌氨基酸和核酸
菌根菌剂	协助植物吸收养分和水分
促生菌剂	分泌植物促生物质
生物修复菌剂	环境中的有害物质浓度减少、毒性降低或无害化
有机物料腐熟菌剂	加速作物秸秆、畜禽粪便、生活垃圾及城市污泥等各种有机物料分解、腐熟

另外，微生物接种剂根据接种剂中微生物的种类多少分为单一菌剂和复合菌剂。

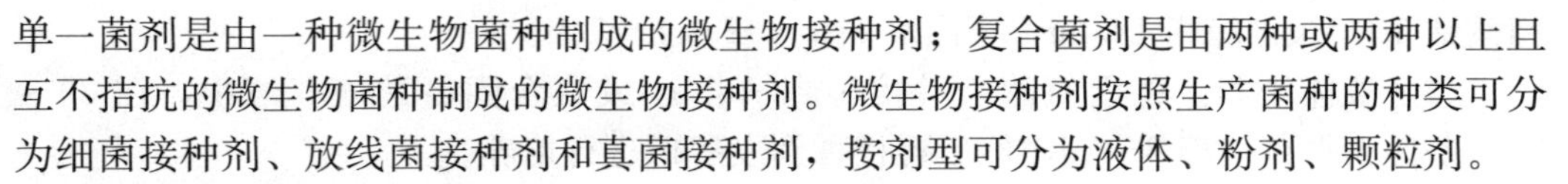

单一菌剂是由一种微生物菌种制成的微生物接种剂；复合菌剂是由两种或两种以上且互不拮抗的微生物菌种制成的微生物接种剂。微生物接种剂按照生产菌种的种类可分为细菌接种剂、放线菌接种剂和真菌接种剂，按剂型可分为液体、粉剂、颗粒剂。

（一）固氮菌菌剂

在生物体内，由固氮微生物将分子态氮转化为氨的过程称为生物固氮。生物固氮是在常温、常压条件下进行的生物化学反应，不需要化肥生产中的高温、高压和催化剂。因此，生物固氮是最便宜、最干净、效率最高的施肥过程。据估计，全球每年由生物固定的分子态氮达 1.22 万～1.75 万 t，大大超过工业固氮量，对农业生产具有重大意义。

1. 固氮微生物 具有固氮功能的微生物称为固氮微生物。目前已报道的固氮微生物多达100余属，根据其与植物的关系，将生物固氮分为4种类型（表 7-3）。

表 7-3 固氮类型和固氮微生物

（李阜棣，胡正嘉．2000．微生物学）

类 型	固氮微生物	固氮生境
共生固氮	根瘤菌属、慢生根瘤菌属	豆科植物根瘤
	弗兰克氏菌属	非豆科植物根瘤
	鱼腥藻属	蕨类植物小叶内
内生固氮	固氮弧菌属	禾本科植物根内
联合固氮	固氮螺菌属	植物根表和根际
自生固氮	固氮菌属、梭菌属、类芽孢杆菌属	植物根际、堆肥、苗床、沼气池

固氮菌菌剂使用的主要是自生固氮菌和联合固氮菌两类。自生固氮菌有圆褐固氮菌、维涅兰德固氮菌、阴沟肠杆菌、肺炎克氏杆菌等；联合固氮菌主要有固氮螺菌、粪产碱菌等。

2. 固氮菌菌剂的生产 固氮菌菌剂的生产主要采用液体发酵的方法（图 7-3）。其产品可分液体菌剂和固体菌剂。

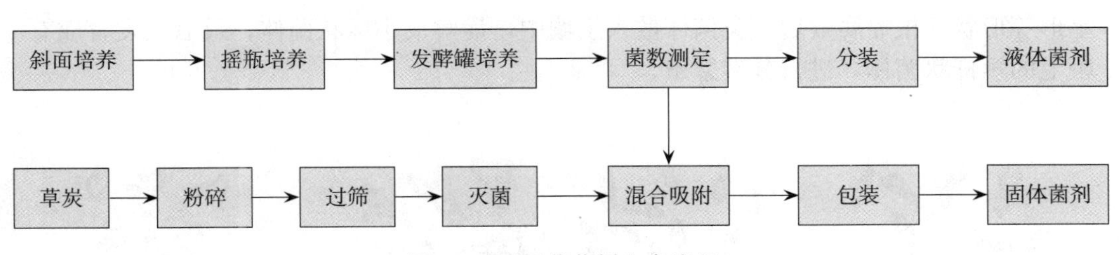

图 7-3 固氮菌菌剂生产流程

（1）斜面培养。将固氮菌菌种接种到斜面培养基活化培养。自生固氮菌用阿须贝（Ashby）培养基，其配方为：甘露醇 10.0g，磷酸二氢钾 0.2g，硫酸镁 0.2g，氯化钠 0.2g，碳酸钙 5.0g，硫酸钙 0.1g，琼脂 18.0g，蒸馏水 1L，pH 6.8～7.0。

联合固氮菌的培养基配方为：D-葡萄糖酸钠 5.0g，磷酸二氢钾 0.4g，磷酸氢二钾 0.1g，硫酸镁 0.2g，酵母膏 1.0g，氯化钠 0.1g，氯化钙 0.02g，氯化铁 0.01g，钼酸钠 0.002g，琼脂 18.0g，蒸馏水 1L，pH 6.8～7.0。

（2）液体培养。将固氮菌菌种接种到 Ashby 或联合固氮菌培养液中，在 30～35℃条件下振荡培养 3～5d，然后再接种到发酵罐进行培养。

（3）固体吸附。按菌液与吸附剂按 4∶1 的比例，将菌液混入已灭菌的吸附剂中拌匀。按成品含水量 25%～30%称量，装入灭菌塑料袋，封口后置阴凉处保存备用。若在冬季生产，产品可在 30～35℃培养室中堆放 2～3d，使细菌继续增殖，提高产品的含菌数。

3. 固氮菌菌剂的施用技术 将固氮菌剂加少量清水与种子拌匀后即可施用。对于大田作物如棉花、玉米、小麦等，可先将菌剂与过磷酸钙、草木灰、水、细土及堆肥拌匀成潮湿的小土块，与种子一起沟施到土中。定植移苗时可以用小土团法把菌剂施于苗根部附近。用作追肥时可用小土团法把菌剂与粪肥、饼肥混合施于植株附近，但不能与大量化学肥料直接混合，可先用粪肥混合后施于土中，然后再施化学肥料。除了拌种以外，还可以将发酵液稀释后在作物拔节、抽穗、灌浆期喷施于叶面，可取得一定效果。

（二）根瘤菌菌剂

根瘤菌菌剂是通过大量繁殖优良根瘤菌而制成的微生物制剂，应用于农、牧业已有 100 多年历史，是应用最早、研究最深、应用最广的一种高效菌肥。目前我国生产的根瘤菌菌剂使用的菌种主要有花生根瘤菌、大豆根瘤菌、华葵根瘤菌、苕子根瘤菌、豌豆根瘤菌等。

1. 根瘤菌的生物学特征

（1）根瘤菌形态特征。根瘤菌因生活环境和发育阶段的不同，在形态上有显著的变化。在固体培养基和土壤中呈杆状，不同的种大小略有差别，端生或周生鞭毛，能运动，G^{-}，无芽孢。培养时间长，则菌体粗大、染色不均。根瘤菌侵入豆科植物的根部之后，前期为短小的杆状，无鞭毛。随着根瘤的增大，菌体停止分裂，逐渐延长变大，形成一端膨大的棒状或分叉变形，这种变形的菌体称为类菌体（图 7-4）。不同根瘤菌种的类菌体形状不同，如苜蓿根瘤菌的类菌体呈棍棒状；大豆根瘤菌的类菌体呈细长稍弯曲的杆状，偶尔一端膨大或分叉；豌豆根瘤菌的类菌体分叉呈 Y 形、星形等形状。根瘤腐败后，类菌体散入土壤中，崩解成小球状菌体，最后又发育成有鞭毛的短杆状菌体，进行分裂繁殖。

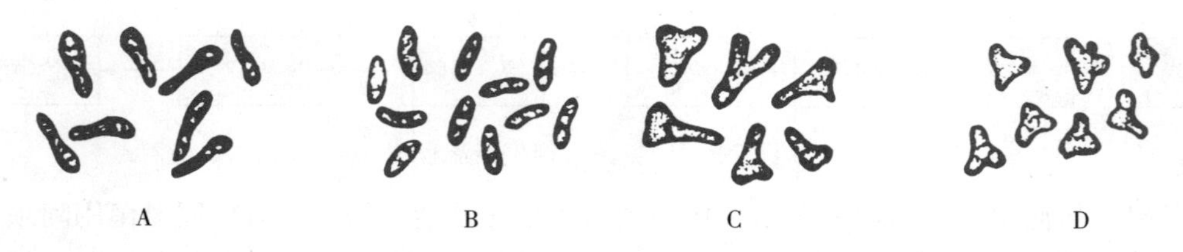

A. 棍棒状　B. 杆状　C. Y 形　D. 星形

图 7-4　类菌体的形态

（2）根瘤菌的培养特征。菌落在固体培养基表面呈圆形，边缘整齐。有的菌落无色、半透明（如豌豆、紫云英根瘤菌），有的为乳白色、黏稠（如花生、大豆根瘤菌)。在液体培养基中菌液混浊，菌体稍有沉淀，不形成菌膜。培养时间过久则在液面四周有胶黏状物质。

根据在人工培养基上的生长速度，可将根瘤菌分为快生、慢生两种类型。快生型如紫云英、苜蓿、三叶草等根瘤菌接种后 2d 出现菌落，4～5d 菌落达到最大，较稀薄。慢生型如苕子、大豆、花生等根瘤菌接种 3～4d 才出现菌落，产生黏性较大的胶状物质。不论是快生型还是慢生型根瘤菌，若生长速度变快，则菌株的结瘤性往往不好，是菌种退化的表现。

(3) 根瘤菌的专一性。各种根瘤菌都与各自相应的豆科植物建立共生关系，形成根瘤，表现了根瘤菌的专一性。如豌豆根瘤菌只能在豌豆、蚕豆的根部形成根瘤；大豆根瘤菌只能在黑豆、黄豆、青豆的根部形成根瘤；豇豆根瘤菌只能在豇豆、花生、绿豆、赤豆、羽豆和刀豆的根部形成根瘤。只有了解不同根瘤菌的专一性，才能在生产上有针对性地进行使用。

2. 根瘤菌剂的生产

(1) 斜面培养。将保存的根瘤菌菌种转接在新鲜的斜面培养基上，于 28℃条件下培养 2～4d。根瘤菌斜面培养基配方为：甘露醇 10g，酵母膏 1g，磷酸氢二钾 0.5g，硫酸镁 0.2g，氯化钠 0.1g，碳酸钙 0.2g，0.5%硼酸 4mL，0.5%钼酸钠 4mL，琼脂 18～20g，水 1L，pH 7.0～7.2。

(2) 三角瓶培养。将根瘤菌液体培养基装入三角瓶中，装量为容器容量的 1/3，塞上棉塞后再包牛皮纸，于 121℃条件下灭菌 30min，冷却后接种。接种量为 10%，摇床转速为 120～200r/min，于 28～30℃条件下培养。

(3) 发酵罐培养。空罐和所有管道在投料前要高压蒸汽灭菌，压力为 98～147kPa，时间为 30～60min。降压后放入液体根瘤菌培养基，一般为发酵罐容量的 2/3 左右，然后再用 98kPa 高压蒸汽灭菌 30 min。待罐压降至 9.8～19.6kPa、温度为 28～30℃时，将种子液接种到发酵罐中，接种量为 10%～20%。

培养条件：温度为 28～30℃，罐压为 49～58.8kPa，通气量为 0.4～0.8L/(m^3 · min)，搅拌速度为 120～200r/min。

3. 根瘤菌菌剂的使用

(1) 使用方法。选择根瘤菌菌剂时，应选择与之共生结瘤固氮的产品。主要采用拌种法，使用时要做到随拌、随播、随盖。每 667m^2 的用量一般为 0.1～0.3kg，播种当天先将所需根瘤菌菌剂盛入干净容器，加凉水调成浆状，把种子倒入拌匀，使每粒种子都沾到菌浆后在阴凉处摊开稍加晾干，随即播种，及时盖土。

(2) 使用效果。用根瘤菌菌剂拌种可提高豆科作物产量。一般可使豆科绿肥增产 12%～67%，花生增产 15%左右。特别是在种植豆科作物的新区，因原来土壤中缺少根瘤菌，施用根瘤菌菌剂后效果更显著。

(三) 菌根菌剂

菌根是某些真菌侵染植物的根部与其形成的共生体。菌根真菌一方面与寄主植物组织相通，从寄主植物中吸收糖类等有机物质作为自己的营养；另一方面使寄主的根向根周土壤扩展，扩大了植物根系的吸收面积，增强植物对水分、磷、钾、氮和其他矿物质的吸收。此外，菌根真菌的菌丝分泌多种胞外酶，加强了根系周围土壤有机质的分解，丰富了植物根系对矿质元素营养的吸收，分泌的生长刺激物质刺激根系生长。菌根表面存在磷酸酯酶，水解有机磷化物供根吸收。

1. 菌根形态 根据菌根的形态结构和菌根真菌共生时的性状，将菌根分为内生菌根和外生菌根（图 7-5）。

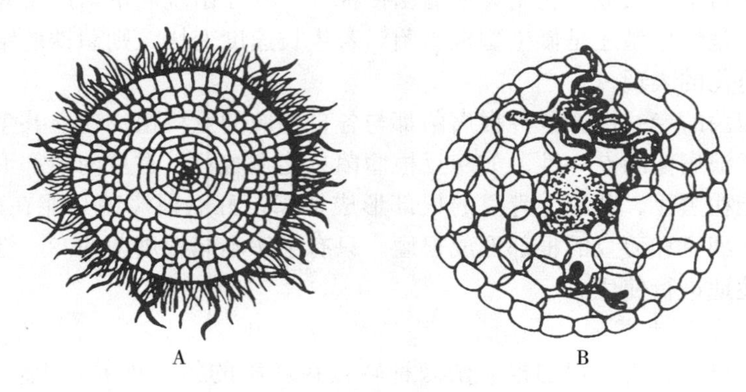

A. 外生菌根 B. 内生菌根

图 7-5 外生菌根与内生菌根

（1）外生菌根。外生菌根多形成于木本植物，形成外生菌根的真菌主要是担子菌，其次是子囊菌，个别为接合菌和半知菌。它们在植物的幼根表面发育，交织成紧密的鞘套结构包围在根外，使细小的侧根呈臃肿状态，最外层的菌丝前端向外散出，使菌根表面呈绒毛状。

（2）内生菌根。内生菌根的真菌菌丝可侵入植物根的内部，在根细胞间发育，因而使根变得肿大。常见的内生菌根（VA 菌根）是由内囊霉科的部分真菌侵染植物后在根的皮层细胞内产生泡囊—丛枝状结构。这种菌根在自然界的分布极广泛，80%陆生植物有丛枝菌根，如小麦、玉米、棉花、烟草、大豆、甘蔗、马铃薯、番茄等都能形成 VA 菌根。能形成 VA 菌根的真菌有巨孢囊霉属、无梗孢囊霉属、球孢囊霉属、硬囊霉属。

2. VA 菌根菌剂的生产 VA 菌根菌不能在人工培养基上进行纯培养，但 VA 菌根菌具有广谱宿主性，至少可以与 200 个科、20 万种以上的植物共生。生产上利用番茄、玉米等植物培养大量的 VA 菌根，然后以这些侵染了 VA 菌根菌的植物根段和有大量活孢子的根际土作为肥料。

（1）盆栽培养法。适用于盆栽活体繁殖或保存丛枝菌根（AM）真菌的宿主植物多选择根系发达的多年生草本植物或一年生植物，如韭菜、苜蓿、烟草、玉米、高粱等。盆栽培养的基质为：沙∶土＝1∶1（*V*/*V*），基质中的速效磷浓度以 10mg/kg 为宜，pH 控制在 5～7，经 125℃湿热灭菌 1～2h，将待繁殖的 AM 真菌菌种接种于基质上，最后将玉米等宿主植物的种子表面消毒后播种于该培养基中。

（2）培养基培养法。在琼脂培养基上进行，将宿主植物的种子表面消毒后，再用无菌水冲洗干净，在培养基上催芽萌发，待种子长出侧根时将 10～15 个 AM 真菌的孢子接种到侧根附近的培养基上，在室温下培养。当菌根真菌在植物根系中大量繁殖时，即实现了真菌在无机培养基中的扩繁。一定时间后取出宿主植物，将根系洗净、晾干、剪成小段，则为VA菌根菌剂。

3. VA菌根菌剂的使用　利用侵染了VA菌根菌的植物根段和有大量活孢子的根际土作为肥料，接种到名贵花卉、苗木、药材和经济作物根部，均显示了较好的应用效果。

（四）光合细菌菌剂

光合细菌是一类以光作为能源，能在厌氧光照或好氧黑暗条件下利用自然界中的有机物、硫化物、氨等作为供氢体兼碳源进行光合作用的微生物。光合细菌广泛分布于自然界的土壤、水田、沼泽、湖泊、江海等处，是地球上出现最早的原核生物。

1. 光合细菌菌剂的作用

（1）固氮作用。大多数光合细菌具有固氮能力，能提高土壤氮水平，有利于作物根系发育，提高作物产量。

（2）提高土壤肥力。光合细菌通过其代谢活动有效提高了土壤中的某些有机、硫化物和铵态氮的含量，促进土壤物质转化，改善土壤结构，从而提高了土壤肥力。

（3）降解农药。光合细菌能够消除有害物质，促进污染物的转化，同时促进有益微生物的增殖。

（4）产生生理活性物质。光合细菌产生的脯氨酸、尿嘧啶、胞嘧啶、维生素等生理活性物质都被作物直接吸收，有助于改善作物营养、激活植物细胞、提高光合能力。

（5）增强作物抗病防病能力。光合细菌含有抗细菌、病毒的物质，可以钝化病原体的致病能力，抑制病原体生长。同时光合细菌的活动促进了放线菌等有益微生物繁殖，抑制丝状真菌等有害菌群生长，从而有效抑制某些植物病害的发生和蔓延。

2. 光合细菌菌剂的生产

（1）斜面培养。光合细菌的斜面培养基配方为：乙酸钠2g，碳酸氢钠1g，氯化铵1g，氯化钠1g，磷酸氢二钾0.5g，氯化镁0.2g，蛋白胨1g，酵母膏0.3g，琼脂18g，蒸馏水1L，pH 7～8。将保存的光合细菌接种到斜面培养基上，于温度为30℃、光照度为1 000～2 000lx条件下培养4～7d。

（2）三角瓶培养。按斜面培养基配方制作液体培养基，将斜面菌种接种到三角瓶中，于温度为28～32℃、光照度为1 000～2 000lx条件下培养。当菌液呈深红色，瓶底有大量红色沉淀时停止。

（3）塑料桶培养。

①光合细菌培养基母液配方。红糖5g，可溶性淀粉5g，大豆粉5g，酵母膏5g，磷酸二氢钾1g，硫酸镁0.5g，硫酸亚铁0.01g，氯化钙0.01g，水1L。

②用水将培养基母液稀释200倍，分装到塑料桶中。

③接入三角瓶液体菌种，接种量为10%～20%。

④培养条件。培养液温度控制在30～38℃；采用机械搅拌器或使用小水泵使水缓慢循环运转，保持菌体悬浮，通气量为1.0～1.5L/（L·h）；白天可利用太阳光培养，晚上则需要人工光源培养。光照度应控制在2 000～5 000lx；光合细菌迅速繁殖会使菌液pH上升，当pH超过8，用醋酸及时调整菌液pH。

（五）复合菌剂

复合菌剂是由两种或两种以上且互不拮抗的微生物菌种制成的微生物接种剂。它们可以是同种微生物但不同株系微生物之间的复合，如不同株系大豆根瘤菌复合，用于不同大豆基因型或不同豆科作物品种的地区；也可以是不同种微生物间的复合，如将固氮菌、解磷菌和解钾菌3种菌剂复合可增强微生物肥料功效。复合菌剂应用的前提是所采用的微生物之间无拮抗作用，生产时分别发酵，然后混合。

二、复合微生物肥料

复合微生物肥料由特定微生物与营养物质复合而成，能提供、保持或改善植物营养，提高农产品产量或改善农产品品质的活体微生物制品。

复合微生物肥料采用的复合方式为微生物有益菌＋大量元素，即菌和一定量的氮、磷、钾或其中的1～2种复合；菌＋微量元素；菌＋稀土元素；菌＋植物生长调节剂。但无论是哪一种方式，都必须考虑到复合物微生物的量，复合后制剂中的pH及盐浓度对微生物有无抑制作用。液体复合微生物肥料产品中有效活菌数≥5.0×10^{7} CFU/mL，粉剂和颗粒剂有效活菌数≥2.0×10^{7}CFU/g。

三、生物有机肥

生物有机肥是指目的微生物经工业化生产增殖后与主要以动植物残体（如畜禽粪便、农作物秸秆等）为能量来源并经无害化处理的有机物料复合而成的活菌制品。

（一）生物有机肥的特点

生物有机肥是在禽畜粪便、农作物秸秆等接种具有特定功能的复合微生物，经过生化工艺和微生物技术，彻底杀灭病原菌、寄生虫卵、消除恶臭，分解大分子有机物质，达到除臭、腐熟等目的，制成具有优良理化性状、碳氮比适中、肥效较高的有机肥。

生物有机肥综合了有机肥和微生物肥料的优点，能够有效地提高肥料利用率，调节植株代谢，增强根系活力和养分吸收能力。

（1）生物有机肥营养元素齐全、腐熟彻底、病原菌和虫卵少，施用后不烧根，病虫害发生较少。

（2）生物有机肥含有功能菌和大量有益菌，能够改良土壤，促进土壤中固定养分的释放，促进作物生长，增加产量。

（3）生物有机肥含有大量有机质，易于功能菌存活，改善作物根际微生物群，提高植物的抗病虫能力，提高产品品质。

（4）生物有机肥能促进化肥的利用，提高化肥利用率。

因此，研究、开发并合理施用生物有机肥料不仅是获得作物优质、高产和提高土壤肥力的重要措施之一，也是保护生态环境、促进农业可持续发展的必然趋势。

（二）生产生物有机肥的微生物

用于生物有机肥生产的菌种首先必须具备对固体有机物发酵的性能，即能通过发酵作用使有机废弃物腐熟、除臭和干燥。目前用于固体有机物发酵的菌种一般由丝状真菌、芽孢杆菌、无芽孢杆菌、放线菌、酵母菌、乳酸菌等组成，它们能够在不同的温区生长繁殖，加快温度上升，缩短发酵时间，减少发酵过程中的臭气产生，提高生物有机肥的肥效等。

发酵菌剂的选择是生物有机肥生产的关键，它关系到生产中有机物料发酵生产工艺的选择和生物有机肥的质量。实际生产中常采用木质素分解菌、高温发酵菌、固氮菌、解磷菌和芽孢杆菌等。

（三）生物有机肥发酵原理

在有氧条件下，菌剂中的微生物迅速繁殖，分解粪便中的有机物质，在高温微生物作用下，有机质氧化分解产生热，形成能量交换。经过高温发酵，一些病菌、虫卵被杀死，经过矿质化、腐殖化过程释放出氮、磷、钾及微量元素等有效养分，进行物质交换，具有特殊作用的一些菌剂会产生一些免疫因子，抑制有害微生物活性和粪便中腐败菌、致病菌的生长及腐败物质的分解；菌剂中的丝状真菌、光合菌能吸收和分解一些带有恶臭的有害物质。最终生产出无害、无臭、无病菌虫卵的高效生物有机肥料。

（四）生物有机肥生产工艺

1. 原料配制 由于原料来源、微生物种类及发酵设备的不同，致使生物有机肥的配制方法各异，但一般的原则是：总物料中有机质含量高于30%，最好在50%～70%；腐熟前C/N为（30～35）：1，腐熟后应达到（15～20）：1，pH 6～7.5；水分含量为50%～70%。

2. 接种微生物 根据所生产生物有机肥的要求，接种有益微生物。

3. 发酵腐熟方法 目前在生产上主要有以下两种发酵方法。

（1）平面条垛式。该发酵方式投资小、制作方法相对简单。但占地面积较大、腐熟不彻底、二次污染严重。生产工艺：原料预处理→配料→接种菌剂→混合→建垛→翻堆→二次加菌→混合→活菌数检验。

（2）槽式好氧发酵。该发酵方式腐熟彻底、产品质量高、二次污染小，但设备投资较大。生产工艺：原料处理→加菌→混合→入槽→翻堆→二次加菌→混合→活菌数检验。

4. 检验 生物有机肥中有效活菌数≥2.0×10^{7}CFU/g，有机质含量≥25%。

任务三 食药用菌生产技术

食药用菌是指可供人类食用和药用的大型真菌，俗称“菇”“蘑”“蕈”“菌”“耳”。目前，全世界估计有25万种大型真菌，被人类发现大约有16 000种，可以食用的2 000多种，700多种具有明显的药用功效，约有80种能人工栽培，30多种可大规模商品化生产，10多种已进行工厂化生产。我国是食药用菌生产大国，2017年全国食药用菌总产量达3 711万t。

食药用菌不仅质感嫩滑、味道鲜美、风味独特，还含有十分丰富的营养物质。食药用菌的共同特点是高蛋白、低脂肪、低胆固醇，富含多种维生素和矿物质。食药用菌同时具有很好的保健和药用价值，其中含有真菌多糖、甾类、三萜类、生物碱等，具有调节人体机能、提高免疫力、降血压、降胆固醇、抗肿瘤、抗病毒、延缓衰老等作用。

知识拓展

食药用菌的观赏价值

灵芝自古以来就被认为是吉祥如意的象征，故人们将其称为瑞草或仙草，并赋予了动人的传说。因此，用灵芝制作的盆景不同于一般的盆景，除给人以艺术的美感外，还能给信仰者一种精神上的鼓励和安慰，激励人们对生活和自然充满情趣。金针菇也是一种很美的观赏菌，其菇体亭亭玉立，婀娜多姿，颜色有白有黄，盖小时宛如珍珠玛瑙，大时恰似金钱银币。

一、食药用菌的形态与分类

(一) 食药用菌的形态

虽然食药用菌种类繁多，大小不一，在外表上差异很大，但实际上它们都是由生活于基质内部的菌丝体和生长在基质表面的子实体组成。

1. 菌丝体的形态　菌丝体是食药用菌的营养器官，是由许多分支的菌丝组成的网状体，相当于植物的根、茎、叶。其主要功能是分解基质，吸收和运输营养。有些食药用菌的菌丝体会发生变态而形成一些特殊结构，如菌丝束、菌索、菌核、菌根、子座等。

2. 子实体的形态　子实体由已经分化的菌丝交织而成。对人类来说，子实体是人们的食用部分；对食药用菌来说，子实体是繁殖器官，相当于植物的果实或种子，它的主要功能是产生孢子，繁殖后代。

食药用菌的子实体形态各异，有伞状、耳状、块状等。最常见的为伞状，典型的伞菌子实体由菌盖、菌褶（或菌管）和菌柄组成，有些种类还有菌托或菌环（图 7-6）。

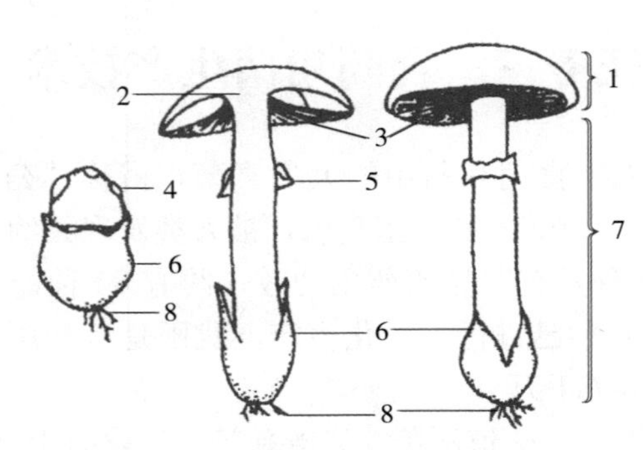

1. 菌盖　2. 菌肉　3. 菌褶　4. 鳞片　5. 菌环　6. 菌托　7. 菌柄　8. 菌丝束

图 7-6　伞菌子实体模式

（二）食药用菌的分类

目前世界上已发现有1万多种大型真菌，它们属于真菌门中的担子菌亚门和子囊菌亚门，其中90%以上属于担子菌，只有少数属于子囊菌（图7-7）。

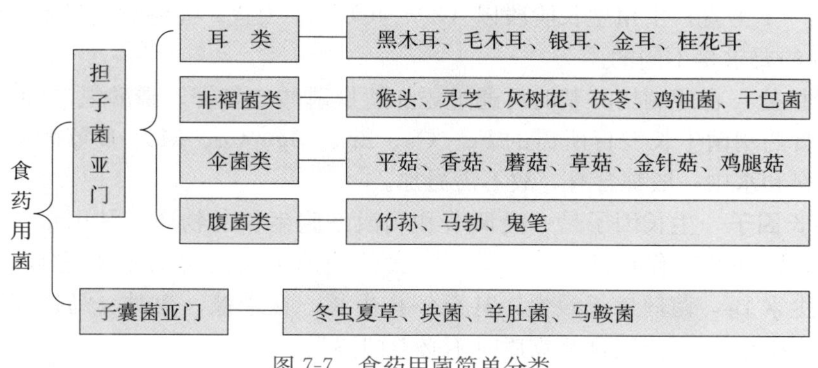

图7-7　食药用菌简单分类

知识拓展

毒　蕈

毒蕈是指有毒而不能食用的大型真菌，俗称毒蘑菇、毒菇，如白毒伞、鹅膏菌、鹿花菌、残托斑毒伞、包脚黑褶伞等。在我国野生的蕈菌中，有80～100种毒蕈，致命性毒蕈有20多种，其中10多种含剧毒。一旦有人误食毒蕈出现中毒症状，要马上实施催吐，及时到医院治疗，并向当地卫生行政部门报告。

二、食药用菌的生活条件

（一）食药用菌的营养条件

食药用菌都属于异养型生物，自身不能制造养分，需不断从外界环境中获得营养物质才能进行生长发育和繁殖。根据食药用菌摄取营养的方式不同，可分为腐生、寄生和共生3种类型。人工栽培的食药用菌都是腐生的，根据腐生对象不同又可分为木腐菌和草腐菌。不论哪种类型，食药用菌需要的营养物质都包括碳源、氮源、无机盐和生长因子等。

1. 碳源　碳既是食药用菌细胞的主要构成物质，又是其生命活动的能量来源，也是合成糖类和核酸的主要原料。在食药用菌生产中，麦秸、稻草、棉籽壳、木材、木屑、豆秆和玉米芯及各种菌草等植物性原料均可作为碳源。由于菌丝对纤维素、半纤维素、木质素分解较慢，不能满足菌丝初期生长的需要，在配制培养基时添加0.5%～1.0%葡萄糖或蔗糖能促进菌丝萌发和快速生长。

2. 氮源　氮是食药用菌细胞内蛋白质和核酸的重要组成成分。在生产实践中，常用的有机氮源有麦麸、米糠、各种饼肥、粪肥、蛋白胨等。

C/N 对食药用菌的营养生长和生殖生长影响很大。生产时根据各种食药用菌所需的 C/N 合理配制培养料是丰产的关键。一般来说，食药用菌菌丝生长阶段 C/N 以（15～20）：1 为宜；生殖生长阶段以（30～40）：1 为宜。需注意的是不同的食药用菌对 C/N 的要求是不同的。

3. 无机盐 在配制培养基时可通过添加适量磷酸二氢钾、磷酸氢二钾、硫酸镁、硫酸钙。食药用菌生长发育所需的 Fe、Cu、Zn、Mg、Co、Mo、B 等微量元素在天然培养原料和水中一般都含有，故不需另加。

4. 生长因子 生长因子是一类调节和刺激细胞生长的物质，其用量甚微，但对菌丝生长、原基形成有明显的促进效果。食药用菌生长需要的主要是 B 族维生素，若缺少维生素 B_1，菌丝生长缓慢，甚至停止生长。在米糠、麦麸、马铃薯等天然物质中含有维生素 B_1，使用这些物质时不必专门添加。

（二）食药用菌生长的环境条件

适宜的温度、水分、湿度、酸碱度、空气和光照等环境条件是食药用菌生长的基本保证。不同的食药用菌对环境条件的要求不同，同一种食药用菌在不同的生长阶段对环境条件的要求也不一样。

1. 温度 温度是影响食药用菌生长发育的重要环境因子。每种食药用菌的生长都要求一定的最适、最低和最高生长温度。同一种食药用菌不同生长阶段对温度的要求也不相同，对温度的要求呈现前高后低的规律，也就是孢子萌发温度＞菌丝生长温度＞子实体分化和发育温度。

（1）温度对孢子萌发的影响。食药用菌的孢子在适宜的温度范围内随温度的升高萌发率逐渐上升，但超过最适萌发温度后萌发率降低，超过极端高温就不能萌发或死亡。在低温范围内，多数孢子不死亡，但萌发率极低，所需的时间较长。

（2）温度对菌丝生长的影响。食药用菌菌丝怕高温、喜适温、耐低温。食药用菌菌丝生长温度是 5～35℃，适宜温度为 20～30℃。食药用菌菌丝一般不耐高温，多数食药用菌菌丝的致死温度在 40℃左右。菌丝较耐低温，一般在 0℃不会死亡，而草菇例外，其菌丝体在 40℃条件下能正常生长，但它不耐低温，在 5℃下易死亡。

菌丝最适生长温度是指菌丝体生长速度最快的温度，但这并不是菌丝生长最健壮的温度，在生产实践中，为了培育健壮的菌丝体，培养温度往往比菌丝最适生长温度略低，即在“协调的最适温度”下进行培养。

（3）温度对子实体分化和发育的影响。子实体分化温度一般要比菌丝生长所需要的温度低，且范围较菌丝生长的温度范围狭窄得多，如香菇菌丝生长最适温度为 25℃，子实体分化温度为 15℃。根据子实体分化所需的适宜温度，可以将食药用菌分为低温型、中温型和高温型 3 种类型（表 7-4）。

表 7-4 食药用菌子实体分化对温度的要求

温型	分化最高温度	分化最适温度	菌类
低温型	＜24℃	＜20℃	香菇、金针菇、双孢蘑菇、白灵菇、杏鲍菇、猴头菌等

（续）

温型	分化最高温度	分化最适温度	菌类
中温型	＜28℃	20～24℃	木耳、银耳、大肥菇、鸡腿菇等
高温型	＞30℃	＞24℃	草菇、灵芝、鲍鱼菇等

此外，根据食药用菌子实体分化时对温度的反应不同，又可分为变温结实型和恒温结实型。

①变温结实型。香菇、平菇、白灵菇等菌类子实体分化需要变温刺激。如在香菇分化期，以15℃为中心，每天若有8～10℃的温差刺激，原基分化得快、多、齐；若无温差，则难形成原基。

②恒温结实型。蘑菇、木耳、猴头菌、草菇、灵芝等子实体分化不需要变温刺激，较大的温差还易损伤菇蕾。

不同种类食药用菌的子实体发育温度不同，同一类食药用菌由于品种（菌株）不同，其子实体发育温度也不同。生产实践中，要根据菌株的温型合理安排生产时间，并根据对温度的反应采取不同的管理措施。

【想一想】

用温度计测量培养袋内的温度和培养室内的气温，并测量培养室不同高度的温度，比较一下是否有差异，若有差异，试分析存在差异的原因。菌丝生长、子实体分化和子实体发育各阶段的最适温度是指哪种温度？

2. 水分与湿度

（1）水分。食药用菌生长发育所需要的水分绝大部分来自培养料，一般适合食药用菌生长的培养料含水量为60%～65%。培养料含水量过高，料内通气差，菌丝生长缓慢，甚至停止生长或因窒息而死亡；培养料含水量过低，菌丝生长慢而稀少，难以出菇。

在配料时，料水比一般掌握在1∶（1.1～1.3）。也可用手握法测定培养料含水量，即以手紧握培养料，指缝中有水渗出而不下滴为宜。

（2）湿度。食药用菌在不同生长阶段对空气相对湿度的需求不同，一般呈前低后高的规律。菌丝生长阶段适宜的湿度为60%～70%，湿度低会使培养料大量失水，湿度高容易引起杂菌污染。子实体分化和发育阶段空气相对湿度一般要求为80%～90%，低于60%子实体的生长就会停止，低于40%时，子实体不再分化，即使已分化的幼菇也会干枯死亡。但菇房的空气相对湿度也不宜超过95%，过湿易招致病菌的滋生，同时也有碍于子实体的蒸腾作用，从而影响对养分的吸收。空气相对湿度可用干湿球温度计测定，湿度低时可向空间和地面喷水，湿度高时可加大通风。

【测一测】

用干湿球温度计观测培养室和菇房的空气相对湿度。

3. 空气　所有的食药用菌均为好氧性真菌。同一种食药用菌在不同生长阶段对氧需求量不同，一般呈现前少后多的需求规律。菌丝生长初期对氧需求量较少，随着菌丝体的快速生长，需氧量越来越大。在食药用菌子实体分化阶段对CO_2敏感，O_2充足可以促进子实体的分化和生长；通气差，CO_2积累多，子实体很难形成，生长缓慢，小菇会变黄死亡。

【查一查】

正常空气中O_2和CO_2的含量各是多少？

4. 酸碱度 大多数食药用菌宜在偏酸性环境中生长，菌丝生长的pH为2.5～8.5，不同食药用菌最适生长pH有一定差异。草菇喜碱环境，在pH 8.0时子实体仍能发育良好。猴头菌最耐酸，它的菌丝在pH 2.4时仍能生长。

【想一想】

如何测定培养料的pH?

5. 光照 菌丝生长阶段不需要光线，直射光不仅对菌丝有杀伤作用，而且易导致培养料水分急剧蒸发。大多数食药用菌在子实体分化和发育阶段需要一定量的散射光刺激。如香菇、草菇等在完全黑暗下不形成子实体；平菇、灵芝在黑暗条件下虽能形成子实体，但菇体畸形，常常只有菌柄不长菌盖。但有一些食药用菌，如双孢蘑菇、大肥菇等，在完全黑暗的条件下能正常形成洁白、肥嫩的子实体。

三、食药用菌生产的基本设施与设备

（一）食药用菌生产的基本设施

1. 菌种厂

（1）场地选择。菌种厂应选择在地势高燥、通风良好、排水畅通、交通便利的地方。300m之内无规模养殖的禽畜舍、垃圾和粪便堆积场，无污水、废气、废渣、烟尘和粉尘污染源；50m内无食药用菌栽培场、集市贸易市场。

（2）基本设施与要求。生产菌种要有各自隔离的摊晒场、原料库、配料分装室（场）、灭菌室、冷却室、接种室、培养室、贮存室、菌种检验室等。厂房建造从结构和功能上满足食药用菌菌种生产的基本需要（表7-5）。

表7-5 食药用菌菌种生产厂基本设施及要求

设施	基本要求
摊晒场	平坦高燥、通风良好、光照充足、空旷宽阔、远离火源
原料库	高燥、通风良好、防雨、远离火源
配料分装室（场）	水电方便、空间充足，如安排在室外，应有天棚，防雨防晒
灭菌室	水电安全方便、通风良好、空间充足、散热畅通
冷却室	洁净、防尘、易散热

（续）

设施	基本要求
接种室	内壁和屋顶光滑，便于清洗和消毒。面积不宜过大，一般 $6m^2$，外设缓冲室面积约 $2m^2$。上顶为天花板，距地面 2.5m，缓冲室进入接种室的门应为推拉门，两门的位置要错开。接种室内设工作台或接种箱，工作台上方并列安排一只紫外线灯和日光灯。缓冲室内配有衣帽架和鞋柜（图 7-8）
培养室和贮存室	内壁和屋顶光滑，便于清洗和消毒。有调温设施，墙壁要加厚，利于保温，有良好的通风条件
菌种检验室	水电方便，利于装备相应的检验设备和仪器

6
1
5
3
2
5
3
2
4
A
B
6

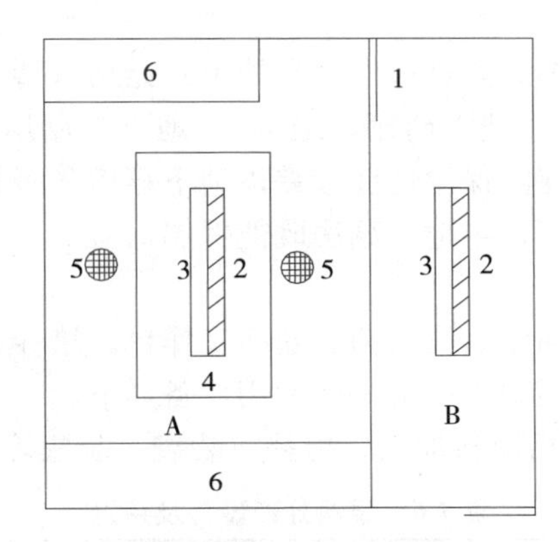

A. 接种室　B. 缓冲室

1. 门　2. 紫外线灯　3. 日光灯　4. 工作台　5. 座凳　6. 搁架

图 7-8　接种室平面

（3）厂房布局。厂房布局按照菌种生产工艺流程合理安排布局，不仅要考虑如何提高工效，更要考虑怎样有利于控制微生物的传播，确保菌种质量。一般菌种厂的平面布局如图 7-9 所示。

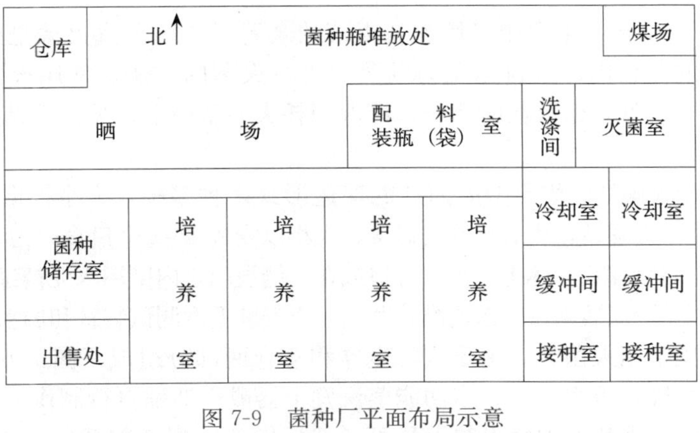

仓库
北
菌种瓶堆放处
煤场
晒　场
配　料
装瓶（袋）室
洗涤间
灭菌室
冷却室
冷却室
菌种
储存室
培养室
培养室
培养室
培养室
缓冲间
缓冲间
出售处
接种室
接种室

图 7-9　菌种厂平面布局示意

（王传福等，2017，秸秆世纪栽培食用菌指南）

2. 菇房 食药用菌的生产在特定的温度、湿度和光照条件下进行，因此不能按一般民房和蔬菜日光温室的建筑要求设计，而应当根据食药用菌生长要求进行设计和建造。

（1）菇房设计。食药用菌是好氧性真菌，设计菇房时要注意保温性、保湿性、通气性、密闭性和透光性。菇房四周墙壁应设低、高两道窗户，房顶设通风孔，以利空气对流，排除食药用菌生长释放出的大量 CO_2，保持菇房有充足的 O_2。

菇房最好坐北朝南，防止冬季西北风侵入，菇房高度一般根据室内栽培床架层数而定。菇床一般 3～5 层，每层高 30～40cm。菇房面积不宜过大或过小，过大管理不便，温湿度不易控制；过小利用率太低，生产成本高。菇房除了要求坚固、耐用、省料外，还要密闭、保温隔热、通风和使用方便。菇房墙壁应比一般房屋厚，冬季可以保暖，夏季可以防热。

（2）菇房形式。菇房形式多种多样，有地上式菇房（塑料大棚、日光温室、空闲房屋等）、半地下式菇房（半地下菇棚、地沟）、地下式菇房（防空洞、地窖）。地上菇房有利于通风透光，但保温保湿性能较差；地下菇房冬暖夏凉，便于保温保湿，但通风条件差，易发生病虫害；半地下菇房既能保温保湿，又具有良好的通风条件。

（二）基本设备

生产食药用菌所需的高压蒸汽灭菌、超净工作台、培养箱、冰箱等设备与培养微生物所需设备相同，食药用菌生产上一些专用设备如下。

1. 原料处理设备 包括原料加工、搅拌、装袋、装瓶等设备（表 7-6）

表 7-6 原料处理设备及用途

设备名称	设备用途
木材切片机	将木材、枝桠切成各种规格的木片
粉碎机	粉碎玉米芯、花生壳
拌料机	将培养料搅拌均匀
装袋机	将拌好的培养料装入塑料袋中，有螺旋装袋机和冲压装袋机两种
翻堆机	在培养料堆积发酵过程中用于翻堆

2. 常压灭菌设备 主要用于培养料灭菌的装置。常压蒸汽灭菌是将待灭菌物品置于密封较好的蒸仓内，以自然压力的蒸汽进行灭菌的方法。常压灭菌灶可自行建造，容量大，造价低，但灭菌时间长，能源消耗大。生产上常见的灭菌灶有固定型和活动型两种灶型。

（1）固定型灭菌灶。固定型灭菌灶的建造形式多种多样，大小根据生产量自行设计。灶体用砖和水泥建造，也有用铁皮焊接，大小以安放 1～2 个口直径为 100～120cm 的铁锅为宜。蒸仓直接建在灶体上，可上开口或在一侧设门，内壁用水泥精细粉刷光滑；内设层架结构，以便分层装入待灭菌物品；蒸仓还应安装温度测试装置和加水装置。

（2）活动型常压灭菌灶。由蒸汽发生器和蒸仓两部分组成（图 7-10）。蒸汽发生器用于产生水蒸气，可用锅炉、多功能蒸汽发生器或空油桶自行制作。蒸仓可用水泥砌成方池，也可在平整的地面上垫上秸秆，然后铺上一层塑料薄膜，再铺一层木板，木板用砖架空。在木板上堆放料袋或周转筐，料袋之间要留一定空隙，以利蒸汽流通。料袋码好后在堆上覆盖两层较厚的塑料薄膜，再覆盖棉帘或麻袋，并用绳索将整个料堆外面捆紧，用沙袋将四周压严实，以防蒸汽泄漏。然后用导管把蒸汽引入蒸仓内。这种灭菌灶成本低廉、操作方便、升温快，但蒸汽在薄膜内流动性相对较差，应注意延长灭菌时间。

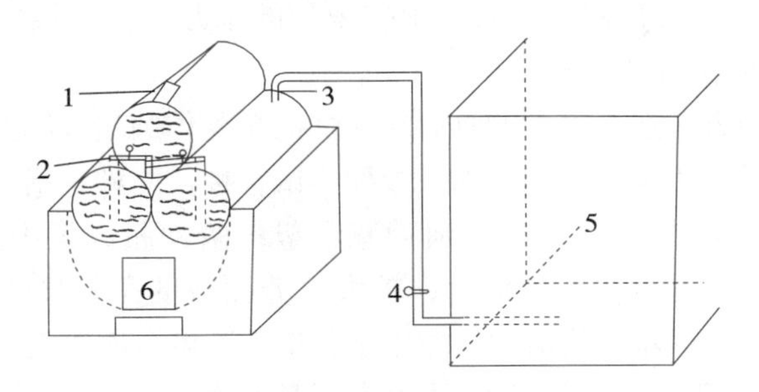

1. 油桶　2. 进水管　3. 出汽管　4. 进汽阀　5. 蒸仓　6. 火门

图 7-10　活动型常压灭菌灶

3. 接种设备

（1）接种箱。又称无菌箱，是用木板和玻璃制成的密闭小箱，内顶部装有紫外线灯和日光灯。箱前开两个圆洞，洞口装有带松紧带的袖套，以防双手在箱内操作时外界空气进入箱内造成污染。接种箱有单人接种箱和双人接种箱两种（图 7-11）。

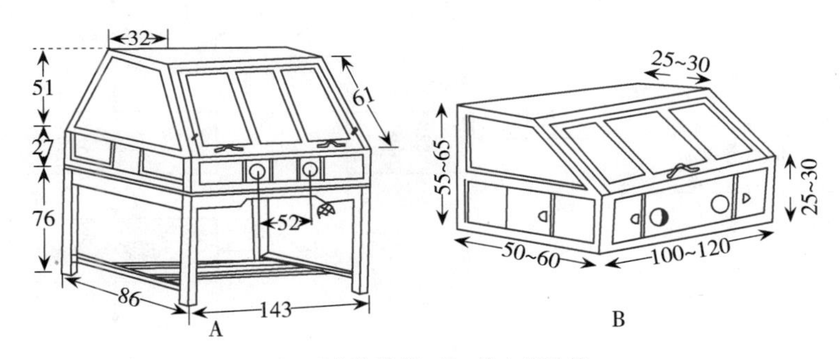

A. 双人接种箱　B. 单人接种箱

图 7-11　接种箱（单位：cm）

（2）接种工具。用于菌种的分离、移接。除个别需购买外，自制的更适用。

4. 培养设备

（1）培养架。用于放置食药用菌料袋和培养瓶。可用角铁焊制，涂上防锈漆，宽 30～50cm，层间距 30～35cm，底层离地面 25cm，长按培养室大小设计，高以 4～5 层的较为适合。

（2）培养容器。培养菌种的容器有试管、三角瓶和 750mL 菌种瓶、聚丙烯广口瓶、聚丙烯塑料袋、聚乙烯塑料袋和塑料套环等。

四、菌种生产技术

食药用菌菌种生产是食药用菌生产的首要任务，菌种质量的优劣对食药用菌的产量和品质影响极大，严重时甚至影响生产的成败。优良的菌种是生产成功和获得优质、高产的保证。

（一）菌种的类型及制种程序

1. 菌种的类型 食药用菌菌种是指经人工培养，并供进一步繁殖或栽培使用的食药用菌菌丝纯培养物及其营养基质。根据菌种的来源、繁殖代数及生产目的，把菌种分为母种、原种和栽培种。

母种是指经各种方法选育得到的具有结实性的菌丝体纯培养物及其继代培养物，以玻璃试管为培养容器和使用单位，也称一级种、试管种。原种是指由母种移植、扩大培养而成的菌丝体纯培养物。常以玻璃菌种瓶、塑料菌种瓶或聚丙烯塑料袋（15cm×28cm）为容器。栽培种是指由原种移植、扩大培养而成的菌丝体纯培养物。常以玻璃瓶、塑料瓶或塑料袋为容器，栽培种只能用于栽培，不可再次扩大繁殖菌种。

2. 制种的程序 我国食药用菌菌种生产采用母种、原种、栽培种的三级繁育程序（图7-12）。经过三级培养，在菌种数量扩大的同时，菌丝体也逐渐适应栽培基质，菌丝越来越粗壮，分解培养基质的能力越来越强，生产成本也逐渐降低。

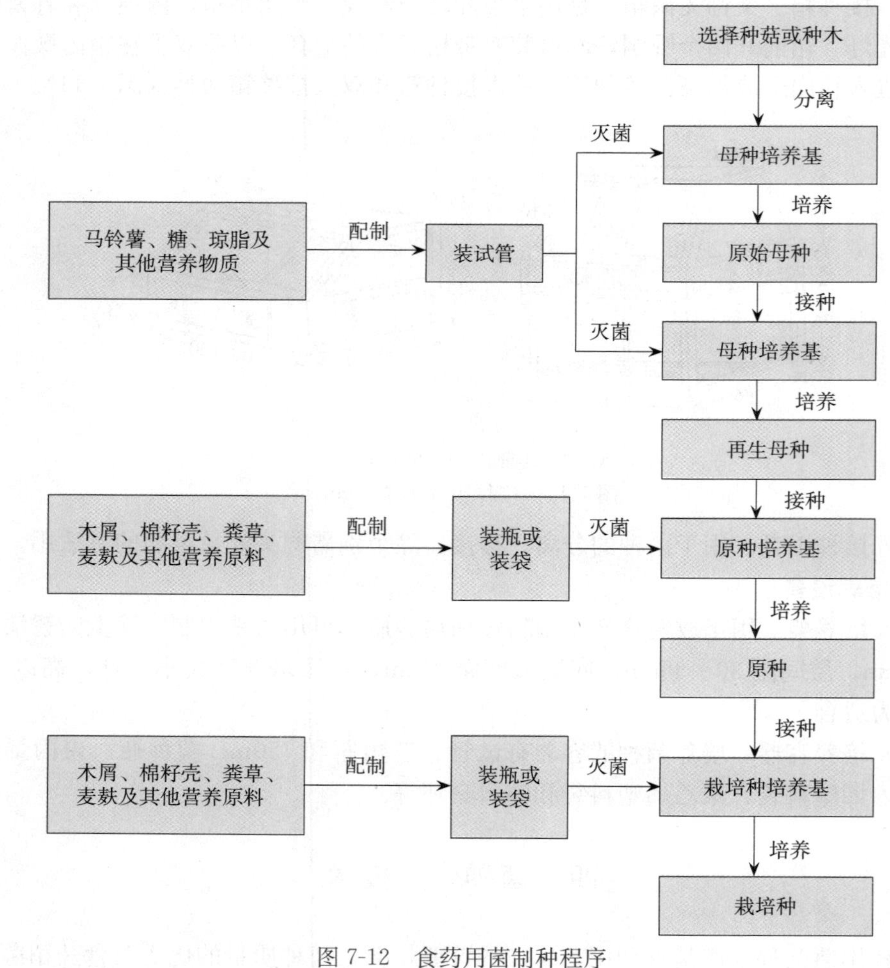

图7-12 食药用菌制种程序

（二）母种生产技术

母种生产技术包括母种培养基的制备、母种分离和母种扩大培养。

1. 母种培养基的制备　母种培养基适于食药用菌母种分离、母种扩大培养，又称为斜面培养基。

（1）母种培养基配方。母种培养基配方有很多，生产上常用的有以下几种。

①马铃薯葡萄糖琼脂培养基（PDA 培养基）。马铃薯（去皮）200g，葡萄糖20g，琼脂18～20g，水1L。该培养基适于绝大多数食药用菌母种的分离、培养和保藏。也可用蔗糖代替葡萄糖（PSA 培养基）。

②马铃薯综合培养基（CPDA 培养基）。马铃薯（去皮）200g，葡萄糖 20g，磷酸二氢钾 3g，硫酸镁 1.5g，维生素 B_1 10mg，琼脂 18～20g，水 1L。该培养基适于绝大多数食药用菌母种的分离、培养和保藏。

③木屑浸出汁培养基。阔叶树木屑 500g，麦麸或米糠 100g（煮汁过滤），葡萄糖20g，琼脂 20g，硫酸铵 1g，水 1L。该培养基适于香菇、木耳等木腐菌母种的分离和培养。

④完全培养基。蛋白胨 2g，葡萄糖 20g，磷酸二氢钾 0.46g，磷酸氢二钾 1g，硫酸镁 0.5g，琼脂 15g，水 1L。该培养基为合成培养基，适于保藏各类菌种。

（2）制作方法。PDA 母种培养基配制方法参照相关技能训练。培养基制备好后立即进行高压蒸汽灭菌，在 0.105MPa 压力下灭菌 20～30min，取出后摆成斜面即可。

2. 母种的分离　食药用菌菌种分离的方法主要有组织分离法和孢子分离法。

（1）组织分离法。组织分离法是采用食药用菌子实体或菌核、菌索的任何一部分组织进行分离获得纯菌丝的方法。该方法属于无性繁殖，简单易行，菌丝萌发快，能保持原有特性，适合于大多数食药用菌母种的分离。

①选择种菇。从生长旺盛、出菇整齐、出菇早的菌袋或菌床上挑选菇形好、菌肉肥厚、色泽正常、无病虫害、七八成熟的菇体。

②种菇消毒。切去菇体基部，用水冲洗干净，置入消毒后的接种箱或超净工作台上，用 75%乙醇擦拭菇体表面。

③切块接种。用消毒后的解剖刀沿菌柄、菌盖中部纵切，在切开的剖面上用刀在菇盖与菇柄交界处切割，再用无菌的接种针或小镊子挑取绿豆大小的一块组织，迅速移接到斜面培养基上。

【想一想】

为什么要切取菌柄与菌盖交界处的组织？接种块过大或过小对分离有什么影响？

④适温培养。置于 24～26℃温度下培养 3～4d，组织块上即可长出白色绒毛状的菌丝。

⑤转管纯化。挑取尖端菌丝转移到新的培养基上继续培养，待菌丝长满斜面即为母种。

（2）孢子分离法。孢子分离法是将子实体上成熟的有性孢子接种到适宜的培养基上，使孢子萌发生长成纯菌丝的方法。有性孢子具有双亲的遗传特性，由孢子分离获得的纯菌种生命力强，发育强壮，但变异性较大，生产前应做出菇试验。

①选择种菇。选取生长健壮、特征典型、无病虫害、七八成熟的种菇（耳）。

②种菇消毒。子实体采回后要及时切除基部，并进行表面消毒。对子实层未外露的种菇，如蘑菇、草菇等可浸入0.1%氯化汞中消毒约60s，然后用无菌水冲洗3～4次，再用无菌纱布吸干菇体表面水分。对于子实层裸露的种菇，如平菇、香菇等，用75%乙醇擦拭菌盖及菌柄表面即可。而对于银耳、木耳类子实体，因其子实层裸露，消毒剂易杀死孢子，不能直接用消毒剂消毒，仅用无菌水洗涤和冲洗，然后用无菌纱布吸干表面水分即可。

③分离培养。常用的分离方法有钩悬法和菌褶涂抹法。

A. 钩悬法。常用于木耳、银耳的孢子分离。其方法是在三角瓶内装1cm厚PDA培养基，高压灭菌后备用。取一个金属丝，折成S形，用酒精灯火焰灼烧后，一端钩住耳片，另一端钩在三角瓶口，使耳片悬于培养基正上，注意耳片腹面朝下（图7-13）。置于25℃温度条件下培养24h，见培养基表面有一层白色孢子印时，在无菌条件下取出钩子和耳片，塞好棉塞，继续培养。

图7-13　钩悬法

B. 菌褶涂抹法。取消毒后的菇体，用经火焰灭菌的接种环直插在两片菌褶之间轻轻地抹取子实层，注意勿使接种环接触到裸露于空气中的菌褶，以免沾上空气中的杂菌。将尚未弹射的孢子沾在接种环上，取出接种环，在准备好的斜面培养基上划线接种，然后置于适宜的条件下培养即可。此法在野外采种时尤为方便，但仍要无菌操作，且动作要准确、敏捷。

3. 母种的扩大繁殖　组织分离、孢子分离得到的母种数量较少。生产上，母种都要进一步扩大繁殖，以增加母种数量。但转管次数不能过多，以免因移植造成机械损伤及培养条件变化造成的不良影响，导致菌种退化。母种的转接是在超净工作台或接种箱中进行，采取点接法接种。一般1支原始母种可转接30～50支再生母种。

（三）原种、栽培种的生产技术

1. 原种、栽培种培养基的制备　原种培养基与栽培种培养基的制备方法大致相同。但原则上原种培养基营养成分应尽可能丰富，易于母种菌丝吸收，促使菌丝快速萌发，生长健壮。由于原种的菌丝已基本适应了固体培养基，而且比母种菌丝健壮，因此栽培种培养基成分可以粗放些，来源更广泛一些。

（1）培养基常用配方。原种和栽培种培养基配方很多（表7-7）。生产上可根据食药用菌的营养类型和当地原料来源灵活选择。

表7-7　常用的原种和栽培种培养基配方及其适用菌类

主料	培养基配方	适于培养菌类
棉籽壳	①棉籽壳99%，石膏1%，含水量60%±2% ②棉籽壳84%～89%，麦麸10%～15%，石膏1%，含水量60%±2% ③棉籽壳54%～69%，玉米芯20%～30%，麦麸10%～15%，石膏1%，含水量60%±2%	侧耳属、木耳、金针菇、滑菇等多数木腐菌类

（续）

主料	培养基配方	适于培养菌类
木屑	①阔叶树木屑78%，麦麸20%，糖1%，石膏1%，含水量58%±2% ②阔叶树木屑63%，棉籽壳15%，麦麸20%，糖1%，石膏1%，含水量58%±2%	香菇、木耳、平菇、金针菇等多数木腐菌类
腐熟料	①腐熟麦秸或稻草（干）77%，腐熟牛粪粉（干）20%，石膏粉1%，碳酸钙2%，含水量62%±1%，pH 7.5 ②腐熟棉籽壳（干）97%，石膏粉1%，碳酸钙2%，含水量55%±1%，pH 7.5	双孢蘑菇、大肥菇、姬松茸等
谷粒	小麦、谷子、玉米或高粱97%～98%，石膏2%～3%。将谷粒煮至熟而不烂，滤去多余水分，晾至表面无水分，拌入石膏粉	除银耳外的食药用菌

（2）培养基制备方法。

①配料。按配方称取各种原料，先将易溶物质溶于适量水中，再将其他原料进行混合，干拌后再加入易溶物质的溶液进行搅拌，培养料要求充分拌匀、干湿一致、含水量适中。

②装瓶（袋）。原种多使用750mL无色或近无色的玻璃菌种瓶，或15cm×28cm聚丙烯塑料袋。分装棉籽壳、木屑、玉米芯培养基时，边装边振动，并用木棒压紧，使装入的培养基上下均匀一致，装至瓶肩为止，料面用扁钩压平，在培养基中间用圆锥形捣木扎一个洞，接种后有利于菌丝沿洞穴向下蔓延。装好后随即用清水洗净瓶口内黏着的培养基，并把瓶身外边也洗干净。

分装谷粒培养基也可用500mL盐水瓶，只需将谷粒装至瓶肩，稍振动几下瓶身即可，然后用干布将瓶口内壁揩抹干净。瓶口上都要塞上棉塞，棉塞要求松紧适度，2/3塞在瓶口内应使用棉塞。塑料袋应套上塑料环，用满足滤菌和透气要求的无棉塑料盖代替棉塞。

栽培种培养基可用塑料袋作为容器，装袋要求上下松紧一致，袋口擦净，套上塑料环，加上无棉塑料盖。

③灭菌。原种和栽培种培养基配制后应在4h内进锅灭菌，灭菌所需时间应根据灭菌方法和培养基的原料而决定。原种培养基要采用高压蒸汽灭菌，棉籽壳、木屑和玉米芯培养基在0.12MPa压力灭菌1.5h或0.14～0.15MPa灭菌1h；谷粒培养基、粪草培养基在0.14～0.15MPa压力下灭菌2.5h。容量较大时，灭菌时间要适当延长。灭菌完毕后，应自然降压，不应强制降压。

栽培种培养基用聚丙烯塑料袋装的采用高压蒸汽灭菌，用聚乙烯塑料袋装的采用常压蒸汽灭菌。常压灭菌时，在4h之内使灭菌室温度达到100℃，保持8～10h。一般停火后再闷4～8h出锅。

④冷却。冷却室使用前要进行清洁和除尘处理。地面铺消毒过的塑料薄膜后，将灭菌后的原种瓶（袋）或栽培种瓶（袋）放置在冷却室中冷却。

2. 原种的接种与培养 接种时将原种料瓶、接种用具一并放入接种箱，用紫外线灯照射和气雾消毒剂熏蒸30min后进行接种（无菌操作），用经灼烧灭菌稍冷却后的接种刀将斜面切成4～6个小块，挑取一块菌块迅速接入料瓶，塞上棉塞（图7-14）。这样依次操作，直至料瓶全部接完，贴好标签。1支母种移植扩大原种不应超过6瓶（袋）。接种后，将瓶移入菌种培养室，给予其适宜的培养温度（多在22～28℃），保持空气相对湿度在75%以下，注意通风和避光。

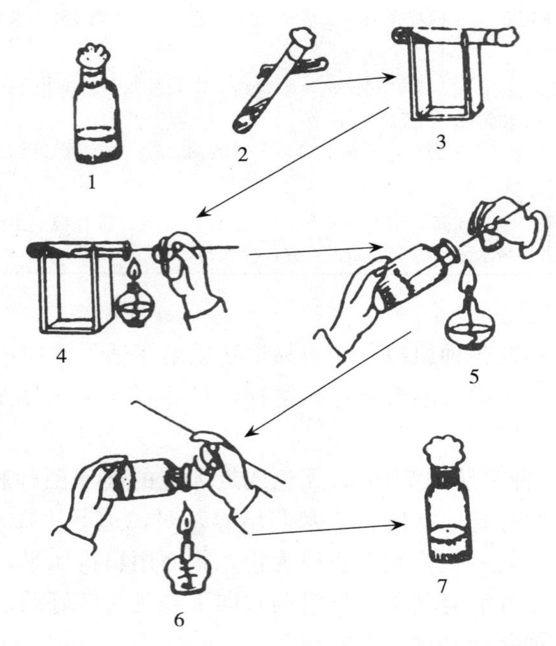

1. 原种培养基　2. 母种　3. 固定母种　4. 切割母种　5. 接入母种　6. 塞棉塞　7. 保温培养

图7-14　母种扩接原种操作过程

3. 栽培种的接种与培养　同原种接种要求一样，需在无菌条件下进行操作。1瓶原种接种栽培种不应超过50瓶（袋）。接种完毕放进培养室竖立在菌种架上，在适温下进行培养。在培养中一要注意防止料温过高导致烧菌；二要经常检查有无杂菌发生，一经发现及时检出。

知识拓展

液　体　菌　种

按照培养基质的形态，菌种分为固体菌种和液体菌种。液体菌种是将菌种培养在摇瓶或发酵罐内，通过不断震荡或通入无菌空气，在液体培养基中培养而成的菌丝体纯培养物。与固体菌种相比，液体菌种具有如下特点。

1. 生产周期短　人工控制发酵参数，满足菌丝的最佳培养条件，能够大大缩短菌丝培养周期。液体菌种培养一般需3～7d，而固体菌种培养需25～60d。

2. 自动化程度高　液体菌种采用发酵工程技术，在特定的制种设备中实现自动化的生产，不受季节性限制，生产工艺规范，菌种质量稳定、产量高，便于食用菌的工厂化和标准化生产。

3. 菌丝活力强 液体菌种菌龄短，纯度高，菌丝生长旺盛；具有流动渗透性，方便接种；接种后萌发点多，发菌速度快，可以缩短食药用菌栽培周期，提高食药用菌的产量和品质。固体菌种菌体细胞代谢物积累很容易造成整体质量不佳、活力不强。

五、食药用菌生产技术

（一）平菇生产技术

1. 栽培季节 平菇菌丝生长的温度范围较广，但不同温型品种子实体分化与生长对温度要求差异较大。目前生产上种植较多的为中低温型品种，春、秋两季是平菇生产的旺季。生产上一般是在最适出菇温度前30～40d播种，确保在最适宜温度范围内多出菇、出好菇。

2. 生产技术 在长期的生产实践过程中，广大食药用菌生产者摸索出了许多栽培方法。根据培养料处理方式可分为熟料栽培、发酵料栽培和生料栽培等；根据栽培的容器和成型可分为袋栽、床栽、箱栽、块栽、畦栽等；根据栽培场所可分为室内栽培、塑料棚栽培、地下室栽培、阳畦栽培等。虽然平菇的生产方法多样，但只要掌握了一种方法，其他方法便可触类旁通。塑料袋生产平菇能充分利用空间，有效控制杂菌和病虫危害，提高生产成功率，且成本较低，是目前应用最广泛的生产方法，其操作流程及技术要点见表7-8。

表7-8 平菇发酵料生产操作流程及操作技术要点

操作流程	操作技术要点
配料	根据当地的资源，生产时可选择如下一种配方： ①棉籽壳97%，生石灰3%，石膏1% ②棉籽壳49%，玉米芯47%，生石灰3%，石膏1% ③玉米芯80%，麦麸15%，生石灰3%，过磷酸钙1%，石膏1%
拌料	1. 将棉籽壳、玉米芯等主料混合铺在地面上，把麦麸、过磷酸钙等辅料均匀撒在料上面，先干拌2～3遍 2. 把生石灰溶于水中，边往料上洒水边翻料，翻2～3遍。有条件的也可用拌料机拌料
发酵	1. 把拌好的料堆成宽1.5～2.0m、高1.2m、长度不限的堆，每隔30cm打通气孔至堆底，孔径3～5cm，料堆上面覆盖草帘或遮阳网 2. 建堆后2～3d，当料堆内30cm处温度达到60℃时，保持24h进行第一次翻堆 3. 待料温再次升到60℃，保持24h再翻堆。整个发酵共翻堆3～4次，历时6～9d
装袋播种	1. 选用（24～28）cm×（45～50）cm×0.015cm高密度低压聚乙烯塑料袋 2. 按干料10%～15%准备好栽培种 3. 拌入0.1%多菌灵，调好培养料含水量 4. 用1%石灰水对瓶（或袋）口、外壁，以及播种人员的手等进行消毒 5. 去掉袋表层老化菌皮，把菌种掰成核桃大小的块状放在消毒后的盆内 6. 待发酵好的培养料温度降至28℃左右时，开始装袋播种。层播法接种，一般3层菌种2层料或4层菌种3层料

（续）

操作流程	操作技术要点
发菌管理	1. 将菌袋码放起来，层数依温度而定，料温控制在20～30℃。温度过高及时散堆，温度低时可堆4～6层 2. 一周后进行翻袋，检查菌丝生长情况，挑出污染袋，加大通风换气，保持空气新鲜。以后每7～10d翻1次袋，结合翻袋要将上下内外料袋交换位置，以利发菌均匀
码放料袋	当菌丝长满料袋后，摆放到出菇场，按每行3～8层骑缝式排列，行距60cm以上，采取两端出菇
出菇期管理	1. 采用通风、揭放草苫等方法调控温度，低温型品种温度应控制在15℃左右，中温型品种温度应控制在22℃左右，高温型品种温度应控制在26℃左右 2. 空间相对湿度保持在85%～90%，利用喷雾器将水雾化后向空中或地面喷洒增加湿度。刚见菇蕾时，水不能直接喷向菇蕾，当菇盖长到2cm大小时可将少量水雾化后直接轻喷于菇体表面 3. 每天通风，供给足够氧气，通风不良，会出现小盖、长柄的畸形菇
采收	1. 在菌盖充分展开，菌盖与菌柄相连的下凹处出现白绒毛，即将散发孢子前及时采菇 2. 一手按住菇体根部，一手拿住菇体转动，以防采摘时带下过多培养料；对于泥土覆盖菌墙的采菇法，可采用刀割法采收，即用刀沿着菇根和培养料连接处切下
采后管理	1. 菇体采摘后，及时清理料面，去除残留菇根及死菇、烂菇等 2. 停止喷水后5～7d利用调控生产场所内的温度、湿度和通气等，催发下一潮菇生长，如此往复管理
补充营养液	1. 配制0.2%尿素或0.2%尿素+0.1%磷酸二氢钾 2. 对于码袋出菇的料袋，在采收两茬菇后用补水器将营养液注入菌袋 3. 对于菌墙出菇方式，可直接从菌墙上面水槽中加入

（二）香菇生产技术

1. 栽培季节 靠自然温度养菌和出菇，一般可进行春、秋两季栽培。春栽2月上旬至3月下旬制袋接种，越夏后到10月中下旬出菇；秋栽以旬平均气温26～28℃为最佳制袋接种期。

2. 生产技术 香菇栽培有段木栽培和袋料栽培，为了保护森林资源，段木栽培较少采用。目前香菇生产的主要方法是熟料塑料袋栽培（采用木屑、麦麸作为培养料）。其生产工艺流程为：配料→拌料→装袋→灭菌→接种→菌丝培养→脱袋排场→转色→催蕾→出菇管理→采收→采后管理。

（1）配料。生产上的配方为：木屑78%，麦麸20%，蔗糖1%，石膏1%。

（2）拌料。培养料先干拌2～3遍，然后加水搅拌，其含水量达到55%左右。标准是用手紧握培养料成团，指间稍有水渗出但无水滴下。

（3）装袋。塑料袋规格为（15～20）cm×（50～55）cm×0.006cm。装袋时要注意松紧适中，切忌过紧或过松。装完料后系紧袋口，搬运时必须轻拿轻放，防止料袋破损，引起杂菌污染。

（4）灭菌。料袋装好后要及时灭菌，做到当日拌料、当日装袋、当日灭菌。灭菌多采用常压蒸汽灭菌，烧火要求“两头猛，中间稳”，即开始旺火猛烧，使温度在4h内升到100℃，然后稳火保温14～16h，最后再旺火猛烧30min，停火后闷4～6h，抢温出锅，搬入消毒后的接种室冷却。

（5）接种。接种是栽培香菇成败的关键环节。为防止杂菌污染，接种要在接种室或接种帐中进行。选择长势旺、无杂菌的优质菌种，用75%乙醇擦拭瓶外壁、接种工具和接种人员双手，挖去菌种表层老菌丝。接种一般采取打穴接种法，先用沾有75%乙醇的纱布擦拭打穴处，用直径为1.5cm打穴器打穴，穴深2cm。单面接种打3～4穴，双面接种打5穴。迅速地接入菌种，尽量接满穴，然后立即套一个外袋。打穴、接种、套外袋要连续进行，流水作业。

（6）菌丝培养。接种后的栽培袋应及时移入培养室，使菌丝迅速萌发、定植、蔓延生长，直到长满整个菌袋。菌袋以"井"字形堆叠，每行3～4袋，依次重叠4～10层。堆与堆间要留出通风道，注意不要压住接种穴。

培养室温度控制在20～25℃，不要超过28℃。接种后7d内一般不要搬动菌袋，以免影响菌丝的萌发。7d后进行一次翻堆，室内温度控制在22℃左右为适，同时剔除污染的菌袋。以后每10d要翻堆1次，室内空气相对湿度不宜高于70%，还要注意适当通风。当接种穴菌丝向四周蔓延、菌丝相连后可脱掉外袋，料袋大的还可以在接种穴周围刺孔透气。

（7）脱袋排场。当菌丝长满整个料袋，袋壁周围菌丝体膨胀，皱褶、瘤状物占整个袋面2/3；手按菌袋的瘤状物，有弹性松软感，而不是很硬；在接种穴四周有浅棕褐色出现时表明菌丝已生理成熟，就可以脱袋。

脱袋太早，菌丝生理未成熟，转色困难，不利于香菇原基形成；脱袋太迟，过于成熟，袋内黄水渗透在培养料内，易引起霉菌感染，也会造成菌膜增厚，影响正常出菇。

脱袋最好在气温16～22℃、无风的晴天或阴天进行。用锋利的小刀或用两面刀片轻轻地将塑料膜划破，撕下，可留住菌袋两端的一点薄膜作为"帽子"，以避免排场触地时感染杂菌。脱袋后，排放于菇床的木横架上，菌袋与地面呈70°～80°的倾斜角，袋距3～5cm，然后盖上薄膜。

（8）转色。脱袋后，要控制菌筒的小环境条件，使其从营养生长转为生殖生长。菌筒表面首先长出一层白色、绒毛状的菌丝，然后菌丝倒伏，形成薄的菌膜，同时分泌色素，菌膜由白色略转粉红色，逐步变为棕褐色，最后形成一层似树皮状的褐色菌膜，就是菌筒转色。

菌筒转色的深浅直接影响香菇的产量和品质。转色适宜，菌筒表面形成一层红褐色、有光泽的菌膜，出菇早且密、菇体大小适中、产量高；转色淡或一直不转色，出菇迟、菇体小、肉薄质差、产量低；转色深，菌膜厚、出菇晚且稀、菇体大、产量低。

（9）催蕾。香菇属变温结实型菌类，人为地创造温差和干湿差来刺激菌袋能促进菇蕾大量发生，同时还必须结合通风和光照刺激。催蕾的方法是白天把菇棚上的薄膜罩严，使棚内温度升高，菌袋保持湿润；午夜至凌晨掀膜通风1～2h，降低温度和湿度，这样昼夜温差可达10℃以上，经过连续3～4d的刺激就会形成大量原基。另外，"三分阳七分阴"的光线刺激也有利于诱导原基分化。

（10）出菇管理。不同温型的香菇菌株子实体生长发育的温度是不同的，多数菌株出菇温度为5～26℃，最适温度为10～20℃，最适宜的湿度为85%～90%。随着子实体不断增大，呼吸加强，CO_2积累加快，要加强通风，保持空气清新，还要有一定的散射光。

（11）采收。在菇盖尚未完全展开、菌盖边缘还在向内时采摘最为适宜。采收前1d停止喷水。采收方法是用拇指和食指捏住菇柄基部，左右旋转，轻轻拧下，不要碰伤周围小菇，边熟边采，采大留小。采收后及时加工处理。

（12）采后管理。采完一茬菇后，要及时清理料袋表面，将死菇、菇根清除干净，停止喷水3～4d，以利于菌丝恢复，积累营养，第五天后按正常管理，经过催蕾后进行出菇管理；前2潮菇用喷水方法保持水分，3潮菇后菌袋失水较多，含水量降到40%以下时可通过向袋内注水等方法，使菌袋含水量达到60%～70%，再按正常管理。

灵芝生活史

灵芝的价值与栽培

（三）灵芝生产技术

1. 栽培季节 灵芝生长发育最适宜温度为25～28℃。因此生产季节要根据出芝最佳自然温度来确定。南方地区一般3月上旬截段装袋灭菌接种，5月覆土，30d左右出菇，再30d后成熟采收，如果要采收灵芝孢子粉，生长期会再延长30d。北方天气凉爽，生产时间一般比南方延后一个月。

2. 生产技术 灵芝栽培有段木栽培和袋料栽培两种生产方式。灵芝段木栽培生产工艺流程为：选择树种→适时伐木→截段装袋→灭菌→接种→菌丝培养→排场埋土→出芝管理→采收干燥→分级包装。

（1）选择树种。大多数阔叶树种都适宜栽培灵芝。我国南方主要有壳斗科和杜英科树种，北方主要采用柞木、千金鹅掌等树种。

（2）适时伐木。最佳伐木时间一般在11月中旬至翌年2月中旬。最好选择晴天伐木，直径以8～18cm为佳，运输过程中尽量不要使树皮受损。采伐的树木堆放在阴凉处，严防暴晒开裂。

（3）截段装袋。横埋方式栽培的段木长28～30cm，而竖埋方式的段木长15～18cm。截段面要平整，可用刮刀刮掉截段周边的毛刺，以防装袋时刺破薄膜袋而感染杂菌。

（4）灭菌。生产上一般采用常压灭菌，使温度升到100℃，然后维持温度10～12h，温度切忌忽高忽低，停火后闷4～6h，当温度降至40～50℃后才能出锅。

（5）接种。待袋棒温度降到30℃左右时接种最佳。接种前应对接种室消毒。接种方式：30cm长的段木需两端接种，15cm长的段木可一端接种；将去除老菌皮的菌种捣碎成黄豆大小，然后用汤匙掏取倒入装段木的袋中，使菌种紧贴于段木表面，每根段木接种量为5～10g，接种后仍需扎紧袋口。

（6）菌丝培养。接种后的菌棒应在通风、保温、遮光和干净卫生的室内避光培养。低温季节接种的，可以立体墙式排列堆放，堆袋8～10袋层高；高温季节接种的，可以呈"井"字形堆放，叠放8～10层高。堆与堆间要留出通风道，并覆盖塑料膜。

培养室温度控制在20～22℃，接种7d后温度升到22～26℃。发菌初期湿度控制在65%～70%。一般接种15d后菌丝生长旺盛，每天午后开门窗通风换气1～2h，培养30d后菌丝可长满整个段木表面。

（7）排场埋土。在南方，宜选择海拔300～700m的山谷开阔地，夏季最高温度在36℃以下，平均气温在24℃左右。在埋土前一个月，应选择晴天翻耕菌床，清除杂草、石块和消毒土壤，经日光暴晒数日后建畦。方法：翻土深度达20cm，畦高

10～15cm、宽1.5～1.8m，每两畦上建高1.6～1.8m的塑料大棚，用农用薄膜覆盖，再需覆盖黑色遮阳网。

排场注意：根据菌丝生长好坏、品种不同分开排放菌袋，保证出菇整齐，便于管理。覆土厚度约2cm，以菌木不外露为宜。覆土后喷一次水，使土壤填满菌袋空隙，湿度以“手握成团，甩手能撒”为度。

（8）出芝管理。灵芝属于恒温结实型。覆土后温度达到24～32℃，7～14d就可以形成菌蕾，然后菌盖分化，成熟，孢子产生。空气湿度一般控制在85%～95%，每天向子实体喷水2～3次，CO_2浓度不宜超过0.3%。高温高湿时，需要加强通风换气。每天通风换气2～3次，每次30min。

（9）采收干燥。

孢子粉收集：灵芝子实体菌盖白色生长圈消失，菌盖表面颜色由黄色变为棕褐色，这时开始弹射孢子粉，可以进行孢子粉收集。在生产上孢子粉收集常采用套袋法和塑料小环棚法。

子实体采收：子实体成熟后，用果树剪把灵芝子实体沿基部剪下，菌盖下方朝上，置于烘房中干燥，一开始先在30～40℃温度条件下烘烤4～5h，再升温到55～60℃烘烤1～2h。待子实体含水量约11%时，可装入塑料袋中密封保存。

（10）分级包装。灵芝晒干或者烘干后应分级贮存和销售。其级别通常分为特级、一级、二级和等外级。

知识拓展

食用菌工厂化生产

食用菌工厂化生产是采用工业化的技术手段，在相对可控的环境设施条件下，组织高效率的机械化、自动化操作，实现食用菌的规模化、智能化、标准化、周年化生产。食用菌工厂化生产具有以下特点。

1. 生产工业化　食用菌工厂化生产实现了食用菌的集约化、智能化生产，工厂化生产占地面积是传统模式的1%，劳动力是传统模式的2%，生产效率提高约40倍。

食用菌工厂化生产

2. 生产周年化　食用菌工厂化生产不受季节和气候限制，在完全人工控制的环境中全年不间断生产，可以保障市场均衡供应。

3. 管理精准化　食用菌工厂化生产采用标准化的生产工艺和自动化生产设备，全程控制环境条件，菌丝体和子实体所处的环境相对一致且稳定。

4. 产品安全化　食用菌工厂化生产建立了无害化食用菌病虫害的防治体系，全程不使用农药，保证了产品的安全性。

工厂化生产是食用菌产业发展的必由之路，目前我国工厂化生产的主要菌类是金针菇、杏鲍菇、双孢蘑菇、真姬菇、棕色蘑菇等。据不完全统计，食用菌工厂化生产厂家多达400多家，每年鲜菇总产量300万t以上。

学习回顾

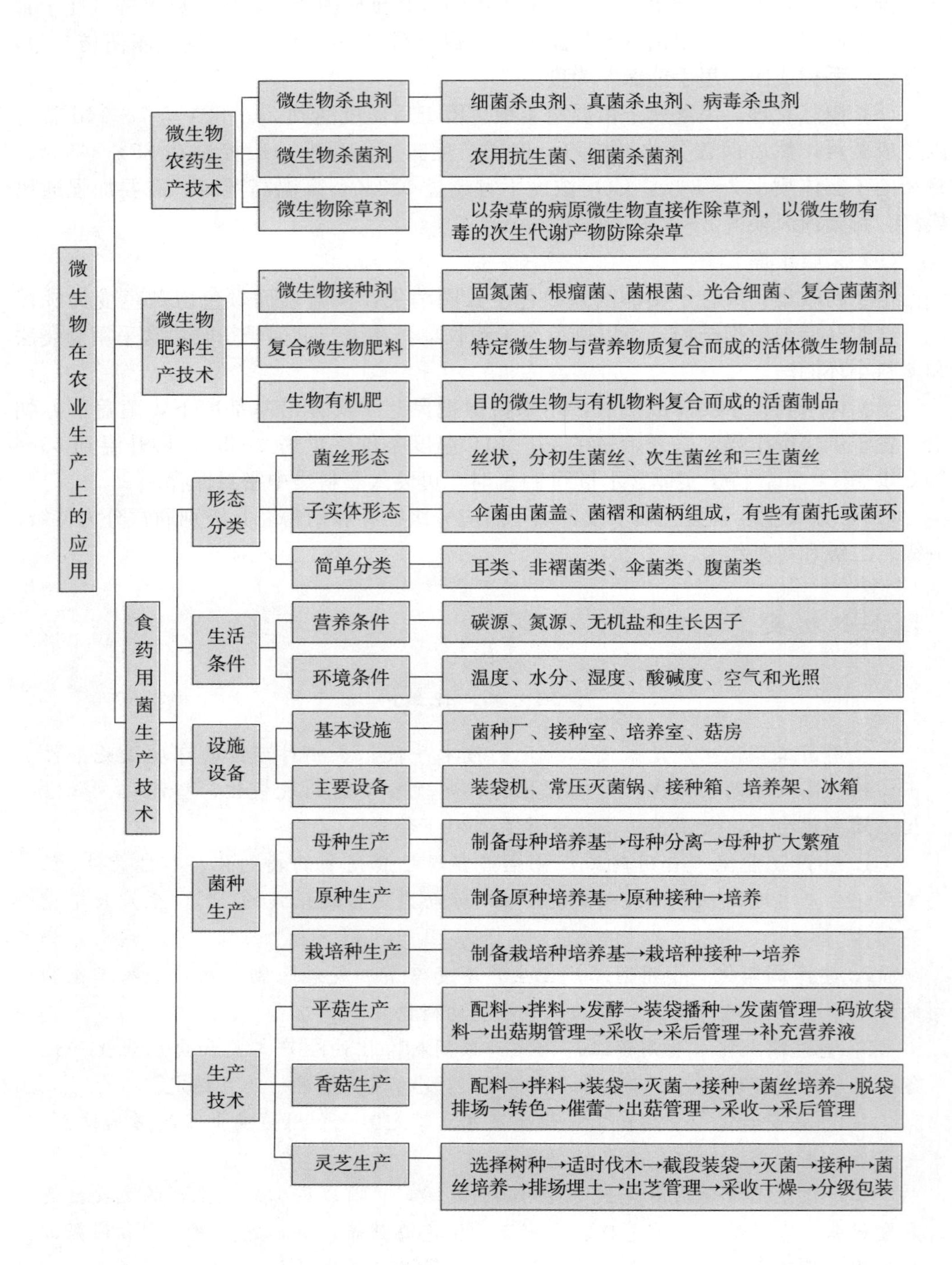
微生物在农业生产上的应用
微生物农药生产技术
微生物杀虫剂
细菌杀虫剂、真菌杀虫剂、病毒杀虫剂
微生物杀菌剂
农用抗生菌、细菌杀菌剂
微生物除草剂
以杂草的病原微生物直接作除草剂，以微生物有毒的次生代谢产物防除杂草
微生物肥料生产技术
微生物接种剂
固氮菌、根瘤菌、菌根菌、光合细菌、复合菌菌剂
复合微生物肥料
特定微生物与营养物质复合而成的活体微生物制品
生物有机肥
目的微生物与有机物料复合而成的活菌制品
食药用菌生产技术
形态分类
菌丝形态
丝状，分初生菌丝、次生菌丝和三生菌丝
子实体形态
伞菌由菌盖、菌褶和菌柄组成，有些有菌托或菌环
简单分类
耳类、非褶菌类、伞菌类、腹菌类
生活条件
营养条件
碳源、氮源、无机盐和生长因子
环境条件
温度、水分、湿度、酸碱度、空气和光照
设施设备
基本设施
菌种厂、接种室、培养室、菇房
主要设备
装袋机、常压灭菌锅、接种箱、培养架、冰箱
菌种生产
母种生产
制备母种培养基→母种分离→母种扩大繁殖
原种生产
制备原种培养基→原种接种→培养
栽培种生产
制备栽培种培养基→栽培种接种→培养
生产技术
平菇生产
配料→拌料→发酵→装袋播种→发菌管理→码放袋料→出菇期管理→采收→采后管理→补充营养液
香菇生产
配料→拌料→装袋→灭菌→接种→菌丝培养→脱袋排场→转色→催蕾→出菇管理→采收→采后管理
灵芝生产
选择树种→适时伐木→截段装袋→灭菌→接种→菌丝培养→排场埋土→出芝管理→采收干燥→分级包装

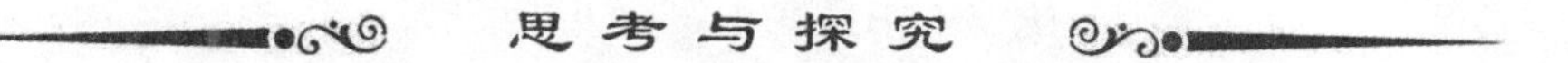

思考与探究

1. 解释名词

微生物农药　微生物肥料　微生物接种剂　复合微生物肥料　生物有机肥　母种　原种　栽培种

2. 比较微生物农药与化学农药的优缺点。

3. 如何生产和使用苏云金芽孢杆菌？

4. 调查当地微生物肥料的使用情况及应用效果。

5. 食药用菌生长需要的营养物质有哪些？列出当地适合食药用菌生长的原料。

6. 影响食药用菌生长的环境条件有哪些？建造菇房应注意哪些事项？

7. 设计一个小型食药用菌菌种厂，并列出必备的生产设备。

8. 如何由一支母种生产出栽培种？

9. 结合当地的自然资源和气候条件，制订一种适合当地发展的食药用菌生产方案。

项目八

微生物在农业环境保护中的应用

学习目标

◆ 知识目标

- 掌握微生物群落的发展和在物质转化中的作用。
- 理解微生物在堆肥、沼气发酵中的应用。
- 了解微生物在废水处理和环境监测中的应用。

◆ 能力目标

- 掌握强制通风式固定垛堆肥技术。
- 掌握采集和处理土壤环境样品的方法。

◆ 素质目标

- 培养学生的环境保护意识、责任意识和爱岗敬业、踏实认真、勇于创新的职业精神。

任务一　微生物在生态系统中的作用

微生物生态系统是微生物系统及其环境（包括动植物）所组成的具有一定结构和功能的开放系统。微生物具有个体微小的形态特征和类型多样的生理特性，使它们对生境具有比高等生物更强的适应性，所以其生态系统也就具有与高等生物生态系统不同的特征。这些特征体现在微生物生态系统的生境微小、营养类型的多样性、环境的氧化还原电位变化大和环境温度范围大等方面。

一、微生物群落的发展与演替

群落的基本特征之一是它的动态性。任何一个群落均处于不断变化和发展之中，实质上，群落是环境和地区地质历史选择的产物，它经常处于不稳定状态，经历着发生、变化和解体的过程，并让位于另外的群落。

（一）微生物种群的适应作用和自然选择

适应作用是生物在生存竞争中为适应环境条件而形成的一定性状现象。微生物种群具有使它们适于在特定生态系统内生存的特征。最适合生存的有机体导致新的物种发展及新种群的随后兴起。适应作用通过微生物基因库内基因的突变和基因重组等发生。

自然选择是生物适者生存、不适者淘汰的现象。微生物种群经历自然选择，结果使具有适应特征的有机体被选择而生存下来，那些不具有适应特征的有机体则被自然选择淘汰了。

当某种适应性特征被导入基因库时，微生物繁殖速度快的特点为导入基因在微生物种群中迅速而广泛的分布提供了可能，所以新种能够迅速发展。例如，在经常受到大剂量抗生素污染的医院地域，微生物对抗生素的抗性常常是它们的典型特征；农业土壤中广泛出现了具有降解杀虫剂能力的微生物。种群的适应作用可以作为结构和生理特征出现，也有可能作为繁殖生存策略行为出现，都能增加有机体在生态系统内生存的能力。

（二）微生物群落的发展

在地球上，无论是陆地还是水域，只要有微生物生存所需要的环境条件就会有微生物生长，并能形成一定的微生物群落。群落发展的整个进程包括移住、定居和群落形成。

移住是微生物从一个生境到另一个生境的转移，是微生物重要的适应机制。移住不仅是群落形成的首要条件，同时也是群落变化和演替的重要基础。微生物移住在很大程度上取决于传播因子，一般是借助空气、水和动物进行传播。

定居是微生物能在它所占据的生境内生长和繁殖。繁殖是定居的一个重要条件，如果微生物只能传播到生境内，但不能够繁殖，那么就不可能有效地形成群落。定居过程显然是微生物对生境不断适应的过程。

群落形成是定居在同一个生境内的各种种群通过临近个体间的相互作用，集结形成一个完整的单位——群落。它们能更好地利用环境资源，并逐步增强其稳定性。

在群落发展过程中，由于微生物生命活动的结果，常常引起生境的环境条件发生变化。生境中最后形成的群落会把先驱种群或优势种群转变成联合种群，或将它们从这个生境中排出，而后来的种群占据环境中的主导作用。

（三）微生物群落的演替

演替是在生物群落发展变化过程中，一个群落代替另一个群落的演变现象。在一个群落中，由于种群结构和组成的变化引起整个群落发生改变。群落演替是从微生物种群的定居或侵入生境开始，直至顶极群落形成。群落演替的发生主要取决于环境条件的变化，环境改变可以是外部的，也可以是定居者本身变化的结果。环境条件的变化除了严重的或灾难性的变化引起次生演替外，通常是缓慢和逐渐地影响群落而引起演替。另外，种群之间的相互作用和种群生长繁殖特性都在影响群落演替。

演替具有定向性，随着环境条件的变化，群落必然发生演变，并且在演变过程中表现出一定的序列和交替过程，所以可推断群落演替的发展变化。在某些演替过程中微生物种群能修饰生境，因此群落演替能导致新生境和新群落的发展。

二、微生物与自然界物质循环

在自然生态系统中，微生物不仅是分解者，使有机物无机化，也是生产者，如藻类、光合细菌等光合生物和化能自养细菌，同时也是消费者，如大多数细菌、所有的放线菌、真菌和原生动物等。因此，微生物在生物地球化学循环中发挥着重要的作用，是大自然元素平衡的调节者。了解微生物在生物地球化学循环中的作用，对于环境保护有着极其重要的意义。

碳循环原理

碳循环的应用

（一）微生物与碳素循环

碳是地球上循环最为旺盛的元素，如大气中的 CO_2（占大气成分的 0.03%）、溶解形式的 CO_2（H_2CO_3）和有机碳（活的和死的有机体），这些碳在地球上周转的速率非常快，并且周转量也很大。地球上还有一部分碳基本上处于惰性状态，如碳酸盐岩（包括石灰石和白云石）和矿物燃料（如煤、石油、煤油页岩、天然气和油质）。

各类碳素化合物在物理化学和生物化学作用下，不断地改变它们与其他元素的结合形式来实现循环。在各类碳素化合物中最不活跃的是矿物质，它们多数只有被开采以后才能通过燃烧或生物氧化作用转化为 CO_2 和一些活性不同的有机物。

参与 CO_2 还原固定形成有机物的微生物有藻类、光能自养细菌和化能自养细菌。它们都能将 CO_2 还原固定形成有机物。一般 CO_2 的生物固定过程须满足 3 个条件，即能量、还原力和适宜的酶系统。

进入自然环境中的有机物种类很多，有天然的，也有人工合成的；有的容易被微生物分解利用，有的则难以被微生物分解利用。生物圈内的有机物可以通过燃烧、高等生物的呼吸代谢作用和微生物的分解氧化作用产生 CO_2 和无机的氮、磷、硫化合物等。在有机物矿化过程中，微生物起着重要作用。

据估计，在地球上每年被矿化的有机物中，其中 90% 是由微生物完成的。可生物分解的有机物通过微生物的新陈代谢作用被分解成小分子化合物，甚至彻底氧化为无机物的过程，称为有机物的微生物分解。自然界中的绝大多数天然有机物和进入自然环境中的部分人工合成有机物都能被微生物分解利用。就一种有机物而言，其分解速率和最终产物可因微生物的生理类型不同和环境条件差异有较大的不同。如在厌氧条件下和好氧条件下微生物群落组成就不同，对有机物的分解速率和最终产物也有显著区别。产生以上差别的重要原因是在不同条件下生长的微生物具有不同的生理特性和分解同化有机物的能力。

知识拓展

化学农药的微生物降解

农药进入自然环境后可由于人为的或自然的作用在环境中扩散，并且由物理因素（如光解）、化学因素（如氧化、还原等）和微生物降解改变它们的形态、结构、组成、理化特性和生物学特性。

大量实验证明微生物在土壤和水体中残留农药的降解中起着重要的作用。在某一自然环境中，一种农药的微生物降解性与环境中的微生物组成及环境的理化条件有关，同时与农药的化学结构有关，也与农药与微生物接触时间的长短有关。某些农药在生产和使用初期就被认为不能被微生物降解或难以被微生物降解，但是在使用一段时间以后就变得较易被微生物降解了。这是由于微生物在接触此农药过程中产生了相关诱导酶的结果，如“六六六”就是如此。

（二）微生物与氮素循环

氮循环原理

氮循环的应用

自然界的氮素循环是各种元素循环的中心，这是因为氮元素在整个生物界中所处的地位非常重要。微生物是整个氮素循环的中心，尤其是一些固氮微生物可以称为开辟整个生物圈氮素营养源的“先锋队”。

氮元素在自然界中的存在形式主要有铵盐、硝酸盐、亚硝酸盐、有机含氮物及游离氮气 5 种。与其他主要元素相比，在地球表面的岩石圈和水圈中，属于铵盐、亚硝酸盐和硝酸盐形式的无机氮化物的含量极其有限，由于其水溶性较强而以极稀的水溶液形式分散在整个生物圈中。无机结合态氮素的含量是许多生态系统中初级生产者的最主要限制因子。有机氮化物是各种活的或死的含氮有机物，它们在自然界中的含量也很少。尤其是以腐殖质形式存在的复杂有机物，在一般的气候条件下分解极其缓慢，故其中的氮素很难释放和重新被植物所利用。在自然界中以大气氮形式存在的氮气是数量最大的氮素贮藏库，然而在所有生物中，只有少数具有固氮能力的原核微生物及其共生体才能利用。

氮素转化主要由生物反应所致（表 8-1），各生物反应的作用方式及起关键作用的微生物见图 8-1。

表 8-1　氮素循环的生物反应

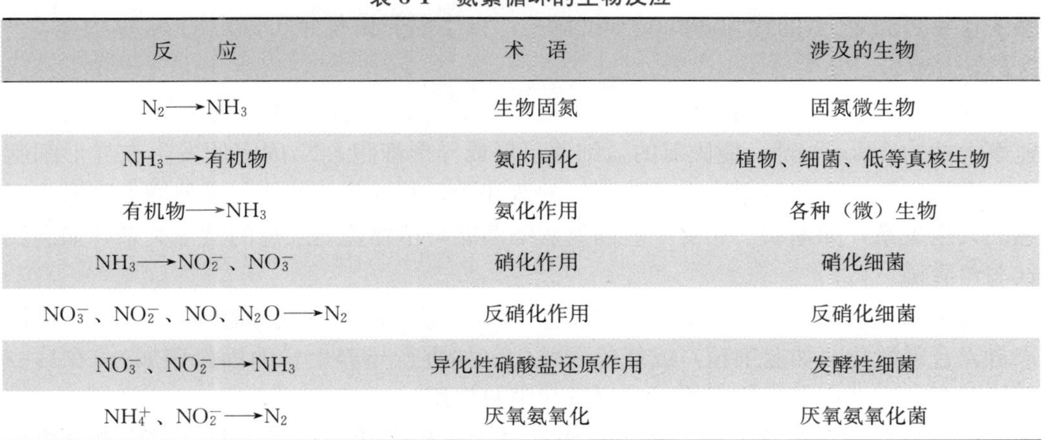

反　应	术　语	涉及的生物
$N_2 \longrightarrow NH_3$	生物固氮	固氮微生物
$NH_3 \longrightarrow$ 有机物	氨的同化	植物、细菌、低等真核生物
有机物 $\longrightarrow NH_3$	氨化作用	各种（微）生物
$NH_3 \longrightarrow NO_2^-$、$NO_3^-$	硝化作用	硝化细菌
NO_3^-、NO_2^-、NO、$N_2O \longrightarrow N_2$	反硝化作用	反硝化细菌
NO_3^-、$NO_2^- \longrightarrow NH_3$	异化性硝酸盐还原作用	发酵性细菌
NH_4^+、$NO_2^- \longrightarrow N_2$	厌氧氨氧化	厌氧氨氧化菌

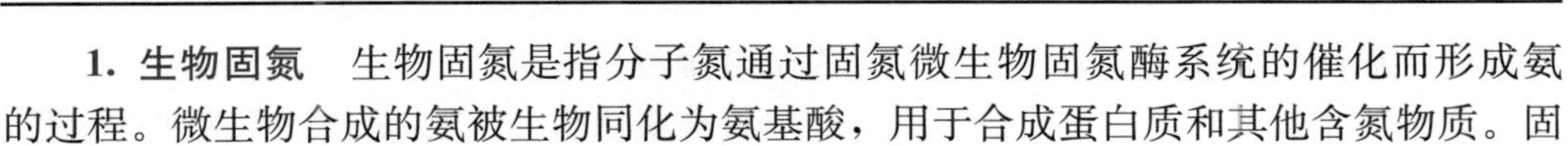

1. 生物固氮　生物固氮是指分子氮通过固氮微生物固氮酶系统的催化而形成氨的过程。微生物合成的氨被生物同化为氨基酸，用于合成蛋白质和其他含氮物质。固

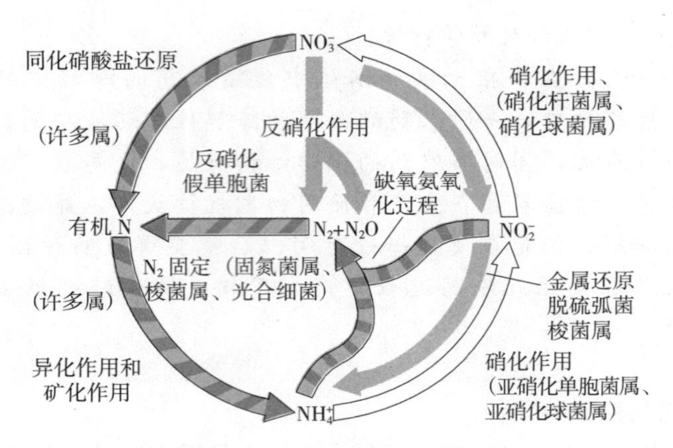

图 8-1　氮素循环

注：主要发生在好氧条件下的流程用空心箭头表示，厌氧过程用实心粗箭头表示，在好氧和厌氧条件下都能发生的过程用带横杠的箭头表示。

氮微生物可以分为自生固氮菌和共生固氮菌。人们估计每年地球上固定的 N_2 大约为 1.7 亿 t，其中每年有 0.35 亿 t 是由草地里的微生物所固定的，每年有 0.4 亿 t 是在森林中固定的，每年有 0.36 亿 t 是在海洋环境中固定的。

随着研究的不断深入，人们发现了越来越多的自生固氮菌，包括固氮菌属、拜叶林克氏菌属、红假单胞菌属、红硫菌属、红螺菌属、芽孢杆菌属、绿假单胞菌属等。近年来人们还发现某些放线菌也会固氮，有些是自生固氮菌与植物进行共生固氮。自生固氮菌在土壤中的固氮速率相对来说比较低，但是由于这些细菌在土壤中广泛分布，所以这些细菌固定 N_2 的量是相当可观的。在根际中，自生固氮菌的固氮速率要比在缺少植物土壤中的快得多，因为植物根能有效地吸收固定的氨，另外根能分泌一些有机物作为自生固氮菌的营养物。

在陆地环境中，根瘤菌通过共生关系对固定大气中 N_2 所作的贡献最大，共生固氮速率与土壤自生固氮的速率相比，前者要高 2～3 个数量级。例如，根瘤菌与苜蓿共生每年可固定 N_2 的量为 300kg/hm^2 以上，自生固氮菌每年可固定的 N_2 量为 0.5～2.5kg/hm^2。

在有水环境中，蓝细菌如念球藻和鱼腥藻是最重要的固氮菌，蓝细菌每年的固氮速率大约为 22kg/hm^2。能固氮的蓝细菌可形成异形细胞，N_2 固定便发生在异形细胞中。在海洋和淡水环境中均存在能固氮的蓝细菌，某些蓝细菌能与其他微生物形成互惠的共生关系，如地衣。还有一些固氮蓝细菌能与植物建立互惠的共生关系，如满江红与鱼腥藻。

细菌固氮需要消耗大量的 ATP 能量（627.83J/mol）和还原性辅酶，ATP 可以来自光合磷酸化（如蓝细菌）或氧化磷酸化（如进行异养生长的固氮菌属）。在后一种情况下，环境中有机营养物会对固氮起限制作用。

2. 硝化作用　硝化作用是微生物将氨氧化成硝酸盐的过程。此过程可以分成将氨氧化为亚硝酸盐和水、亚硝酸盐氧化为硝酸盐两个阶段。

氨被微生物氧化为 NO_3^- 过程是 NH_4^+ 中氮被氧化为 NO_3^-、氢被还原为水的过程，反应如下。

$$2NH_4^+ + 3O_2 \longrightarrow 2NO_2^- + 4H^+ + 2H_2O$$

$$2NO_2^- + O_2 \longrightarrow 2NO_3^0$$

$$即\quad 2NH_4^+ + 4O_2 \longrightarrow 2NO_3^- + 4H^+ + 2H_2O$$

由上式可知，硝化过程是一个大量消耗氧的过程，即硝化细菌必须在具有良好供氧条件的生境中才能完成对 NH_4^+ 的氧化作用，所以它们为好氧微生物。在硝化过程中 NH_4^+ 氧化可以产生能量，硝化细菌利用硝化作用中产生的能量同化 CO_2 产生有机物，也可利用此能量维持它们的其他生命活动。硝化细菌有自养型和异养型，自养型是硝化作用的主要菌群。自养型硝化细菌与大多数异养菌相比具有生长势差、世代时间长等特点，在有机质比较丰富的环境中与异养菌竞争时总是处于劣势，难以执行正常机能，所以硝化细菌进行硝化作用在低有机营养条件［BOD（有机物浓度）＜20mg/L］下才能顺利进行。

微生物将 NH_4^+ 氧化为 NO_3^- 是通过两个阶段完成的，每个阶段起作用的微生物不同，因此将硝化细菌分为两种类群。一种为亚硝化细菌，亚硝化细菌的能源物质是 NH_4^+，它们将氨氮氧化成亚硝酸盐。这一种分为 4 个属，分别是亚硝化球菌属、亚硝化单胞菌属、亚硝化螺菌属和亚硝化叶片菌属。另一种为硝化细菌，硝化细菌的能源物质是亚硝酸盐，它们将亚硝酸盐 NO_2^- 氧化为硝酸盐取得所需能量。这一种包括 3 个属，分别是硝化球菌属、硝化杆菌属和硝化针状菌属。

除以上化能自养菌外，有的好氧性化能异养菌也能将 NH_4^+ 氧化为硝酸盐，但它们都不靠氧化 NH_4^+ 取得生命活动所需能量，也不能同化 CO_2 为主要碳源，并且硝化作用速率较前者低得多，如农杆菌属、芽孢杆菌属、曲霉菌属和青霉菌属中的一些微生物。以上微生物将 NH_4^+ 氧化为硝酸只发生在其生长的对数期。

硝化过程在土壤中是非常重要的。在土壤中，NH_4^+ 很容易被硝化细菌氧化成 NO_2^- 或 NO_3^-，植物根吸收 NO_3^- 并将其同化成有机氮化合物；因为由 NH_4^+ 转化成 NO_3^- 的过程是由正电荷离子变成负电荷离子的过程，正电荷的离子比较容易被土壤中带负电荷的黏土颗粒所固定，而带负电荷的离子能在土壤水中自由迁移，所以 NO_3^- 和 NO_2^- 很容易从土壤中渗透到地下水中，这对植物来说是一个浪费的过程。地下水中含有的 NO_2^- 对人是有害的，因为 NO_2^- 能与氨基化合物起反应形成亚硝胺，此物具有强烈的致癌性。因此，在农田中加入高浓度的氮肥会导致地下水 NO_2^- 和 NO_3^- 浓度上升。现在某些国家开始在氮肥中加入硝化抑制剂用以减轻上述问题，同时还能使植物更好地利用氮肥。

3. 反硝化作用 反硝化作用又称脱硝化作用，是将硝酸盐或亚硝酸盐还原成 N_2 的生物反应。在反硝化作用中，NO_3^- 在微生物的作用下逐渐还原产生分子氮（N_2）。实际上能够利用 NO_3^- 中的氧作为氢或电子受体的微生物对氧的利用能力更强，所以反硝化作用必须在低氧化还原电位，即无氧条件下进行。此外，在 NO_3^- 微生物还原中，还必须为微生物提供可供生物氧化的基质，它们主要为有机物。因此，反硝化菌主要是能进行无氧呼吸的异养菌。

与硝化细菌不同，反硝化细菌在分类学上没有专门的类群，它们分散于原核生物的众多属中。这些包含反硝化细菌的属绝大多数分布于细菌界，少数分布于古细菌界。其中主要由两个类群的微生物引起：第一群为好氧菌，如铜绿假单胞菌、反硝化小球菌等；第二群为兼性厌氧菌，如地衣芽孢杆菌、蜡状芽孢杆菌、施氏假单胞菌和脱氮假单胞菌等。个别自养菌也能将 NO_3^- 还原为分子氮，如脱氮硫杆菌，此菌可以用硫作为能源物质，同化 CO_2 作为主要碳源。

以上微生物中第一群需要较高的氧化还原电位，它们能利用分子氧作为氢和电子的最终受体，也能用 NO_3^- 代替分子氧氧化有机物，在有机物为乳酸时，可将其氧化为 CO_2 和水，获得较多的能量。第二群在利用 NO_3^- 氧化乳酸时，只能将乳酸氧化为乙酸。但是，所有反硝化菌在还原 NO_3^- 为分子氮时，都需要一个无氧环境和它们可利用的还原性基质。

在生物圈内反硝化作用生态学意义是：①作用于水体净化过程，可以减少水体中造成富营养化的氮化合物；②在土壤中，反硝化作用因硝酸盐的减少使土壤失去部分肥力；③反硝化作用可以保持大气中分子氮含量的稳定，维持自然界中各种形态氮化合物之间的平衡。

4. 氨化作用 氨化作用特指含氮有机物（其中包括非生命的有机氮化合物和含氮生命物质）在微生物的作用下分解产生氨的过程。在这一过程中，起作用的微生物种类很多，所需要生态环境因起作用的微生物种类特性而异，可以是有氧环境，也可是无氧环境，对其他理化条件，如温度、pH 等的要求也不相同。

（三）微生物与硫素循环

硫、磷等物质循环原理

硫在地球生物圈中是丰富的元素之一，并且很少成为微生物生长的一种限制性营养物。海水中溶解的硫酸盐量非常大，但这些含硫化合物循环非常慢。活体和无生命有机物中所含的硫量虽少，却能活跃地参与循环。自然界中硫贮存量较大的物质为硫化石、元素硫沉积物和矿物燃料，但这些物质中的硫惰性很大。人类的活动，如矿物的开采和矿物燃料的燃烧，能使这些物质中的硫得到释放，却造成环境污染。火山的爆发也会把硫释放到生物圈中。

硫、磷等物质循环的应用

植物、藻类和许多微生物能同化硫酸盐中的硫，为了把硫酸盐中的硫以巯基(—SH)形式组入半胱氨酸、甲硫氨酸和辅酶中，微生物需要通过同化硫酸盐还原作用把硫酸盐还原成 H_2S。但由于 H_2S 具有很高的毒性，大部分微生物不会直接吸收 S^{2-}。在同化硫酸盐还原作用中，形成的还原性硫马上与丝氨酸起反应形成半胱氨酸，这样避免了 H_2S 的毒性。

有机硫在土壤和沉积泥中分解产生硫醇和 H_2S，腐烂的鸡蛋和卷心菜的怪味就是硫醇和 H_2S 的缘故。在海洋环境中，有机硫的主要降解产物是二甲基硫化物，另一种降解产物是 H_2S，这些产物是挥发性的。进入大气中的二甲基硫化物、H_2S 和硫醇受到光氧化反应后最终形成硫酸盐。

如果 H_2S 不能挥发进入大气，那么在有氧条件下就会受到微生物的氧化，或在厌氧条件下通过光合作用被氧化。在厌氧条件下，硫酸盐以及元素硫可以作为电子受体而使有机物受到氧化。元素硫以各种氧化态形式存在于有机物和无机物中。微生物可以催化各种形式的硫进行而氧化还原反应，从而组成了一个硫循环（图 8-2）。该图说明光能合成和化能合成微生物在环境硫循环过程中作出了较大贡献。脱硫弧菌属和相关微生物将硫酸盐和亚硫酸盐进行还原，用空心箭头标明，是异化过程。同化反应也可将硫酸盐还原，形成有机硫形式。脱硫单胞菌属、嗜热古生菌或高盐沉淀物中的蓝细菌将元素硫还原成硫化物。硫能被好氧化能营养型和好氧及厌氧光营养型微生物氧化。

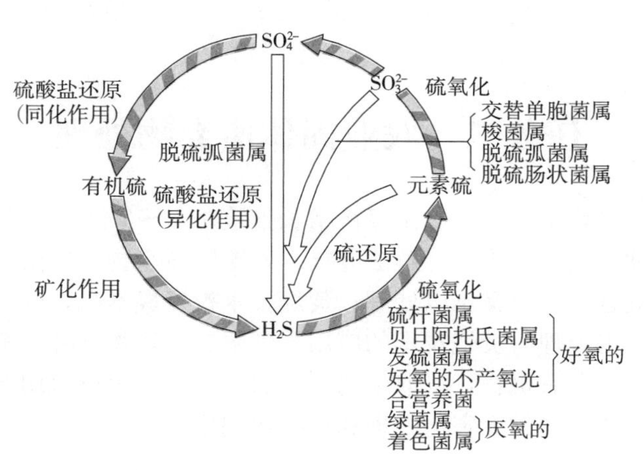

图 8-2　硫素循环

注：主要发生在好氧条件下的流程用空心箭头表示，在好氧和厌氧条件下都能发生的过程用带横杠的箭头表示。

（四）微生物与磷素循环

在自然界中磷不仅在数量上远少于碳、氮、硫，而且在各种化合物中其价态也很少变化，所以磷的存在形式简单，其循环形式也不像碳、氮、硫那样复杂。自然界中无机磷化合物常以正磷酸盐的形式存在，元素磷和五氧化二磷（P_2O_5）仅在某些场合下短时存在；有机磷化合物常见的有己糖磷酸酯、三碳糖磷酸酯、卵磷脂、核苷酸和核酸。人工合成的含磷化合物主要为含磷农药和洗涤剂。

在自然界磷的数量虽然较少，其存在形式也较简单，但是磷是生物生长必需元素之一。天然的有机磷化合物不仅是生物细胞的重要结构物质，且在生物的遗传、能量代谢、能量贮存和转移及物质运输中都起着重要作用。

磷酸盐的水溶性与其所处环境的酸碱度直接相关，且磷酸是微生物和其他类型自养生物的主要磷源。因此，自然界的磷循环不仅指各种含磷化合物的消耗和再生、有机磷化合在食物链网中的转移和重新组合过程，也包括可溶性磷和难溶性磷酸盐的相互转化过程。如图 8-3 所示，反应①为 P_2O_5 水合形成磷酸盐的过程，是非生物反应过程；反应②、③的变化方向与环境 pH 有关，在酸性条件下有利于磷酸盐溶解，而微生物的活动是导致环境 pH 变化的原因之一；反应④磷酸盐生物同化过程，起作用的生物有植物、藻类和菌类微生物；反应⑤为磷酸盐生物分解代谢过程；反应⑥为生物的死亡、解体过程；反应⑦为有机磷化合物的生物同化过程；反应⑧为有机磷化合物人工合成过程；反应⑨为有机磷化合物的生物分解氧化过程；此外，有机磷

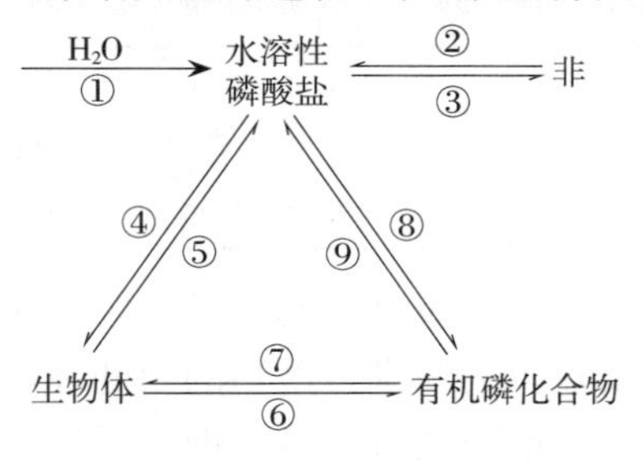

图 8-3　磷循环

注：图中“非”指的是非水溶性磷酸盐。

化合物还可通过人工进行合成。由此可知在磷循环中除反应①为非生物过程，反应②、③部分为非生物过程外，微生物在其他转化过程中都起着重要作用。

通过图 8-3 还可看出，生命形式的磷化合物是随着有机碳化合物形成和转化产生的，而 PO_4^{3-} 的产生是有机物分解氧化的结果，所以磷循环与碳循环具有密切的联系。

任务二　农业固体废弃物处理

固体废物的年平均增长速度已是经济增长速度的 2～3 倍，世界各国根据各自国情，分别采用填埋、焚烧、生物降解法等技术处置固体废物。但由于填埋需要占用大面积土地，渗漏液含有毒物又难以处理；焚烧技术投资成本高，同时易对环境造成二次污染等原因，使得填埋与焚烧技术的应用受到限制。作物秸秆、畜禽粪便等农业固体废弃物的主要成分是有机物，采取生物降解法处理具有运行费用低、二次污染小等优点，并可实现固体废物的无害化处理和资源化利用。

一、堆肥技术

（一）堆肥的作用及原料

1. 堆肥的作用　堆肥化是指在控制条件下，依靠自然界广泛分布的细菌、放线菌和真菌等微生物，人为地促进可生物降解的有机物向稳定的腐殖质生化转化的过程。

堆肥化的产物称作堆肥。使用堆肥后，能够增加土壤中稳定的腐殖质，形成土壤的团粒结构，并具有改良土壤结构、减少无机氮流失、促进难溶磷转化、增加土壤缓冲能力、提高生物肥料肥效等多种功效，所以堆肥是廉价的优质土壤改良肥料。废物经过堆制，体积一般只有原体积的 50％～70％。

2. 堆肥的原料　生活垃圾、人和禽畜粪便以及农林废物等都含有堆肥微生物所需要的各种基质——糖类、脂类、蛋白质等，此外，还含有 P、K、Na、Mg、Mn、Fe 等。几种常见有机固体物中营养元素的含量如表 8-2 所示。

表 8-2　几种农业固体废物中营养元素的含量/％

元素	木质废弃物	新鲜落叶	生活垃圾	动物粪便	人粪尿
N	0.03～0.20	0.8～1.2	0.5～0.8	1.6	1.0
P	0.04～0.10	0.08～1.40	0.4～0.6	1.75	0.26
K	0.03～0.20	1.3～2.2	0.43～0.48	0.9	0.22

生活垃圾是堆肥的最主要原料，但其中堆肥物数量、碳氮比、水分等常常不能满足要求，需要进行适当的预处理。例如，粪便或某些污泥可以有效地调整碳氮比和水分，并能得到氮、磷、钾含量较高的有机肥。人和禽畜粪便一般颗粒较小，含有大量低分子化合物（人和动物未吸收的中间产物），含水量较高，可直接用作堆肥原料。有机污泥因富含微生物生活繁殖所需要的营养成分，是堆肥的良好原料。农林废物虽

富含碳素，但因含有纤维素、半纤维素、果胶、木质素、植物蜡等较难被微生物分解。有的表面布有众多毛孔而具有疏水性，致使其受微生物分解十分缓慢，还需进行预处理才能用于生产堆肥。

（二）好氧堆肥化原理

在好氧堆肥化过程中，有机固体废物中可溶性有机物可以透过微生物的细胞壁和细胞膜被微生物直接吸收，而不溶的胶体有机物质则先被吸附在微生物体外，依靠微生物分泌的胞外酶分解为可溶性物质后再渗入细胞。微生物通过自身的生命活动进行分解代谢（氧化还原过程）和合成代谢（生物合成过程），把一部分被吸收的有机物氧化成简单的无机物，并释放出生物生长、活动所需的能量；同时，把另一部分有机物转化合成新的细胞物质，使微生物生长繁殖，从而产生更多的生物体。

（三）堆肥化过程

有机固体废物好氧堆肥过程依据温度变化大致可分成 3 个阶段，而且每一阶段都有其独特的微生物种类。

1. 中温阶段（产热阶段） 堆肥初期，堆层基本呈中温（15～45℃），嗜温性微生物较为活跃，它们可利用堆肥中的可溶性有机物质（糖类等）旺盛繁殖。在转换和利用化学能过程中，有一部分变成热能。堆料有良好保温作用，可以使堆料温度不断上升。适合于中温阶段的微生物种类极多，以中温、需氧型为主，通常是一些无芽孢细菌，其中最主要的是细菌、真菌和放线菌。

2. 高温阶段 当堆料温度上升到 45℃以上时，进入高温阶段。在这个阶段，嗜温性微生物受到抑制甚至死亡，嗜热性微生物逐渐代替嗜温性微生物的活动，堆肥中残留的和新形成的可溶性有机物质（糖类等）被继续分解转化，复杂有机化合物，如半纤维素、纤维素和蛋白质等开始被强烈分解。通常在 50℃左右进行活动的微生物主要是嗜热性真菌和放线菌；温度上升到 60℃时，真菌几乎完全停止活动，仅有嗜热性放线菌和细菌在活动；当温度升到 70℃以上时，对大多数嗜热性微生物已不适宜，微生物大量死亡或进入休眠状态。

在高温阶段，嗜热性微生物按其活性又可分为 3 个时期：对数增长期、减速增长期、内源呼吸期，如图 8-4 所示。

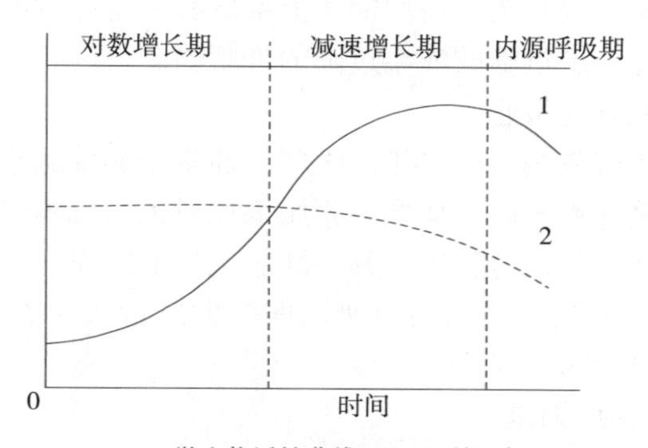

1. 微生物活性曲线 2. O_2利用率

图 8-4 微生物活性示意

3. 降温阶段（腐熟阶段） 在内源呼吸后期，只剩下部分不易降解的有机物和新形成的腐殖质，此时微生物活性下降，发热量减少，温度下降。在此阶段嗜温微生物占优势，使残留难溶解的有机物进一步分解，腐殖质不断增多且趋于稳定化。此时，堆肥进入腐熟阶段。

（四）好氧堆肥化技术

常见的好氧堆肥化技术有静态堆肥化工艺、高温动态二次堆肥化工艺、立仓式堆肥化工艺、滚筒式堆肥化工艺等。当前，国内外运用最广的堆肥化方式是快速高温二次发酵堆肥化工艺，下面就以此为例叙述堆肥化技术的工艺过程。

1. 搅拌翻堆条垛式发酵工艺　在条垛式堆肥化系统中，物料以垛状堆置，同时可以排列成多条平行的条垛。在大规模的条垛系统中，对垛的翻动是通过可移动翻堆设备来进行的。条垛的断面形状可以是长方形、不规则四边形或三角形，具体采用哪种断面形状取决于堆肥化物料特性和用于翻堆的设备。条垛式系统用于各种有机污泥的堆肥化是很有效的。由于条垛式堆肥化采用了机械化操作，因而生产率高、成本低，但占地面积较大。对于温度较高的有机物采用条垛式方法进行堆肥化处理，必须掺进一部分干燥的回流堆肥产物，掺入量以混合后物料含水量≤60％为宜。通过这种处理后的混合物料堆成垛后形状不易变化，而且由于物料的松散性和多孔性大大改善，使得翻堆更有效地促进空气交换。将碎木块、木屑、禾秆或稻壳等调理剂同脱水污泥进行混合（此时加与不加干堆肥产物都可），也能达到上述同样的效果。

用条垛式方法生产堆肥的一次发酵周期通常为3～4周，在有利的气候条件下，一般能使最终堆肥的固体含量达到60％～70％。

2. 强制通风式固定垛发酵工艺　强制通风式固定垛发酵工艺与搅拌翻堆条垛式发酵工艺不同的是物料堆肥化过程中不进行翻堆，供氧是通过机械抽风使空气渗透到料堆内部来实现的。此外，在堆肥化供料中不采用回流堆肥，主要在脱水污泥中以加入木屑等膨胀剂来调整湿度和改善物料的松散性。污泥与木屑的容积比一般为1∶(2～3)。也可采用其他合适材料作膨胀剂。

强制通风式固定垛垛堆步骤如下。

（1）将污泥与膨胀剂混合。

（2）将木屑或其他膨胀剂沿多孔通风管铺开。

（3）将污泥与木屑的混合物在备用的床上堆成有一定深度的垛体。

（4）将垛表面覆盖一层过筛的或半过筛的堆肥物。

（5）将风机与通风管连接起来。

从风机出来的气体应先脱臭后再排入大气。通常用熟堆肥来进行过滤脱臭。通风垛堆的停存时间一般是3周。因木屑之类膨胀剂用量大且成本较高，需将其分离重复使用。为提高分选效率，从混合物料中筛出膨胀剂之前应先行干化，除去木屑可采用振动筛或滚筒筛。干化可在堆肥化期间通过保持大风量或在贮料堆中强制通风来完成，也可以辅成长条进行露天风干。

（五）堆肥过程的影响因素

影响堆肥速度和堆肥质量的因素很多，其中主要的有以下几种。

1. 固体颗粒的大小　固体颗粒的大小主要影响堆肥过程的供氧作用，颗粒过小使颗粒间间隙过小，空气流动受阻，供氧不好，好氧微生物代谢速率降低，还会引起局部厌氧。颗粒过大时，氧气难以达到颗粒中心，会形成厌氧状态的核，降低堆肥速度，严重时发生异味。

2. 温度　温度条件主要指堆肥物料的初始温度，主要影响发热阶段的进程，在低温条件下微生物代谢慢，必然延长发热阶段所需时间。露天堆肥时还会受环境气温的影响。

3. 通风　通风量小、供氧不足易引起局部缺氧，发生厌氧作用，延长堆肥时间。通风量过大则会带走大量热量，使升温减慢。

4. 物料含水率　物料含水率过高，间隙被水分大量占有，影响通风供氧；物料含水率过低则会使微生物发生生理干燥，不利于微生物对营养物的吸收利用。

5. 物料的酸碱度　酸碱度（pH）是影响微生物生长、繁殖的重要因素，pH 过高或过低都会制约微生物的生长、繁殖。堆肥过程中最好将物料调至 pH 6～8，在发酵过程中 pH 的变化可用石灰或草木灰作缓冲剂加以调节。

6. 物料的营养平衡　营养平衡主要指物料中碳、氮、磷元素的平衡，一般 C/N 值应为（25～30）：1，C/P 值应为（75～150）：1。缺少氮、磷的固体废物堆肥时，可用植物秸秆、粪便或活性污泥法处理的剩余污泥调节。

二、沼气发酵

人们经常看到在沼泽地、污水沟或粪池里有气泡冒出来，如果我们划着火柴，可把它点燃，这就是自然界天然发生的沼气。沼气是各种有机物质在厌氧条件下经过微生物的发酵作用产生的一种可燃气体。

沼气是一种混合气体，它的主要成分是 CH_4，其次有 CO_2、H_2S、N_2 及其他一些成分。在常温下甲烷（CH_4）是一种无色、无味的气体。CH_4 是一种优质的气体燃料，纯 CH_4 的发热量为 36.8kJ/m^3。

（一）沼气发酵微生物作用机制

沼气发酵微生物是一个统称，包括发酵性细菌、产氢产乙酸菌、耗氢产乙酸菌、食氢产甲烷菌、食乙酸产甲烷菌五大类群。五大类群细菌构成一条食物链，从各群细菌的生理代谢产物或它们的活动对发酵液 pH 的影响来看，沼气发酵过程可分为水解、产酸和产 CH_4 阶段。前三类群细菌的活动可使有机物形成各种有机酸，将其统称为不产甲烷菌；后两类群细菌的活动可使各种有机酸转化成 CH_4，将其统称为产甲烷菌。

1. 不产甲烷菌　在沼气发酵过程中，不产甲烷菌不直接参与 CH_4 的形成。它种类繁多，包括细菌、真菌和原生动物三大群，其中细菌的种类最多、作用最大。

不产甲烷菌的主要作用有以下几方面。

（1）为产甲烷菌提供营养，将复杂的大分子有机物降解为简单的小分子有机化合物，为产 CH_4 菌提供营养基质。

（2）和产甲烷菌一起共同维持发酵的 pH。

（3）为产甲烷菌消除部分有毒物质。

（4）为产甲烷菌创造适宜的氧化还原条件。

2. 产甲烷菌 在原核生物中产甲烷菌由于能代谢产生 CH_4 而成为一个独特类群，它们的作用是利用乙酸、H_2 和 CO_2 而生产 CH_4。

产甲烷菌有以下 5 个特点。

（1）严格厌氧，对氧和氧化剂非常敏感。

（2）只能利用少数简单化合物作为营养物，所有产甲烷菌几乎都能利用分子氢。

（3）菌体倍增时间较长。

（4）代谢的主要终产物是 CH_4 和 CO_2。

（5）要求中性偏碱环境条件。

在 CH_4 发酵过程中，不产甲烷菌和产甲烷菌这两类微生物既相互协调，又相互制约，共同完成产沼气过程（图 8-5）。

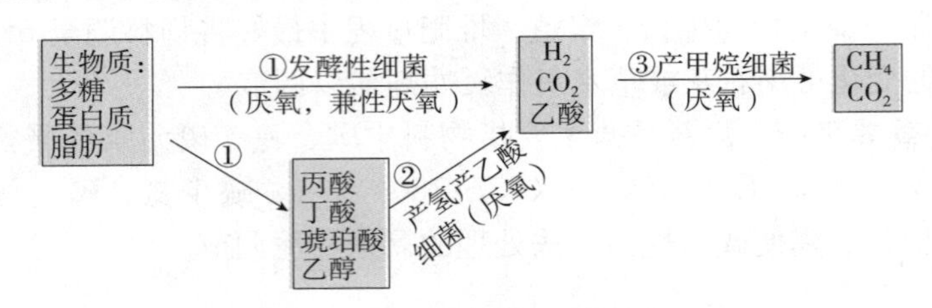

图 8-5 甲烷形成的 3 个阶段

（周德庆．2002．微生物学教程．2 版）

（二）沼气发酵微生物环境控制

1. 严格的厌氧环境 沼气微生物的核心菌群——产甲烷菌是一种厌氧性细菌，对氧特别敏感，只能在严格厌氧的环境中才能生长，它们的生长、发育、繁殖、代谢等生命活动都不需要空气，空气中的氧气会使产甲烷菌的生命活动受到抑制，甚至死亡。所以修建沼气池要严格密闭，不漏水、不漏气，以保证沼气收集和沼气发酵原料贮存，同时保证沼气微生物在厌氧的生态条件下生长良好。

2. 适宜的酸碱度 沼气微生物的生长、繁殖要求发酵原料的酸碱度保持中性或微偏碱性，过酸、过碱都会影响产气。实验表明，pH 6～8 都可产气，其中 pH 6.5～7.5 产气量最高，pH$<$6 或 pH$>$8 时均不产气。

农村户用沼气池发酵初期由于产酸菌的活动，池内产生大量的有机酸，这样导致 pH 下降。随着产酸持续进行，氨化作用产生的氨中和一部分有机酸，同时甲烷菌的活动使大量的挥发酸转化为 CH_4 和 CO_2，使 pH 逐渐回升到正常。所以，在正常的发酵过程中，沼气池内的酸碱度变化可以自然进行调解，先由高到低，然后又升高，最后达到恒定的自然平衡（即适宜的 pH），一般不需要进行人为调节。只有当配料和管理不当，使正常发酵过程受到破坏时，才可能出现有机酸大量积累、发酵料液过于偏酸的现象。此时，可取出部分料液，加入等量接种物，将积累有机酸转化为 CH_4，或者添加适量的草木灰或石灰澄清液中和有机酸，使酸碱度恢复正常。

3. 适宜的发酵温度 温度是沼气发酵的重要条件，温度适宜则细菌繁殖旺盛，厌氧分解和生成 CH_4 的速度快，产气量多。从这个意义上讲，温度是产气好坏的关键。

研究发现，在 10～60℃的范围内，沼气均能正常发酵产气。低于 10℃或高于

60℃都严重抑制微生物的生长、繁殖，影响产气量。微生物对温度变化十分敏感，温度突升或突降都会影响微生物的生命活动，使产气状况恶化。

通常把不同的发酵温度区分为3个范围，即46～60℃称为高温发酵，28～38℃称为中温发酵，10～26℃称为常温发酵。农村沼气池靠自然温度发酵，属于常温发酵。常温发酵虽然温度范围较广，但在10～26℃范围内，温度越高，产气量越好。因此沼气池在夏季，特别是气温最高的7月产气量大，而在冬季最冷的1月产气量很少，甚至不产气，农村沼气池在管理上强调冬天必须采取越冬措施，以保证正常产气。

4. 适度的发酵浓度　农村沼气池的负荷通常用发酵原料浓度来体现，适宜的干物质浓度为4%～10%，即发酵原料含水量为90%～96%。发酵浓度随着温度的变化而变化，夏季一般为6%左右，冬季一般为8%～10%。浓度过高或过低均不利于沼气发酵。浓度过高则含水量少，发酵原料不易分解，并容易积累大量酸性物质，不利于沼气菌的生长繁殖，影响正常产气量。浓度过低则含水量多，单位容积里的有机物含量相对减少，产气量也会减少，不利于沼气池的充分利用。

（三）发酵池运行

1. 持续地搅拌　静态发酵沼气池原料加水混合与接种物一起投进沼气池后，按其相对密度和自然沉降规律，从上到下将明显地逐步分成浮渣层、清液层、活性层和沉渣层4层。这样的分层分布影响微生物生长和产气量的增加，同时导致原料和微生物分布不均，大量的微生物集聚在底层活动，因为此处接种污泥多，厌氧条件好。但由于原料缺乏，尤其是用富碳的秸秆作原料时，容易漂浮到料液表层，不易被微生物吸收和分解，同时形成的密实结壳不利于沼气的释放。为了改变此种不利状况，需要采取搅拌措施，变静态发酵为动态发酵。

沼气池的搅拌通常分为机械搅拌、气体搅拌和液体搅拌3种方式。机械搅拌是通过机械装置运转达到搅拌目的；气体搅拌是将沼气从池底部充进去，产生较强气体回流，达到搅拌的目的；液体搅拌是从沼气池的出料间将发酵液抽出，然后从进料管冲入沼气池内，产生较强的液体回流，达到搅拌的目的。

2. 换料　在换料前20d停止进料，备足堆沤好的新原料，等料液出到一定量时（沼气池内要保留20%～30%含有沼气菌的活性料液作为接种物），把堆沤好的新原料投入。

3. 注意事项

（1）出料避免池内负压。出料时应打开集水瓶处的开关通气，防止池内出现真空。一旦出现真空，会导致压力表内水柱倒流入输气管内，而且还会造成池内密封性变差，甚至导致沼气泄漏。因此，从出料间往外抽渣或取沼液时，一定要看好压力表，气压下降至1kPa时就应停止抽取。如果确实需要继续抽取，就要从导气管或集水瓶处拔掉输气管，让空气进入沼气池；或出多少料就进多少料，使池内液面保持平衡，避免池内出现真空。

（2）迅速进料。出料后应迅速对沼气池进行检修，在检修完后立即投料装水。因为沼气池都是建在地下，沼气池在装料时，其内外压力相平衡，出料后料液对池壁压力为零，失去平衡。此时，地下水的压力容易损坏池壁和池底，形成废池，尤其是在雨季和地下水位高的地方，出料后更应立即投料装水。

三、秸秆反应堆技术

秸秆生物反应堆技术是将秸秆转化为作物所需要的二氧化碳、热量、生防效应、矿质元素、有机质等，进而获得高产、优质、无公害农产品的生物技术。该技术的实施可加快农业生产要素的有效转化，使农业资源得到充分再利用，从而使农业生态进入良性循环。

（一）秸秆反应堆技术原理

秸秆反应堆技术是依据有机物质的微生物代谢原理，即采用微生物菌种将秸秆转化成植物光合作用的原料——CO_2，同时产生作物生长所需要的热量、有机物质和营养元素。发酵过程中所产生的大量微生物及其分泌物可以改善作物的生长环境、促进作物的生长发育、抑制土传病虫害的发生，进而获得高产、优质的无公害农产品。

（二）秸秆反应堆的作用及分类

秸秆反应堆菌种技术利用微生物发酵秸秆生产生物有机肥料，不但消化了秸秆，还消除了土壤中常年积累的有害物质，改善了土壤理化性质，促进循环农业生产模式的发展。秸秆生物反应堆可以持续地产生大量有益微生物，这些有益微生物能有效抵抗、抑制致病菌，从而达到防治病虫害、生产无公害产品的目的。

秸秆生物反应堆通常可分为外置式（也称地上反应堆）和内置式（也称地下反应堆）两种。外置反应堆由地上秸秆反应堆、地下贮气池和气体交换部分组成。在大棚内堆放秸秆，然后接种有益微生物种群，通过微生物氧化分解释放秸秆中的 CO_2，最后通过交换机、输气带等作用，使得 CO_2 气体均匀分布到棚的每个部位，解决植物在光合作用中 CO_2 严重缺乏的问题，进而提升农作物的产量。内置式秸秆生物反应堆尤其适用于温室蔬菜越冬茬栽培，能在一定程度上克服低地温、根部病害发生等的影响，促进蔬菜作物正常生长发育，值得大力推广。

任务三　环境微生物监测

利用环境微生物的多样性和对环境的适应性指示环境污染性质与程度，并评价生态系统与环境卫生状况是微生物监测的目标和任务。

一、土壤生态系统微生物的监测

土壤是微生物的“大本营”，现在已发现的微生物几乎都可以从土壤中分离出来。土壤环境具有各类微生物的生长条件，所以其中微生物的种类多、数量大。土壤环境中微生物的数量在很大程度上受其有机营养状况影响，而土壤中微生物的代谢活动则是土壤理化特性综合作用的结果。所以，当土壤环境受到污染后必然对微生物群落结构和功能产生一定的影响。因此，可以通过分析土壤生态系统微生物生态群落及其功能的变化，进一步了解土壤的物理、化学特性和被污染的程度。土壤生态系统微生物的监测同其他监测一样，关键是样品的采集和处理。

（一）土壤环境样品采集和处理

土壤是一种不连续、异质的环境条件。土壤又是一种高度复杂的混合体，不同地区、不同类型、不同深度的土壤其颜色、pH和化学组成等均不相同，所以其中的微生物生态群落结构和功能也不相同，即使在同一土壤小区内，因为微环境的不同，也可能有很大的区别。例如，在植物根际和距植物根际几厘米的地方微生物群落结构就有较大的差异。因为群体间巨大的差异，为得到某地区有代表性的土壤环境微生物分析样品，多点采样往往是非常必要的。所以，规划采样策略以确保样品质量非常重要。采样方案取决于许多因素，包括分析目的、可用资源以及采样地点的状况等。最精确的方法是在一个指定地点内采集多个样品，然后对每个样品进行单独分析。然而，在许多情况下，将采集的不同样品混合成一个复合样品可以减少分析工作量，节省大量的时间和精力。另一种常用的方法是在一段时间内对同一地点的同一个位置进行连续采样，以测定时间对土壤环境微生物的影响。采样质量保证方案应包括采样技巧细节的描述（如采样位置、深度、时间、间隔等)、采样的方法以及样品的保存。

（二）土壤微生物的监测

1. 土壤微生物与土壤的污染和自净

（1）腐生菌作为土壤有机污染指标。有机污染物进入土壤后可引起腐生菌繁殖加快、数量增加，所以可用土壤微生物，尤其是腐生细菌数量表征土壤有机污染的状况。有机物在微生物作用下分解、氧化，使土壤得以净化，这一净化过程是在多种微生物相互作用下进行的，在这一过程中，微生物群落会发生有规律的演替。一般情况下，先是非芽孢腐生菌占有优势，继而芽孢菌开始大量繁殖。所以非芽孢细菌与芽孢菌间的比例经历由增大达到最大值，然后下降恢复到污染前的水平。因此，可以用非芽孢菌与芽孢菌的比例变化来评价土壤的污染及净化过程。

（2）嗜热菌作为土壤牲畜粪便污染的指标。人类粪便中大肠菌群菌数量多，少有嗜热菌，而牲畜粪便中二者均很多。一般牲畜粪便中大肠菌群数为 1×10^{3}CFU/g，嗜热菌为 4.5×10^{6}CFU/g。因此，可以用嗜热菌数作为土壤牲畜粪便污染的指标，一般嗜热菌数超过 10^{3}CFU/g 就视为牲畜粪便污染，若超过 10^{5}CFU/g 就确定为重污染。

（3）大肠菌群指标。大肠菌群不是土壤中固有的微生物，它和水中大肠菌群测定一样也可以作为土壤环境微生物指标，用以评价土壤病原微生物污染的可能性。粪便中的大肠菌群进入土壤后随自净过程逐渐消亡，它们在土壤中的存活时间从数日到数月不等。所以，可以用土壤中的大肠菌群值评价土壤环境被污染的程度。若大肠菌群超过 1CFU/g 就视为受到了污染。此外，肠球菌不存在于无粪便污染的土壤中，因此它可以作为新鲜粪便污染指标。产气荚膜梭菌同样来自粪便，它们可在土壤中长期存活，因此可作为在较长时间前土壤受粪便污染的指标。

（4）土壤环境中的其他功能菌群。土壤环境中还有不少菌群，它们的变化可以说明土壤生态环境某些理化条件的变化。真菌和放线菌对天然难降解有机物如纤维素、木质素、果胶质等，具有比细菌更强的利用能力，而且真菌比其他微生物更适合在酸性条件下生长。因此，可通过它们的数量变化，尤其是它们在总微生物量中所占比例的变化说明土壤中有机营养物的组成和 pH 的变化。硝化细菌和反硝化细菌菌群的数量变化可以说明土壤中氮素化合物的组成、土壤氧化还原条件和氮循环速率。硫化细菌硫化菌群的数量可以说明土壤中的氧化还原条件。

2. 土壤环境微生物活性指标　土壤微生物活性是指土壤中的微生物在土壤生态系统中物质循环和转化作用强度，它们是在各种微生物菌群共同协调下的综合作用。

常用的活性指标有：

（1）土壤环境微生物的呼吸作用，即土壤的耗氧速率或 CO_2 释放速率。

（2）土壤酶活性。土壤酶是土壤新陈代谢的重要因素。土壤酶主要来自微生物细胞，也有的来自动植物残体。在 C、S、N、P 等各种元素的生物循环中都有土壤酶的作用。特别在有机残体的分解和某些无机化合物转化的开始阶段，以及在不利于微生物繁殖的条件下，土壤酶都有很重要的作用。土壤中累积的酶类型很多，大致可分为氧化还原酶类、转移酶类、水解酶类和裂解酶类等，每一类中又有许多种。不同酶类有不同的测定方法。一般的方法是加入抑菌剂或经 γ 射线照射土壤后再加入一定基质于一定条件下培养，测定单位时间内反应产物生成量或所加基质的减少量，用以表示土壤酶活性。

二、水生态系统微生物的监测

（一）水样的采集与处理

采集环境水样用于后续的微生物分析在各方面都比土壤取样容易一些。首先，水样比土样均一，减小了两个邻近样品的差异。第二是水样可用泵和管来采集，在操作上通常更简便。一定体积的水能够较容易地从一定的深度被采集到。根据被评价的环境样品来确定采集水样量，可为 0.001～1 000L。采集水样的技巧也较简单，在多数情况下，由于水具有流动性，一系列大量的水样仅需在不同的时间间隔从同一地点采集就可以完成。尽管收集水样相对容易，但微生物分析的前处理过程也一样比较复杂。由于水样中的微生物数量比土样中的要少，所以用于检测微生物的水样体积可能很大，需要浓缩水样中的微生物。浓缩细菌通常要用孔径为 0.45μm 的滤膜来过滤，浓缩原生动物要用粗编织纤维过滤。含病毒水样不能用物理方法浓缩，它们的浓缩依赖于病毒与滤器的静电和疏水基的相互作用。

（二）水体微生物的监测

水环境的细菌总数是指 1mL 水样中所生存的细菌菌落总数，用 CFU/mL 表示。它可以反映水环境中异养菌的污染程度，也间接反映一般营养性有机物的污染程度。细菌总数与水中可生物分解利用的 BOD 直接相关，所以常可用于表征水体有机物污染的程度。另外，在水体受到人或动物的粪便污染时，水中细菌的数量也与病原体密度有一定的关系，但是水中病原体密度常采用测定大肠菌群的总数评价。

天然水体、饮用水、地下水、污水等用倾注平板培养法或平板表面涂布法测定。国家水质标准中规定最常用的是营养肉汤琼脂培养基，将水样直接或稀释后定量接种于营养肉汤培养基平板，或倾注混匀，或表面均匀涂布，在有氧、37℃温度条件下培

养 24～48h，计数平板上生长的菌落总数。

三、空气微生物的监测

（一）样品的采集与监测方法

空气微生物以微小气溶胶粒子的形式稀疏地弥散在空气中。因此，要了解空气环境中存在的微生物种类和数量及它们的空间、时间变化规律，就需要用针对微生物粒子特点而设计的空气微生物采样器（以下简称采样器）采集稀疏弥散的微生物气溶胶粒子（以下简称微生物粒子），以便观察和分析。

（二）空气微生物标准

空气微生物卫生标准主要以细菌作为标准，选用的指标是细菌总数。表示的方法有以下两种：一种是每一平皿上的菌落形成单位（CFU）数；另一种则是每一平皿实测得的菌落形成单位再按奥梅梁斯基公式换算成为每立方米多少个细菌菌落。如根据奥梅梁斯基建议，面积为 $100cm^2$ 的平板培养基暴露在空气中 5min，于 37℃温度条件下培养 24h 后所生长出的菌落数相当于 10L 空气中的细菌数。

任务四　微生物修复技术

一、土壤修复

土壤修复中的土壤微生物修复技术指利用土著微生物或人工驯化的具有特定功能的微生物，在适宜的环境条件下通过自身的代谢作用降低土壤中有害污染物活性或降解成无害物质。相较于化学修复技术和物理修复技术，微生物修复技术应用成本较低，对土壤肥力和代谢活性负面影响小，可以避免因污染物转移而对人类健康和环境产生影响。

（一）土壤微生物修复原理

大多数环境中都存在着能够降解有毒有害污染物的天然微生物（土著微生物），但由于营养盐缺乏、溶解氧不足，能高效降解的微生物生长缓慢甚至不生长等因素，往往自然净化过程极为缓慢。土壤的微生物修复技术就是基于这一情况，通过提供氧气、添加营养盐、提供电子受体、接种经驯化培养具有高效降解作用的微生物等方法加强土壤自净过程。

微生物降解有机污染物主要依靠两种方式：其一，通过微生物分泌的胞外酶降解；其二，污染物被微生物吸收至其细胞内后，由胞内酶降解。微生物从胞外环境中吸收摄取物质的方式主要有主动运输、被动扩散、促进扩散、基团移位及胞饮作用等。微生物降解和转化土壤中的有机污染物通常依靠氧化作用、还原作用、基团转移作用、水解作用等基本反应模式来实现。

（二）土壤微生物修复技术

1. 接种微生物　土壤中的微生物种类繁多，但受污染的土壤中不一定存在能够降解相应污染物质的微生物。为提高污染土壤中污染物的降解效果，需要接种具有某些特定降解功能的微生物，并使之成为其中的优势微生物种群。接种的微生物通常为土著微生物、外来微生物和基因工程菌三类。

（1）土著微生物。当土壤受到有毒有害物质的污染后，土著微生物会出现一个自然驯化适应的过程。不适应污染土壤的微生物逐渐死亡；适应环境的微生物则在污染物的诱导作用下，逐渐产生能分解某些特异污染物的酶系，在酶的催化作用下使污染物得到降解、转化。因此，通过接种驯化后的土著微生物优势菌具有缩短微生物生长迟缓期、保持微生物活性的优点。

（2）外来微生物。为解决土著微生物生长速度缓慢、代谢活性低或因污染物的影响引起土著微生物的数量下降时，可接种对污染物有较高降解作用的优势菌种即外来微生物。外来微生物可缩短微生物的驯化期、克服降解微生物的不均匀性、加速污染物的生物降解、恢复微生物区系等作用。

（3）基因工程菌。利用DNA的体外重组、质粒分子育种、原生质体融合等技术手段，筛选出能改变某些微生物作用的底物范围、对土壤污染物有专一性或能增加高效降解作用的酶的数量和活性的基因工程菌，并用于土壤修复。

2. 添加营养物　微生物的生长不仅需要有机物质提供碳源，还需要其他营养物质。可以通过向污染土壤中添加微生物生长所必需的营养物质，来改善微生物生长环境，促进污染物降解和转化能力。如对含油污泥进行生物修复时，添加酵母膏或酵母废液可显著地促进石油烃类化合物的降解。

3. 添加表面活性剂　微生物对污染物的生物降解主要在酶的催化作用下进行，但发挥降解作用的很多酶都不是胞外酶。通过向污染土壤环境中添加表面活性剂可以增加污染物与微生物细胞的接触率，促使污染物得到分解。在含煤焦油、石油烃和石蜡等污染物的土壤修复中，使用添加表面活性剂能取得较好的效果。同时，选择表面活性剂易于生物降解、对土壤中的生物无毒害作用，且不会引起土壤物理性质的恶化。

4. 植物—微生物联合修复　利用植物在土壤中构成的一个特异的根际系统，直接或间接地吸收和降解土壤污染物质，即植物—微生物联合修复。植物—微生物联合修复主要通过两种渠道强化修复效果：一是促进植物营养吸收，增强植物抗逆性，再利用增加的生物量提高修复体的修复能力；二是植物根部重金属浓度增加，进一步促进重金属吸收及固定。微生物通过自身组分（如几丁质、菌根外菌丝等）吸附重金属元素，并通过微生物所分泌的有机酸或其他物质活化重金属，增加微生物在植物根部的浓度，最终将重金属转运至植物体内或吸附于根际，降低重金属的流动性，实现植物的吸收、固定效果。

（三）土壤微生物修复处理方法

从修复场地来分，土壤微生物修复处理主要分为两类，即原位微生物修复和异位微生物修复。

原位微生物修复不需将污染土壤搬离现场，直接向污染土壤投放氮、磷等营养物质和供氧，促进土壤中土著微生物或特异功能微生物的代谢活性，降解污染物。原位微生物修复技术主要有生物通风法（改变生物降解环境条件，将空气强制注入土壤中，然后抽出土壤中的挥发性有机毒物）、生物强化法（改变生物降解中微生物的活性和强度）、土地耕作法（尽可能地为微生物降解提供一个良好的环境）和化学活性栅修复法（掺入污染土壤的化学修复剂与污染物发生氧化、还原、沉淀、聚合等化学反应，从而使污染物得以降解或转化为低毒性或移动性较低的化学形态）等几种。

异位微生物修复是把污染土壤挖出，进行集中生物降解的方法，主要包括预制床法（农耕法的延续，使污染物的迁移量减至最低）、堆制法（利用传统的堆肥方法，将污染土壤与有机废弃物质等混合起来，使用机械或压气系统充氧，同时加入石灰以调节 pH，经过一段时间依靠堆肥过程中微生物作用来降解土壤中有机污染物）及泥浆生物反应器法（将污染土壤转移至生物反应器，加水混合成泥浆，调节适宜的 pH，同时加入一定量的营养物质和表面活性剂，底部鼓入空气充氧，满足微生物所需氧气的同时，使微生物与污染物充分接触，加速污染物的降解，降解完成后过滤脱水）。

目前，在中国已构建了农药高效降解菌筛选技术、微生物修复剂制备技术和农药残留微生物降解田间应用技术；也筛选了大量的石油烃降解菌，复配了多种微生物修复菌剂，研制了生物修复预制床和生物泥浆反应器。近年来，我国也开展了很多有机砷和持久性有机污染物如多氯联苯和多环芳烃污染土壤的微生物修复技术工作。

由于土壤复合污染的普遍性、复杂性和特殊性，往往需要多途径、多方式的修复手段，发展微生物修复与其他现场修复工程的嫁接和移植技术，以达彻底修复之目的。因此，微生物修复技术的工程化应用必须融合环境工程、水利学、环境化学及土壤学等多学科知识，构建出一套因地因时的污染土壤田间修复工程技术，并设计出针对性强、高效快捷、成本低廉的微生物修复设备，以实现微生物修复技术的工程化应用。

二、废水处理

废水生物处理的方法很多，根据微生物与氧的关系分为好氧处理和厌氧处理两大类。根据微生物在构筑物中处于悬浮状态或固着状态，分为活性污泥法和生物膜法。

废水的各种生物处理构筑物为活性污泥或生物膜提供一个环境（有氧环境和无氧环境），构筑物中充满活性污泥或生物膜，或者活性污泥与生物膜的混合体。有氧环境或无氧环境与其中的活性污泥和生物膜就构成一个生态系统。活性污泥和生物膜是净化污（废）水的工作主体。

（一）好氧活性污泥法

1. 好氧活性污泥中的微生物群落

（1）好氧活性污泥的组成。好氧活性污泥是由多种多样的好氧微生物和兼性厌氧微生物与其上吸附的有机的和无机的固体杂质组成。

（2）好氧活性污泥的存在状态。好氧活性污泥在完全混合式的曝气池内，因曝气搅动始终与污（废）水完全混合，总以悬浮状态存在，均匀分布在曝气池内，同时处于激烈的运动之中。因此从曝气池任何一点取出的活性污泥，其微生物群落基本相同。在推流式曝气池内，各区段之间的微生物种群和数量有差异，沿推流方向微生物种类依次增多，而在每一区段中的任何一点，其活性污泥微生物群落基本相同。

(3) 好氧活性污泥中的微生物群落。好氧活性污泥的结构和功能的中心是能起絮凝作用的细菌形成的细菌团块，称菌胶团。在其上生长着其他微生物，如酵母菌、霉菌、放线菌、藻类、原生动物和某些微型后生动物（轮虫及线虫等）。因此，曝气池内的活性污泥在不同的营养、供氧、温度及 pH 等条件下，形成由最适宜增殖的絮凝细菌为中心，与多种多样的其他微生物集居所组成的一个生态系统。

活性污泥的主体细菌来源于土壤、水和空气。它们多数是革兰氏阴性菌，如动胶菌属和丛毛单胞菌属，可占 70%，还有其他的革兰氏阴性菌和革兰氏阳性菌。好氧活性污泥的细菌能迅速稳定废水中的有机污染物，有良好的自我凝聚能力和沉降性能。

(4) 好氧活性污泥中微生物的浓度和数量。好氧活性污泥中微生物的浓度常用 1L 活性污泥混合液中含有多少毫克（mg）恒重的干固体即 MLSS（混合液悬浮固体）表示，或用 1L 活性污泥混合液中含有多少毫克（mg）恒重、干的挥发性固体即 MLVSS（混合液挥发性悬浮固体）表示。在一般的城市污水处理中，MLSS 保持在 2 000～3 000mg/L。工业废水在生物处理中，MLSS 保持在 3 000mg/L 左右。高浓度的工业废水在生物处理中，MLSS 保持在 3 000～5 000 mg/L。1mL 好氧活性污泥中的细菌有 10^7～10^8 个。

2. 好氧活性污泥净化废水的作用机制 好氧活性污泥的净化作用类似于水处理工程中混凝剂的作用，同时又能够吸收和分解水中的溶解性污染物。因为它是由有生命的微生物组成，能自我繁殖，有生物“活性”，可以连续反复使用，而化学混凝剂只能一次使用，故活性污泥比化学混凝剂优越。

3. 菌胶团的作用 在微生物学领域里，习惯将动胶菌属形成的细菌团块称为菌胶团。在水处理工程领域内，则将所有具有荚膜、黏液或明胶质的絮凝性细菌互相絮凝聚集成的菌胶团块也称为菌胶团，这是广义的菌胶团。如上所述，菌胶团是活性污泥结构和功能的中心，表现在数量上占绝对优势（丝状膨胀的活性污泥除外），是活性污泥的基本组分。它的作用表现在：①有很强的生物吸附能力和氧化分解有机物的能力，一旦菌胶团受到各种因素的影响和破坏，则有机物去除率明显下降；②菌胶团对有机物的吸附和分解为原生动物和微型后生动物提供了良好的生存环境，如去除毒物、提供食料、吸附溶解氧；③为原生动物、微型后生动物提供附着的场所；④具有指示作用，通过菌胶团的颜色、透明度、数量、颗粒大小及结构的松紧程度可衡量好氧活性污泥性能，如新生菌胶团颜色浅、无色透明、结构紧密，则说明菌胶团生命力旺盛，吸附和氧化能力强，即再生能力强，老化的菌胶团颜色深、结构松散、活性不强、吸附和氧化能力差。

4. 好氧活性污泥的培养 生产装置中活性污泥的培养有间歇式曝气培养和连续曝气培养。

(1) 间歇式曝气培养。

①菌种来源。污水处理厂的活性污泥、工厂集水池（沉淀池）或污水长期流经的

河流淤泥。

②驯化。凡采用与本厂不同水质废水处理厂的活性污泥作菌种都要先经驯化后才能使用。用间歇式曝气培养法驯化，先用低浓度废水培养，曝气23h后沉淀1h，倾去上清液，再用同浓度的新鲜废水继续曝气培养。每一浓度运行3～7d，通过镜检观察到活性污泥生长量增加可调高一个浓度，如同前一个浓度的操作方法运行。以后逐级提高废水浓度，一直提高到原废水浓度为止。驯化初期活性污泥结构松散，游离细菌较多，出现鞭毛虫和游动性纤毛虫。此时的活性污泥有一定沉降效果。在驯化过程中，通过镜检可看到原生动物由低级向高级演替。驯化后期以游动性纤毛虫为主，出现少量、有一定耐污能力的纤毛虫，如累枝虫。活性污泥沉降性能较好，上清液与沉降污泥可看出界限且较清，驯化结束，但进水流量仍未达到设计值。

③培养。将驯化好的活性污泥改用连续曝气培养法继续培养。此时通过镜检和化学测定分析指标衡量培养的进度，当菌胶团结构紧密，原生动物以钟虫等固着型纤毛虫为主，有轮虫出现；直到活性污泥全面形成大颗粒絮团，且结构紧密，沉降性能极好，混合液的30min体积沉降比（SV_{30}）达50%以上；污泥容积指数（SVI）在100mL/g左右，钟虫等固着型纤毛虫大量出现，相继出现楯纤虫、漫游虫、轮虫时即进入成熟期，完成活性污泥培养阶段。

（2）连续曝气培养。除间歇式培养外，还可用连续培养。在处理生活污水和工业废水时，凡取现成的与本厂相同水质处理厂的活性污泥作菌种时，都可直接用连续曝气培养法培养活性污泥。活性污泥接种量按曝气池有效体积的5%～10%投入，启动的前几天可先闷曝，溶解氧维持在1mg/L左右，然后以小流量进水，每调整一个流量梯度要维持约7d的运行时间。随着进水流量逐渐增大，溶解氧的浓度要逐渐提高。当进水流量达到设计的流量时，若工业废水的进水5日生化需氧量（BOD_5）在200～300mg/L，MLSS维持在3 000mg/L左右，溶氧要维持在2～3mg/L。若生活污水的进水BOD_5在150～250 mg/L，曝气池内的MLSS维持在2 000mg/L左右，溶氧可维持在1～2mg/L。

判断活性污泥是否培养成熟，需要进行镜检和分析指标测定。镜检判断方法是观察培养初期活性污泥生长的状况，在其向成熟阶段过渡的进程中，菌胶团的结构由松散向紧密演变，原生动物由低级向高级演替。当进水流量达到设计值时，菌胶团结构紧密，形成大的絮状颗粒。当原生动物以钟虫等固着型纤毛虫大量出现，相继出现楯纤虫、漫游虫、轮虫等时即进入成熟期。

（二）好氧生物膜法

好氧生物膜法构筑物有普通滤池、高负荷生物滤池、塔式生物滤池、生物转盘等。

1. 好氧生物膜 好氧生物膜是由多种多样的好氧微生物和兼性厌氧微生物黏附在生物滤池滤料上或黏附在生物转盘盘片上的一层带黏性、薄膜状的微生物混合群体，是生物膜法净化污（废）水的工作主体。普通滤池的生物膜厚度为2～3mm，在BOD负荷大、水力负荷小时生物膜增厚，此时，生物膜的里层供氧不足，呈厌氧状态。当进水流速增大时，一部分脱落，在春、秋两季发生生物相的变化。微生物量通常以每平方米滤料上干燥生物膜的质量表示，也可以用每立方米滤料上的生物膜污泥质量表示。

2. 好氧生物膜中的微生物群落及其功能 普通滤池内生物膜的微生物群落有生物膜生物、生物膜面生物及滤池扫除生物。生物膜生物是以菌胶团为主要组分，辅以浮游球衣菌、藻类等。它们起净化和稳定污、废水水质功能。生物膜面生物是固着型纤毛虫（如钟虫、独缩虫、累枝虫）及游泳型纤毛虫（如尖毛虫、豆形虫等），可以促进滤池净化速度，提高滤池整体的处理效率。滤池扫除生物有轮虫、线虫及寡毛类的沙蚕、颗体虫等，可以去除滤池内的污泥、防止污泥积聚和堵塞。

三、废气处理

目前，主要的废气处理技术包括吸收、吸附、催化、焚烧、冷凝及生物技术等。对于大流量、低浓度的废气，生物处理技术具有处理效果好、无二次污染、投资及运行费用低、易于管理等优点，因而得到了广泛的应用。与污水生物处理原理相同的是废气生物处理技术也是利用微生物的作用将污染物质降解或转化为无害或低害类物质。然而，与污水生物处理过程不同，废气生物处理过程经历由气相扩散进入液相、溶解于液相的组分被微生物捕捉并吸收以及在微生物体内生物降解 3 个步骤。

（一）生物过滤技术

废气的生物过滤使用微生物处理废气，使废气通过微生物填料，在适宜的条件下使用固体载体吸收气体物质，微生物的生命活动能够分解废气，发挥废气除臭的作用。为了确保生物过滤的效果，要求在废气过滤过程中能够获得满足其生命活动所需的条件和有机营养物质，因此填料需要及时补充一定的有机成分，同时提供适宜微生物生存的良好环境条件，保证微生物活性，促进微生物的生长繁殖。现阶段，微生物生长环境的调整主要控制环境温度、湿度以及含氧量。生物过滤废气填料方面，一般选择固体承载介质，要求填料中能够为种类繁多的微生物提供生长空间，因此填料要有较大的比表面积，从而能够容纳更多的微生物而减少占地空间，并且不能有异味而且结构均匀，同时要抗老化且有较强的吸水性能，还要方便填料的保养和营养搭配，现阶段应用最为广泛的微生物填料主要有塑料、人工纤维、干草、树皮。

（二）生物膜治理技术

生物膜废气处理技术是在气体和液体扩散中处理并转换废气中的污染物质，将气体污染物转变为液相，以液气界面、填料气为工作介质。生物膜废气处理技术在液体、固体的扩散过程中也改变了污染物的化学成分，并将液相污染物转移到填料表层，表层生物膜开始进行污染物的生物氧化过程，消耗污染物转变为自身所需能量和营养物质，同时转移氧，一部分污染物用于生物膜微生物的分解代谢，其余部分转移至其他处理工艺。生物膜废气治理技术首先将污染气体经风管转移至洗涤塔，存储在洗涤塔中的气体接受预处理，增加湿度和温度，接受过处理的气体送至生物过滤塔，借助微生物处理气体，生物过滤塔发挥媒介作用，提供微生物的反应空间，净化处理气体中的污染物质，再经风机将处理过的气体排出。微生物的生命活动需要稳定的环境条件，使用洗涤泵专门提供水源，从洗涤塔顶部喷水，再将冲洗出的污物转移至储水箱，循环用水；生物过滤塔水源来自喷淋泵，液体和气体逆向流动充分接触，为微生物提供生命活动必需的营养成分，并回收水至储水池，使用药泵投放营养液，补充营养成分。

学　习　回　顾

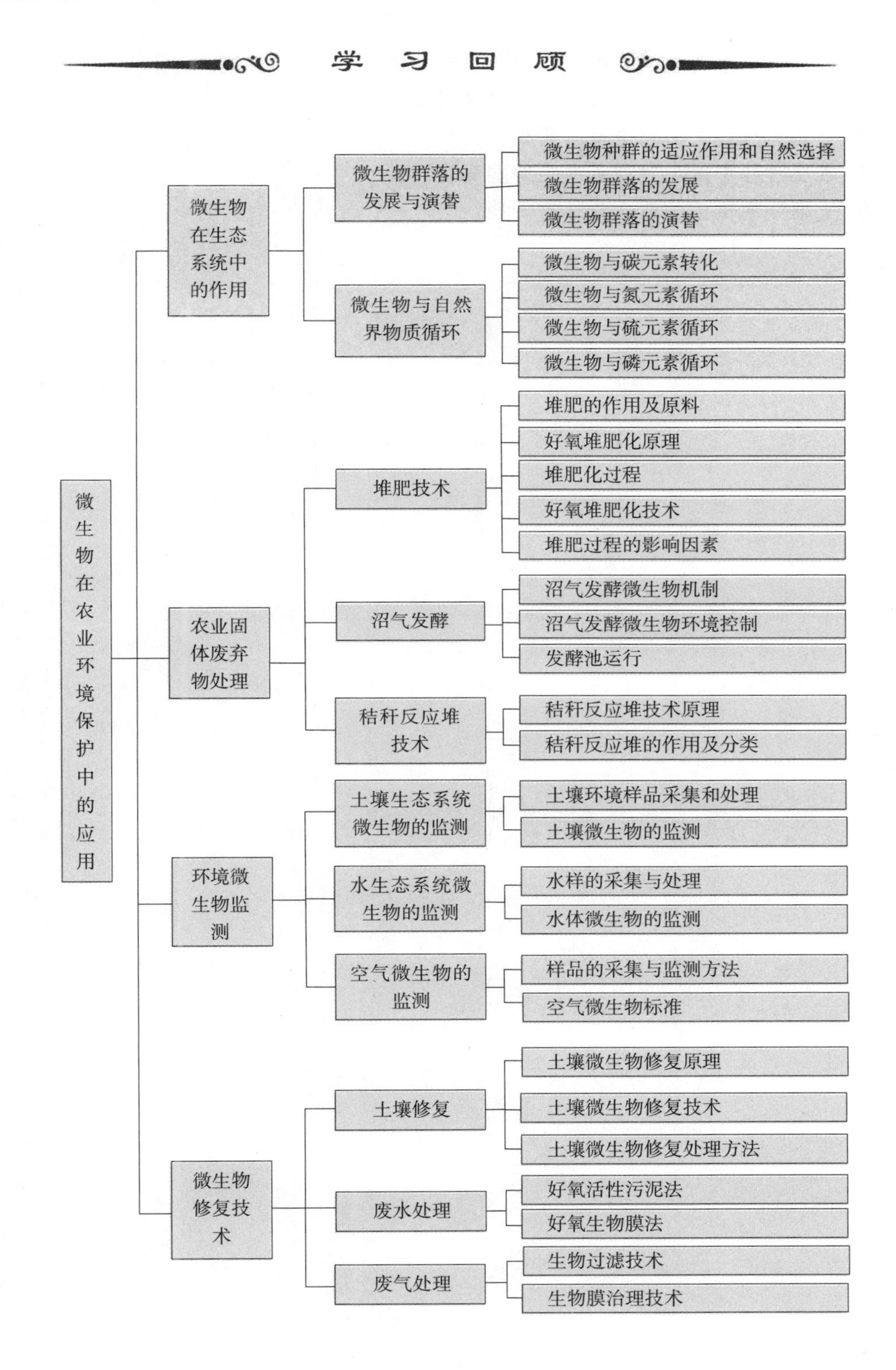

思考与探究

1. 微生物群落发生演替的原因是什么？结果如何?
2. 对有机物进行可生物降解性评价有何重要意义?
3. 自然界为什么必须进行物质循环?
4. 堆肥过程中微生物群落发生哪些变化?
5. 土壤环境微生物活性指标有哪些?

项目九

微生物实验技术

学习目标

◆ 知识目标

- 了解微生物分子鉴定的方法和原理。
- 熟悉光学显微镜的构造与功能。
- 掌握革兰氏染色原理。

◆ 技能目标

- 熟练使用光学显微镜，能通过观察个体形态识别微生物。
- 能够进行细菌革兰氏染色操作，并能根据染色结果鉴别细菌革兰氏反应类型。
- 能够通过菌落形态识别微生物。
- 能够通过染色、测微尺等检测微生物的性状特征。
- 能够正确配制培养基。
- 能够对材料、设备进行无菌或消毒处理。
- 能够通过培养和显微观察方法测定微生物数量。
- 能够分离并培养出微生物纯种。
- 能够进行菌种的常规保藏和复壮。

◆ 素质目标

- 培养学生的规范操作意识。
- 培养学生踏实认真、爱岗敬业的职业精神。

任务一　微生物的识别与鉴定

微生物的识别与鉴定主要包括微生物个体显微观察和群体菌落的观察两部分。病毒的观察需要放大倍数很高，需要用电子显微镜；细菌、放线菌等比较微小的微生物观察需要较大的放大倍数，观察时，一些比较老的显微镜需要借助于油镜；真菌、原生生物等比较大的微生物，除了观察形态外，常常还需测定其大小，以作为识别的依据。为了便于观察鉴定，通常还需要对微生物菌体进行染色。群体菌落的观察识别则主要针对细菌、酵母菌等细胞型微生物，常需用其在特定培养基上的特征来帮助识别鉴定。

技能训练一　显微镜油镜的使用及细菌单染色形态观察

一、训练目标

（1）熟悉光学显微镜的构造及各部分的功能。

（2）能正确使用显微镜油镜，并能对显微镜进行简单的维护和清洁。

（3）掌握细菌涂片和单染色的技术，能够观察细菌的形态。

二、材料用具

（一）材料与试剂

培养12～24h的金黄色葡萄球菌和枯草芽孢杆菌斜面菌种、苯酚复红染色液、香柏油、二甲苯、蒸馏水等。

（二）仪器与用具

显微镜、载玻片、接种环、酒精灯、洗瓶、染色架、废液缸、擦镜纸等。

三、基本原理

（一）显微镜油镜的工作原理

显微镜性能的优劣不只是看它的放大倍数，更重要的是看它分辨率的大小。分辨率是指显微镜能分辨出物体两点间的最短距离（D）的能力。D值愈小表明显微镜的分辨率愈高。D值与光线的波长（λ）呈正比，与显微镜物镜的数值孔径（NA）呈反比。

$$能分辨两点之间最小距离=\frac{光波波长}{2\times 数值孔径}\qquad 即 D=\frac{\lambda}{2NA}$$

从上式可以看出，缩短光线的波长及增大物镜的数值孔径都可提高显微镜的分辨率，而可见光的波长一般是固定的。因此，一般采用增大物镜的数值孔径来提高显微镜的分辨率。

数值孔径是指光线投射到物镜上最大角度（称镜口角）一半的正弦与介质折射率（n）的乘积。

$$NA=n\times \sin\frac{\alpha}{2}$$

从式中可以看出，影响数值孔径大小的因素一是镜口角，二是介质的折射率。当物镜与载玻片之间的介质为空气时，由于空气的折射率（1.0）与玻璃的折射率

(1.52) 不同，光线会发生折射，不仅使进入物镜的光线减少，降低了视野的亮度，而且会减小镜口角。当采用香柏油（$n=1.515$）或石蜡（$n=1.481$）为介质时，由于它的折射率与玻璃相近，光线经过玻璃后可直接通过香柏油进入物镜而不发生折射（图 9-1），不仅增加了视野的亮度，更重要的是可增加物镜的数值孔径，从而达到提高分辨率的目的。

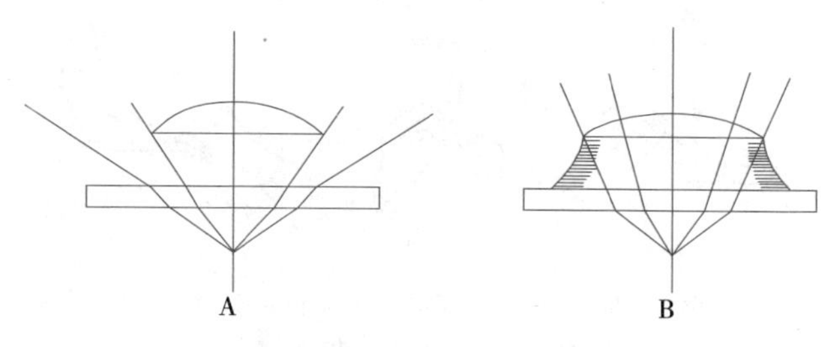

A. 介质为空气　B. 介质为香柏油

图 9-1　光线通过不同介质的比较

（二）单染色的基本原理

细菌个体小而透明，活细胞与水的折射率及玻璃的折光率相差无几，在普通光学显微镜下难以看清。经染料染色后增强了细胞折光性，借助颜色的反衬作用就能看清它们的形状、大小和排列方式。

细菌细胞含核酸较多，故多用碱性染料染色，如碱性复红、美蓝、结晶紫、番红等，均需先配成染液再用于染色。单染色法是用一种染料进行染色，只能显示形态而不能辨别其构造。

四、训练操作规程

（一）细菌单染色法（表 9-1）

表 9-1　细菌单染色操作流程及操作技术要点

操作流程	操作技术要点
涂片	在洁净无脂的载玻片中央滴一小滴无菌水（图 9-2A） 用无菌操作方法从菌种斜面上挑取少量菌种与水混合均匀，涂成 1.0～1.5cm^2 大小的薄片（图 9-2B）
干燥	将涂片于室温下自然风干
固定	手执载玻片一端，使有菌的一面向上，将载玻片通过火焰上方 2～3 次（图 9-2C）。在火上固定时用手摸涂片反面，以不烫手为宜。不能将载玻片在火上烤，否则将会毁坏细菌的形态
染色	将载玻片置于染色架上，滴加染色液覆盖于涂菌处，染色约 2min（图 9-2D）
水洗	倾去染色液，斜置载玻片，用洗瓶的细水流由载玻片上端流下（不得直接冲在涂菌处，以免冲掉菌体细胞），直至从载玻片上流下的水中无染色液的颜色时为止（图 9-2E）
干燥	自然晾干或用吸水纸轻轻地吸干载玻片上的水分，注意不要擦掉菌体细胞（图 9-2F）
镜检	待标本完全干燥后，先用低倍镜和高倍镜观察，将典型部位移至显微镜视野中央，再用油镜观察

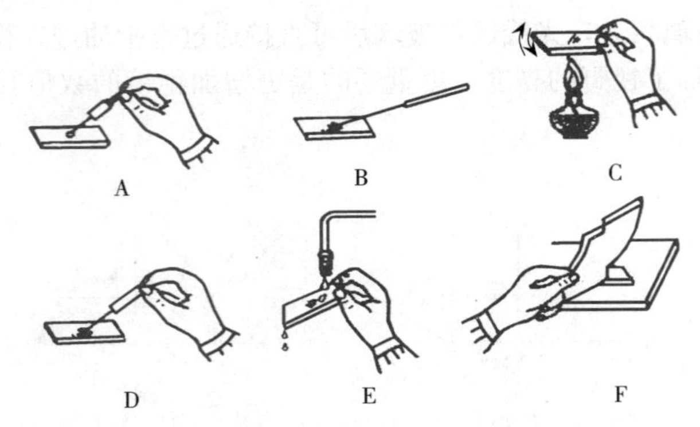

A. 滴无菌水　B. 涂片　C. 固定　D. 染色　E. 水洗　F. 干燥

图 9-2　细菌单染色示意

普通光学显微镜的使用

（二）使用显微镜油镜观察细菌形态（表 9-2）

表 9-2　显微镜油镜的使用操作流程及操作技术要点

操作流程	操作技术要点
取镜	打开镜箱，右手握镜臂，左手托镜座，小心地轻放于实验台上，镜座距离实验台边缘4cm左右
认识显微镜结构	1. 对照图 9-3，熟悉光学显微镜的构造 2. 对照图 9-4，识别油镜镜头
调节目镜	双目显微镜的目镜间距可以适当调节，以适应眼距不同的观察者
调节光源	1. 安装在镜座内的光源灯可通过调节电压来调节光照强弱 2. 可以通过扩大或缩小光圈、升降聚光器调节光照强弱 3. 检查染色标本时，光线应强；检查未染色标本时，光线不宜太强
低倍镜观察	1. 上升镜筒，将要观察的染色装片置于载物台上，用标本夹固定，移动推进器将观察位置移至物镜正下方，物镜距离装片 0.5cm 2. 从目镜观察，转动粗调节器使物镜逐渐上升至发现物像时，改用细调节器调节至物像清楚为止。移动装片，把合适的观察部位移至视野中心 注意事项：观察时两眼要同时睁开，左眼观察，右眼绘图或记录
高倍镜观察	1. 眼睛离开目镜从侧面观察，旋转转换器，将高倍镜转至正下方 2. 用目镜观察，仔细调节光圈，使光圈的明亮度适宜 3. 用细调节器校正焦距使物镜清晰，将最适宜观察部位移至视野中心
油镜观察	1. 提起镜筒约 2cm，将油镜转至正下方。在玻片标本的镜检部位（镜头的正下方）滴一滴香柏油 2. 从侧面注视，小心慢慢降下镜筒，使油镜浸在油中至油圈不再扩大为止，镜头几乎与装片接触，但不可压及装片，以免压碎玻片，损坏镜头 3. 将光线调亮，用左眼从目镜观察，用粗调节器将镜筒徐徐上升（切忌反方向旋转），当视野中有物像出现时，再用细调节器校正焦距。如因镜头下降未到位或镜头上升太快未找到物像，必须再从侧面观察，将油镜降下，重复操作直至物像看清为止 4. 提起镜筒，换上金黄色葡萄球菌固定玻片，依次用低倍镜、高倍镜和油镜观察

（续）

操作流程	操作技术要点
油镜保养	1. 移开油镜镜头，取出玻片 2. 用擦镜纸擦去镜头上的香柏油，再用擦镜纸沾少许二甲苯擦掉残留的香柏油，最后用干净的擦镜纸擦干残留的二甲苯 3. 擦净显微镜，将各部分还原 4. 套上镜罩，对号放入镜箱中

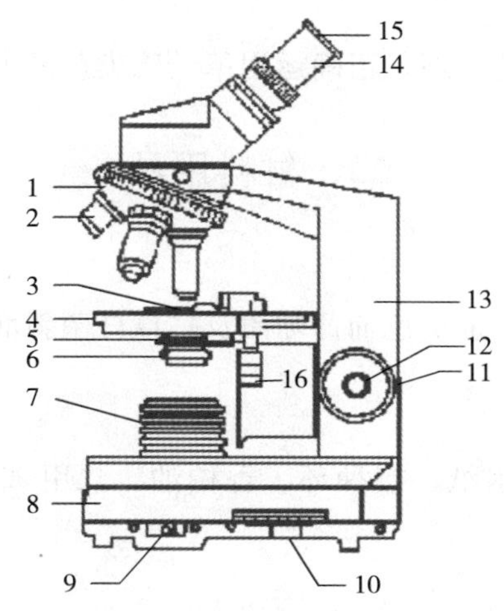

1. 物镜转换器　2. 接物镜　3. 游标卡尺　4. 载物台　5. 聚光器　6. 彩虹光阑　7. 光源　8. 镜座　9. 电源开关　10. 光源滑动变阻器　11. 粗调节器　12. 细调节器　13. 镜臂　14. 镜筒　15. 目镜　16. 标本移动螺旋

图 9-3　光学显微镜的构造

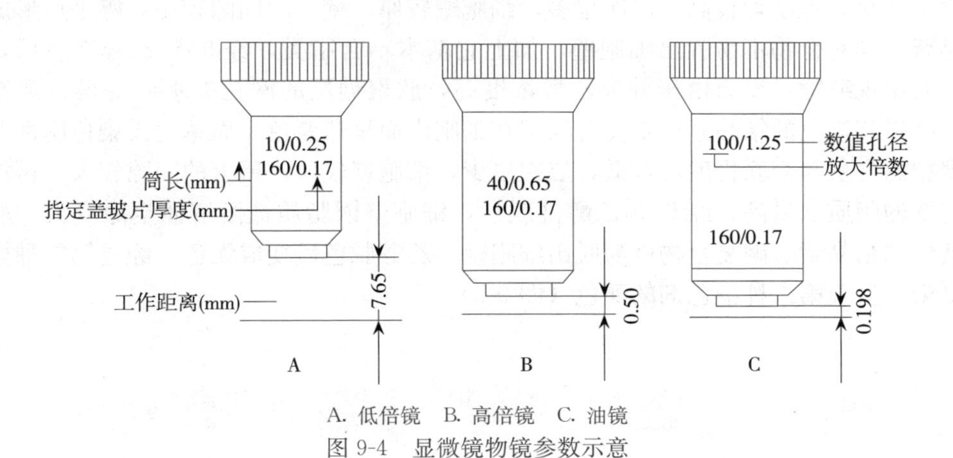

A. 低倍镜　B. 高倍镜　C. 油镜

图 9-4　显微镜物镜参数示意

五、训练报告

绘制细菌在油镜下的形态图，注明细菌名称及放大倍数。

【想一想】

油镜与普通物镜在使用方法上有何不同，应特别注意些什么？

技能训练二　细菌的革兰氏染色

一、训练目标

能够根据革兰氏染色的原理，正确运用革兰氏染色的方法准确鉴别细菌。

二、材料用具

（一）材料与试剂

培养24h的大肠杆菌、金黄色葡萄球菌及枯草杆菌斜面菌种，结晶紫染液，卢戈氏碘液，95%乙醇，番红。

（二）仪器与用具

显微镜、载玻片、吸水纸、接种环、香柏油、二甲苯、酒精灯、蒸馏水、擦镜纸等。

三、基本原理

革兰氏染色（原理）

细菌对革兰氏染色的反应主要与细胞壁的通透性有关。革兰氏染色阳性菌肽聚糖的含量与交联程度均较高，层次也多，细胞壁较厚，壁上的间隙较小，媒染后形成的结晶紫—碘复合物不易脱出细胞壁，加上它基本不含脂类，经95%乙醇洗脱后，非但没有出现缝隙，反而由于外界乙醇浓度高，肽聚糖层的网孔失水而变得通透性更小，结果蓝紫色的结晶紫—碘复合物留在细胞内而呈蓝紫色。而革兰氏染色阴性菌的肽聚糖的含量与交联程度均较低，层次也少，细胞壁较薄，壁上的间隙较大，再加上细胞壁的脂质含量高，经95%乙醇洗脱后，细胞壁因脂质被溶解而空隙变大，所以蓝紫色的结晶紫—碘复合物极易脱出细胞壁，乙醇脱色后变成无色，经过第二种染色剂复染，呈现第二种染色剂的颜色（图9-5）。

革兰氏染色

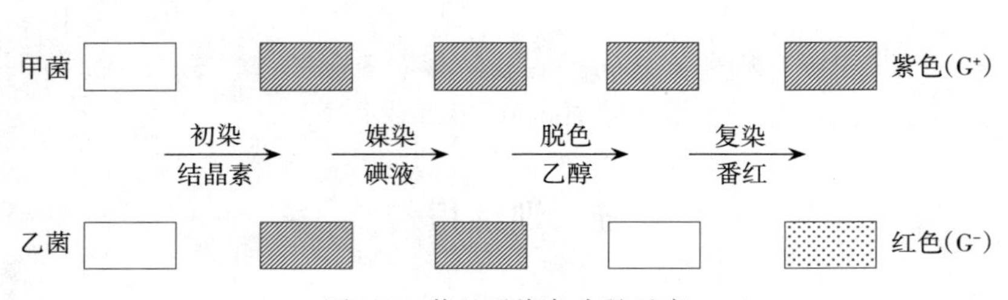

图9-5　革兰氏染色步骤示意

四、训练操作规程（表 9-3）

革兰氏染色（制片）

表 9-3　革兰氏染色的操作流程及操作技术要点

操作流程	操作技术要点
涂片	在载玻片中央滴一滴无菌水，用无菌操作法从菌种斜面挑取少量菌体与水滴充分混匀，涂成薄膜，涂布面积为 1.0～1.5cm^2
干燥	将涂片于室温下自然风干，或将载玻片置于酒精灯火焰处微热烘干
固定	手执载玻片，涂菌的一面向上，将载玻片通过火焰上方 2～3 次
初染	滴加结晶紫染色液覆盖于涂菌处，染色约 1min，然后水洗
媒染	滴加卢戈氏碘液，1min 后水洗
脱色	滴加 95％乙醇脱色，摇动玻片至紫色不再为乙醇脱退为止，水洗
复染	滴加番红染色液染 2～3min（或用苯酚复红复染 30s），水洗
干燥	自然晾干或用吸水纸吸干载玻片上的水分，注意不要擦掉菌体细胞
镜检	待标本干燥后，依次用低倍镜、高倍镜、油镜观察

革兰氏染色（镜检判断）

五、训练报告

绘制细菌在油镜下的形态图，注明细胞颜色并说明染色反应。

【想一想】

革兰氏染色法哪一步最关键？为什么？

技能训练三　细菌的特殊染色及放线菌的形态观察

一、训练目标

（1）能够对芽孢、荚膜、鞭毛进行染色，并能观察到芽孢、荚膜、鞭毛。

（2）掌握培养放线菌的方法，能够观察到放线菌的菌丝和孢子。

二、材料用具

（一）材料与试剂

枯草芽孢杆菌、褐球固氮菌、普通变形杆菌、细黄链霉菌斜面菌种，5％孔雀绿水溶液，苯酚复红染液，乙醇—丙酮混合液，鞭毛染色液（染液 A 与染液 B），0.5％沙黄水溶液，绘图墨水（用滤纸过滤），95％乙醇，0.1％美蓝染色液，牛肉膏蛋白胨培养基，高氏一号培养基。

（二）仪器与用具

显微镜、接种环、酒精灯、载玻片、盖玻片、小试管（1.0cm×6.5cm）、烧杯

(300mL)、滴管、试管夹、擦镜纸、吸水纸、镊子、涂布器、玻璃纸、打孔器、玻璃棒、二甲苯、香柏油、蒸馏水、凹面载玻片。

三、基本原理

(一) 芽孢染色原理

细菌芽孢具有壁厚、通透性差、不易着色等特点，所以普通染色法只能使细胞着色，而芽孢显示不着色的透明体。芽孢染色法是采用着色力强或高浓度的染料，进行加温处理并延长染色时间，使菌体与芽孢均染上颜色，芽孢一旦着色就难以脱色，通过脱色剂除去菌体颜色而保留芽孢的颜色，然后再用复染剂复染菌体，使菌体与芽孢呈现不同的颜色，以便于观察。

(二) 荚膜染色原理

荚膜与染料亲和力弱，不易着色，所以荚膜染色常采用负染色法，即菌体和背景着色，以衬托无色的荚膜。荚膜易溶于水，故染料中尽量少用水。荚膜受热失水易引起皱缩变形，故不能加热固定。

(三) 鞭毛染色原理

细菌鞭毛极细，超过了普通光学显微镜的分辨力。采用特殊染色法，即在染色前先经媒染剂处理，使鞭毛加粗，然后再进行染色，在光镜下就可看到。鞭毛染色法染色效果与菌种活化程度、菌龄、载玻片的清洁度及染液配制、染色技巧有密切关系。

(四) 放线菌形态观察

放线菌的菌丝可分为基内菌丝（较细）、气生菌丝（较粗）、孢子丝 3 种。放线菌发育到一定阶段，孢子丝形成孢子，孢子丝和孢子的形状、排列方式以及孢子的表面特征都可以作为鉴定菌种的依据。

四、训练操作规程

(一) 细菌的特殊染色

1. 芽孢染色法 芽孢染色法通常有两种方法，具体操作流程见表 9-4。

表 9-4 芽孢染色的操作流程及操作技术要点

操作流程		操作技术要点
方法一	涂片	取枯草芽孢杆菌作涂片，并干燥、固定
	初染	于涂菌处滴加孔雀绿染液，用微火加热载玻片，片上出现蒸汽时开始计算时间并维持4～5min。加热过程中切勿使染料蒸干，必要时可添加少许染料
	水洗	倾去染液，待玻片冷却后用自来水冲洗至孔雀绿不再褪色为止
	复染	用 0.5%沙黄溶液复染 1min，水洗
	镜检	制片干燥后用油镜观察。芽孢呈绿色，菌体呈红色

（续）

操作流程		操作技术要点
方法二	取菌	取试管1支，加蒸馏水7～8滴，取菌种制成浓菌悬液
	初染	于管中滴加苯酚复红液。用木夹夹好，于灯焰上加热近沸，维持3～4min
	涂片	取加热后的菌悬液2～3环制成涂片，风干，加热固定，冷却
	脱色	于涂片上滴加乙醇丙酮液1～2滴，进行脱色30s
	复染	用5%的孔雀绿复染2～5min，水洗，晾干
	镜检	制片干燥后用油镜观察。芽孢呈红色，菌体呈绿色

2. 荚膜染色法 荚膜染色法通常有两方法，具体操作流程见表9-5。

表9-5 荚膜染色的操作流程及操作技术要点

操作流程		操作技术要点
方法一	涂片	取培养了72h的褐球固氮菌制成涂片，自然干燥（不可用火焰烘干）
	固定	滴加1滴95%乙醇固定1min，倾去，晾干
	染色	加苯酚复红液染色1min，水洗，晾干
	涂背景	在载玻片一端加1滴墨汁，另取一块边缘光滑的载玻片与墨汁接触，再以匀速推向另一端，涂成均匀的一薄层，自然干燥
	镜检	干燥后用油镜观察。菌体红色，荚膜无色，背景黑色
方法二	涂片	先加1滴墨水于洁净的玻片上，并挑少量褐球固氮菌与之充分混合均匀
	加盖片	放一清洁盖玻片于混合液上，然后在盖玻片上放一张滤纸，向下轻压，吸收多余的菌液
	镜检	在油镜下观察，背景灰色，菌体较暗，在其周围呈现一明亮的透明圈即荚膜

3. 鞭毛染色法（表9-6）

表9-6 鞭毛染色的操作流程及操作技术要点

操作流程	操作技术要点
菌种活化	将普通变形菌在新鲜的牛肉膏蛋白胨斜面培养基上连续活化2～3次，每次于30℃培养10～15h
菌悬液制备	取无菌水管，取活化的菌种1～2环，放入无菌水中片刻，使有活动能力的菌游入水中，水液呈轻度混浊，将水管置于28℃下静置5～10min，取出备用
涂片	从菌悬液上层取菌1～2环，轻放在干净的载玻片中央，无涂抹，自然晾干
染色	滴加染液A，染3～5min，用蒸馏水充分洗净A液，沥干残水，滴加B液，在微火上加热使其微冒蒸汽，并随时补充染料使不干涸，染色30～60s，冷却后用蒸馏水轻轻冲洗干净，自然干燥
镜检	油镜下观察，菌体为深褐色，鞭毛为褐色

（二）放线菌的形态观察

放线菌的形态观察常采用插片法、搭片法、印片法 3 种方法，其操作流程见表 9-7。

表 9-7 放线菌形态观察操作流程及技术要点

操作流程		操作技术要点
插片法	插片制作	1. 用无菌吸管吸取 1mL 孢子悬液滴于高氏一号培养基上，用无菌刮铲涂匀 2. 将已消毒的盖玻片以 45°角插入培养基中，置于 28～30℃温度下培养 4～5d
	制片	取插片 1 张，擦去生长较差一面的菌丝体，菌面向上，加热固定
	染色	滴加苯酚复红液染色 1min，水洗，干燥
	镜检	于油镜下观察，辨认放线菌的菌丝体、孢子丝及孢子的形态和排列方式
搭片法	开槽接种	用无菌接种铲在平板培养基表面开挖两条宽约 0.5cm 的平行槽，并在槽内边缘一侧接种
	插片培养	夹取无菌盖玻片，搭在接种后的槽面上轻压，每条槽盖 3～4 片，在 28℃温度下培养 5～7d。
	镜检	取 1 滴美蓝染色液置于载玻片中央，将培养皿中的盖玻片取出，浸在染色液中，制成水封片，观察菌丝自然生长状态及孢子丝等结构
印片法	培养	采用平板划线法或涂抹法分离出孤立菌落
	印片	用解剖针取出一个带上培养基的完整菌落，将菌落面紧贴在微热过的载玻片中央，然后再小心挑去菌块
	加热固定	将载玻片通过火焰 2～3 次，冷却
	染色	滴加苯酚复红液染色 1min 或美蓝液染色 2～3min，水洗，干燥
	镜检	在低倍镜、高倍镜、油镜下观察

五、训练报告

（1）图示镜检芽孢杆菌的芽孢形状及着生位置，并注明染色结果。
（2）图示褐球固氮菌菌体及荚膜的形态。
（3）图示变形菌的形态及鞭毛着生情况。
（4）图示放线菌的形态，注意区分气生菌丝、孢子丝及孢子排列方式。

【想一想】

（1）荚膜染色中应注意哪些事项？
（2）鞭毛染色的关键步骤有哪些？

技能训练四　酵母菌和霉菌的形态观察

一、训练目的

（1）学习酵母菌的制片方法，观察酵母菌的形态及生殖方式。

(2) 掌握霉菌的制片方法，观察常见霉菌的形态特征。

二、材料用具

霉菌的生长

(一) 材料与试剂

啤酒酵母、热带假丝酵母斜面菌种，青霉、曲霉、根霉、毛霉平板培养物，乳酸苯酚棉蓝染液，卢戈氏碘液，0.05%美蓝染色液，无菌水等。

(二) 仪器与用具

显微镜、接种环、解剖针、载玻片、盖玻片、酒精灯、吸水纸、擦镜纸等。

三、基本原理

酵母菌是单细胞真菌，细胞呈椭圆形或卵圆形，无性繁殖以芽殖为主，有的种可形成假菌丝，较细菌细胞大。观察酵母细胞时，常用卢戈氏碘液制成水浸片，以观察细胞形态并鉴别肝糖粒的存在；区别死活细胞时，可以用美蓝染色。由于活细胞的还原力强，美蓝着色后又被还原为无色，而死细胞则为蓝色。

霉菌是丝状真菌的通称，个体较大且构造复杂。菌丝一般无色透明，有的有隔，有的无隔，低倍镜或高倍镜下即可看清。制片时常用乳酸苯酚棉蓝染液做成水浸片进行观察。这是霉菌制片中常用的固定液，它可以使菌丝体分散，细胞不易变形，并具染色、杀菌作用。

四、训练操作规程（表 9-8）

表 9-8 酵母菌和霉菌形态观察操作流程及技术要点

操作流程		操作技术要点
制备酵母菌菌悬液		以无菌水洗下斜面培养基上的酵母菌和热带假丝酵母菌苔，制成菌悬液
观察酵母菌肝糖粒	制片	载玻片中央滴 1 滴碘液，取菌悬液 1 环，混匀，盖上盖玻片
	镜检	镜检，观察酵母菌的细胞形态及生殖方式，肝糖粒呈深红色
鉴定酵母菌死、活细胞	制片	载玻片中央滴 1 滴美蓝，取菌悬液 1 环，混匀，盖上盖玻片
	镜检	镜检，观察酵母菌形态和出芽情况，根据颜色区分死、活细胞
	统计死亡率	死亡率＝死细胞总数/死活细胞总数×100%
观察霉菌形态	制片	1. 取一张干净的载玻片，于中央滴加 1 滴乳酸苯酚棉蓝染液 2. 用解剖针从菌落边缘划取一小块菌丝体，放入乳酸苯酚棉蓝染液滴中，小心地加一张盖玻片，并轻压盖玻片（勿使产生气泡）
	观察	在低倍镜或高倍镜下观察。观察时注意菌丝是否分隔，根霉的假根、匍匐菌丝、根节上分化出的孢囊梗、孢囊、孢囊孢子，毛霉的孢囊和孢囊孢子，青霉的分生孢子梗、孢子大小、着生方式，曲霉的足细胞、分生孢子梗、顶囊、小梗及分生孢子着生方式等

五、实训报告

(1) 图示镜检的酵母菌细胞形态及生殖方式。

(2) 绘制镜检的几种霉菌细胞形态构造图，注明各部构造名称。

【想一想】

霉菌制片中为何用乳酸苯酚棉蓝染液而不宜用水?

技能训练五　微生物细胞大小的测量

一、训练目的

(1) 能够正确使用目镜测微尺和镜台测微尺，可以计算校正结果。

(2) 掌握测量酵母菌和霉菌孢子大小的方法。

二、材料用具

(一) 材料与试剂

酵母菌菌悬液、产黄青霉斜面菌种、无菌水。

(二) 仪器与用具

显微镜、目镜测微尺、镜台测微尺、玻璃棒、载玻片、盖玻片。

三、基本原理

由于微生物菌体很小，只能在显微镜下测量。用来测量细胞大小的工具有目镜测微尺（简称目尺）和镜台测微尺（简称台尺）。

目镜测微尺是一块圆形玻片，在玻片中央把 5mm 长度刻成 50 等分或把 10mm 长度刻成 100 等分（图 9-6）。测量时，将其放在接目镜中的隔板上来测量经显微镜放大后的细胞物象，由于在显微镜不同的接目镜和接物镜系统下放大倍数不同，目镜测微尺每格所示长度随显微镜放大倍数而变化。所以，在使用前须用镜台测微尺来校正，求出在显微镜某一接目镜和接物镜系统下目镜测微尺一格的长度。

镜台测微尺形如载玻片，在中央的圆形盖片下，有一条长为 1mm 的刻度，精确等分为 100 格，每格长 10μm（图 9-7）。故用已知长度的台尺校正目尺，即可求出目尺一格的长度。

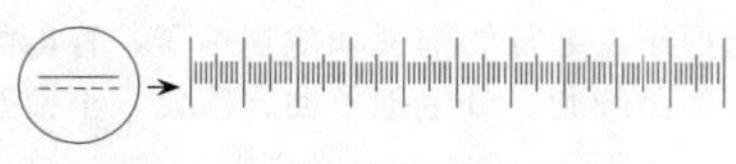

图 9-6　目镜测微尺及其刻度

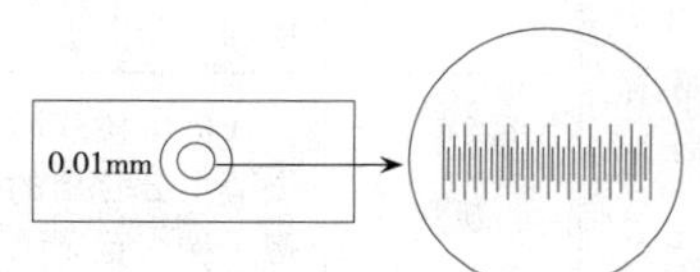

图 9-7　镜台测微尺及其放大部分

四、训练操作规程

（一）目镜测微尺的校正（表 9-9）

表 9-9　目镜测微尺校正操作流程及技术要点

操作流程	操作技术要点
装目镜测微尺	把目镜的上透镜旋开，将目镜测微尺装入目镜的隔板上，使有刻度的一面朝下
装镜台测微尺	把镜台测微尺置于载物台上，使有刻度的一面朝上
调焦	1. 用低倍镜观察，调准焦距至能清晰看见镜台测微尺的刻度 2. 转动目镜，使目镜测微尺的刻度和镜台测微尺的刻度相平行
校正	移动推进器使两尺重合，再使两尺的“0”刻度完全重合（或使两尺左边的一条线完全重合） 定位后，向右仔细寻找另外一条两尺重合的刻度线（图 9-8），计算两重合刻度之间目镜测微尺和镜台测微尺的刻度数
计算	通过下式计算出低倍镜目镜测微尺每小格所代表的实际长度： $\text{目镜测微尺每小格长度}(\mu m)=\dfrac{\text{两条重合线间镜台测微尺小格数}\times 10}{\text{两条重合线间目镜测微尺小格数}}$ 目镜测微尺 62 个小格等于镜台测微尺 10 小格，已知镜台测微尺每格长度为 10μm，则目镜测微尺上每小格长度为 100÷62=1.61（μm）
校正高倍镜	用同样方法校正在高倍镜下目镜测微尺每格的长度

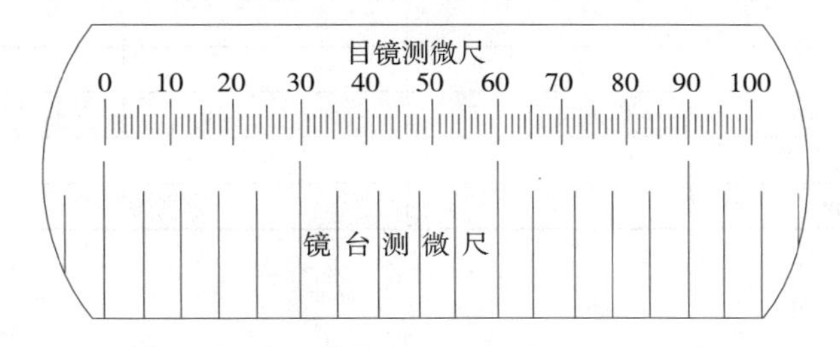

图 9-8　目镜测微尺与镜台测微尺校正时情况

（二）菌体大小的测定（表 9-10）

表 9-10　测量微生物大小操作流程及技术要点

操作流程	操作技术要点
制备菌悬液	以无菌水洗下斜面培养基上的酵母菌和产黄青霉的孢子，制成菌悬液
制水浸片	取一张干净的载玻片，滴 1 滴酵母菌菌悬液，然后盖上盖玻片
测酵母菌体大小	1. 换上酵母菌水浸片 2. 在低倍镜下找到酵母菌体，把菌体分散均匀的部位移到视野中心 3. 在高镜下用目镜测微尺量出菌体长和宽或直径占有目镜测微尺的格数，同一涂片上测定 10～20 个菌细胞，求其平均值
测产黄青霉孢子大小	1. 换上产黄青霉水浸片 2. 测量 10～20 个产黄青霉孢子的大小

（续）

操作流程	操作技术要点
计算	用校正的目镜测微尺每格长度，计算出菌体长度和宽度
保养	测定完毕，从目镜中取出目镜测微尺，并用擦镜纸擦拭干净

五、训练报告

（1）将校正结果记录于表 9-11 中。

表 9-11　校正结果记录

物镜	目镜测微尺格数	镜台测微尺格数	目镜测微尺校正值/（μm/格）
10×			
40×			

（2）将测得的菌体大小记录于表 9-12 中。

表 9-12　菌体大小记录

菌体编号	酵母菌		产黄青霉孢子
	长/μm	宽/μm	直径/μm
1			
2			
…			
10			
平均小格数			
平均大小/μm			

【想一想】

可以校正在油镜下目镜测微尺每格的长度吗？需要注意哪些事项？

技能训练六　微生物菌落特征的观察

一、训练目的

（1）掌握观察微生物菌落特征的方法。

（2）能够依据菌落特征识别微生物。

二、材料用具

（一）材料与试剂

金黄色葡萄球菌、黏质塞氏杆菌、链霉菌、青霉、曲霉、根霉、啤酒酵母、红酵

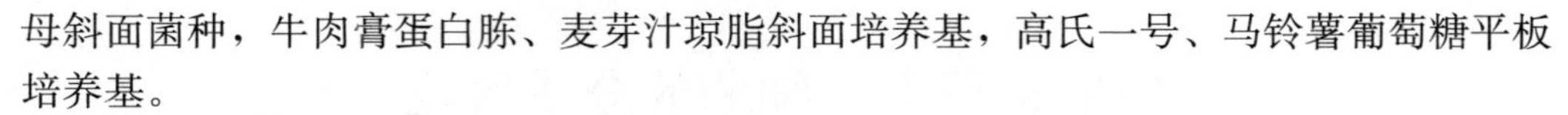

母斜面菌种，牛肉膏蛋白胨、麦芽汁琼脂斜面培养基，高氏一号、马铃薯葡萄糖平板培养基。

（二）仪器与用具

超净工作台、培养箱、培养皿、酒精灯、接种环、接种钩、放大镜等。

三、基本原理

区分和识别各大类微生物通常包括菌落形态（群体形态）和细胞形态（个体形态）两方面观察。细胞的形态构造是群体形态的基础，群体形态则是无数细胞形态的集中反映，故每一大类微生物都有一定的菌落特征，即它们在形态、大小、色泽、透明度、致密度和边缘等特征上都有所差异，一般根据这些差异就能识别微生物种类。

四、训练操作规程（表 9-13）

表 9-13　微生物菌落特征观察操作流程及技术要点

操作流程	操作技术要点
菌种移接	1. 将细菌、酵母菌分别接种到牛肉膏蛋白胨和麦芽汁琼脂斜面培养基上 2. 将放线菌、霉菌分别接种到高氏一号和马铃薯葡萄糖平板培养基上
菌落培养	1. 将接种后试管和平板移入恒温培养箱中 2. 将细菌置于 37℃温度下培养 1～2d 3. 将酵母菌、霉菌置于 28℃温度下培养 3～5d，将放线菌置于 28℃温度下培养 7d
观察菌落特征	1. 选择有代表性的单菌落编号，观察其菌落大小（用直径表示）、形状 2. 观察菌落边缘生长特点、质地、颜色、透明程度和表面结构 3. 观察上述菌落的侧面，描述其隆起程度

五、实训报告

将所观察的结果填入表 9-14。

表 9-14　微生物菌落特征观察记录

菌种	培养温度	培养时间	大小	形状	表面	边缘	隆起	透明度	颜色

技能训练七　细菌的分子鉴定

一、训练目的

（1）了解 16S rDNA 对细菌进行分类的原理及方法。

（2）掌握 DNA 提取的方法、PCR 扩增的原理和方法及扩增片段的回收方法。

二、材料用具

（一）材料与试剂

氯仿∶异戊醇（24∶1），酚∶氯仿∶异戊醇（25∶24∶1），异丙醇，10% SDS，20mg/mL 蛋白酶 K，5mol/L NaCl。

CTAB/NaCl 溶液：4.1g NaCl 溶解于 80mL H_2O，缓慢加入 10g CTAB，加水至 100mL。

70%乙醇：需置于－20℃温度条件下预冷。

（二）仪器与用具

振荡培养箱、移液枪、水浴锅、振荡器、冰箱、电流仪、PCR 仪等。

三、基本原理

随着分子生物学的迅速发展，细菌的分类鉴定从传统的表型、生理生化分类进入到各种基因型分类水平，如 DNA（G+C）mol%、DNA 杂交、rDNA 指纹图、质粒图谱和 16S rDNA 序列分析等。

细菌中有 3 种核糖体 RNA，分别为 5S rRNA、16S rRNA、23S rRNA。5S rRNA 虽易分析，但核苷酸太少，没有足够的遗传信息用于分类研究；23S rRNA 含有的核苷酸数几乎是 16S rRNA 的两倍，分析较困难。16S rRNA 相对分子质量适中，又具有保守性和存在的普遍性等特点，序列变化与进化距离相适应，序列分析的重现性极高，因此，现在一般普遍采用 16S rRNA 作为序列分析对象对微生物进行测序分析。

细菌的 16S rDNA 的结构见图 9-9。

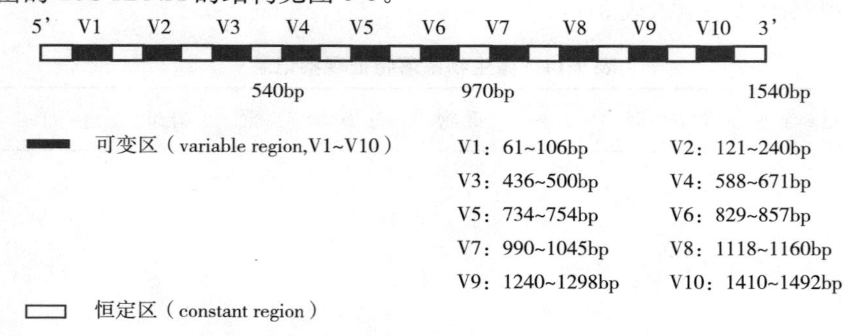

图 9-9　16S rDNA 的结构

rRNA基因由恒定区和可变区组成。可变区序列因细菌不同而异，恒定区序列基本保守，所以可利用恒定区序列设计引物，将16S rDNA片段扩增出来，利用可变区序列的差异来对不同菌属、菌种的细菌进行分类鉴定，和其他方法相比，16S rDNA序列测定分析更适用于确定属及属以上分类单位的亲缘关系。

利用16S rDNA鉴定细菌的技术路线见图9-10。

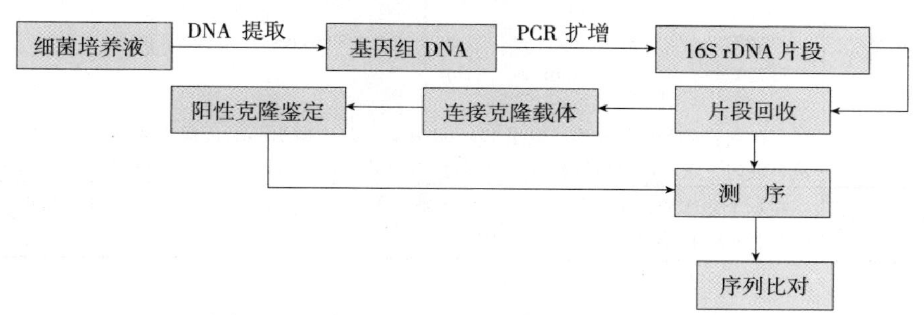

图9-10　利用16S rRNA鉴定细菌的技术路线

四、训练操作规程（表9-15）

表9-15　细菌的分子鉴定操作流程及技术要点

<table>
<tr><th>操作流程</th><th>操作技术要点</th></tr>
<tr><td>细菌基因组DNA提取</td><td>1. 挑单菌落接种到4mL LB培养基中，在37℃温度条件下振荡过夜培养
2. 取2mL培养液到2mL Eppendorf管中，在10 000rpm转速下离心1min后倒掉上清液
3. 加入10mg/mL的溶菌酶15μL，在37℃温度下水浴1h，再依次加入15μL 10%的SDS和10μL 100 mg/mL的蛋白酶K并混匀，在55℃温度下水浴1h
4. 加入200μL 5 mol/L NaCl（4℃）剧烈振荡，加入500μL的酚、氯仿、异戊醇混合液（酚：氯仿：异戊醇=25：24：1）后涡旋振荡混匀，在10 000rpm转速下离心10min
5. 将上清液转移至1.5mL离心管，加入500μL异丙醇沉淀（应该立即能看到白色絮状物）冰浴10min，然后在12 000rpm转速下离心10min
6. 加入预冷的（−20℃）70%乙醇500μL，充分振荡混匀，在7 500rpm转速下离心10min
7. 重复上述步骤一次
8. 自然吹干，待乙醇完全挥发后用50μL热的（65℃）双蒸水溶解
9. 取3μL溶液电泳检测质量</td></tr>
<tr><td>PCR扩增</td><td>1. 在引物合成公司合成已验证的引物序列如下：
<table><tr><td>27F</td><td>AGAGTTTGATCMTGGCTCAG</td></tr><tr><td>1492R</td><td>TACGGYTACCTTGTTACGACTT</td></tr></table>
2. PCR扩增体系　在0.2 mL Eppendorf管中加入1μL DNA，再加入以下反应混合液：
<table><tr><td>27F</td><td>1μL</td></tr><tr><td>1492R</td><td>1μL</td></tr><tr><td>10×PCR Buffer</td><td>5μL</td></tr><tr><td>dNTP</td><td>1μL</td></tr><tr><td>Taq酶</td><td>1μL</td></tr><tr><td>基因组DNA</td><td>1μL</td></tr><tr><td>双蒸水</td><td>40μL</td></tr></table></td></tr>
</table>

（续）

操作流程	操作技术要点
PCR扩增	反应体系为50μL，简单离心混匀 3. PCR反应 将Eppendorf管放入PCR仪，盖好盖子，调好扩增条件。扩增条件为： 95℃ 5min 95℃ 30s 52℃ 30s } 30cycles 72℃ 1min30s 72℃ 7min 4. PCR产物的电泳检测 取出Eppendorf管，从中取出5μL反应产物，加入1μL上样缓冲液，混匀。点入预先制备好的1%的琼脂糖凝胶中，电泳20min。在紫外灯下检测扩增结果
扩增片段的回收	根据上步实验结果，如果扩增产物为唯一条带，可将PCR产物送至生物公司测序，测序引物为16S PCR引物（27F/1492R）

五、训练报告

（1）根据测序结果，到NCBI网站上进行比对，确定该未知菌的种属。

（2）根据比对结果进行进化树的绘制。写明所用软件及大致的分析方法。

（3）分析讨论实验的过程及结果。

【想一想】

（1）菌种鉴定的方法和步骤是什么？

（2）微生物的菌种鉴定可以鉴定到“株”一级吗？

（3）菌种鉴定可以鉴定到种吗？

任务二 微生物的培养与纯种分离

微生物的分离培养操作主要包括培养基的配制、消毒与灭菌、无菌操作、微生物生长因子的调控、微生物的纯种分离以及微生物的计数（血球计数板计数和稀释平板菌落计数）和菌种保藏技术等部分。通过技能训练，学生能够准确检测微生物数量和分离目标微生物。

技能训练一 培养基的配制

一、训练目标

掌握培养基的配制、分装方法，做好灭菌前的准备工作。

二、材料用具

（一）材料与试剂

马铃薯、牛肉膏、蛋白胨、琼脂、葡萄糖、食盐、10%NaOH、10%HCl。

（二）仪器与用具

培养皿、吸管、天平、电炉、小铝锅、玻璃棒、量筒、三角瓶、烧杯、试管、试管架、分装漏斗或分装器、纱布、棉花、线绳、牛皮纸、pH 试纸等。

三、基本原理

培养基是培养微生物的营养基质，根据微生物种类及培养目的等不同，需选择适合的培养基配方，按照培养基配制要求，称量、溶解原料和调节酸碱度等，再将分装的培养基通过高压蒸汽灭菌，可以得到能够满足相应微生物培养要求的培养基。

配制好的培养基以及在微生物培养过程中需要防止外来微生物的污染，因此需对培养基及培养容器进行封闭处理。瓶塞一般选用棉花或中性硅胶等材质，可以阻止外来微生物污染，同时又不影响容器内外气体的流通，如果培养厌氧性微生物则需完全阻隔空气。

四、训练操作规程（表 9-16）

表 9-16　配制培养基（固体）的操作流程及操作技术要点

操作流程	操作技术要点
选定配方	牛肉膏蛋白胨培养基配方：牛肉膏 5.0g，蛋白胨 10.0g，NaCl 5.0g，琼脂 18～20g，水 1L，pH 7.2～7.4 马铃薯葡萄糖琼脂培养基配方：马铃薯（去皮）200g，葡萄糖（或蔗糖）20g，琼脂 18～20g，水 1L
称量	根据培养基配方准确称取各种原料
溶解	1. 在锅中加入适量水，将原料依次加入水中，加热使其充分溶解，即成液体培养基（若有马铃薯、胡萝卜、黄豆芽、麸皮等原料，应先将其煮沸约 30min，用纱布滤出定量滤液，再将其他原料加入滤液中） 2. 将溶解好的培养液加热至沸腾，放入事先称好的琼脂，继续加热，并不断搅拌至琼脂完全融化
定容	用热水补足因蒸发而损失的水量
调 pH	用 10% NaOH 或 10%HCl 调节培养基 pH
分装	趁热将培养基倒入分装漏斗或分装器中，左手持试管，右手控制止水夹，使培养基直接流入试管底部或三角瓶中（试管分装量以管高的 1/5 为宜，三角瓶以不超过容积的 1/2 为宜）
捆扎	将试管每 7～10 支扎成 1 捆，用牛皮纸包住棉塞（图 9-11、图 9-12），在包装纸上注明培养基名称、制作人等
灭菌	压力达 0.105MPa、温度为 121℃时开始计时。压力控制在 0.11～0.12MPa，灭菌时间参考表 9-9
摆斜面（或倒平板）	将灭菌后的试管趁热斜置于棍条上，倾斜度以试管中的培养基约占试管长度的 1/2 为宜，凝固后即成斜面培养基（图 9-13） 灭菌后三角瓶内的培养基冷却至 45～50℃时，以无菌操作法向无菌培养皿中倒入培养基，装量以刚覆盖整个培养皿底部为宜（约 15mL），凝固后即成平板培养基

培养基的制备（1）原料的称量

培养基的制备（2）原料溶解与分装

培养基的制备（3）天然原料的制备

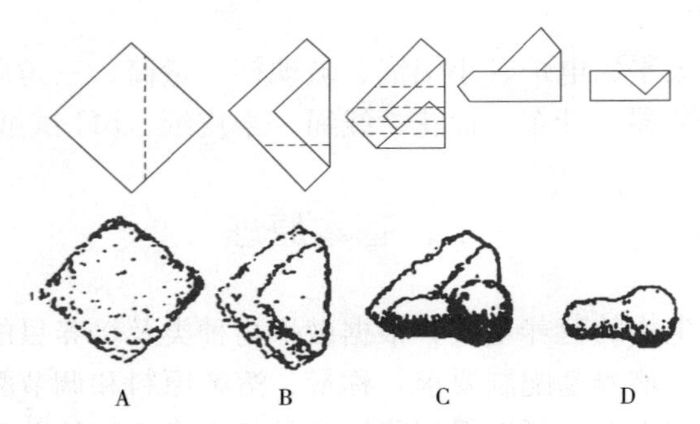

A. 取棉花　B. 折角　C. 卷紧　D. 成形

图 9-11　棉塞的制作过程

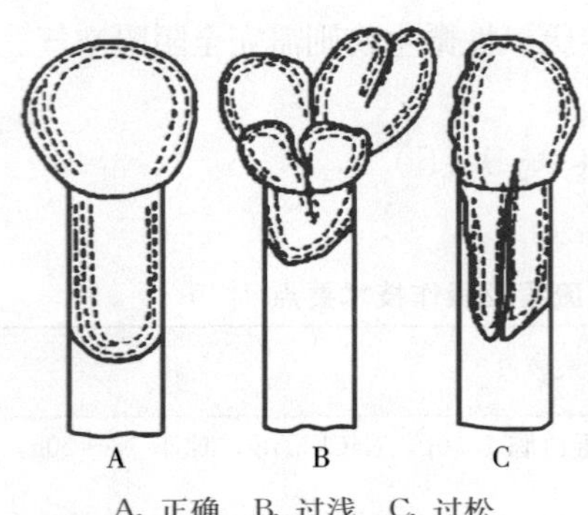

A. 正确　B. 过浅　C. 过松

图 9-12　棉塞外观

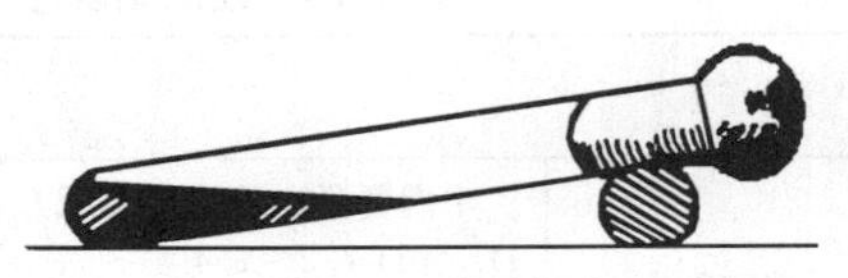

图 9-13　摆斜面

五、训练报告

（1）写出制备培养基的一般程序。

（2）根据实验操作，说明配制培养基过程中应注意的环节与问题。

技能训练二　灭菌与消毒

一、训练目标

（1）掌握高压蒸汽灭菌锅的使用方法。

（2）掌握玻璃器皿的包装和干热灭菌技术。

（3）能够配制常用的消毒液。

二、材料用具

（一）材料与试剂

待灭菌培养基、煤酚皂液、95%乙醇、新洁尔灭。

（二）仪器与用具

高压蒸汽灭菌锅、恒温干燥箱、紫外线灯、酒精灯、培养皿、吸管、棉花、量筒、烧杯、报纸、广口瓶。

三、基本原理

培养基、接种针等用具以及操作环境等的无菌是微生物分离、培养等操作的基本要求。灭菌方法包括物理法与化学法，物理法有高压蒸汽湿热与灼烧或烘箱干热等高温法、过滤除菌法、紫外线灭菌法等，化学法一般只能达到消毒程度，可用75%乙醇、3%煤酚皂液等进行表面消毒或场所处理。

不同材料与场所的消毒灭菌需选用适宜的方法。如培养基、无菌水等含水材料的灭菌常用高压蒸汽法，而不能使用针对空的玻璃仪器等灭菌所用的干热法；紫外线法常用于空间消毒；过滤除菌则用于不适宜高温处理的比如血浆等材料或微生物数量较少的液体样品处理。

四、训练操作规程

（一）高压蒸汽灭菌

高压蒸汽灭菌

1. 手提式高压灭菌锅的使用（表9-17）

表9-17　手提式高压灭菌锅的操作流程及操作技术要点

操作流程	操作技术要点
检查	1. 对照图9-14熟悉手提高压灭菌的构造 2. 检查高压锅的安全阀、放气阀、压力表、密封圈是否灵活有效
加水	1. 打开锅盖，取出内桶 2. 往高压灭菌锅外层锅中加入适量水，以淹没电热管1～2cm为宜
装料	把待灭菌材料分层装入内桶
密封	1. 将锅盖上的排气软管插入内层灭菌桶的管套内 2. 摆正锅盖位置，拧紧螺栓
排气	1. 接通电源，开始加热 2. 压力达0.05 MPa时，打开放气阀排冷空气，继续放气3～5min 3. 关闭放气阀
保压	1. 压力达0.105MPa，温度121℃时，开始计时 2. 压力控制在0.11～0.12MPa，灭菌时间参考表9-19
降压	切断电源自然降压，或当压力降至0.05MPa时，缓慢打开放气阀
出锅	待压力降至零，打开锅盖，取出灭菌物品
保养	排出锅内残存水分，以防锅体生锈

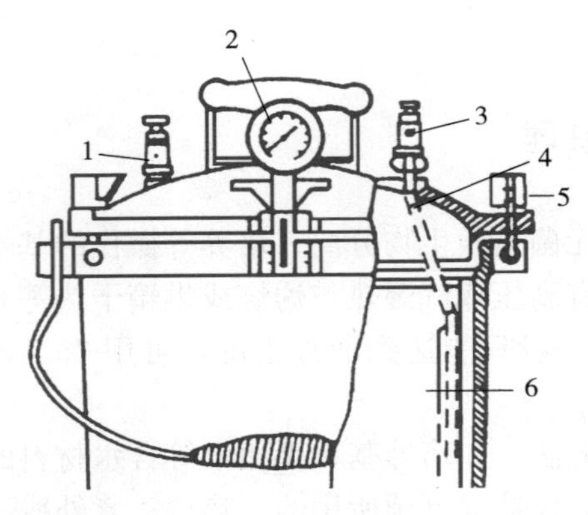

1. 安全阀　2. 压力表　3. 放气阀　4. 软管
5. 螺栓　6. 灭菌桶

图 9-14　手提式高压蒸汽灭菌锅

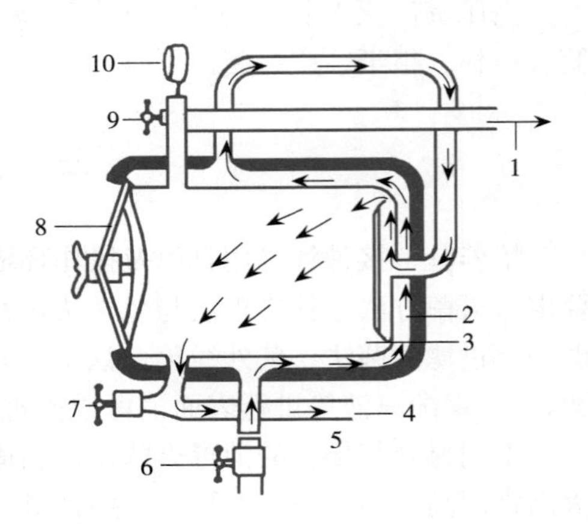

1. 排气口　2. 套层　3. 灭菌室　4. 排冷凝水口
5. 汽液分离器　6. 蒸汽供应阀　7. 温度计阀
8. 门　9. 蒸汽排气阀　10. 压力表

图 9-15　卧式高压蒸汽灭菌锅

2. 卧式高压灭菌锅的使用（表 9-18）

表 9-18　卧式高压灭菌锅的操作流程及操作技术要点

操作流程	操作技术要点
检查	对照图 9-15 熟悉卧式高压灭菌锅的构造
加水	先将进水阀关闭，调整排水阀至“全排”后，开启进水阀，放水到蒸汽发生器内，等水进至距水表顶端 5～10mm 处关水，关闭进水阀，并将总阀调至“关闭”
装料	将待灭菌物品装入锅内（注意不要塞得过紧过满），以利蒸汽流通
关门	按顺时针方向转动紧锁手柄至红箭头处，使撑挡进入门圈内，然后转动八角转盘，使门和垫圈密合（以灭菌时不漏气为度，不宜太紧，以免损坏垫圈）
升温	将压力控制开关的旋钮旋至“开”处，电源指示灯明亮，表示已通电，然后再按灭菌物所需压力将旋钮旋至选定压力处。此时电热指示灯明亮，表示继续通电加热
保温保压	当温度表上升到所需灭菌温度时开始计算灭菌时间，维持温度至灭菌完毕
出锅	灭菌完毕后立即切断电源，按各种灭菌物的要求，任由灭菌锅内的蒸汽自然冷却或予以“慢排”或“快排”。当灭菌锅内压力降至“0”时，方可缓慢转动门转盘和拨动紧锁手柄将门开启 4～5cm，再待 10～15min 将灭菌物品取出，此时灭菌物品即很干燥
保养	每次灭菌完毕后将电源开关关闭，停止加热，随后将总阀调至“全排”，排出套层内的蒸汽，并将锅门开启少许，散发锅内剩余的蒸汽，使灭锅壁经常保持干燥，同时排除锅内的余水

不同容积的培养基利用高压蒸汽灭菌所需的时间见表 9-19。

表 9-19　培养基高压蒸汽灭菌所需时间

培养基容积/mL	<20	20～50	50～200	>200
121℃灭菌所需时间/min	15	20	25	30

（二）干热灭菌（表 9-20）

玻璃器皿的灭菌——干热灭菌

表 9-20 干热灭菌的操作流程及操作技术要点

操作流程	操作技术要点
检查	熟悉干热灭菌箱各部分结构
装料	用牛皮纸或旧报纸将待灭菌的物品包装好，放入电烘箱内
恒温灭菌	装好以后关闭烘箱门，接通电源。升温至 160℃开始恒温
降温取物	达到灭菌时间后切断电源，自然降温，待烘箱内温度下降到 60℃以下打开烘箱门，取出物品放好

注意事项

（1）干热灭菌的温度不应超过 180℃。

（2）烘箱的温度应降到 60℃以下才可打开烘箱门，否则玻璃器皿容易破裂。

（3）烘箱内物品不宜放得太多，以免阻碍空气流通，影响灭菌效果。

（4）灭菌后的物品应随用随打开包装纸。

（三）过滤除菌（表 9-21）

表 9-21 过滤除菌操作流程及操作技术要点

操作流程	操作技术要点
包扎	将过滤器和滤膜用牛皮纸包好
灭菌	在 0.105MPa 压力下灭菌 20min，方法参照高压蒸汽灭菌
过滤	在超净工作台上按无菌操作方式，将细菌过滤器按图 9-16 的方法连接起来，过滤待除菌的溶液
混合	将过滤后的溶液加入培养基中。若为固体培养基，当培养基冷却至 55℃左右加入，然后摇匀；若为液体培养基，可在培养基冷却至 30℃以下加入

（四）玻璃器皿的包装

玻璃器皿在灭菌前要进行包装。培养皿一般每 5～10 套为一包，用双层报纸卷紧实或放入金属筒内进行灭菌。

吸管包装前，管口要塞入长 1.0～1.5cm 的棉花，以防使用时将口中杂菌吹入管内或将菌液吸入口中。棉花要松紧恰当，过紧吹吸费力，过松吹气时棉花会下滑。用纸将吸管两端打结拧好，多只吸管用一张大纸包好成捆，也可直接放入金属筒内进行灭菌。

试管和三角瓶灭菌时，管（瓶）口塞上大小适宜的棉塞，并用双层报纸或牛皮纸包好，用绳索捆扎后灭菌。

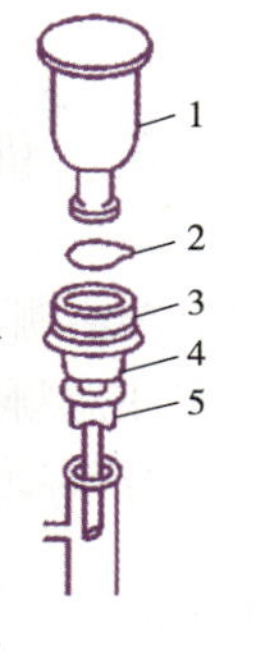

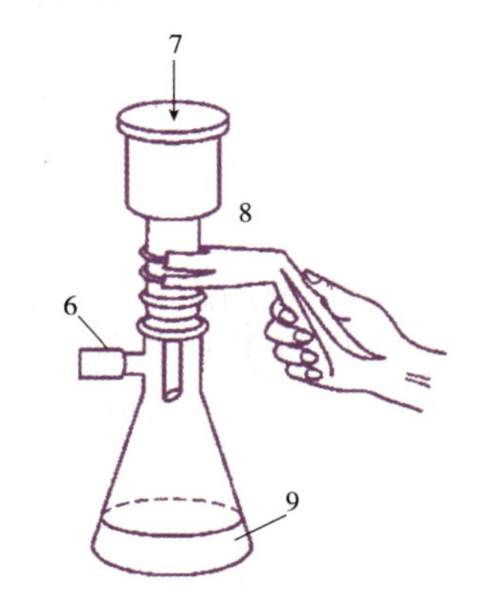

1. 漏斗 2. 微孔滤膜 3. 玻璃托盘 4. 基座 5. 橡皮塞 6. 抽真空 7. 加入灭菌介质 8. 紧固钳 9. 除菌介质

图 9-16 细菌过滤器

玻璃器皿一般干热灭菌，若无法进行干热灭菌时，也可采取湿热灭菌，但需用多层纸包卷，最外层用牛皮纸或铝箔包裹。

（五）紫外线灭菌

紫外线穿透力较差，而且其灭菌效果与照射时间和距离有关，一般时间长、距离近效果好。因此，紫外线只适用于空气和物体表面灭菌，照射距离以不超过 1.2m 为宜，紫外线对人体有害，操作时需关闭紫外灯。

紫外灯一般安装在无菌室或无菌箱内。面积为 $10m^2$ 的无菌室，在工作台上方距离地面 2m 处安装 1～2 只 30W 的紫外灯，每次开灯照射 30min 即可达到对室内空气灭菌的目的。

（六）常用消毒液的配制及酒精棉球的制作

1. 配制常用消毒液 配制 75%乙醇、3%煤酚皂液和 2.5%新洁尔灭。

（1）75%乙醇的配制。稀释用乙醇一般原始浓度为 95%，乙醇与水按 15∶4 的体积比分别量取、混合；如果用的是无水乙醇，则按 3∶1 的体积比配制。配制好的乙醇需密闭保存，稀释用水一般用自来水即可（下同）。

（2）3%煤酚皂液的配制。将原液 50%煤酚皂液与水按 3∶47 的体积比例配制即可。3%煤酚皂液一般即配即用，保存时间不得超过 24h。

（3）2.5%新洁尔灭的配制。一般新洁尔灭原液浓度为 5%，配制 2.5%浓度时加等量水稀释一倍即可。新洁尔灭保存时间同样不得超过 24h。

2. 制作酒精棉球 将消毒干棉球放入干净消毒的玻璃瓶中，倒入 75%乙醇将其浸透，即成酒精棉球。

温馨提示

培养基的保存

培养基最好现配现用，暂时不用的培养基置于低温条件下保存，含血清的培养基最好在 1 周内用完，其他培养基最多也不要超过 1 个月。

五、训练报告

（1）使用高压灭菌锅的注意事项有哪些？

（2）干热灭菌和过滤除菌时应注意哪些问题？

（3）使用干燥箱灭菌有哪些注意事项？

技能训练三 无菌操作

一、训练目标

熟悉接种工具，掌握消毒及菌种移接方法，树立无菌操作意识，掌握无菌操作技术，养成无菌操作习惯。

二、材料用具

（一）材料与试剂

试管斜面培养基、三角瓶装固体培养基、各种试管斜面菌种、75%乙醇、5%苯酚、3%煤酚皂液、棉球等。

（二）仪器与用具

无菌室或超净工作台、酒精灯、水浴锅、接种工具、无菌镊子、无菌吸管、无菌培养皿、记号笔、恒温培养箱等。

三、基本原理

在微生物的相关操作中须保证没有外源微生物的污染。在培养基、操作环境、用具等无菌的前提下，操作者是否规范操作往往是能否成功的关键。通过正确的规范操作训练可以培养学生的无菌操作意识和技能，避免外源性和操作中的交叉污染。

四、训练操作规程

（一）接种环境的消毒

微生物的接种需在无菌环境中进行，因此接种前首先需对超净工作台、接种箱和接种室等接种环境进行彻底消毒（表 9-22）。

表 9-22　接种环境消毒操作技术要点

操作流程	操作技术要点
物品准备	1. 清理清扫超净工作台、接种箱或无菌室 2. 将培养基、酒精灯、接种工具（图 9-17）等用品一次性全部整齐摆放在台面或箱中
喷雾消毒	向桌面、地面、空间及四周喷 3%煤酚皂液
紫外线灭菌	打开紫外线灯，照射 20～30min 关闭。如使用超净工作台，需提前 10～20min 启动风机
熏蒸消毒	1. 按 $3g/m^3$ 的用量称取高锰酸钾，倒入玻璃或搪瓷容器中 2. 按 $5mL/m^3$ 的用量量取甲醛，迅速与高锰酸钾混合 3. 紧密门窗 24h 以上

温馨提示

（1）采取喷雾+紫外线照射组合消毒效果更佳。

（2）甲醛熏蒸效果好，但具有强烈刺激性。一般用于长期未使用或污染较严重的接种室或接种箱消毒，消毒后可适当通风排除残留的甲醛。

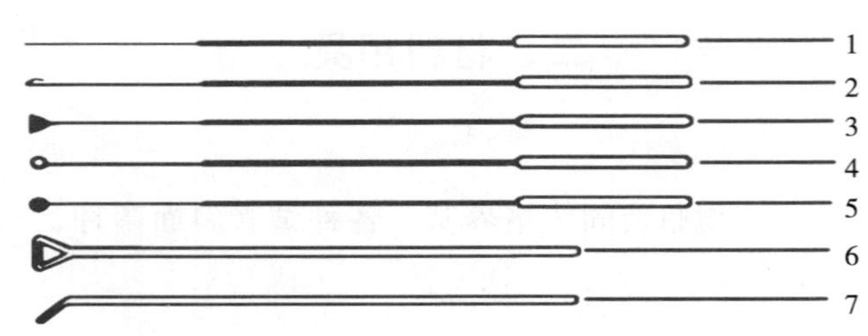

1. 接种针 2. 接种钩 3. 接种耙 4. 接种环 5. 接种圈
6. 玻璃涂棒正面观 7. 玻璃涂棒侧面观
图 9-17 常用的接种工具

（二）接种

接种的方法主要有斜面接种、穿刺接种、液体接种等。现以斜面接种为例介绍其无菌操作的技术要点（表 9-23）。

表 9-23 斜面接种无菌操作技术要点

操作流程	操作技术要点
操作人员无菌处理	1. 接种前洗净双手 2. 进入缓冲室，穿戴无菌工作服（口罩、鞋、帽等） 3. 进入无菌室，首先关闭紫外线灯
酒精消毒	用 75%乙醇棉球将手、菌种试管、接种工具、培养基试管擦拭消毒
工具消毒	用酒精灯火焰灼烧接种工具（图 9-18）
接种	1. 将菌种和斜面培养基放在手掌中央，手指托住试管，松动棉塞 2. 用右手小指、无名指及手掌拔掉棉塞（勿放下） 3. 灼烧试管口，杀灭可能附着的杂菌 4. 将接种环伸入培养基，轻轻挑取少量菌苔 5. 迅速伸到斜面培养基上，从底部向上轻轻划曲线，使其均匀涂于斜面上；若是菌丝，可用接种钩挑取菌丝片段或孢子点接到培养基上 6. 接种后略烧管口及棉塞，并塞紧棉塞 7. 迅速灼烧接种工具
标记	将写好的标签贴在管口（2～3cm）处，也可用记号笔标记
培养	将试管斜面朝下放于恒温箱中适温培养
清理	结束后将工作台台面清理干净，关闭电源

注意事项

（1）接种人员在接种过程中尽量少说话、少走动。

（2）每接完一支菌种后接种工具都要灼烧。

（3）接种工具灼烧后要充分冷却，防止烫伤菌体。

（4）接种要在酒精灯火焰无菌区进行。

（5）操作过程中双手不要超出超净工作台边缘，头部不要探入工作台内。

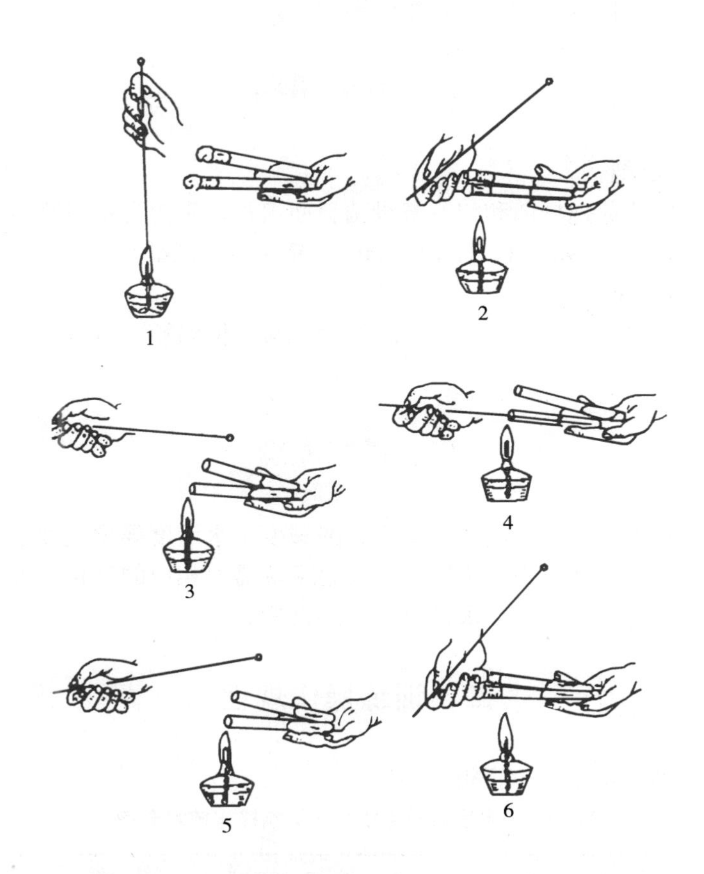

1. 灼烧接种针　2. 拔掉棉塞　3. 挑取菌种　4. 将挑取的菌种涂于斜面
5. 灼烧试管口　6. 塞上棉塞

图 9-18　斜面接种时无菌操作技术

五、训练报告

（1）接种前应做哪些消毒工作？

（2）写出斜面接种的方法及注意事项。

（3）3d 后检查所接菌种的生长情况。按下式计算污染率，并分析污染原因。

$$污染率=\frac{污染管数}{总接种管数}\times 100\%$$

技能训练四　微生物生长影响因子的调控

一、训练目标

（1）了解理化因素对微生物生长的影响。

（2）掌握检测理化因素对微生物生长影响的方法。

二、材料用具

（一）材料与试剂

大肠杆菌、枯草芽孢杆菌和酿酒酵母菌斜面菌种，牛肉膏蛋白胨培养基、麦芽汁葡萄糖培养基，1mol/LNaOH，1mol/LHCl，精密 pH 试纸。

（二）仪器与用具

培养皿、无菌水、无菌滴管、试管、接种工具、恒温箱、吸管、调温摇床、分光光度计。

三、基本原理

除了适宜的营养条件外，温度、湿度、酸碱度、水活度等理化因子对微生物生长也有着重要影响。不同微生物、不同的生长要求等需要相应的理化条件，因此在具体微生物的培养中，需根据培养要求进行相应的设置。

四、训练操作规程

（一）温度对微生物生长的影响（表 9-24）

表 9-24　温度对微生物生长影响操作技术要点

操作流程	操作技术要点
配制培养液	1. 每组配制 16 支牛肉膏蛋白胨液体培养基（标记 A）和 8 支豆芽汁葡萄糖液体培养基（标记 B），装入试管中，每管装 5mL 培养液 2. 在 0.105MPa 压力下灭菌 20min
配制菌悬液	取培养 18～20h 的大肠杆菌、枯草芽孢杆菌、酿酒酵母斜面各 1 支，加入无菌水 5mL，用无菌接种环刮下菌苔，摇匀制成菌悬液
接种	1. A 试管分别接入 0.1mL 大肠杆菌、枯草芽孢杆菌菌悬液，混匀 2. B 试管接入 0.1mL 酿酒酵母菌悬液，混匀
标记	在接种的试管上分别标明 20℃、28℃、37℃和 45℃4 种温度。每个处理设 3 个重复
培养	放在标记温度下培养 24h
观察结果	根据菌液的浑浊度判断大肠杆菌、枯草芽孢杆菌和酿酒酵母菌生长繁殖的最适温度

（二）酸碱度对微生物生长的影响（表 9-25）

表 9-25　酸碱度对微生物生长影响操作技术要点

操作流程	操作技术要点
配制培养基	1. 每组配制牛肉膏蛋白胨液体培养基（标记 C）和豆芽汁葡萄糖液体培养基（标记 D），用 1mol/LNaOH、1mol/LHCl 分别调 pH 至 3、5、7、9 和 11。每种 pH 培养液 3 支试管，每管装 5mL 培养液 2. 在 0.105MPa 压力下灭菌 20min
配制菌悬液	取培养 18～20 h 的大肠杆菌、酿酒酵母菌斜面各 1 支，加入无菌水 5mL，用无菌接种环刮下菌苔，摇匀制成菌悬液
接种	1. C 培养液中接种 0.1mL 大肠杆菌菌悬液，摇匀 2. D 培养液中接种 0.1mL 酿酒酵母菌悬液，摇匀
培养	大肠杆菌置 37℃条件下培养，酿酒酵母置于 28℃温度条件下培养
观察结果	培养 24h 后，根据菌液的浑浊程度判定微生物在不同 pH 的生长情况

注意事项

接种前要将供试菌悬液充分摇匀，以保证接种质量。

五、训练报告

（1）写出检测温度及酸碱度对微生物影响的方法。
（2）通过实验说明各种理化因素对微生物生长有哪些影响。
（3）探索其他理化因子对微生物的影响。

技能训练五　微生物的纯种分离

一、训练目标

（1）掌握制备土壤菌悬液和平板培养基的方法。
（2）能够用稀释法和划线法分离出微生物纯种。

二、材料用具

（一）材料与试剂

土样，90mL 三角瓶装无菌水（内装 15 粒玻璃珠），9mL 试管装无菌水，牛肉膏蛋白胨、高氏一号、马铃薯培养基，75%乙醇。

（二）仪器与用具

天平、培养箱、超净工作台、试管、接种环、无菌吸管、无菌培养皿、玻璃涂棒、试管架、手持喷雾器、无菌镊子、酒精灯、接种环、称样瓶、火柴、记号笔等。

三、基本原理

微生物在自然界中是混杂共存的，通过一定方法可以获得纯化的目标微生物。常用的微生物纯种分离方法有稀释分离法、划线分离法、单细胞（孢子）分离法、组织分离法等。划线分离法可用于样品中微生物的直接分离，也常用于其他分离法的进一步分离提纯。

四、训练操作规程

（一）稀释分离技术（表 9-26、图 9-19）

表 9-26　稀释分离操作流程及技术要点

操作流程	操作技术要点
采集土壤样品	取表层以下 5～10cm 处的土样，放入灭菌袋中
制备土壤悬液	1. 准确称取 1g 土样 2. 按无菌操作法迅速倒入盛 99mL 无菌水的三角瓶中 3. 振荡 20min，使土样充分打散，制成 10^{-2} 菌悬液
样品稀释	1. 取一支 1mL 无菌吸管，将口端、吸液端迅速通过酒精灯火焰 2. 左手持三角瓶，右手持吸管，右手的小指和无名指挟取棉塞，将吸管伸进三角瓶中吹吸 3 次，使其充分混匀 3. 吸取 0.5mL 菌液，注入第一支装有 4.5mL 无菌水试管中，混匀后即成 10^{-3} 菌液 4. 再取另一支 1mL 吸管，从 10^{-3} 菌液中吸取 0.5mL 菌液注入第二支装有 4.5mL 无菌水的试管中，混匀即成 10^{-4} 菌液。以此类推制成 10^{-7}～10^{-2} 系列稀释度的土壤溶液 *注意：每换一个稀释度取 1 支新吸管*
制平板	1. 以无菌操作法将冷却至 50℃的牛肉膏蛋白胨、高氏一号倒入无菌培养皿中（图 9-20）。每种培养基倒 4 皿，每个培养皿约 15mL 培养基 2. 在已融化的马铃薯葡萄糖培养基中加入灭菌的 80%乳酸，摇匀后倒 4 皿 3. 放平，待其凝固后即成平板培养基
标记	1. 在牛肉膏蛋白胨平板培养基底面分别用记号笔写上 10^{-6}、10^{-7}，每个处理 2 皿 2. 在高氏一号平板培养基底面分别用记号笔写上 10^{-4}、10^{-5}，每个处理 2 皿 3. 在马铃薯葡萄糖平板培养基底面分别用记号笔写上 10^{-2}、10^{-3}，每个处理 2 皿
分离细菌	1. 用 1mL 无菌吸管从 10^{-6}、10^{-7} 土壤稀释液中各取 0.2mL 分别放入标有细菌相应编号的培养皿中 2. 用玻璃涂棒轻轻涂匀（图 9-21） 3. 将培养皿倒置于 28～30℃的恒温箱内培养 2～3d 后进行观察
分离放线菌	1. 以无菌操作在标有 10^{-4}、10^{-5} 土壤稀释液中，分别加入 10%酚 1 滴。摇匀后静置 5min 2. 用 1mL 无菌吸管从 10^{-4}、10^{-5} 土壤稀释液中各取 0.2mL 分别放入标有放线菌相应编号的培养皿中 3. 然后用玻璃涂棒轻轻涂匀 4. 将培养皿倒置于 28～30℃恒温箱内培养 5～7d 观察

（续）

操作流程	操作技术要点
分离霉菌	1. 用1mL无菌吸管从10^{-2}、10^{-3}稀释液中各取0.2mL分别加入标有霉菌相应编号的培养基内 2. 然后用玻璃涂棒涂匀 3. 将培养皿倒置于28～30℃恒温箱内培养3～4d观察
转管纯化	挑选所需单菌落移至斜面培养基上，继续培养至长满斜面，即为初步纯化的菌种，再经过2～3次纯化就可获得纯种

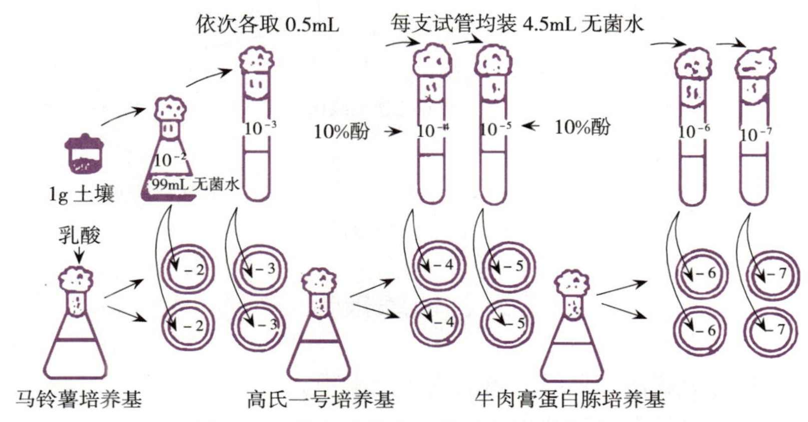

图 9-19　稀释法分离土壤微生物操作过程

图 9-20　倒平板培养基

图 9-21　涂匀菌液

（二）划线分离技术（表 9-27、图 9-22）

表 9-27　划线分离操作规程及操作技术要点

操作流程	操作技术要点
倒平板	1. 以无菌操作法将冷却至50℃的牛肉膏蛋白胨、高氏一号倒入无菌培养皿中 2. 放平，待其凝固后即成平板培养基
制备菌悬液	取少许样品移入装有5mL无菌水的1号试管中并摇匀，再用接种环从1号试管中取一环菌液，移入2号无菌水试管中并摇匀，再从2号试管中取一环菌液移入3号无菌水试管中，充分摇匀后制成较小稀释度的样品菌悬液
划线分离	1. 从稀释分离制备菌悬液10^{-2}、10^{-3}、10^{-4}中各取一环菌液，分别在3个平板培养基上划线，每个稀释度最好做2～3次重复 2. 划线时，左手持平板培养基，并将皿盖掀起一小缝，右手持带有菌液的接种环，在平板培养基上轻轻划线（图 9-22）。交叉划线时每次划线后要灼烧接种环

平板划线操作

（续）

操作流程	操作技术要点
培养与纯化	培养与纯化方法同稀释分离技术

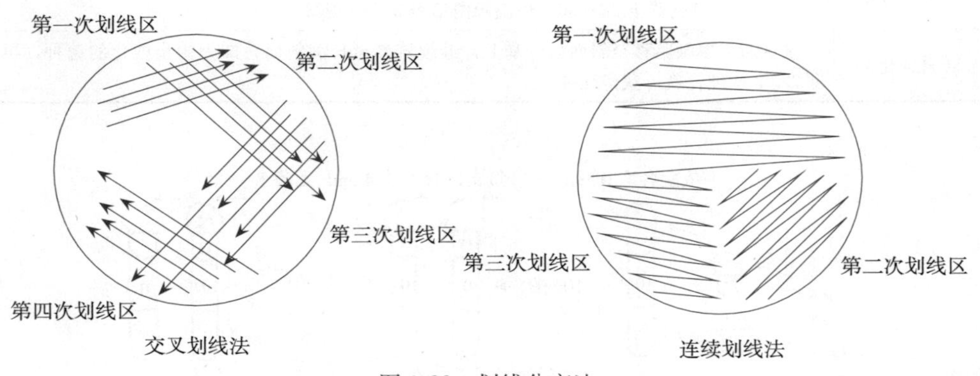

图 9-22　划线分离法

五、训练报告

（1）写出稀释分离法和划线分离法的注意事项。

（2）上交分离出的微生物纯种。

技能训练六　血球计数板计数

一、训练目标

（1）掌握正确使用血球计数板的方法。

（2）掌握计算待测样品中总菌数的方法。

二、材料用具

（一）材料与试剂

酵母菌菌悬液（或其他真菌孢子悬浮液）、95％酒精棉球。

（二）仪器与用具

血球计数板、计数器、无菌细口吸管、盖玻片、擦镜纸、吸水纸等。

三、基本原理

利用血球计数板进行显微计数是测定微生物数量一种常用的简易方法。血球计数板是一块特制的加厚载玻片（图 9-23），4 条纵向长槽将计数板中间区域分隔成 3 个平台，中间的平台较宽，比两边平台低0.1mm。中间平台又被一短横槽分为2个短平台，其上各有1个相同的方格网，这个方格网被划分为9个大方格，其中央的大方格即为计数室。

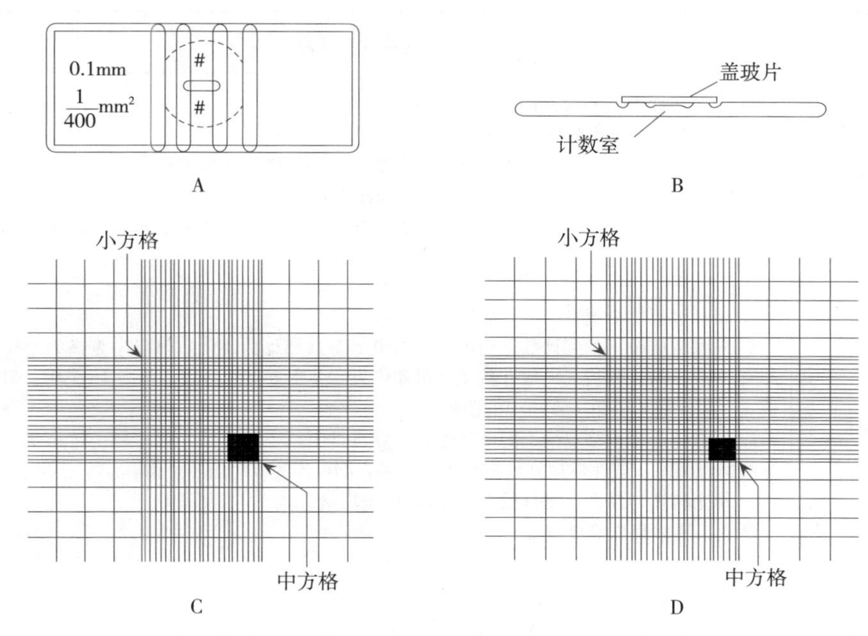

A. 正面图 B. 侧面图 C. 16×25 型计数板的计数室 D. 25×16 型计数板的计数室

图 9-23 血球计数板构造

计数室是进行计数的区域，其边长为1mm，面积为$1mm^2$，被精密地等分为400个小方格。计数室方格网的刻划方式有两种：一种是由三线将计数室分成16个中方格，每个中方格又被单线分成25个小方格（16×25）；另一种是由双线将计数室分成25个中方格，每一中方格又被单线分成16个小方格（25×16）。每个小方格的面积均为$1/400mm^2$，当盖上盖玻片后的空隙高度是0.1mm，所以其体积是$1/4\ 000mm^3$。

因此，观察到平均单个小方格中微生物的数量，除以小方格中样品的面积$1/400mm^2$，即可得到样品中微生物的浓度。观察中，如果样品中微生物数量过多，需将样品稀释后再观察，计数时需把稀释倍数考虑进去。

四、训练操作规程

（一）观察血球计数板构造及其操作流程（表 9-28）

表 9-28 观察血球计数板操作流程及技术要点

操作流程	操作技术要点
观察计数室方格	1. 取出显微镜，置于实验台上，将计数板放在载物台上 2. 打开电源开关，适当缩小虹彩光圈 注意：观察计数室视野宜暗些，否则看不清计数室的方格线 3. 在低倍镜下找到计数室，观察计数室的大方格和中方格 4. 在高倍镜下计数区的中方格和小方格，确定4个角和中间中方格的位置

（二）测定样品中的总菌数（表 9-29）

表 9-29　显微镜直接计数技术操作流程及技术要点

操作流程	操作技术要点
加菌液	1. 在血球计数室上盖上盖玻片 注意：盖玻片要放在两边平台上 2. 将酵母菌悬液摇匀，用无菌细口吸管吸取少许菌液，从计数板中间平台两侧的沟槽沿盖玻片的下边缘滴入一小滴，让菌液通过表面张力渗入计数室 注意：菌液不可过多，以免将盖玻片浮起而改变计数室的实际容积，计数室内也不能有气泡
计数	1. 将计数板置于载物台上，静置 2～3min 2. 先在低倍镜下找到计数室，再在高倍镜下观察和计数。计数时以中方格为单位，若为 25 个中方格的计数板，一般计数 4 个角和中央 5 个中方格的菌数；若为 16 个中方格的计数板，一般计数 4 个角中方格中的菌数 3. 计数位于中方格双线上的菌体时，一般可计上线不计下线，计左线不计右线。计数出芽的酵母菌时，若芽体达到母细胞大小一半，即可作为 2 个菌体计数 4. 每个待测样品需重复计数 2～4 次，取平均值 注意：每次数值不应相差过大，否则应重新计数
计算	样品中的菌数按下式计算： 菌数（个/mL）＝每小格的平均菌数×400×10 000×稀释倍数 每小方格平均菌数的计算因计数板构造不同而不同 1 个大方格分成 25 个中方格的计数板： $每小格平均菌数=\frac{5个中方格的总菌数}{16\times5}$ 1 个大方格分成 16 个中方格的计数板： $每小格平均菌数=\frac{4个中方格的总菌数}{25\times4}$
清洗	1. 计数完毕，取下盖玻片，用水冲洗计数板 2. 用 95%酒精棉球轻轻擦拭计数室，然后用水冲洗 3. 晾干或用吹风机吹干计数板，再用擦镜纸包好放入盒中 注意：切勿用硬刷子洗刷或用硬物擦拭，以免损坏网格线

五、训练报告

报告所测定样品中的酵母菌总数。比较你的测定结果和其他同学的测定结果是否有差异。

【想一想】

（1）为什么在计数板上滴加菌液后要静置 2～3min 再进行测定？

（2）计数板计数时能区分死活酵母菌菌体吗？

一、训练目标

（1）能够准确地采样和稀释样品，掌握制备平板的方法。
（2）可以识别培养微生物的菌落特征，能够正确报告样品中的菌落数。

二、材料用具

（一）材料与试剂

待测固体或液体样品、牛肉膏蛋白胨培养基、NaCl、琼脂、75%酒精棉球、pH 试纸。

（二）仪器与用具

天平、培养箱、干燥箱、超净工作台、水浴锅、称样瓶、1mL 吸管、培养皿、玻璃珠、试管、三角瓶、试管架、酒精灯、记号笔等。

三、基本原理

平板菌落计数法是一种统计物品中含菌数的有效方法。将待测样品经适当稀释之后，其中的微生物充分分散成单个细胞，取一定量的稀释样液涂布到平板上，经过培养，由每个单细胞生长繁殖而形成肉眼可见的菌落，即一个单菌落应代表原样品中的一个单细胞；统计菌落数，根据其稀释倍数和取样接种量即可换算出样品中的含菌数。

由于待测样品往往不易完全分散成单个细胞，所以长成的一个单菌落也可能来自样品中的 2～3 或更多个细胞。因此，平板菌落计数的结果准确度往往偏低。为了清楚地阐述平板菌落计数的结果，使用菌落形成单位（CFU），而不以绝对菌落数来表示样品的活菌含量。

菌落总数是在一定条件下（如需氧情况、营养条件、pH、培养温度和时间等）每克（每毫升）检样所生长出来的微生物菌落总数。由于设定条件不能满足样品中所有微生物的生长要求，因此菌落总数并不表示实际所测样品中的所有微生物总数。

四、训练操作规程（表 9-30、图 9-24）

表 9-30　稀释平板菌落计数法操作流程及技术要点

操作流程	操作技术要点
训练准备	提前分组，建议 2 人为一组，每组准备以下物品： 1. 培养基　150mL 牛肉膏蛋白胨培养基 1 瓶 2. 无菌水　90mL 无菌水 1 瓶（量取 90mL 生理盐水装入 250mL 三角瓶中，并加 15～20 粒玻璃珠），9mL 无菌水 5～7 支（吸取 9mL 生理盐水装入试管中，所需数量根据样品中含菌量而定），然后塞上硅胶塞或棉塞

（续）

操作流程	操作技术要点
训练准备	培养基、无菌水采取高压蒸汽灭菌，于121℃灭菌20min 3. 其他　1mL吸管8支，培养皿9套，称样瓶1个（或10mL吸管1支）。用报纸包扎好，在干燥箱中于160℃灭菌2h
取样	1. 提前30min打开超净工作台风机和紫外线灯 2. 在超净工作台上按无菌操作法准确称取（或量取）待测样品（固体样品10g、液体样品10mL），样品放入90mL无菌水的三角瓶中 3. 充分振荡20～25min，制成10^{-1}菌悬液
系列稀释	1. 取一支1mL无菌吸管，将口端、吸液端迅速通过酒精灯火焰2～3次 2. 左手持三角瓶，右手持吸管，右手的小指和无名指挟取硅胶塞，将吸管伸进三角瓶底部吹吸数次，然后准确吸取1mL菌液，注入第一支装有9mL无菌水试管中，混匀后即成10^{-2}菌液 *注意：吸管吸液端不要接触到液面* 3. 再取一支吸管伸进10^{-2}菌液中吹吸数次，吸取1mL10^{-2}菌液注入第二支装有9mL无菌水的试管中，混匀即成10^{-3}菌液。依此法按10倍序列稀释至适宜稀释度 *注意：每换一个稀释度取一支新吸管*
标记	取9套培养皿，在皿底注明稀释度，每个稀释度重复3皿
加样	取连续的3个稀释度菌液，用1支无菌吸管吸取0.2mL菌液加入对应的培养皿中
制平板	1. 提前融化牛肉膏蛋白胨培养基 2. 待培养基冷却至50℃左右时，倒入培养皿中（每皿约15mL，以培养基刚覆盖皿底为宜） 3. 轻轻摇动培养皿，使菌液与培养基混合均匀，放平待其凝固
培养	将培养皿倒置放入培养箱中，于28℃培养至培养皿上出现菌落
计数菌落	一般用肉眼观察计数，必要时可用放大镜检查，以防遗漏 *注意：平板上的菌落应单独分散，若平板有较大片状菌苔生长，则不宜采用* 一般选择每个平板上长有30～300个菌落的稀释度，算出同一稀释度3次重复的菌落平均数，再根据公式求出样品中的含菌数量 $\text{样品含菌数（CFU/mL）}=\frac{\text{同一稀释度平均菌落数}\times\text{稀释倍数}}{\text{平均菌液注入量}}$
报告菌数	1. 若只有一个稀释度的平均菌落数在30～300，则该平均菌落数乘以稀释倍数即为该样品中的总菌数（表9-31例1） 2. 若有两个稀释度的平均菌落数均在30～300，则视二者之比如何来决定。若其比值小于2，应报告其平均数（表9-31中例2）；若其比值大于2，则报告其中较小的菌数（表9-31例3） 3. 若所有稀释度的平均菌落数均大于300，则应按稀释度最高的平均菌落数乘以稀释倍数报告（表9-31例4） 4. 若所有稀释度的平均菌落数均小于30，则应按稀释度最低的平均菌落数乘以稀释倍数报告（表9-31例5） 5. 若所有稀释度的平均菌落数均不在30～300，其中一部分大于300或小于30时，则以最接近30或300的平均菌落数乘以稀释倍数报告（表9-31例6） 6. 若所有稀释度均无菌落生长，则以小于1乘以最低稀释倍数报告（表9-31例7） 菌落数在100以内时，按其实有数报告；大于100时，采用2位有效数字，在2位有效数字后面的数值，以四舍五入方法计算。为了缩短数字后面的零数，也可用10的指数来表示（表9-31“报告方式”栏）

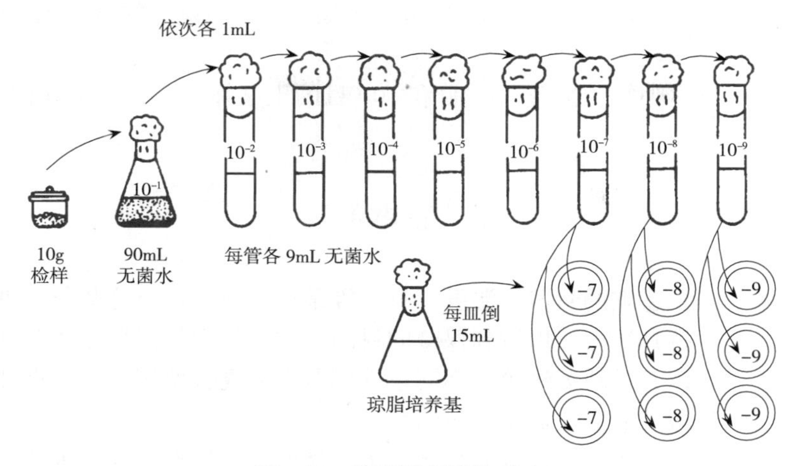

图 9-24　稀释平板测数示意

表 9-31　稀释度选择及菌落数报告方式

例次	不同稀释度的菌落数			两稀释度菌落数之比	菌落总数	报告方式
	10^{-5}	10^{-6}	10^{-7}			
1	1 365	135	20	—	135	1.4×10^{8}
2	多不可计	295	46	1.6	377.5	3.8×10^{8}
3	多不可计	271	60	2.2	27 100	3.7×10^{8}
4	多不可计	多不可计	313	—	313	3.1×10^{9}
5	27	11	5	—	27	2.7×10^{6}
6	多不可计	315	12	—	315	3.2×10^{8}
7	0	0	0	—	$<10^{5}$	$<10^{5}$

五、训练报告

报告所测定样品中的微生物菌落数。

【想一想】

测定样品中菌数时为什么要选择 3 个连续的稀释度？

技能训练八　微生物菌种保藏

一、训练目标

掌握常用的菌种保藏方法。

二、材料用具

（一）材料与试剂

准备保藏的细菌、放线菌、酵母菌等菌种，牛肉膏蛋白胨、高氏一号和麦芽汁斜面培养基，无菌水，$CaCl_2$，10% HCl，液体石蜡，固体石蜡，河沙，土。

(二）仪器与用具

冰箱、干燥器、吸管、试管、40 目和 100 目的土壤筛、磁铁、接种针、酒精灯、棉花、橡皮塞等。

三、基本原理

微生物生长需要适宜的营养、温度、氧气等条件，通过调节这些条件可以控制其生长，同时又能保持其活力，以达到保藏的目的。常用的菌种保藏方法有低温法、沙土管低营养法、液体石蜡缺氧法等，不同条件调节常可复合使用以取得更佳的保藏效果，如液体石蜡保藏管放置在低温环境保存。

不同微生物及其菌体状态对营养和环境等条件的适应性有差异，因此需根据需保存的对象选择适宜的保藏方法，同时选用适宜状态的菌体。

四、训练操作规程（表 9-32）

表 9-32 常用菌种保藏方法操作流程及操作技术要点

操作流程	操作技术要点
菌种培养	1. 取数支牛肉膏蛋白胨、高氏一号和麦芽汁培养基，分别在斜面的正上方距试管 2～3cm 处贴上标签，标签上注明菌名、培养基名称和接种日期 2. 将需要保藏的细菌、放线菌通过无菌操作接种在适宜的斜面培养基上 3. 将细菌置于 37℃条件下培养，酵母菌、放线菌置于 28℃条件下培养
低温保藏	1. 将菌种放置 4℃冰箱保藏 2. 用橡皮塞代替棉塞，可以避免水分散发并且能隔绝氧气，适当延长保藏期
液体石蜡保藏	1. 在 250mL 三角瓶中装入 100mL 液体石蜡，塞上棉塞 2. 在 0.105MPa 压力下灭菌 1h 3. 将灭菌后液体石蜡放在 105～110℃烘箱内干燥 1h，蒸发其中的水分 4. 用无菌吸管吸取灭菌的液体石蜡，注入已长菌的斜面上，添加量以高出斜面顶端 1.0～1.5cm 为宜 5. 将试管直立，置于低温或室温下保存
沙土管保藏	1. 取细河沙过 40 目筛，除去大颗粒。用 10%盐酸浸泡 2～4h，用水冲洗至中性，然后烘干或晒干 2. 取非耕作贫瘠黄土，烘干碾碎，过 100 目筛 3. 将沙与土按 4∶1 或 2∶1（W/W）混匀，装入 10mm×70mm 小试管中，每管约 2g，塞上棉塞，包上牛皮纸 4. 在 0.150MPa 压力下灭菌 1h，再干燥灭菌 1～2 次 5. 从 10 支沙土管中随机取一支，取少许沙土放入牛肉膏蛋白胨或麦芽汁培养液中，在 30℃培养 2～4d，确定无菌后才可使用。若发现有微生物生长，需重新灭菌，在进行无菌检查直至合格 6. 在无菌条件下，用无菌吸管吸取 3～5mL 无菌水注入已形成芽孢或孢子的斜面上，用接种环轻轻刮下菌苔混孢子，制成菌悬液

（续）

操作流程	操作技术要点
沙土管保藏	7. 用无菌吸管吸取 0.1mL 菌悬液滴入沙土管中，并用接种环拌匀 8. 将沙土管放入盛有干燥剂氯化钙的干燥器中，使沙土管迅速干燥 9. 制备好的沙土管可用固体石蜡封口，放入室温或冰箱中保藏

五、训练报告

列表记录菌种保藏方法和结果（表 9-33）。

表 9-33 微生物菌种保藏记录

菌种名称	接种日期	培养基	培养温度	保藏方法	保藏温度

【想一想】

（1）细菌、酵母菌、霉菌、放线菌各用何种方法保藏为好？

（2）为什么要用 10% HCl 处理河沙？

技能训练九 微生物复壮

一、训练目标

能够利用昆虫复壮苏云金芽孢杆菌。

二、材料用具

（一）材料与试剂

苏云金芽孢杆菌、3 龄菜青虫、新鲜上海青叶片、牛肉膏蛋白胨斜面培养基、0.1%氯化汞。

（二）仪器与用具

显微镜、无菌培养皿、无菌水、剪刀、无菌滴管、镊子。

三、基本原理

在微生物应用实践中，常因繁殖生长代数过多、保藏时间过长以及自身突变等原因导致菌种性状的衰退。菌种复壮是在菌株的性能尚未衰退前就经常有意识地进行纯种分离和性能测定，保证菌株性能的稳定或逐步提高。常用的微生物复壮方法有剔除衰退个体、提取典型菌株等纯化分离以及回接寄主等方法。

四、训练操作规程

以苏云金芽孢杆菌在虫体上的复壮为例（表 9-34）。

表 9-34　苏云金芽孢杆菌复壮操作流程及操作技术要点

操作流程	操作技术要点
制备菌液	1. 将苏云金芽孢杆菌接种到牛肉膏蛋白胨斜面培养基上，于 30℃条件下培养 24h 2. 用无菌水洗下菌苔制成菌悬液
感染昆虫	1. 将饲喂昆虫的上海青叶片浸入菌悬液中数秒钟，捞起晾干 2. 用带菌的叶片饲喂健壮的 3 龄菜青虫
采集死虫	待昆虫感染病菌死亡后，把褐色的死虫虫体收集到无菌培养皿中（由于病菌在虫体内大量繁殖，使虫体体壁变得薄而易破，采集时要小心）
结扎虫体	用棉线将虫体的口腔和肛门扎住，防止消毒液渗入昆虫体腔
虫体消毒	将虫体浸入 0.1%氯化汞中 2min，用无菌水冲洗虫体 4～5 次
分离细菌	1. 将消毒后的虫体置于无菌培养皿中，在无菌条件下用剪刀沿虫体的背线或侧线剖开有褐色的体液流出 2. 用无菌吸管吸取褐色体液，加入带有玻璃珠的三角瓶无菌水中，充分振荡，然后按微生物纯种分离方法进行操作
挑选单菌落	1. 将培养皿倒置于 30℃温度条件下培养 24h 2. 从平板上挑选有苏云金芽孢杆菌典型特征的单菌落接种到斜面培养基培养
镜检	挑取 30℃培养 48h 的苏云金芽孢杆菌涂片，经芽孢染色后，置油镜下观察
保藏	检查合格的菌株直接放入冰箱中保藏，或采取沙土管保藏

五、训练报告

将复壮的苏云金芽孢杆菌的结果记于表 9-35 中。

表 9-35　复壮的苏云金芽孢杆菌结果记录

单菌落编号	菌落特征	芽孢形状	芽孢着生位置	有无伴孢晶体

【想一想】

（1）分离苏云金芽孢杆菌前为什么要对虫体进行消毒？

（2）为什么要对分离后的苏云金芽孢杆菌进行镜检？

任务三　微生物的综合应用实践

微生物在农业生产的各个环节以及人类生产生活的多方面都有着广泛的影响和应用。在微生物应用中需要综合运用微生物的识别鉴定、分离培养、计数等知识与技能，这部分以空气微生物的检测、酸奶和米酒的制作等为代表，训练学生综合应用微生物的能力。

技能训练一　空气中微生物的检测

一、训练目标

掌握检测空气中微生物的方法。

二、材料用具

（一）材料与试剂

牛肉膏蛋白胨培养基、马铃薯葡萄糖培养基、pH 试纸。

（二）仪器与用具

培养皿、试管、无菌棉签、接种环、酒精灯、水浴锅、记号笔。

三、训练操作规程（表 9-36）

表 9-36　空气中微生物检测操作流程及技术要点

操作流程	操作技术要点
训练准备	建议 4 人为一组，每组准备以下物品： 1. 培养基　100mL 牛肉膏蛋白胨培养基、马铃薯葡萄糖培养基各 1 瓶 2. 无菌水　试管装蒸馏水 2 支 培养基、无菌水采取高压蒸汽灭菌，于 121℃温度条件下灭菌 20min 3. 培养皿　10 套，用报纸包扎好，在鼓风干燥箱中于 160℃温度条件下灭菌 2h
标记	用记号笔在皿底做好标记，注明组别、日期及检测地点
倒平板	将牛肉膏蛋白胨、马铃薯葡萄糖融化，通过无菌操作倒入无菌平皿中，每组各倒 4 套平皿
检测空气中微生物	将凝固的平板分别放在接种室、培养室、实验室、室外和宿舍，打开皿盖，暴露 10min 后盖上皿盖
培养	将平板倒置放入培养箱，细菌于 37℃温度条件下培养 1～2d，霉菌于 28℃温度条件下培养 3～5d
菌数统计	待平板长出菌落，用肉眼或放大镜计数菌落数量

四、训练报告

比较不同地点空气中的细菌和真菌菌落，哪一处的菌落数与菌落类型最多？试分析其原因。

【想一想】

在操作过程中如何有效防止培养物的污染及细菌的扩散？

技能训练二　酸奶的制作

一、训练目标

掌握酸奶的制作方法，能够制出优质酸奶。

二、材料用具

（一）材料与试剂

市售酸奶、鲜牛奶或全脂奶粉、蔗糖。

（二）仪器与用具

酸奶瓶、恒温培养箱、冰箱、水浴锅。

三、训练操作规程（表9-37）

表9-37　酸奶的制作流程和操作技术要点

操作流程	操作技术要点
配料	在鲜牛奶中加入5%蔗糖调匀，或用脱脂奶粉按1∶7（W/V）加水配制成复原牛奶
消毒	将牛奶于80℃温度条件下消毒15min，或者于90℃温度条件下消毒5min
冷却	将已消毒过的牛奶冷却至45℃
接种	以市售酸奶为接种剂，接种到冷却后的牛奶中，接种量为5%～10%，并充分摇匀
装瓶	把酸奶瓶提前用热水消毒，一般250mL玻璃瓶装入200mL牛奶，随后将瓶盖拧紧密封
培养	把酸奶瓶置于培养箱中，在40～42℃温度条件下培养3～5h，至奶基本凝固
后熟	在4～7℃的低温下保持24h以上，以获得酸奶的特有风味和较好的口感
品尝	酸奶质量评定以品尝为标准，通常有凝块状态、表层光洁度、酸度及香味等数项指标。品尝时若有异味就可判定酸奶污染了杂菌

四、训练报告

从色泽、口感、气味、状态等几个方面进行评价制作的酸奶。

【想一想】

（1）牛奶消毒的温度为什么控制在80～90℃？

（2）后熟为什么会改变酸奶的风味？

技能训练三　米酒的制作

一、训练目标

掌握米酒酿造的工艺流程及操作要点，能够制出米酒。

二、材料用具

（一）材料与试剂

甜酒曲、糯米。

（二）仪器与用具

蒸锅、电磁炉、盆、保鲜膜、冰箱。

三、训练操作规程（表9-38）

表9-38　米酒的制作流程及操作技术要点

操作流程	操作技术要点
清洗	把蒸米饭的容器、铲米饭的铲子、勺子和发酵米酒的容器都洗净擦干
浸泡	1. 选择品质好、米质新鲜的糯米为酿制原料 2. 将糯米淘洗干净，用冷水泡8h左右，泡好后捞出沥干水分
蒸煮	在蒸锅里放上水，蒸屉上垫一层白布，烧水沸腾至有蒸汽，将沥干的糯米放在布上蒸熟（约20min，要求饭硬而不夹生，太软太烂会影响米酒质量）
摊凉	蒸熟的米放在干净的盆里，加入少量凉开水搅拌，晾至不烫手（30℃左右利用中温发酵，米饭太热或太凉，都会影响酒曲发酵）
拌酒曲	用勺将糯米弄散摊匀，将酒曲均匀地撒在糯米上，然后用勺将糯米与酒曲尽量拌匀
发酵	用勺轻轻将米饭压紧，中间挖个小洞，盖上盖子或保鲜膜，放在30℃左右培养24～48h 完成发酵的糯米是酥的，有汁液，气味芳香，味道甜美，酒味不冲鼻

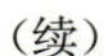
（续）

操作流程	操作技术要点
后熟	初步成熟的米酒略带酸味。一般在8～10℃温度条件下放置3d以上，充分后熟，使米酒酿更加香醇
品尝	将发酵好的米酒加一定量的水加热煮沸便是糯米甜酒

四、训练报告

从外观、香味及口味等方面评价自己制作的米酒质量。

【想一想】

（1）为什么要将糯米蒸熟蒸透，不能太硬或夹生？

（2）发酵时为什么要在米饭的中心挖个小洞？

学 习 回 顾

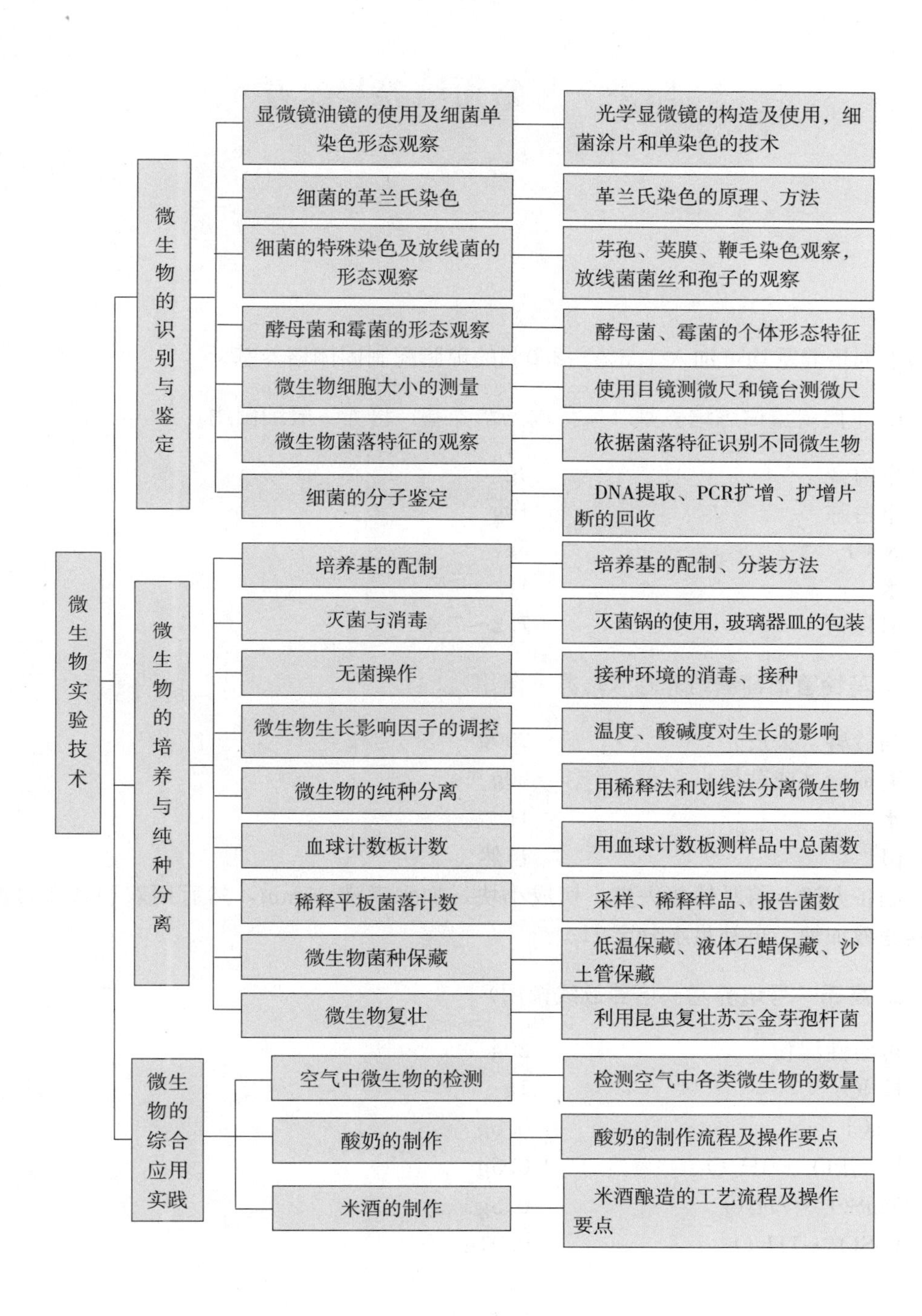
微生物实验技术
微生物的识别与鉴定
显微镜油镜的使用及细菌单染色形态观察
光学显微镜的构造及使用，细菌涂片和单染色的技术
细菌的革兰氏染色
革兰氏染色的原理、方法
细菌的特殊染色及放线菌的形态观察
芽孢、荚膜、鞭毛染色观察，放线菌菌丝和孢子的观察
酵母菌和霉菌的形态观察
酵母菌、霉菌的个体形态特征
微生物细胞大小的测量
使用目镜测微尺和镜台测微尺
微生物菌落特征的观察
依据菌落特征识别不同微生物
细菌的分子鉴定
DNA提取、PCR扩增、扩增片断的回收
微生物的培养与纯种分离
培养基的配制
培养基的配制、分装方法
灭菌与消毒
灭菌锅的使用，玻璃器皿的包装
无菌操作
接种环境的消毒、接种
微生物生长影响因子的调控
温度、酸碱度对生长的影响
微生物的纯种分离
用稀释法和划线法分离微生物
血球计数板计数
用血球计数板测样品中总菌数
稀释平板菌落计数
采样、稀释样品、报告菌数
微生物菌种保藏
低温保藏、液体石蜡保藏、沙土管保藏
微生物复壮
利用昆虫复壮苏云金芽孢杆菌
微生物的综合应用实践
空气中微生物的检测
检测空气中各类微生物的数量
酸奶的制作
酸奶的制作流程及操作要点
米酒的制作
米酒酿造的工艺流程及操作要点

附录一 常用培养基配方

下列培养基均可加入1.5%～2.0%的琼脂配制固体培养基。

1. 牛肉膏蛋白胨培养基（又称肉汤培养基，培养一般细菌用）

牛肉膏	3g
蛋白胨	10g
NaCl	5g
水	1L
pH	7.2～7.4

2. 马铃薯葡萄糖培养基（培养真菌用）

马铃薯（去皮）	200g
葡萄糖（或蔗糖）	20g
水	1L
pH	自然

制备方法：将马铃薯去皮，切成小块，加水煮沸30min，然后用双层纱布过滤，取其滤液加糖，再补足水分至1L。

3. 高氏一号培养基（培养放线菌用）

可溶性淀粉	20g
KNO_3	1g
NaCl	0.5g
$K_2HPO_4 \cdot 3H_2O$	0.5g
$MgSO_4 \cdot 7H_2O$	0.5g
$FeSO_4 \cdot 7H_2O$	0.01g
水	1L
pH	7.4～7.6

制备方法：先用少量冷水将可溶性淀粉调成糊状，用文火加热，边搅拌边加水和其他盐类，待各种成分溶解后再补足水至1L。

4. 察氏培养基（培养霉菌用）

蔗糖（或葡萄糖）	30g
$NaNO_3$	2g
K_2HPO_4	1g
$MgSO_4 \cdot 7H_2O$	0.5g
KCl	0.5g
$FeSO_4 \cdot 7H_2O$	0.01g
水	1L
pH	7.0～7.2

5. 豆芽汁培养基（培养酵母菌用）

黄豆芽	100g
葡萄糖（或蔗糖）	30g
水	1L
pH	7.0～7.2

制备方法：将洗净的豆芽放在水中煮沸 30min，然后用双层纱布过滤，取其滤液加糖，再补足水分。

6. 伊红美蓝培养基（EMB，鉴别大肠菌群用）

蛋白胨	10g
乳糖	10g
K_2HPO_4	2g
伊红 Y	0.4g
美蓝	0.065g
水	1L
pH	7.2

7. 阿须贝（Ashby）**无氮培养基**（培养自生固氮菌用）

甘露醇	10g
KH_2PO_4	0.2g
$MgSO_4 \cdot 7H_2O$	0.2g
NaCl	0.2g
$Ca_2SO_4 \cdot 2H_2O$	0.1g
$CaCO_3$	5g
蒸馏水	1L
pH	7.0～7.2

8. 马丁氏（Martin）**培养基**（分离土壤真菌用）

葡萄糖	10g

蛋白胨	5g
KH_2PO_4	1g
$MgSO_4 \cdot 7H_2O$	0.5g
0.1%孟加拉红溶液	3.3mL
蒸馏水	1L
pH	自然

培养基灭菌后，临时用每100mL培养基中加1%链霉素液0.3mL。

9. 甘露醇酵母膏培养基（培养根瘤菌用）

甘露醇（或葡萄糖）	10g
K_2HPO_4	0.5g
酵母膏	4g
$MgSO_4 \cdot 7H_2O$	0.2g
NaCl	0.2g
$CaCO_3$	5g
0.5% $NaMoO_4$ 溶液	4mL
0.5%硼酸溶液	4mL
蒸馏水	1L
pH	7.2～7.4

10. 硅酸盐细菌培养基（培养钾细菌用）

甘露醇（或蔗糖）	10g
K_2HPO_4	0.5g
酵母膏	0.4g
$MgSO_4 \cdot 7H_2O$	0.2g
NaCl	0.2g
$CaCO_3$	1g
蒸馏水	1L
pH	7.4

11. 糖发酵培养基（细菌糖发酵试验用）

蛋白胨	2g
NaCl	5g
K_2HPO_4	0.2g
1%溴麝香草酚蓝	3mL
待测试糖	10g
蒸馏水	1L
pH	7.4

常规灭菌后，在使用前以无菌操作定量加入浓度为10%的无菌糖溶液。

12. 淀粉牛肉膏蛋白胨培养基（淀粉水解试验用）

可溶淀粉	5g
牛肉膏	5g
蛋白胨	10g
NaCl	5g
蒸馏水	1L
pH	7.2～7.4

13. 蛋白胨牛肉膏培养基（产氨试验用）

牛肉膏	5g
蛋白胨	10g
NaCl	5g
蒸馏水	1L
pH	7.2

附录二　常用染色液的配制

1. 石炭酸复红染色液

A液：碱性复红	0.3g
95%乙醇	10mL
B液：苯酚	5.0g
蒸馏水	95mL

将碱性复红溶于95%乙醇中，配成A液；将苯酚溶于蒸馏水中，配成B液。两液混合即成。使用时，将其稀释5～10倍，但稀释液易变质失效，一次不宜多配。

2. 吕氏美蓝染色液

A液：美蓝	0.3g
95%乙醇	30mL
B液：氢氧化钾	0.01g
蒸馏水	100mL

分别配制A和B液，然后混合即成。

3. 草酸铵结晶紫染色液

A液：结晶紫	2.0g
95%乙醇	20mL
B液：草酸铵	0.8g
蒸馏水	80mL

将结晶紫研细后，加入95%乙醇使之溶解，配成A液；将草酸铵溶于蒸馏水中，配成B液。两液混合，静止48h后使用。

4. 卢哥氏（Lugol）碘液

碘	1.0g
碘化钾	2.0g

蒸馏水　　　　　　　　　　　　300mL

先将碘化钾溶于少量蒸馏水中，再将碘溶于碘化钾溶液中，待碘全溶后，加足蒸馏水即成。

5. 番红染色液

番红　　　　　　　　　　　　2.5g

95%乙醇　　　　　　　　　　100mL

配好后保存于不透气的棕色瓶中。革兰氏染色时将2.5%番红乙醇溶液20mL与80mL蒸馏水混匀即成。

6. 孔雀绿染色液

孔雀绿　　　　　　　　　　　5.0g

蒸馏水　　　　　　　　　　　100mL

先将孔雀绿研细，加少许95%乙醇溶解，再加蒸馏水即成。

7. 黑色素溶液

水溶性黑色素　　　　　　　　10g

40%甲醛　　　　　　　　　　0.5mL

蒸馏水　　　　　　　　　　　100mL

将黑色素在蒸馏水中加热煮沸5min，然后加入甲醛防腐。

8. 硝酸银鞭毛染色液

A液：单宁酸　　　　　　　　5g

　　$FeCl_3$　　　　　　　　1.5g

　　蒸馏水　　　　　　　　100mL

待溶解后，加入1%NaOH溶液1mL和15%甲醛溶液2mL。置于冰箱内可保存3～7d，延长保存期会产生沉淀，但用滤纸除去沉淀后仍能使用。

B液：$AgNO_3$　　　　　　　2g

　　蒸馏水　　　　　　　　100mL

待$AgNO_3$溶解后，取出10mL备用，向其余的90mL $AgNO_3$溶液中加浓氢氧化铵溶液，当出现大量沉淀时，再继续加氢氧化铵，直至沉淀刚刚消失、溶液变澄清液为止。再将备用的$AgNO_3$慢慢滴入，出现薄雾，但轻轻摇动后薄雾状的沉淀又消失，再滴入$AgNO_3$，直到摇动后仍呈现轻微而稳定的薄雾状沉淀为止。

9. 乳酸酚棉蓝染色液

苯酚　　　　　　　　　　　　10g

乳酸　　　　　　　　　　　　10mL

甘油　　　　　　　　　　　　20mL

甲基蓝　　0.02g

蒸馏水　　10mL

将苯酚加入蒸馏水中，加热溶解，然后加入乳酸和甘油，最后加入棉蓝溶解即成。

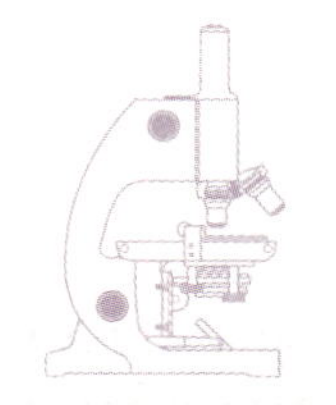

主要参考文献

常明昌，2009. 食用菌栽培［M］. 北京：中国农业出版社.
陈建军，2006. 微生物学基础［M］. 南京：江苏科学技术出版社.
陈建军，2006. 微生物学基础实验［M］. 南京：江苏科学技术出版社.
陈育芸，2016. 中国食用药用真菌化学［M］. 上海：上海科学技术文献出版社.
洪坚平，来航线，2005. 应用微生物学［M］. 北京：中国农业出版社.
黄年来，2010. 中国食药用菌学［M］. 上海：上海科学技术文献出版社.
黄秀梨，1999. 微生物学实验指导［M］. 北京：高等教育出版社.
黄秀梨，2003. 微生物学［M］. 2版. 北京：高等教育出版社.
黄毅，2008. 食用菌栽培［M］. 北京：高等教育出版社.
姜成林，2001. 微生物资源开发利用［M］. 北京：中国轻工业出版社.
李阜棣，胡正嘉，2000. 微生物学［M］. 5版. 北京：中国农业出版社.
林志彬，1996. 灵芝的现代研究［M］. 北京：北京大学医学出版社.
刘国生，2007. 微生物学实验技术［M］. 北京：科学出版社.
钱爱东，2008. 食品微生物学［M］. 2版. 北京：中国农业出版社.
沈萍，陈向东，2006. 微生物学［M］. 2版. 北京：高等教育出版社.
沈萍，范秀容，李广武，等，1999. 微生物学实验［M］. 3版. 北京：高等教育出版社.
王传福，徐明辉，贺桂仁，2008. 秸秆四季栽培食用菌指南［M］. 郑州：中原农民出版社.
王贺祥，2003. 农业微生物学［M］. 北京：中国农业大学出版社.
王家玲，2004. 环境微生物学［M］. 北京：高等教育出版社.
杨姗姗，1999. 农业微生物学［M］. 2版. 北京：中国农业出版社.
杨苏声，周俊初，2005. 微生物生物学［M］. 北京：科学出版社.
杨文博，2004. 微生物学实验［M］. 北京：化学工业出版社.
杨新美，1990. 食用菌栽培学［M］. 北京：中国农业出版社.
叶颜春，2008. 食用菌生产技术［M］. 北京：中国农业出版社.
袁生，2009. 微生物学［M］. 北京：高等教育出版社.
赵斌，何绍江，2005. 微生物学实验［M］. 北京：科学出版社.
周德庆，2002. 微生物教程［M］. 2版. 北京：高等教育出版社.
周德庆，2006. 微生物学实验教程［M］. 2版. 北京：高等教育出版社.
周奇迹，2000. 农业微生物［M］. 2版. 北京：中国农业出版社.
诸葛健，李华钟，2006. 微生物学［M］. 3版. 北京：科学出版社.

读者意见反馈

亲爱的读者：

感谢您选用中国农业出版社出版的职业教育教材。为了提升我们的服务质量，为职业教育提供更加优质的教材，敬请您在百忙之中抽出时间对我们的教材提出宝贵意见。我们将根据您的反馈信息改进工作，以优质的服务和高质量的教材回报您的支持和爱护。

地　　址：北京市朝阳区麦子店街 18 号楼（100125）
中国农业出版社职业教育出版分社
联系方式：QQ（1492997993）

教材名称：　　　　　　　　　　ISBN：

个人资料

姓名：________________所在院校及所学专业：________________

通信地址：________________________________

联系电话：________________电子信箱：________________

您使用本教材是作为：□指定教材□选用教材□辅导教材□自学教材

您对本教材的总体满意度：

从内容质量角度看□很满意□满意□一般□不满意

改进意见：________________________________

从印装质量角度看□很满意□满意□一般□不满意

改进意见：________________________________

本教材最令您满意的是：

□指导明确□内容充实□讲解详尽□实例丰富□技术先进实用□其他________________

您认为本教材在哪些方面需要改进？（可另附页）

□封面设计□版式设计□印装质量□内容□其他________________

您认为本教材在内容上哪些地方应进行修改？（可另附页）

____

____

本教材存在的错误：（可另附页）

第________页，第________行：________________应改为：________________

第________页，第________行：________________应改为：________________

第________页，第________行：________________应改为：________________

您提供的勘误信息可通过 QQ 发给我们，我们会安排编辑尽快核实改正，所提问题一经采纳，会有精美小礼品赠送。非常感谢您对我社工作的大力支持！

图书在版编目（CIP）数据

农业微生物/顾卫兵，陈世昌主编．—2版．—北京：中国农业出版社，2019.10（2024.7重印）
高等职业教育农业农村部“十三五”规划教材
ISBN 978-7-109-26182-2

Ⅰ．①农…　Ⅱ．①顾…②陈…　Ⅲ．①农业科学—微生物学—高等职业教育—教材　Ⅳ．①S182

中国版本图书馆CIP数据核字（2019）第248546号

中国农业出版社出版
地址：北京市朝阳区麦子店街18号楼
邮编：100125
责任编辑：吴　凯
版式设计：王　晨　　责任校对：刘丽香
印刷：北京通州皇家印刷厂
版次：2012年3月第1版　　2019年10月第2版
印次：2024年7月第2版北京第7次印刷
发行：新华书店北京发行所
开本：787mm×1092mm　1/16
印张：17.5
字数：400千字
定价：52.00元
